INTRODUCTION TO SAFETY MANAGEMENT

윤리·교육 부분
새로운 출제경향
반영

방재안전직렬
안전관리론

집필 한국방재학회

이 책의 구성

PART 01 안전관리 개요
PART 02 시설물 안전관리
PART 03 환경오염, 폭발 및 위험물 관리
PART 04 화재 안전관리
PART 05 교통안전
PART 06 국가 대테러, 방범, 정보 보안
PART 07 화생방 사고
PART 08 보건 및 위생
PART 09 재난윤리 및 심리
PART 10 안전문화 활동 및 교육
PART 11 생활안전

한국방재학회
KOREAN SOCIETY OF HAZARD MITIGATION

예문사

머리말

방재안전직렬 안전관리론

재난은 인류 역사와 더불어 함께해 왔으며, 현대사회에서는 폭발, 화재, 환경오염사고, 교통사고 같은 사회재난의 증가뿐만 아니라 지구온난화 현상과 세계 전역에 발생한 기상 이변 현상으로 인하여 집중호우, 해일, 지진 등의 대규모 자연재난이 일어나고 있다. 과거에는 자연재난에 따른 피해가 컸다면 현대사회는 인적 재난이나 국가핵심기반 재난 그리고 신종 재난 등으로 인한 피해가 이슈로 대두되고 있다. 이에 재난관리의 중요성은 점차 확대되며 국민안전처의 출범에 따라 방재안전직렬의 선택 분야와 범위도 넓어졌는데, 최근 급증하고 있는 자연재해 및 각종 사회적 재난에 능동적으로 대처하고 공공분야의 재난관리 역량을 강화하기 위하여 2013년 4월 공무원임용시험령 개정에 따라 시설직군에 방재안전직렬이 신설되었다.

특히 2014년 4월 세월호 침몰사고를 계기로 방재안전직렬의 시험과목 중 하나로 안전관리론이 채택되었지만, 구체적인 출제지침이 존재하지 않을 뿐만 아니라 기출문제도 충분하지 않아 수험생들은 많은 부담을 느끼고 있다. 본서는 점점 확대되어 가고 있는 방재안전직렬에 따라 수험생들의 학습 부담을 덜어 주고 효율적인 수험준비를 위해 기출문제를 철저히 분석·반영하여 안전관리론의 핵심이론을 중심으로 집필하였다. 본서는 다음과 같이 11개의 편으로 구성되어 있으며, 각 편마다 개념 및 기본이론 제시 후 관련 기출문제를 수록하여 핵심내용을 반복학습할 수 있도록 하였다.

- 1편 안전관리 개요
- 2편 시설물 안전관리
- 3편 환경오염, 폭발 및 위험물관리
- 4편 화재안전관리
- 5편 교통안전
- 6편 국가 대테러, 방범, 정보 보안
- 7편 화생방 사고
- 8편 보건 및 위생
- 9편 재난윤리 및 심리
- 10편 안전문화 활동 및 교육
- 11편 생활안전

본서의 특징은 다음과 같다.

> 1. 각 분야별 국내 최고의 교수로 집필진을 구성하여 전문성을 고도화하였다.
> 2. 기출문제 위주로 핵심이론과 문제해설을 체계적·유기적으로 정리하였다.
> 3. 최근 출제경향을 파악할 수 있도록 최신 기출문제를 빠짐없이 포함하였다.
> 4. 고득점으로 가는 합격의 길잡이가 될 수 있도록 각 예상문제 대하여 상세한 해설을 포함하였다.
> 5. 방재안전 관련 근무자 및 현장 실무자들도 활용할 수 있도록 내용을 구성하였다.
> 6. 필기시험에 효과적으로 대비할 수 있도록 재난관리에 대한 개념적 이론과 최신 법령을 이해하기 쉽게 서술하였다.

책 집필에 수많은 노력을 해주신 여러 학자들과 실무자 여러분께 감사를 표하며, (재)한국재난안전기술원의 연구원들에게 고마움을 전한다. 끝으로 본서가 수험생들이 최단 기간에 최대한의 학습효과를 얻는 데 도움이 되리라 자부하며, 모든 수험생들이 뜻하는 바를 이루기를 진심으로 기원한다.

저자 일동

CONTENTS
목차

SAFETY MANAGEMENT

PART 01 안전관리 개요

01 ┃ 안전관리의 개념 ·· 3
   1. 안전관리의 정의와 특성 ···························· 3
   2. 안전관리 관련 용어 ·································· 6

02 ┃ 안전사고 및 예방 ·· 8
   1. 사고발생 현황 ·· 8
   2. 사고의 개념 ·· 8
   3. 사고발생 이론 ·· 9
   4. 사고발생 원인의 4요소 ··························· 11
   5. 사고예방의 원리 ··································· 13

03 ┃ 안전관리조직 ·· 16
   1. 안전관리조직의 필요성 ··························· 16
   2. 안전관리조직 구성 시 고려사항 ················ 16
   3. 안전관리조직 형태 ································ 16

04 ┃ 안전 활동 ·· 18
   1. 안전 활동의 목표 ··································· 18
   2. 주요 안전 활동 ····································· 19
   3. 안전관리의 단계 ··································· 23

■ 연습문제 ·· 25

PART 02 시설물 안전관리

01 ┃ 시설물 안전관리의 개념 ······························ 33
   1. 시설물 안전관리의 배경 및 의의 ··············· 33
   2. 시설물 안전관리 시스템 ························· 34
   3. 붕괴사고의 발생원인과 유형 ··················· 36

02 ┃ 시설물 안전관리 일반 ································· 37
   1. 시설물 안전관리의 목적 ························· 37
   2. 시설물 안전관리의 구분 ························· 37
   3. 시설물 안전관리 관련 용어정의 ················ 40
   4. 시설물 안전 및 유지관리계획 ··················· 41
   5. 시설물의 유지관리 수행 ························· 43
   6. 시설물 안전에 관한 도서의 보존 및 비치 ····· 43
   7. 소규모 취약시설의 안전점검 ··················· 45
   8. 기타 법령에 의한 안전관리 ····················· 46

03 | 안전점검 · 인증 · 진단 및 검사 ·········· 47
   1. 안전점검의 일반 ································· 47
   2. 안전점검 및 정밀안전진단의 종류 ·········· 50
   3. 안전점검 시기 ····································· 55
   4. 안전점검 및 정밀안전진단 실시자의 자격 ·· 55
   5. 안전등급 지정 ····································· 56
   6. 안전점검 및 정밀안전진단 시 안전관리 ···· 57
   7. 안전점검 및 정밀안전진단 방법 ·············· 57

04 | 사고조사 ·· 58
   1. 사고 · 재해 조사의 목적 ······················· 58
   2. 사고 · 재해 조사와 해석법(NTSB) ········· 59
   3. 삼풍백화점 붕괴사고 사례 ····················· 60

05 | 붕괴사고 시 행동요령 ······························· 63
   1. 붕괴사고 시 상황별 세부행동요령 ··········· 63
   2. 붕괴사고 시 행동요령(구조대원의 행동요령) ·· 64

■ **연습문제** ··· 66

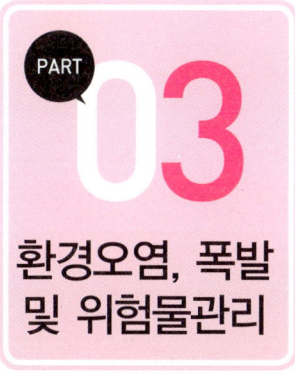

PART 03
환경오염, 폭발 및 위험물관리

01 | 환경오염 ·· 75
   1. 환경오염의 개념 ································· 75
   2. 환경오염의 원인 ································· 75
   3. 환경오염의 종류 ································· 76

02 | 폭발 ··· 78
   1. 폭발의 개념 ······································· 78
   2. 폭발의 예방 ······································· 78
   3. 폭발의 분류 ······································· 79
   4. 물리적 폭발의 특성 ····························· 81
   5. 물리적 폭발의 현상 ····························· 84
   6. 분진폭발 및 연성 · 폭굉 ······················ 86
   7. 블레비(BLEVE) 현상 ·························· 88
   8. 백 드래프트(Back Draft) 현상 ·············· 89

03 | 위험물관리 ·· 89
   1. 위험물의 개념 ····································· 89
   2. 위험물의 분류 ····································· 89
   3. 위험시설물의 종류 ······························· 92

■ **연습문제** ··· 94

PART 04 화재 안전관리

01 | 화재 개요 ········· 101
   1. 연소 및 화재의 기초 ········· 101
   2. 화재 구분 ········· 104
   3. 화재 시스템 분류 ········· 106
   4. 화재의 원칙 ········· 107
   5. 화재의 종류 ········· 107
   6. 화재 성상 ········· 108
   7. 연기 특성 ········· 110
   8. 연소생성 가스와 유해성 ········· 112

02 | 화재 관련 법규 ········· 114
   1. 소방 관련법 ········· 114
   2. 건축 관련법 ········· 126
   3. 화재 관련 법규정의 관계 ········· 127

03 | 소방설비 ········· 129
   1. 소화설비 ········· 129
   2. 경보설비 ········· 134
   3. 피난설비 ········· 136
   4. 소화활동설비 ········· 137
   5. 소화용수설비 ········· 138

■ 연습문제 ········· 139

PART 05 교통안전

01 | 교통안전 총설 ········· 149
   1. 국내 교통안전 현황 ········· 149
   2. 교통안전관리의 중요성 ········· 151
   3. 교통안전관리 추진체계 ········· 152

02 | 도로교통 안전관리 ········· 157
   1. 도로교통사고의 원인 및 특징 ········· 157
   2. 도로교통사고 조사 및 안전정보 관리 ········· 159
   3. 교통사고 처리의 특례 ········· 161
   4. 도로교통 안전대책 ········· 162
   5. 교통안전 교육 및 안전의식 제고 ········· 164
   6. 안전지향형 교통환경 조성 ········· 166

03 | 철도교통 안전관리 ········· 168
   1. 철도교통사고의 원인 및 특징 ········· 168
   2. 철도사고 조사 및 안전정보 관리 ········· 171

    3. 철도 안전관리 체계 …………………………………… 172
    4. 철도 종사자의 자질 향상 …………………………… 174

  04 | 항공교통 안전관리 ………………………………………… 175
    1. 항공교통사고의 원인 및 특징 ……………………… 175
    2. 항공사고 원인조사 및 안전정보 관리 …………… 177
    3. 항공안전 프로그램 …………………………………… 177
    4. 항공 종사자의 자질 향상 …………………………… 181

  05 | 해양교통 안전관리 ………………………………………… 182
    1. 해양사고의 원인 및 특징 …………………………… 182
    2. 해양사고 원인조사 및 안전정보 관리 …………… 185
    3. 해사 안전관리체계 …………………………………… 185
    4. 해양 종사자의 자질 향상 …………………………… 188

  ■ 연습문제 ……………………………………………………… 189

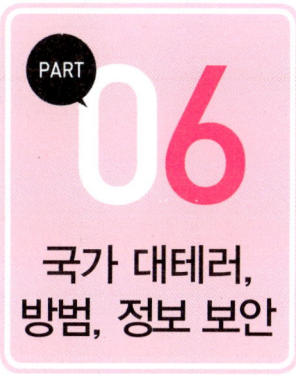

PART 06
국가 대테러, 방범, 정보 보안

  01 | 테러리즘의 개요 …………………………………………… 199
    1. 테러리즘의 위협 ……………………………………… 199
    2. 초국가적, 비군사적 위협 증대와 뉴테러리즘의 형태 … 199
    3. 테러와 대량살상무기(WMD)의 비확산 노력 …… 200
    4. 안전지대 없는 테러 ………………………………… 200
    5. 철저한 대비책 강구 필요 …………………………… 200
    6. 테러의 개념(다의성·포괄성·이념성) …………… 201

  02 | 테러리즘의 정의 …………………………………………… 202
    1. 의미 ……………………………………………………… 202
    2. 다양한 정의 …………………………………………… 203
    3. 미국의 정의 …………………………………………… 204
    4. 영국의 「테러리즘법(Terrorism Act)」의 정의 …… 205
    5. 100개 이상의 테러리즘에 대한 정의 …………… 205

  03 | 테러리즘의 유형 …………………………………………… 206
    1. 정치적 성향에 따른 분류 : 적색, 백색, 흑색 테러 …… 206
    2. 국가의 개입 여부에 따른 분류 ……………………… 207
    3. 사용주체에 따른 분류 : 위로부터의 테러와
       아래로부터의 테러 …………………………………… 208
    4. 테러 동기에 따른 분류 : 광인형·범죄형·순교형 …… 209

  04 | 테러의 공격형태 …………………………………………… 210
    1. 요인 암살(Assassination) ………………………… 210
    2. 인질 납치(Hostage Taking) ……………………… 210

3. 자살폭탄 및 폭파 테러 ···················· 211
　　　4. 항공테러리즘(Aviation Terrorism) ········ 211
　　　5. 해상 테러리즘 ······························ 212
　　　6. 사이버 테러리즘 ···························· 212
　　　7. 대량살상무기 테러리즘 ······················ 213
　　■ 연습문제 ··· 215

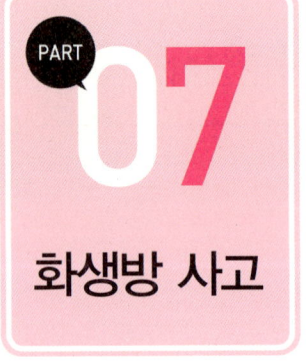

PART 07 화생방 사고

01 | 화생방의 개요 ······································ 221
　　　1. 화생방(CBR) ································ 221
　　　2. 화생방전의 형태 ····························· 221

02 | 화생방 작용제의 특성 및 종류 ······················ 222
　　　1. 화학작용제(Chemical-Agent) ············· 222
　　　2. 생물학작용제(Biological Agent) ··········· 225
　　　3. 방사능·방사선(Radioactivity·Radiation) ·· 227

03 | 화생방 장비 ·· 230
　　　1. 방독면 ······································· 230
　　　2. 탐지·해독·제독 키트 ······················ 233
　　　3. 기타 ··· 235

04 | 화생방 장비·물자 폐기처리지침 ·················· 236
　　　1. 목적 ··· 236
　　　2. 폐기처리 대상 ······························· 236

05 | 화생방 공격의 특성 및 행동요령 ·················· 238
　　　1. 화학무기 공격 ······························· 238
　　　2. 생물학무기 공격 ····························· 238
　　　3. 핵무기 공격 ································· 239

06 | 화생방테러 대응지침 및 판단요소 ················ 239
　　　1. 목표 ··· 239
　　　2. 대응지침 ····································· 239
　　　3. 판단 및 고려요소 ···························· 240
　　　4. 위기대응 조치 및 절차 ······················ 240
　　　5. 사고현장 활동 ······························· 241

07 | 화학물질 누출 시 대처요령 ······················· 242
　　　1. 염화수소(Hydrogen Chloride) ············· 242
　　　2. 암모니아(Ammonia) ························ 242
　　　3. 질산(Nitric Acid) ·························· 243

4. 황산(Sulfuric Acid) ·················· 243
　　　5. 포름알데하이드(Formaldehyde) ········ 243
　　　6. 톨루엔(Toluene) ······················ 244
　　　7. 벤젠(Benzene) ······················· 244
　　　8. 과산화수소(Hydrogen Peroxide) ······ 245
　　　9. 클로로포름(Chloroform) ··············· 245
　　　10. 염화에틸(Ethyl Chloride) ············ 245

08 | 화생방 사고 사례 ······················ 246
　　　1. 우크라이나 ··························· 246
　　　2. 일본 ································· 246
　　　3. 한국 ································· 247

■ 연습문제 ································· 248

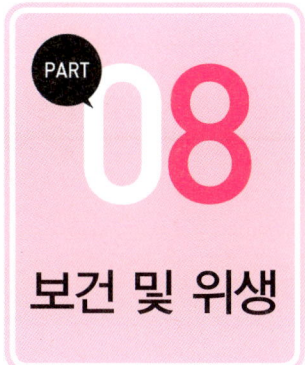

PART 08 보건 및 위생

01 | 안전보건관리체제의 의의 및 유형 ········ 257

02 | 산업안전보건법상의 안전보건관리체제 ··· 258
　　　1. 안전보건관리체제의 확립 ············· 258
　　　2. 안전보건관리조직체제별 임무 ········ 259

03 | 안전보건관리규정 ······················ 269

04 | 유해 · 위험예방 조치 ··················· 270
　　　1. 개념 ································· 271
　　　2. 유해 · 위험예방 조치의 유형 ········· 272

05 | 근로자의 보건관리 ····················· 278
　　　1. 산업보건관리의 필요성 ··············· 278
　　　2. 작업환경관리 ························ 280
　　　3. 작업관리 ····························· 284
　　　4. 건강관리 ····························· 284

06 | 안전보건교육 ·························· 293
　　　1. 사업장 내 안전보건교육의 의의 ······ 293
　　　2. 안전보건교육의 목표와 특성 ········· 294
　　　3. 교육훈련의 기본방향과 형태 ········· 294
　　　4. 산업안전보건법상의 안전보건교육 ··· 295

■ 연습문제 ································· 302

PART 09 재난윤리 및 심리

01 | 안전취약계층 보호 ······ 311
   1. 안전취약계층의 개념 ······ 311
   2. 해외 주요국의 안전취약계층의 지원체계 ······ 312
   3. 국내 안전취약계층의 법령 ······ 313

02 | 국가 및 공직자의 윤리 ······ 316
   1. 재난관리에 대한 국가의 책임 ······ 316
   2. 국가의 국민안전보장의무 ······ 317
   3. 공직자의 윤리 사례 ······ 317

03 | 인도주의와 윤리 ······ 320
   1. 인도주의의 개념 ······ 320
   2. 긴급구호활동 ······ 322
   3. 법적기반 ······ 322
   4. 정책방향 ······ 323

04 | 노블레스 오블리주 ······ 325
   1. 노블레스 오블리주의 어원 ······ 325
   2. 노블레스 오블리주의 사례 ······ 325

05 | 재난과 사회윤리 ······ 328
   1. 방관자 효과 ······ 328
   2. 선한 사마리아인의 법 ······ 328

06 | 안전심리와 불안전 행동 ······ 331
   1. 사고의 인적 요인 ······ 331
   2. 심리학과 안전심리 ······ 331

07 | 인간의 심리적 특성과 사고 ······ 333
   1. 불안전 행동의 요인 및 배후 요인 ······ 333
   2. 인간의 사고경향성 ······ 334
   3. 인간의 행동 특성 ······ 335
   4. 사고의 심리적 요인 ······ 336
   5. 동기와 정서 ······ 337

08 | 인간공학과 휴먼에러 ······ 339
   1. 휴먼에러와 예방대책 ······ 339
   2. 착오 ······ 342
   3. 착시 ······ 343
   4. 주의와 부주의 ······ 344
   5. 위험의 인지와 커뮤니케이션 ······ 346

09 | 피로와 스트레스 해소 ······ 347
   1. 피로 ······ 347
   2. 바이오리듬(Biorhythm) ······ 350
   3. 직무스트레스와 해소 ······ 350

10 | 안전상담과 심리치료 ·········· 353
    1. 상담의 필요성 ·········· 353
    2. 상담과 심리치료의 유형 ·········· 354
    3. 모랄 서베이(Morale Survey) ·········· 354
    4. 이상행동과 외상 후 심리치료 ·········· 355

■ 연습문제 ·········· 356

PART 10 안전문화 활동 및 교육

01 | 안전문화의 개념과 이론 ·········· 365
    1. 안전문화의 개념 ·········· 365
    2. 안전문화에 관한 이론 ·········· 367
    3. 무재해운동 이론과 기법 ·········· 370

02 | 안전문화운동의 의의 ·········· 374
    1. 민간 안전문화 활동의 지속성 결여 ·········· 374
    2. 정부주도 안전문화 활동의 실패 ·········· 375

03 | 안전문화운동 추진전략 ·········· 378
    1. 핵심사업의 추진 ·········· 378
    2. 안전복지 시책의 확산 ·········· 378
    3. 안전문화 재원 조성 ·········· 379

04 | 안전문화운동 활성화 방안 ·········· 380
    1. 안전계몽활동 ·········· 380
    2. 안전문제 참여 ·········· 381
    3. 안전봉사활동의 참여 ·········· 381
    4. 안전문화진흥법령의 제정 ·········· 382
    5. 산업 안전문화의 정착 ·········· 384

05 | 안전교육의 개념 ·········· 389
    1. 국민안전의 정의 ·········· 389
    2. 안전교육의 중요성 ·········· 390
    3. 안전교육의 개념 ·········· 392

06 | 안전교육 전문기관 현황 ·········· 393
    1. 국내 안전교육 기관 ·········· 394
    2. 해외 안전교육 기관 ·········· 395
    3. 안전교육 추진전략 ·········· 402

07 | 안전교육 자격제도 및 체계 ·········· 403
    1. 안전분야 국가전문자격 ·········· 404
    2. 안전분야 민간자격 ·········· 406

08 | 안전교육 관련 법률 ···································· 407
    1.「국민 안전교육 진흥 기본법」주요 내용 ············ 408
    2.「국민 안전교육 진흥 기본법 시행령」주요 내용 ······ 410
    3. 국민 안전교육 기본계획 ··························· 411
    4. 안전교육 활성화 방안 ····························· 412

■ 연습문제 ·· 414

PART 11 생활안전

01 | 생활안전의 개념 ······································· 423

02 | 실내 생활안전 ··· 424
    1. 생활안전의 필요성 ································· 424
    2. 생활안전 내용 ····································· 425
    3. 생활안전 점검 ····································· 427

03 | 실외 생활안전 ··· 432
    1. 안전기준 ··· 432
    2. 연안역에서의 생활안전 ····························· 436

■ 연습문제 ·· 442

PART 01 안전관리 개요

1 안전관리의 개념
1. 안전관리의 정의와 특성
2. 안전관리 관련 용어

2 안전사고 및 예방
1. 사고발생 현황
2. 사고의 개념
3. 사고발생 이론
4. 사고발생 원인의 4요소
5. 사고예방의 원리

3 안전관리조직
1. 안전관리조직의 필요성
2. 안전관리조직 구성 시 고려사항
3. 안전관리조직 형태

4 안전 활동
1. 안전 활동의 목표
2. 주요 안전 활동
3. 안전관리의 단계

PART 01 안전관리 개요

01 안전관리의 개념

1. 안전관리의 정의와 특성

안전은 건강하고 행복한 삶을 누리고 싶어 하는 인간의 기본적인 욕구를 충족시키기 위한 전제 조건이며 오늘날 우리 사회가 추구하고 있는 '삶의 질'을 향상시키기 위한 가장 중요한 요소이다. 현재 우리가 살고 있는 사회는 사고로 인하여 경제적 손실을 입거나 생명을 잃는 위험에 노출되어 있기 때문에 어느 누구도 절대적으로 안전하다고 말할 수 없다. 특히, 최근에 발생한 수차례의 대형 사고는 많은 인명과 재산 피해를 초래하였다. 이러한 사례를 통해 사회 구성원들은 인명과 재산 피해를 매우 중요한 사회문제로 인식하고 있으며, 안전에 대한 국민의 요구도 지속적으로 증대되고 있다.

각종 재난으로부터 안전하기 위해서는 안전한 환경조성과 안전에 관한 지식, 기능, 태도, 습관 등이 지속적으로 훈련 및 교육되어야 한다. 안전 훈련 및 교육은 일상생활 속에서 전 생애에 걸쳐 지속되어야 하며 이를 통하여 체계적인 안전 지식을 습득하고, 올바른 행동 및 안전에 대한 가치관을 형성해야 한다.

1) 안전관리의 정의

"안전"이란 용어는 여러 가지 뜻으로 통용, 해석되고 있어 한마디로 축약하여 정의하기에는 매우 어렵다. 안전의 사전적 정의는 "위험이 생기거나 사고가 날 염려가 없음, 또는 그런 상태"를 의미한다. 안전공학 측면에서의 안전은 "안정되며 위험하지 않은 상태를 말할 뿐만 아니라 그것이 완전한 상태에 달해 있고, 재차 부족한 일이 없는 상태"를 말하는 것을 의미한다. 이것은 실제로 재앙이나 위험이 없는 상태를 의미할 뿐만 아니라 인간이 상해를 받거나 또는 받을 걱정이 없는 상태, 사물이 손해나 손상을 입거나 또는 그 우려가 없는 상태로 재앙이나 위험이 없는 것을 의미한다.

(1) 안전(Safety)의 사전적 의미

웹스터(Webster) 사전에서 정의한 안전의 의미를 보면 "안전은 상해, 손실, 감손, 위해 또는 위험에 노출되는 것으로 부터의 자유를 말하며, 그와 같은 자유를 위한 보관, 보호 또는 방호장치와 시건 장치, 질병의 방지에 필요한 기술 및 지식"이라고 정의하고 있다.

(2) 산업안전에서의 안전관리 정의

산업안전에서의 안전관리란 생산성의 향상과 손실의 최소화를 위하여 행하는 것으로 비능률적인 요소인 사고가 발생하지 않는 상태를 유지하기 위한 활동을 의미한다. 즉 재해로부터 인간의 생명과 재산을 보호하기 위한 계획적이고 체계적인 제반 활동으로 정의할 수 있다.

(3) 재난 및 안전관리 기본법 상의 안전관리 정의(제3조의 4)

재난 및 안전관리 기본법상에서 안전관리란 재난이나 그 밖의 각종 사고로부터 사람의 생명·신체 및 재산의 안전을 확보하기 위하여 하는 모든 활동을 의미한다.

2) 안전관리의 특성

우리 사회 곳곳에서는 아직도 안전에 대한 부주의, 무관심, 불감증 등으로 인해 각종 사고가 발생하고 있다. 이와 같은 사고를 예방하기 위하여 안전교육은 매우 중요하다. 인류는 건강한 삶을 위하여 질병을 예방할 수 있는 치료약을 개발한 것처럼, 21세기의 새로운 질환이라고 말할 수 있는 사고를 예방하는 길은 안전 훈련 및 교육 방안을 개발하고, 학습함으로써 안전하고 건강한 삶을 영위할 수 있다. 안전관리의 구체적 특성은 다음과 같다.

(1) 삶을 영위하기 위한 수단

안전은 삶의 기반으로서 필수불가결한 것이며, 우리가 보다 나은 삶을 영위하기 위한 수단이다. 그러나 안전은 그것을 상실하지 않으면 가치를 실감하기 어렵다는 특성으로 인하여, 사고로 인하여 상처를 입고 나서야 중요성을 인식하고 이를 습득하려 하는 경향이 있다. 따라서 안전에 관한 지식이나 안전행동요령은 어렸을 때부터 학습을 통하여 각자가 일상생활 속에서 부단한 실천을 통하여 건강하고 안전한 삶을 영위하기 위한 행동으로 연결시키는 것이 중요하다.

> 안전교육 실시 → 안전에 대한 올바른 가치관 형성 → 안전철학 확립

(2) 전파되는 안전의식

과거 질병의 역사를 보면 특정 시대에 특정 질병이 크게 유행하였다는 사실을 알 수 있다. 예를 들면 유럽에서 유행한 13세기의 나병, 14세기의 페스트, 16세기의 매독, 17~18세기의 두창이나 발진티푸스, 19세기의 콜레라와 결핵, 20세기의 인플루엔자, 암, 심장병 등이 그 예이다.

이러한 질병들이 가지고 있는 전염성처럼, 안전 또한 전파되는 특성을 가지고 있다. 예를 들어 안전의식을 가진 한 사람, 두 사람이 교통질서를 바로 지키기 시작하면 그들이 속한 사회의 사람들이 교통질서를 지키게 되고, 이는 사회 전체로 전파된다. 그러나 안전의식이 부족한 사람이 한 두 명씩 증가하여 교통질서를 위반하고, 이에 따른 이득을 취하게 되면 이 부적절한 행동은 더욱 빠르게 전파된다. 그러므로 교통질서를 준수하는 안전문화가 형성되어 있는 사회에서는 교통사고로 인한 사망률이 매우 낮으며, 그렇지 않은 사회에서는 사망률이 높은 경우가 많다.

따라서 건강한 삶을 영위하기 위하여 질병을 예방할 수 있는 치료약을 개발하였듯이 21세기의 새로운 질환이라고 말할 수 있는 사고를 예방하려면 안전 훈련 및 교육 방안이 강구되어야 한다. 안전 훈련 및 교육은 건강하고 안전한 사회로 발전할 수 있는 첫 단계라고 할 수 있다.

질병 → 장애 → 치료약 → 건강
사고 → 재해 → 안전 훈련 및 교육 → 안전

(3) 지속적인 평생교육

인간은 생후 얼마 동안은 안전에 대한 능력이 매우 취약한 존재이다. 신생아의 경우 스스로의 힘으로 먹을 수도 걸을 수도 없다. 시력이나 청력도 발달되어 있지 않아 인지능력이 미약하다. 이들은 자립할 수 없을 뿐만 아니라 생명을 유지하는 일도 불가능하다. 그러나 유아기에서 청소년기를 지나는 동안 인간은 고도의 사회생활 능력을 습득하게 되며 특히 의식주를 중심으로 안전행동 관련 지식과 기술을 습득하게 된다.

이렇듯, 인간의 성장 발달과 생애주기에 따라 강조되어야 할 안전 행동에는 차이가 있다. 따라서 유아기에는 가정교육을, 청소년기에는 학교교육을, 성인이 되면 직장의 안전관리나 사회교육을 통한 안전교육이 필요하며 안전지식이나 기술을 습득할 수 있도록 평생 지속적으로 교육되어야만 안전한 삶을 영위할 수 있을 것이다.

① 안전 훈련 및 교육의 원리
- 일회성의 원리 : 단 1회의 훈련 및 교육의 실시 여부에 따라 생존과 사망을 결정할 수 있는 특성
- 지역적 특수성의 원리 : 지형, 산업, 인구구조 등 지역적 특수성을 고려하여 실시
- 인성 교육의 원리 : 타인의 생명을 존중하고 복지에 관심을 갖도록 해주는 인격에 관한 교육
- 실천 교육의 원리 : 잠재적인 위험상황 예측 능력과 올바른 대처 기술 습득 등 교육을 통한 안전태도 및 습관을 형성

2. 안전관리 관련 용어

1) 안전관리
재난이나 그 밖의 각종 사고로부터 사람의 생명·신체 및 재산의 안전을 확보하기 위하여 하는 모든 활동을 말한다.

2) 안전기준
각종 시설 및 물질 등의 제작, 유지관리 과정에서 안전을 확보할 수 있도록 적용하여야 할 기술적 기준을 체계화한 것을 말하며 안전기준의 분야 및 범위는 표 1-1과 같다.

▼ 표 1-1 안전기준의 분야 및 범위

안전기준의 분야	안전기준의 범위
1. 건축 시설 분야	다중이용업소, 문화재 시설, 유해물질 제작·공급시설 등 관련 구조나 설비의 유지·관리 및 소방 관련 안전기준
2. 생활 및 여가 분야	생활이나 여가활동에서 사용하는 기구, 놀이시설 및 각종 외부활동과 관련된 안전기준
3. 환경 및 에너지 분야	대기환경·토양환경·수질환경·인체에 위험을 유발하는 유해성 물질과 시설, 발전시설 운영과 관련된 안전기준
4. 교통 및 교통시설 분야	육상교통·해상교통·항공교통 등과 관련된 시설 및 안전 부대시설, 시설의 이용자 및 운영자 등과 관련된 안전기준
5. 산업 및 공사장 분야	각종 공사장 및 산업현장에서의 주변 시설물과 그 시설의 사용자 또는 관리자 등의 안전부주의 등과 관련된 안전기준(공장시설 포함)
6. 정보통신 분야 (사이버 안전 분야 제외)	정보통신매체 및 관련 시설과 정보보호에 관련된 안전기준
7. 보건·식품 분야	의료·감염·보건·복지·축산·수산·식품 위생 관련 시설 및 물질 관련 안전기준

3) 안전문화활동

안전교육, 안전훈련, 홍보 등을 통하여 안전에 관한 가치와 인식을 높이고 안전을 생활화하도록 하는 등 재난이나 그 밖의 각종 사고로부터 안전한 사회를 만들어가기 위한 활동을 말한다.

4) 재난

재난 및 안전관리 기본법에 의하면 "재난"이란 국민의 생명・신체・재산과 국가에 피해를 주거나 줄 수 있는 것으로서 자연재난과 사회재난으로 구분된다. 자연재난은 태풍, 홍수, 호우(豪雨), 강풍, 풍랑, 해일(海溢), 대설, 낙뢰, 가뭄, 지진, 황사(黃砂), 조류(藻類) 대발생, 조수(潮水), 화산활동, 그 밖에 이에 준하는 자연현상으로 인하여 발생하는 재해를 말한다. 사회재난은 화재・붕괴・폭발・교통사고(항공사고 및 해상사고를 포함한다)・화생방사고・환경오염사고 등으로 인하여 발생하는 대통령령으로 정하는 규모 이상의 피해와 에너지・통신・교통・금융・의료・수도 등 국가기반체계의 마비, 「감염병의 예방 및 관리에 관한 법률」에 따른 감염병 또는 「가축전염병예방법」에 따른 가축전염병의 확산 등으로 인한 피해로 정의된다.

5) 재난관리

재난의 예방・대비・대응 및 복구를 위하여 하는 모든 활동을 말한다.

6) 위기

위기의 어원은 위(危 : danger)와 기(機 : chance)의 합성어로, 위험과 기회의 갈림길이라는 고비(turning point)의 상태를 말하며, 불안정하고 위험한 상황을 초래하거나 초래할 수 있는 돌발적인 사건을 말한다.

7) 위기관리

무대책인 채로 그대로 방치하면 극히 가까운 장래에 대규모의 인적・물적 피해를 발생시킬 수 있거나 혹은 그와 같은 사태에 이를 가능성을 갖고 있는 상태 또는 상황으로서, 이를 통제하면서 제거나 감소시키기 위하여 취하는 조직적인 제반 조치 및 노력의 전체를 말한다.

02 안전사고 및 예방

오늘날 사고로 인한 사망자 수는 국가에서 전쟁에 의한 사망자 수보다 많다. 현대 사회에서의 사고는 심각한 사회적 문제이며, 이는 머지않아 질병에 의한 사망자 수보다도 많아질 것으로 전망되고 있다. 사고는 개인의 손실일 뿐만 아니라 그 가족의 아픔과 국가적 차원의 인적 자원의 손실이기 때문에, 이로 인한 손실 규모는 단순히 눈에 보이는 것 이상일 수 있다.

1. 사고발생 현황

오늘날 급속한 경제성장과 함께 도시화는 생활을 편리하고 풍요롭게 하는 반면, 우리의 안전을 위협하는 요인들도 함께 증가시켜서, 사고의 범위와 피해는 점점 심각해지고 있다. 특히, 여러 대형 사고는 많은 인명과 재산 피해를 가져왔고, 이에 따라 사고는 이제 가장 위협적인 사회문제로 대두되고 있으며, 안전에 대한 국민의 요구도 날로 증대되고 있다.

생애주기별 사망원인을 살펴보면, 질병으로 인한 사망뿐만 아니라 교통사고와 같은 비의도적 손상과 자살과 같은 의도적 손상으로 인한 사망사고가 급격히 증가하고 있으며 이에 대한 대책마련이 시급한 실정이다. 통계청 자료에 의하면 우리나라 주요 사망원인은 60대 이상에서는 암, 뇌혈관질환, 심장질환 등 질병에 의한 사망이 주를 이루고, 40~50대에서는 암, 간질환, 자살, 10~30대에서는 자살, 암, 교통사고로 인한 사망자수가 많은 것으로 나타났다. 미국의 질병관리본부(Centers for Disease Control and Prevention) 자료에 따르면 50대 이하 연령층에서는 비의도적 손상과 자살 및 타살이 전체 조기사망으로 인한 수명손실의 30% 가량을 차지하고 있다.

심각한 폐해를 가져오는 사고는 전혀 예측 불가능하거나 피할 수 없는 사건이 아니며, 물리적 환경을 재정비하거나 적절한 훈련 및 교육으로 인한 행동 패턴 수정을 통해 예방할 수 있다. 안전 훈련 및 교육은 안전에 관한 지식·태도·행동을 이해하고 자신과 타인의 생명을 존중하며, 안전한 생활을 영위할 수 있도록 하는 가장 근본적인 예방대책이 될 수 있다.

2. 사고의 개념

사고는 일반적으로 '의도하지 않은 상황에서 불안전하게 형성된 습관과 행동으로 예기치 못하게 발생된 상해'를 의미한다. 이러한 사고의 개념에 대해서 세계보건기구(World Health Organization, WHO)에서는 '알아 볼 수 있는 상처를 입히는 우발적 사건'이라고 정의하였고, 미국 공중위생부(National Health Survey)에서는 '적어도 하루 정도는 일상 활동이 제한되는 손상'이라 정의하고 있다.

미국의 안전권위자인 블래이크(R. P. Blake)는 "사고란 당면하는 사상의 정상적인 진행을 저지 또는 방해하는 사건이다."라고 정의하고 있다. 이것은 넓은 의미의 정의이며, 상해의 유무를 논하지 않고, 예정대로 일이 진행되지 않는 어떠한 사건에 부딪힌 사실을 의미한다. 즉, 교통마비로 인해 어떤 목적지에 도착하지 못하는 경우에도 사고로 볼 수 있다. 그러나 안전관리에서 말하는 사고는 이것보다 좁은 범위를 가진다. 예를 들면 운전 중에 브레이크가 외부 충격을 받아 파손되면 운전자는 차를 제어하지 못하고 가드레일을 들이받아 상해를 입는다. 이러한 경우 자동차의 브레이크가 파손된다고 하는 사건을 "사고"라고 부르고, 운전자가 가드레일을 들이받아 상해를 받았다는 사건은 "재해"라고 정의한다. 만약 운전자 그 즉시 탈출하거나 차가 자연스럽게 정지하여 상해를 입지 않았다면 "부품의 파손"이라는 사고일 뿐이다.

따라서 안전사고란 고의성이 없는 어떤 불안전한 행동이나 조건이 선행되어, 일을 저해하거나 또는 능률을 저하시키며 직접 또는 간접적으로 인명이나 재산의 손실을 가져올 수 있는 사건을 말한다.

3. 사고발생 이론

1) 하인리히(H. W. Heinrich)의 이론

(1) [1 : 29 : 300]의 법칙

우리는 일상생활에서 길을 걷다가 또는 차를 타고 내리면서 혹은 집안에서 수많은 작은 사고를 경험하게 된다. 하지만 이와 같은 사고가 큰 사고의 잠재적 원인이라고 생각하기보다는 단순한 실수로 간과해 버린다.

이에 대하여 미국의 트래블러스 보험사 엔지니어링 및 손실통제 부서에 근무하면서 75,000건의 사고통계를 분석한 하인리히(H.W Heinrich)는 [1 : 29 : 300]의 법칙을 그

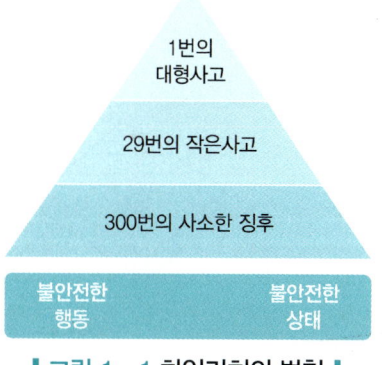

그림 1-1 하인리히의 법칙

림 1-1에 제시된바와 같이 주장하였다. 하인리히의 법칙에 따르면, 대형 사고가 발생했다면 그전에 같은 원인으로 29번의 작은 사고들이 발생했고, 또 사고가 발생하지는 않았지만 이와 유사한 징후가 300번은 있었을 것이라는 뜻이다. 즉 대형사고가 발생하기 전에는 같은 원인을 갖는 여러 번의 작은 사고와 이를 나타내는 수차례의 징후가 나타나기 때문에 사전에 예방조치를 취하면 대형 사고를 방지할 수 있다는 것으로, 손실은 우연적이지만, 사고는 필연적 원인에 의해 발생한다는 것이다.

(2) 고전적 도미노이론

사고의 원인을 연쇄모형으로 설명할 때는 하인리히의 도미노이론을 적용한다. 상호 밀접한 관계를 가지고 있는 5개의 도미노를 세워 놓았을 때, 그 중 하나의 도미노가 넘어지면 이로 인하여 나머지 도미노가 연쇄적으로 넘어지면서 재해가 발생한다는 이론이다. 즉, 사고의 원인에 대한 연쇄적 반응을 '1.사회적 환경 및 유전적 요소(선천적 결함), 2.신체·정신적 결함(인간의 결함), 3.불안전한 상태 및 행동(기계적·물리적 위험성), 4.사고, 5.인명 및 재산 손실(재해)' 이라는 5개의 도미노를 통해 설명하는 것이다.

사고의 연쇄성은 작은 번호에서부터 세워진 도미노를 큰 번호 쪽으로 쓰러뜨릴 때 도미노 현상과 같은 연쇄반응을 일으키게 된다. 이때 4.사고 도미노 이전에 1, 2, 3번 도미노 중 어느 하나라도 제거한다면 사고까지 연결되지 않아 사전에 사고를 예방할 수 있다(그림 1-2).

① 1단계 : 사회적 환경 및 유전적 요소(선천적 결함)
② 2단계 : 신체·정신적 결함(인간의 결함)
③ 3단계 : 불안전한 상태 및 행동(기계적·물리적 위험성)
④ 4단계 : 사고
⑤ 5단계 : 인명 및 재산 손실(재해)

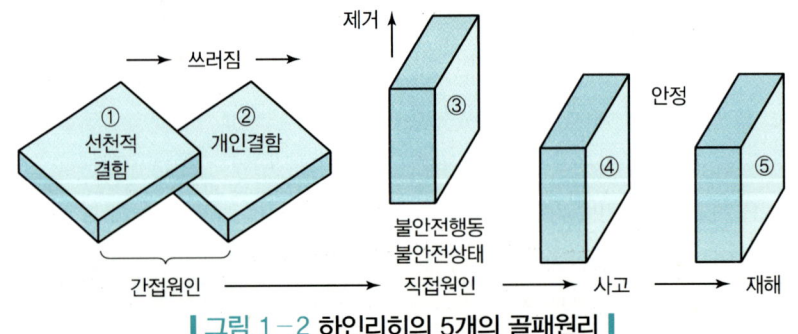

┃그림 1-2 하인리히의 5개의 골패원리┃

2) 프랭크 버드(Frank E. Bird)의 이론

(1) [1 : 10 : 30 : 600]의 법칙

프랭크 버드는 사고발생 구성비율에 1 : 10 : 30 : 600 법칙을 적용하여 하인리히 이론의 경상단계에서 경상(물적·인적 손실), 무상해사고(물적 손실) 단계로 세분화하여 대형사고가 1회 발생하기 전 이와 유사한 물적 또는 인적 손실의 경상사고가 10회 발생하고, 경상사고가 발생하기 전 이와 유사한 무상해 사고가 30회 발생하고, 무상해사고가 발생하기 전 무상해·무사고 고장과 같은 사고가 600회 비율의 위험순간이 발생한다고 하였다.

(2) 신도미노 이론

프랭크 버드의 신도미노 이론은 도미노이론 5가지 단계를 제어의 부족, 기본원인, 직접원인, 사고, 재해손실로 보고 재해의 발생은 직접원인보다 기본원인을 제거함으로써 안전사고를 예방할 수 있다고 보고 있으며, 이에 따른 재해 연쇄의 사고발생 과정을 그림 1-3과 같이 5개의 단계로 제시하고 있다.

① 1단계 : 제어의 부족(lack of control-management)
② 2단계 : 기본원인(basic cause-origins)
③ 3단계 : 직접원인(immediate causes-symptoms)
④ 4단계 : 사고(accident-contact)
⑤ 5단계 : 재해손실(injury-damage-loss)

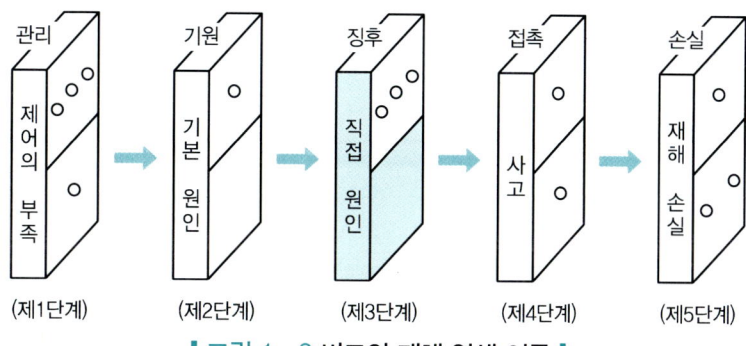

▎그림 1-3 버드의 재해 연쇄 이론 ▎

4. 사고발생 원인의 4요소

안전을 과학적으로 진행시키기 위해서는 인간의 실수를 과학적으로 이해해야 한다. 오늘날 재해분석의 방법에서 가장 효과적인 것으로 미국 공군에서 개발하여 미국 연방교통안전위원회(National Transportation Safety Board, NTSB)가 채택하고 있는 안전의 근본원인을 규명하는 방법이 있다. 이는 재해라는 최종결과로 중대한 관계를 가진 사항의 전부를 조사하고 분석하여 재해 발생의 연쇄관계를 명확히 하고 그 결과를 검토하는 키워드로 4개의 M을 규정하였다. 즉, 인간의 직접적인 불안전한 상태나 불안전한 행동을 발생시키는 재해의 기본원인을 인간(Man), 장비(Machine), 정보·환경(Media), 조직관리(Management)의 4가지 요소(4M)로 파악한 이론이다.

1) 인간(Man)

활동하는 인간 자체가, 사고의 요인이 된다는 것이다. 인간이 불안전한 행동을 일으키는 원인은 크게 3가지로 분류된다.
① 심리적 원인 : 망각, 걱정거리, 무의식 행동, 위험감각, 지름길 반응, 생략행위, 억측판단, 착오 등
② 생리적 원인 : 피로, 수면부족, 신체기능, 알코올, 질병, 나이 먹는 것 등
③ 직장적 원인 : 직장의 인간관계, 리더십, 팀워크, 커뮤니케이션 등

2) 장비(Machine)

건물이나 시설, 설비 및 기자재 등이 갖춰지지 않거나, 결함이 있는 경우, 혹은 기능 불량 등이 있을 때에는 사고의 위험성이 높다. 이 경우는 불안전한 행동과 무관하게 사고가 일어날 수 있다.
① 기계·설비의 설계상의 결함
② 위험방호의 불량
③ 본질 안전화의 부족(인간공학적 배려의 부족)
④ 표준화의 부족
⑤ 점검 정비의 부족

3) 정보·환경(Media)

기상조건이나 현장 부근의 입지조건, 재난 등에 의해 만들어진 환경이나 정보가 공유되고 있지 않는 상황으로 작업 공간, 환경의 문제점, 작업 정보의 부적절함 등의 원인으로 사고가 일어날 수 있다.
① 작업 정보의 부적절
② 작업자세, 작업동작의 결함
③ 작업방법의 부적절
④ 작업공간의 불량
⑤ 작업환경 조건의 불량

4) 조직관리(Management)

안전관리교육의 미실시, 지휘자로서의 관리능력 저하 등 관리감독의 불찰, 안전관리활동이 잘 이루어지지 않는 상황을 말한다.

① 관리조직의 결함　　　② 규정·매뉴얼의 미구비
③ 안전관리 계획의 불량　　④ 훈련·교육 부족
⑤ 부하에 대한 지도·감독 부족　⑥ 적성배치의 불충분
⑦ 건강관리의 불량 등

사고의 발생은 이들 4M이 상호관계 되어 ① 불안전한 환경(상태)이 조성되고 ② 활동(작업)하는 직원이 불안전한 행동을 취하게 됨에 따라 그 결과로 나타나는 현상으로 설명할 수 있다. 재해발생의 각 요인별 연쇄관계를 살펴보면 그림 1-4와 같다.

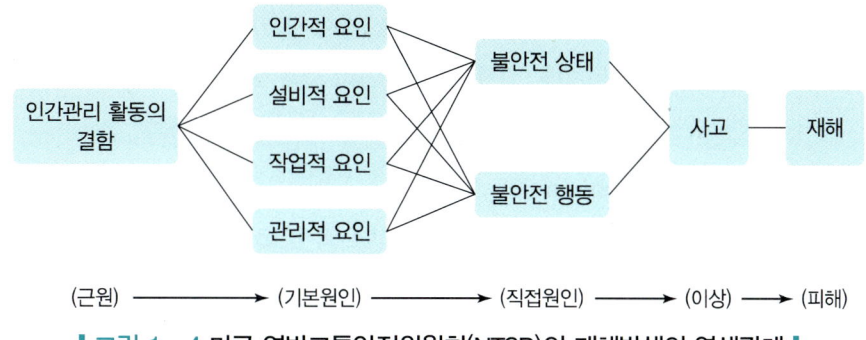

그림 1-4 미국 연방교통안전위원회(NTSB)의 재해발생의 연쇄관계

5. 사고예방의 원리

1) 사고예방 4원칙

하인리히는 그의 저서인 「산업사고예방론(Industrial Accident Prevention)」을 통해 산업안전의 원칙을 제시했는데, 이는 다음과 같은 4가지로 요약할 수 있다.

(1) 손실우연의 원칙

재해손실은 사고발생 시 사고대상의 조건에 따라 달라지므로 한 사고의 결과로서 생긴 재해손실은 우연성에 의하여 결정된다. 따라서 재해방지의 대상은 우연성에 좌우되는 손실의 방지보다는 사고발생 자체의 방지가 되어야 한다.

(2) 원인연계의 원칙

재해발생에는 반드시 원인이 있다. 즉 사고와 손실과의 관계는 우연적이지만 사고와 원인관계는 필연적이다.

(3) 예방가능의 원칙

재해는 원칙적으로 원인만 제거되면 예방이 가능하다.

(4) 대책선정의 원칙

재해예방을 위해 안전대책은 반드시 존재한다. 재해방지를 위한 안전대책에는 다음과 같은 것이 있다.
① 기술적 대책
② 교육적 대책
③ 관리적 대책

2) 사고예방원리 5단계

하인리히는 이러한 산업안전원칙의 기초 위에서 사고예방원리라는 5단계적인 방법을 제시하였다. 이 5단계의 활동 절차는 그 후 여러 가지 새로운 방법론이 제기되면서 수정되어 왔으나 원칙적인 기본 형태는 큰 변화 없이 응용되고 있다.

(1) 제1단계 : 조직(Organization)

안전관리를 함에 있어 가장 먼저 안전관리자의 임명 등 안전관리조직을 구성하여 안전 활동 방침 및 계획을 수립하고 전문적 기술을 가진 조직구성을 통한 안전 활동을 전개함으로써 경영진을 포함한 전 종업원의 참여하에 집단의 목표를 달성한다.

(2) 제2단계 : 사실의 발견(Fact Finding)

각종 사고 및 안전활동의 기록 검토, 작업분석, 안전점검 및 안전진단, 사고조사, 안전회의 및 토의, 종업원의 건의 및 여론조사 등을 통하여 불안전 요소를 발견한다.

(3) 제3단계 : 분석(Analysis)

사고 보고서 및 현장조사, 사고기록, 인적·물적 조건의 분석, 작업공정의 분석, 교육과 훈련의 분석 등을 통하여 사고의 직접 및 간접 원인을 규명한다.

(4) 제4단계 : 시정책의 선정(Selection of Remedy)

분석을 통하여 색출된 원인을 토대로 효과적인 개선방법을 선정해야 한다. 개선방안에는 기술적 개선, 인사조정, 교육훈련의 개선, 안전행정의 개선, 규정 및 수칙의 개선, 확인 및 통제 체제 개선 등이 있다.

(5) 제5단계 : 시정책의 적용(Adaption of Remedy)

시정방법이 선정된 것만으로 문제가 해결되는 것이 아니므로 반드시 적용되어야 하며, 목표를 설정하여 실시하고 실시결과를 재평가하여 불합리한 점은 재조정되어 실시되어야 한다. 시정책은 3E, 즉 기술(Engineering), 교육(Education), 관리(Enforcement) 측면에 적용함으로써 이루어진다.

3) 위험성 평가

성공적인 안전관리는 위험요인의 잠재위험 인식에서부터 출발한다. 즉, 잠재적인 위험요인들이 어떠한 조건과 상태에서 재해로 발전할 것인가를 정확하게 인식하기 위한 체계적인 분석이 필요하다. 이것이 위험성 평가의 주된 목적이다.

위험성 평가는 〈1단계〉사전준비, 〈2단계〉위험요인 파악, 〈3단계〉위험성 추정, 〈4단계〉위험성 결정, 〈5단계〉위험성 감소대책 수립 및 실행, 〈6단계〉실시내용 및 결과의 기록단계로 구성되어 있다.

① 사전준비 단계에서는 위험성 평가 실시계획서를 작성, 평가대상 선정, 평가에 필요한 각종 자료를 수집한다.
② 위험요인 파악 단계에서는 점검 및 체크리스트 등을 활용하여 사업장 내의 위험 요인을 파악한다.
③ 위험성 추정 단계에서는 위험요인이 부상 또는 질병으로 이루어질 수 있는 가능성 및 중대성의 크기를 추정하여 위험성 크기를 산출한다.
④ 위험성 결정 단계에서는 위험요인별 위험성 추정결과와 사업장의 허용 가능한 위험성의 기준을 비교하여 추정된 위험성의 크기가 허용 가능한지의 여부를 판단한다.
⑤ 위험성 감소대책 수립 및 실행 단계에서는 위험성 결정단계에서 결정된 허용 불가능한 위험성을 합리적으로 실천 가능한 범위에서 가능한 한 낮은 수준으로 감소시키기 위한 대책을 수립하고 실행한다.
⑥ 실시내용 및 결과의 기록단계에서는 위험성 평가실시 내용과 결과를 기록한다.

위험성 평가의 각 단계는 연속된 과정으로 평가는 1회성이 아니기 때문에 완료의 개념이 아니며, 위험성이 허용 가능한 수준이 될 때까지 위 순서를 반복하여야 한다. 위험성 평가는 상황별 기존의 지식을 기초로 수행되어야 하고, 평가결과는 평가자들의 지식과 경험, 적용시기 등에 따라 차이가 있으며, 동일한 평가결과도 서로 다른 팀에 따라 상이한 결과가 도출될 수 있다.

03 안전관리조직

1. 안전관리조직의 필요성

안전관리에서 가장 기본적인 활동은 안전관리조직의 구성이며, 집단의 목표달성을 위해서 각자가 부여받은 임무에 대한 조직을 편성하는 것은 매우 중요하다. 안전관리조직이 편성되면 조직 구성원들에게 안전관리 직무를 분장하고 책임을 부여하며, 그것을 안전관리규정으로 정하여야 한다. 그리고 지정된 규정에 의해 안전관리계획을 수립하여 집행하여야 한다.

2. 안전관리조직 구성 시 고려사항

① 구성원의 책임과 권한을 명확하게 규정하여야 한다.
② 생산조직과 연계된 조직이 되어야 한다.
③ 회사의 특성과 규모에 부합되게 구성되어야 한다.
④ 조직의 기능이 충분히 발휘될 수 있는 제도적 체계가 갖추어져야 한다.

3. 안전관리조직 형태

1) 라인(Line)형

(1) 개요

① 직계식 조직
② 안전관리에 관한 계획에서 실시에 이르기까지의 모든 권한이 포괄적이고 직선적으로 행사되며, 조직 전체에 안전관리 기능을 부여하여 안전을 전문으로 분담하는 부분이 없다.
③ 전문지식과 기술이 적극적으로 요구되지 않는 소규모 사업장(100명 이하)에 적합하다.

(2) 특징

① 장점
- 안전지시나 개선조치가 각 부분의 직제를 통하여 생산업무와 같이 흘러가므로 지시나 조치가 철저할 뿐만 아니라 그 실시도 빠르다.
- 명령과 보고가 상하관계 뿐이므로 간단명료하다.

② 단점
- 안전에 대한 정보가 불충분하며 안전전문 입안이 되어 있지 않아 내용이 빈약하다.
- 생산업무와 같이 안전대책이 실시되므로 불충분하다.
- 라인에 과중한 책임을 지우기가 쉽다.

2) 스태프(Staff)형

(1) 개요

① 참모식 조직
② 안전관리를 담당하는 스태프(참모)를 두고 안전관리에 관한 계획, 조사, 검토, 권고, 보고 등을 담당하도록 하는 관리 방식이다.
③ 중규모 사업장(100~1,000명 정도)에 적합하다.

(2) 특징

① 장점
- 사업장의 특수성에 적합한 기술연구를 전문적으로 할 수 있어 안전지식 및 기술 축적에 용이하다.
- 경영자가 조언과 자문역할을 한다.

② 단점
- 생산 부분에 협력하여 안전 명령을 전달 실시하므로 안전 지시가 용이하지 않으며 안전과 생산을 별개로 취급하기 쉽다.
- 생산부분은 안전에 대한 책임과 권한이 없다.
- 권한 다툼이나 조정 때문에 통제 수속이 복잡해지며 시간과 노력이 소모된다.

3) 라인(Line) – 스태프(Staff) 혼합형

(1) 개요

① 라인형과 스태프형의 장점을 취한 절충식 조직 형태로 안전업무를 전문으로 담당하는 스태프를 두고 생산 라인의 각층에도 겸임 또는 전임의 안전 담당자를 두어서 안전대책은 스태프 부분에서 기획하고 이것을 라인을 통하여 실시하도록 한 조직형태이다.
② 라인-스태프 혼합형에 있어서는 라인과 스태프가 협조를 이루어 나갈 수 있으며 라인에게는 생산과 안전보건에 관한 책임과 권한이 동시에 지워지게 됨으로 안전보건업무와 생산업무가 균형을 유지할 수 있어 이상적인 조직이라 할 수 있다.
③ 근로자 1,000명 이상의 대규모 사업장에 유효하다.

(2) 특징

① 장점
- 직계참모조직 혼합형으로 라인형과 스태프형의 장점을 절충한 방식이다.
- 스태프에 의해 입안된 것을 경영자의 지침으로 규정하여 명령 체계를 통해 실시하도록 하므로 정확하고 신속하게 실시된다.
- 스태프가 안전입안 계획 평가 조사를 실시하고 라인이 생산기술의 안전대책을 실시하므로 안전 활동과 생산 업무가 균형을 유지할 수 있다.

② 단점
- 명령계통과 조언 및 권고적 참여가 혼동되기 쉽다.
- 라인이 스태프에만 의존하거나 또는 전혀 활용치 않는 경우가 발생할 수 있다.
- 스태프의 월권행위가 발생하는 경우가 있다.

04 안전 활동

1. 안전 활동의 목표

안전활동이라는 말은 다양한 분야에서 사용되고 있는 용어지만, 여기서는 협의의 개념으로써 직장의 구성원과 직접관계가 있는 안전관리 추진을 위한 실천 활동을 의미한다.
재해를 예방하기 위해 직장에서 수행해야 할 관리사항은 매우 많다. 직장에서 행하는 안전활동은 각각의 생산형태에 맞추어 가장 효과적인 내용과 방법에 의해 추진되어야만 하나 대부분의 사업장에서 성과를 올리도록 계획되고, 여러 차례 검토되고 수정되어 장기간 계속하고 있는 활동 내용이므로 사업장의 규모와 업종에 관계없이 참고가 되는 것이 많다.

1) 목적과 역할

안전 활동의 종류는 매우 복잡하기 때문에 개별적인 안전 활동이 전체의 안전관리계획 속에서 '무엇을 목적으로 하는가?'와 '그 역할은 무엇인가?'를 명확하게 정의할 필요가 있다. 안전 활동이라고 한 이상 직장의 재해가능성을 없애는 것은 물론 재해가능성을 발생하지 않게 하는 조건조성이 그 목표가 되어야 한다.
이러한 조건을 조성하기 위해 '어떠한 활동을 어떠한 이유에서 누가 중심이 되어, 언제, 어느 부문에서 실시할 것인가, 그 방법을 어떻게 할 것인가'에 대한 내용, 즉 '5W1H'를 우선적으로 확인해야 한다. 그리고 '안전 활동의 실시과정에서 불안전상태나 불안전행동이 어떻게 개선되었는가?', '작업자의 안전의식이 어떤 수준으로 향상되어가고 있는가?'를 평가해야 한다.

2) 안전홍보

사업장에서의 안전관리 달성 요건은 노사쌍방이 안전에 관심을 가지고 지속적으로 안전을 실천하는 데 있다. 안전에 대한 관심은 시간이 흐름에 따라 희박해지며 자기도 모르는 사이에 잊혀지게 되는 경우가 있다. 이를 방지하기 위해서는 평소에 안전보건에 대한 근로자의 관심을 높이기 위해 협력하는 것이 중요하다. 안전보건의식의 향상은 안전보건교육을 완성시키기 위한 전제조건이라고도 할 수 있다.

인간이 갖는 공통의 성향과 개인적 성격을 주시하면서 전 근로자가 안전을 의식하고 실천을 게을리 하지 않도록 하기 위해 안전의 홍보 활동을 반복할 필요가 있다.

2. 주요 안전 활동

대부분의 사업장에서는 축적된 활동경험과 아이디어, 여러 가지의 활동정보의 교류 등에 의해 다채로운 안전 활동을 실시하고 있다. 그러나 직장에서 행하는 안전 활동은 관리·감독자 등 일부의 사람이 하는 것만으로는 목적을 달성할 수 없다. 따라서 직장의 구성원 전원이 각각 역할을 가지면서 활동에 적극 참가해야 하며, 작업이 매일 행해지는 이상 안전 활동은 직장에서 매일 수행해야 한다.

1) 무재해운동

(1) 정의

무재해운동이란 인간존중의 이념을 바탕으로 사업주와 근로자가 다 같이 참여하여 자율적인 산업재해예방 운동을 추진함으로써, 안전의식을 고취하고 나아가 일체의 산업재해를 근절하여 인간중심의 밝고 안전한 사업장을 조성하고자 하는 운동이다. 무재해운동을 실천하기 위해서 경영자는 인간존중의 이념을 기반으로 해서 자신이 고용한 근로자 단 한명도 재해를 당하는 일이 있어서는 안 된다는 인간존중 경영철학을 가져야 하고, 관리감독자(Line)들은 자신들의 노력으로 한 사람의 근로자도 재해를 당하게 하지 않겠다는 책임의식을 가져야하며, 근로자는 자신의 안전을 스스로 지키고 또한 동료의 안전을 해치지 않겠다는 실천의지를 가져야 한다.

(2) 3대 원칙

　① 무의 원칙

　　무재해란 단순히 사망재해나 휴업재해만 없으면 된다는 소극적인 사고가 아닌, 사업장 내의 모든 잠재위험요인을 적극적으로 사전에 발견하고 파악·해결함으로써 산업재해의 근원적인 요소들을 없앤다는 것을 의미한다.

　② 안전제일의 원칙

　　무재해운동에 있어서 안전제일이란 안전한 사업장을 조성하기 위한 궁극의 목표로서 사업장 내에서 행동하기 전에 잠재위험요인을 발견하고 파악·해결하여 재해를 예방하는 것을 의미한다.

　③ 참여의 원칙

　　무재해운동에서 참여란 작업에 따르는 잠재위험요인을 발견하고 파악·해결하기 위하여 전원이 일치 협력하여 각자의 위치에서 적극적으로 문제해결을 하겠다는 것을 의미한다.

2) 위험예지 훈련

(1) 정의

위험예지란 말 그대로 위험을 미리 안다는 뜻으로서 작업 중에 발생할 수 있는 위험요인을 발견·파악하여 그에 따른 대책을 강구하고 작업이 시작되기 전에 위험요인을 제거함으로써 안전을 확보하는 것을 의미한다. 위험예지 훈련은 현장의 안전을 확보하기 위해 리더를 중심으로 하여 단시간 미팅을 통해서 작업현장에 잠재되어 있는 위험요인을 파악·해결하기 위한 기법으로 활용되고 있다.

(2) 위험예지 훈련의 안전 선취를 위한 방법

　① 감수성 훈련
　② 단시간미팅 훈련
　③ 문제해결 훈련

(3) 위험예지 훈련의 4라운드(4R)법

　① 1R(현상파악) : 어떤 위험이 잠재하고 있는지 사실을 파악하는 라운드
　② 2R(본질추구) : 가장 위험한 요인(위험 포인트)을 합의로 결정하는 라운드
　③ 3R(대책수립) : 구체적인 대책을 수립하는 라운드
　④ 4R(목표달성-설정) : 수립한 대책 가운데 질이 높은 항목에 합의하는 라운드

3) 안전 패트롤

안전 패트롤이란 사업장의 전 구역 또는 단위작업장마다 기계설비 등의 물적 조건 또는 작업방법, 작업환경 등의 위험을 적출, 지적을 행하고 이것을 시정하여 안전을 달성하고자 하는 직장 순시를 말한다.

직장순시에는 사업장의 톱, 안전보건관리책임자, 안전 관리자 등의 현장순시와 라인의 관리·감독자가 행하는 자기직장의 순시, 안전보건위원회가 재해예방을 위해 조사심의 필요상 행하는 안전순시 등이 있으며, 안전관리 기준이 철저히 이행되고 있는가, 작업순서가 잘 실행되고 있는가, 교육사항이 준수되고 있는가 등을 엄격하게 체크함과 동시에 불안전한 상태는 확실하게 시정할 필요가 있다.

4) TBM(Tool Box Meeting)

(1) 정의

TBM이란 직장에서 행하는 안전미팅으로서 사고의 직접원인(불안전한 상태 및 불안전한 행동) 중에서 주로 불안전한 행동을 근절시키기 위하여 5~6인 소집단으로 나누어 편성하여 작업장 내에서 적당한 장소를 정하여 실시하는 단시간 미팅을 말한다.

(2) 미팅시간

① 아침 작업 개시 전 : 5~15분(통상 이용하는 방법)
② 중식 후 작업 개시 전 : 5~15분
③ 작업 종료 시 : 3~5분(짧은 시간 동안)

(3) 진행 요령(5단계)

① 1단계 : 도입(정렬, 인사, 건강 확인, 직장 체조, 목표 제창, 안전 연설)
② 2단계 : 점검장비(복장, 보호구, 공구, 사용기기, 재료 등의 점검 장비)
③ 3단계 : 작업지시(전달연락 사항, 금일의 작업지시, 지적확인, 복창)
④ 4단계 : 위험예지
⑤ 5단계 : 확인(끝맺음)

5) 지적확인

(1) 정의

지적확인이란 작업을 안전하게 실시하기 위하여 작업공정의 요소 중 행동의 대상을 지적하여 큰소리로 확인하는 것을 말하는 기법으로 대뇌의 긴장도를 높이고 의식수준을 제고하여 작업행동상의 과오를 최소화하려는 목적으로 실시된다.

(2) 진행요령

① 모지-마음 : 정신 차려서 마음의 준비
② 시지-복장 : 연락, 신호, 그리고 복장의 정비
③ 중지-규정 : 통로를 넓게, 규정과 기준
④ 약지-정비 : 기계, 차량의 점검, 정비
⑤ 작은 손가락 - 확인 : 표시는 뚜렷하게 안전 확인

6) 과오 원인 제거(Error Cause Removal, ECR) 기법

(1) 정의

ECR이란 사업장에서 직접 작업을 하는 작업자 스스로가 자기의 부주의 또는 제반 오류의 원인을 생각함으로써 작업을 개선하도록 하는 기법이다.

(2) 과오의 3대 원인

① 능력 부족
- 적성의 부적합
- 기술의 미숙
- 지식의 부족
- 인간관계

② 주의 부족
- 개성
- 습관성
- 감정의 불안정
- 감수성 미약

③ 환경 조건 불량
- 재해 표준 불량
- 연락 및 의사소통 불량
- 불안과 동요
- 계획 불충분
- 작업 조건 불량

7) 안전관찰훈련(Safety Training Observation Program, STOP)

(1) 정의

감독자를 대상으로 한 안전관찰훈련 과정으로 각 계층의 감독자들이 숙련된 안전관찰(Safety Observation)을 실시할 수 있도록 훈련을 실시함으로써 사고의 발생을 미연에 방지하는 기법이다.

(2) 관찰 사이클(Observation Cycle)

결심(Decide) → 정지(Stop) → 관찰(Observe) → 조치(Act) → 보고(Report)

3. 안전관리의 단계

안전관리는 일반적으로 발생순서에 따라 예방(Prevention), 대비(Preparedness), 대응(Response), 복구(Recovery) 4단계로 구분되어지며 '재난 및 안전관리 기본법'에도 제4장~제7장에 각 단계별 관련 법규를 서술하고 있다. 안전관리 4단계는 그림 1-5와 같이 국민의 생명, 신체 및 재산의 피해를 최소화하기 위해 각종 재난발생 전 즉, 평상시에 예방, 대비하고 재난 발생 중에 대응하며 발생 후 복구하는 과정을 말한다.

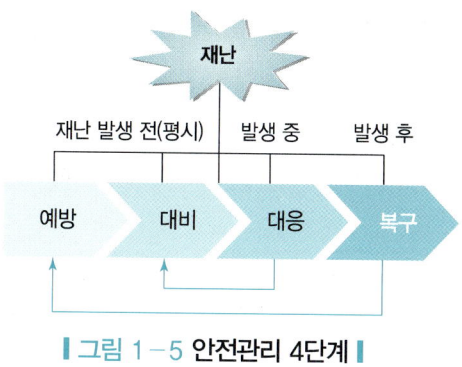

▎그림 1-5 안전관리 4단계▎

1) 예방(Prevention)

예방 단계는 재난 발생 전에 방지를 위한 일련의 활동을 말하며 실제 위기 발생 전에 미리 위기 촉진 요인을 제거하거나 가급적 위기요인이 일어나지 않도록 억제 또는 완화하는 과정을 의미한다. 예방은 크게 비구조(소프트웨어)적 예방활동과 구조(하드웨어)적 경감활동으로 구분되어진다. 소프트웨어적 예방활동은 재난 원인의 발생을 방지하는 활동으로 위험물질의 원천적 제거 및 안전점검, 예방교육, 재난관리체계 등에 대한 평가, 재난관리 실태 공시 등이 있다. 하드웨어적 경감활동은 재난에 의한 위험도를 경감시키는 활동으로 화재 스프링클러 설치, 사방댐 건설, 내진설계, 구제역 예방 백신 개발 등이 있다.

2) 대비(Preparedness)

대비 단계는 재난 발생 또는 재난 임박 시 실제 수행해야 할 제반사항을 사전에 계획, 준비, 교육, 훈련함으로써 실제 상황에서 신속히 대응하기 위한 일련의 사전 준비활동을 말하며 실제 위기 발생 전에 미리 위기 촉진 요인을 제거하거나 가급적 위기 요인이 일어나지 않도록 억제 또는 완화하는 과정을 의미한다. 재난 장비·물자·인력 등 방재자원의 확보, 재난대응활동계획의 개발, 교육·훈련 등과 같은 비구조적 활동을 말하며 재난경보체계의 구축 및 운영, 재난매뉴얼의 작성 및 이에 기초한 교육·훈련, 안전기준

관리, 대국민 재난대응 및 안전교육 실시, 시민단체·자원봉사자 등 민간 참여 유도 및 활성화, 현장지휘 홍보, 다수기관응원조정, 수송, 정보통신, 소방, 의료, 구조·구급, 에너지, 구호 및 이재민 관리 등 긴급 현장지원기능 구축 등이 있다.

3) 대응(Response)

대응활동은 피해최소화, 2차 재난 발생가능성 감소 등을 목적으로 재난 예·경보 발령, 상황관리 및 전파, 구호, 구조·구급, 자재·장비·인력 등 방재자원 동원, 방역, 응급복구, 재난폐기물 처리, 전기·통신·가스·도로 등 국가기반시설 긴급 복구 등이 있다. 재난이 심각하여 긴급한 조치가 필요하다고 인정될 경우 긴급안전점검, 긴급안전조치, 응급조치, 응급부담, 동원, 대피명령, 강제대피조치, 위험구역설정, 통행제한, 응원, 긴급구조 등 위험회피 또는 피해경감을 위한 직접적인 수단으로 재난사태를 선포할 수 있다.

4) 복구(Recovery)

복구 단계는 과거의 경우 자연재해에 의한 피해의 하드에어적인 복구 중심으로 재난발생 이전 상태로 회복시키는 활동을 말했으나, 최근에는 재난유형의 다양화와 예방단계로의 환류가 중요시되면서 재난 발생 이전보다 더 나은 상태로 발전시키는 소프트웨어적 활동으로 확장되고 있다. 즉, 재난 발생으로 손상된 지역사회의 총체적 기능을 재건하고 재난의 재발 방지를 위해 제도적 장치를 마련하거나 운영체제를 보완하는 일련의 활동이다. 따라서 복구는 재난 이전의 상태로 원상회복시켜 줌은 물론이고 재난의 원인을 제거하여 재발을 방지하기 위한 일련의 노력이라고 할 수 있다. 복구활동으로는 피해조사 및 복구계획 수립을 위해 관련연구기관과 연계한 과학적인 원인조사, 필요시 특별재난지역을 선포하고 효과적인 복구를 위한 지방자치단체 상호 간 협력, 지역의 복구 및 회복을 조기에 마무리하고 안전대책 마련 등의 활동, 지역공동체의 회복 및 지역사회의 경제적·심리적 안정 등이 있다.

PART 01 연습문제

01 하인리히의 1 : 29 : 300의 법칙이 시사하는 바를 가장 잘 설명한 것은?

① 경미한 사고에 대해 주의를 기울이고 대비함으로써 대형 사고를 미연에 방지할 수 있다.
② 재해에 대한 예방 대책을 수립하는 데 있어서 잠재위험 요인보다 재해의 결과를 중시하여야 한다.
③ 재해로 인한 손실의 규모는 재해의 확률에 비례한다.
④ 중대 재해를 분석하여 동종 재해의 재발을 방지하는 것이, 경미한 재해에 대한 분석을 통해 포괄적으로 위험을 저감시키는 것보다 효율적이다.

풀이 하인리히의 법칙에 따르면, 대형 사고가 발생했다면 그전에 같은 원인으로 29번의 작은 사고들이 발생했고, 또 사고가 발생하지는 않았지만 이와 유사한 징후가 300번은 있었을 것이라는 뜻이다. 즉 대형사고가 발생하기 전에는 같은 원인을 갖는 여러 번의 작은 사고와 이를 나타내는 수차례의 징후가 나타나기 때문에 사전에 예방조치를 취하면 대형 사고를 방지할 수 있다는 것으로, 손실은 우연적이지만, 사고는 필연적 원인에 의해 발생한다는 것이다.

02 재해예방에 대한 이론 중 하인리히의 도미노이론을 순서대로 바르게 나타낸 것은?

① 사회 환경적 요인 → 법체제의 미비 → 개인적 결함 → 사고 → 재해
② 사회 환경적 요인 → 개인적 결함 → 불안전한 행동 및 상태 → 사고 → 재해
③ 법체제의 미비 → 사회 환경적 요인 → 불안전한 행동 및 상태 → 사고 → 재해
④ 법체제의 미비 → 사회 환경적 요인 → 개인적 결함 → 사고 → 재해

풀이 하인리히(H. W. Heinrich)의 사고연쇄반응이론(도미노이론)
① 1단계 : 사회적 환경과 유전적 요소(기초원인) → ② 2단계 : 개인적 결함(2차 원인) → ③ 3단계 : 불안전한 행동 및 불안전한 상태(1차원인) → ④ 4단계 : 사고 → ⑤ 5단계 : 재해

03 버드(Frank E. Bird)의 재해발생비율을 따를 때, 인적 상해가 22건 발생한 경우 물적 손실을 동반하는 무상해 사고의 발생건수는?

① 60건
② 66건
③ 220건
④ 660건

정답 01 ① 02 ② 03 ①

> **풀이** 버드의 재해발생비율
>
> 프랭크 버드는 사고발생 구성비율에 1 : 10 : 30 : 600 법칙을 적용하여 하인리히 이론의 경상단계에서 경상(물적·인적 손실), 무상해사고(물적 손실) 단계로 세분화하여 대형사고가 1회 발생하기 전 이와 유사한 물적 또는 인적 손실의 경상사고가 10회 발생하고, 경상사고가 발생하기 전 이와 유사한 무상해 사고가 30회 발생하고, 무상해사고가 발생하기 전 무상해·무사고 고장과 같은 사고가 600회 비율의 위험순간이 발생한다고 하였다.
>
> | 1 | 사망 또는 중상 : 0.16% |
> |---|---|
> | 10 | 경상 (물적, 인적 손실) : 1.56% |
> | 30 | 무상해 사고(물적 손실만) : 4.68% |
> | 600 | 무상해, 무사고 (손실없는 사고) : 93.6% |
>
> 인적상해(1+10) : 무상해사고(30) = 11 : 30
> 위 계산 비율에 따라서, 인적상해가 22건이기 때문에 무상해 사고의 발생건수는 60건이 된다.

04 산업재해의 기본원인인 4M에 대한 설명으로 옳지 않은 것은?

① Man : 직장의 인간관계, 리더십, 팀워크, 착오
② Media : 작업방법, 점검, 작업자세
③ Machine : 기계설비의 설계, 위험방호
④ Management : 관리조직, 작업장 환경, 작업장 정보

> **풀이** 산업재해의 기본원인인 4M
> ① Man(인적원인) : 직장의 인간관계, 리더십, 팀워크, 착오
> ② Media(작업원인) : 작업방법, 점검, 작업자세, 작업장 환경, 작업장 정보
> ③ Machine(설비원인) : 기계설비의 설계, 위험방호
> ④ Management(관리원인) : 관리조직, 법규준수, 단속 등

05 재해예방의 4원칙에 대한 설명으로 옳은 것은?

① 예방가능의 원칙 – 모든 인재는 천재와는 달리 예방가능하며 인재의 원인조사에서 불가항력이라는 문자를 사용해서는 안 된다.
② 손실우연의 원칙 – 재해손실은 사고발생조건에 따라 비슷하여 동일한 높이에서 추락한 사고는 현장조건에 관계없이 우연적으로 비슷한 손실크기로 결정된다.
③ 원인연계의 원칙 – 사고와 손실의 관계는 우연적이므로 사고와 그 원인과의 관계도 우연적으로 이루어지고 과학적으로 해결할 수 없는 문제도 있다.
④ 대책선정의 원칙 – 사고예방을 위해서는 기술적, 교육적, 규제적 대책이 있으면, 일반적인 사고는 이들 중 어느 한 분야를 집중적으로 관리하면 충분히 예방할 수 있다.

정답 04 ④ 05 ①

풀이		
	예방가능	• 재해는 원칙적으로 원인만 제거되면 예방 가능 • 재해 발생원인 중에 인적원인의 예방대책 가능
	손실우연	• 재해손실 크기는 우연성에 의해 결정 • 하인리히의 1 : 29 : 300 법칙
	원인연계	• 사고 발생과 원인과의 관계 필연적 • 반면에 사고에 의한 손실은 우연성 • 직접원인과 간접원인으로 구분
	대책선정	• 재해예방을 위한 안전대책은 반드시 존재 • 재해예방을 위한 안전대책은 합리적으로 관리 가능

06 하인리히(H. W. Heinrich)가 제시한 사고예방대책의 기본 원리 5단계를 순서대로 바르게 나열한 것은?

ㄱ. 분석 평가	ㄴ. 시정책의 선정
ㄷ. 시정책의 적용	ㄹ. 조직
ㅁ. 사실의 발견	

① ㄱ → ㄴ → ㄷ → ㄹ → ㅁ
② ㄱ → ㅁ → ㄹ → ㄴ → ㄷ
③ ㄹ → ㅁ → ㄱ → ㄴ → ㄷ
④ ㄹ → ㅁ → ㄴ → ㄷ → ㄱ

풀이 사고예방대책의 기본원리 5단계

안전조직 (제1단계)	• 안전관리 계획 수립 • 안전관리 조직과 책임 부여 • 안전관리 규정 제정
사실발견 (제2단계)	• 자료 수집 • 작업 공정 분석, 위험 확인 • 점검 · 검사 및 조사 실시
분석평가 (제3단계)	• 재해조사 분석 • 안전성 진단, 평가 • 작업환경 측정
시정방법 선정 (제4단계)	• 기술적인 개선안 • 관리적인 개선안 • 제도적인 개선안
시정책 적용 (제5단계)	• 실시 결과 재평가 • 재조정 실시 • 시정책 (3E 대책 – 교육, 기술, 규제)

정답 06 ③

07 아래 〈보기〉에 제시된 항목들을 위험성 평가의 절차에 따라 수준대로 나열한 것은?

(가) 유해위험요인의 파악	(나) 위험성 결정
(다) 위험성 추정	(라) 위험성 감소 조치

① (가) – (나) – (다) – (라)　　② (가) – (다) – (나) – (라)
③ (다) – (나) – (라) – (가)　　④ (다) – (라) – (나) – (가)

풀이 위험성 평가는 〈1단계〉 사전준비, 〈2단계〉 위험요인 파악, 〈3단계〉 위험성 추정, 〈4단계〉 위험성 결정, 〈5단계〉 위험성 감소대책 수립 및 실행, 〈6단계〉 실시내용 및 결과의 기록의 단계로 구성되어 있다.

08 잠재하는 위험요인의 문제 해결을 습관화하는 '위험예지훈련'의 4라운드를 순서대로 바르게 나열한 것은?

① 본질추구 → 현상파악 → 대책수립 → 목표설정
② 현상파악 → 대책수립 → 본질추구 → 목표설정
③ 현상파악 → 본질추구 → 대책수립 → 목표설정
④ 목표설정 → 현상파악 → 본질추구 → 대책수립

풀이 위험예지훈련은 작업하기 전 단시간(5~7분) 내에 토의하고 개개인의 위험에 대한 감수성을 높이고 그 위험요인을 해결하는 것을 생활화하는 훈련이다. 위험예지훈련의 기초 4라운드 진행방법은 1R(현상파악) → 2R(본질추구) → 3R(대책수립) → 4R(목표설정)의 순서이다.

09 통상 작업 시작 전 5~15분, 작업 종료 시 3~5분 동안 이루어지는 것으로 작업 상황에 잠재된 위험을 참여자 모두가 자발적으로 말하고 생각하며 인지하는 안전기법은?

① 안전관찰조치기법(Safety Training Observation Program)
② 툴박스미팅(Tool Box Meeting)
③ 안전순찰(Safety Patrol)
④ 터치엔콜(Touch and Call)

풀이 ① STOP(Safety Training Observation Program) 각 계층의 감독자들이 숙련된 안전 관찰을 행하여 사고를 미연에 방지하기 위하여 실시하는 안전감독 실시 방법(미국 Du Pont 회사개발) ☞ 결심 → 정지 → 관찰 → 조치 → 보고
② TBM(Tool Box Meeting) 직장에서 행하는 안전 미팅으로 사고의 직접적인 중에서 불안전 행동을 제거(근절)시키기 위하여 5~6인의 소집단으로 나누어 편성하여 작업장 내에서 적당한 장소를 정하여 실시하는 단시간(5~15분 사이)의 미팅
③ 안전 순찰은 사업장의 전역 또는 단위 작업장별로 위험한 시설, 설비, 기계의 물적 조건 또는 위험한 작업방법, 작업행동 등을 적출하고 이것을 시정해서 안전을 달성하려고 하는 직장의 순시를 말한다.

정답 07 ②　08 ③　09 ②

④ 작업현장에서 같이 호흡하는 동료끼리 서로의 피부를 맞대고 느낌을 교류하는 것이다. 즉, 피부를 맞대고 같이 소리치는 행동은 일종의 스킨쉽(Skinship)으로 팀의 일체감, 연대감을 조성할 수 있고 동시에 대뇌 구피질에 좋은 이미지를 불어넣어 안전행동을 하도록 하는 것

10 A 작업장은 평균 근로자 수 1,000명 이상의 대규모 사업장이다. A 작업장의 안전조직은 어떤 형태가 가장 적합한가?

① 라인형 안전조직
② 스태프형 안전조직
③ 라인 · 스태프형 안전조직
④ 세이프티형 안전조직

풀이 라인(Line) – 스태프(Staff) 혼합형
㉠ 라인형과 스태프형의 장점을 취한 절충식 조직 형태로 안전업무를 전문으로 담당하는 스태프 부분을 두고 생산 라인의 각층에도 겸임 또는 전임의 안전 담당자를 두어서 안전대책은 스태프 부분에서 기획하고 이것을 라인을 통하여 실시하도록 한 조직 형태이다.
㉡ 라인-스태프 혼합형에 있어서는 라인과 스태프가 협조를 이루어 나갈 수 있으며 라인에게는 생산과 안전보건에 관한 책임과 권한이 동시에 지워지게 됨으로써 안전보건업무와 생산업무가 균형을 유지할 수 있어 이상적인 조직이라 할 수 있다.
㉢ 근로자 1,000명 이상의 대규모 사업장에 유효하다.

정답 10 ③

PART 02 시설물 안전관리

1 시설물 안전관리의 개념
1. 시설물 안전관리의 배경 및 의의
2. 시설물 안전관리 시스템
3. 붕괴사고의 발생원인과 유형

2 시설물 안전관리 일반
1. 시설물 안전관리의 목적
2. 시설물 안전관리의 구분
3. 시설물 안전관리 관련 용어정의
4. 시설물 안전 및 유지관리계획
5. 시설물의 유지관리 수행
6. 시설물 안전에 관한 도서의 보존 및 비치
7. 소규모 취약시설의 안전점검
8. 기타 법령에 의한 안전관리

3 안전점검 · 인증 · 진단 및 검사
1. 안전점검의 일반
2. 안전점검 및 정밀안전진단의 종류
3. 안전점검 시기
4. 안전점검 및 정밀안전진단 실시자의 자격
5. 안전등급 지정
6. 안전점검 및 정밀안전진단 시 안전관리
7. 안전점검 및 정밀안전진단 방법

4 사고조사
1. 사고 · 재해 조사의 목적
2. 사고 · 재해 조사와 해석법(NTSB)
3. 삼풍백화점 붕괴사고 사례

5 붕괴사고 시 행동요령
1. 붕괴사고 시 상황별 세부행동요령
2. 붕괴사고 시 행동요령(구조대원의 행동요령)

PART 02 시설물 안전관리

01 시설물 안전관리의 개념

1. 시설물 안전관리의 배경 및 의의

시설물의 안전 및 유지관리 기본계획에 의하면 시설안전은 복지·안전사회 구현을 위한 필수적인 수단이다. 우리나라의 경우 1960년대부터 시작된 산업화 등의 영향으로 시설물의 수가 증가하기 시작하였다. 이와 같은 시설물의 증가와 함께 자연·사회적 재난이 야기하는 시설물의 손상으로 인한 사회·경제적 피해 규모 또한 기하급수적으로 증가하고 있다. 더욱이 근래에 들어 재난이 대형화·복합화 됨에 따라 피해 예측과 이에 대한 예방은 더욱 힘들어지고 있다. 이와 같은 다양한 원인에 의해 발생하는 재난에 대해 시설물의 피해를 줄이기 위한 노력이 매우 중요하다.

현재 우리나라 시설물은 전체 7만여 개로 교량, 터널, 항만, 댐, 건축물, 하천, 상하수도, 옹벽, 절토사면으로 구분해 관리되고 있다. 더욱이 최근 대형·특수시설물이 증가하고 있어, 효율적인 유지관리에 대한 노력이 필요하다.

우리나라의 경우 성수대교 참사 이후 이 사건을 계기로 '시설물 안전관리에 관한 특별법(이하 시특법)'이 제정됐고, 이 법에 근거하여 한국시설안전공단이 국내 주요 시설물의 안전을 총괄 관리하여 시설물을 체계적·주기적으로 점검하는 시스템이 갖춰졌다. 현재 관리지침에 따라 한국시설안전공단은 관리 대상 시설물에 대해 정기점검, 정밀점검, 정밀안전진단을 실시하고 있다.

그러나 이러한 관리에도 불구하고 경주 마우나리조트 붕괴사고, 광주 평화맨션 기둥 균열, 판교 환풍구 붕괴사고 등 연이은 사고로 인해 시설물 안전에 대한 국민의 불안이 고조되고 있어 시설물 안전관리에 대한 중요성이 더욱 높아지고 있다.

시설물 안전관리에 대한 개념을 알기 위해서는 우선 안전관리와 시설물에 대한 정의를 알아두어야 한다. 안전의 사전적인 뜻은 위험이 생기거나 사고가 날 염려가 없는 상태를 말한다. 즉, 재난이나 위험이 존재하지 않는 상태를 뜻하며 최근에는 자연재해나 인적 재해와 더불어 생활안전까지 포함되어 그 범위가 넓어졌다.

안전관리란 재해를 방지하기 위해 실시하는 조직적인 일련의 조치로서, 재난 및 안전관리기본법상의 정의로는 재난이나 그 밖의 각종 사고로부터 사람의 생명이나 신체 및 재산의 안전을 확보하기 위하여 하는 모든 활동을 말한다. 안전관리의 목적은 인명의 존중(인도주의 실현), 사회 복지의 증진, 생산성의 향상, 경제성의 향상에 있다.

시설물의 안전관리에 관한 특별법에 의하면 시설물이란 건설공사를 통하여 만들어진 구조물과 그 부대시설로서 1종시설물 및 2종시설물을 말한다. 1종시설물이란 교량·터널·항만·댐·건축물 등 공중의 이용편의와 안전을 도모하기 위하여 특별히 관리할 필요가 있거나 구조상 유지관리에 고도의 기술이 필요하다고 인정하여 대통령령으로 정하는 시설물을 말한다. 또한 2종시설물이란 1종시설물 외의 시설물로서 대통령령으로 정하는 시설물을 말한다.

2. 시설물 안전관리 시스템

1) 시설물정보관리종합시스템

현재 한국시설안전공단에서는 시설물정보관리종합시스템(FMS, Facility Management System)을 운영하며 시설물의 정보, 안전진단전문기관·유지관리업자의 정보 등을 종합적으로 관리하고 있다. 시설물정보관리종합시스템은 단순히 시설물의 이력관리만을 위한 것이 아닌 국가 주요시설물인 1·2종 시설물을 대상으로 설계도서, 감리 보고서, 안전점검종합보고서, 안전점검 및 정밀안전진단 실시결과, 보수·보강이력 등의 당해 시설물이 존치하는 동안에 실시된 모든 이력정보를 등록하도록 하고 있다. 시설물정보관리종합시스템으로 관리하는 시설물정보의 종류는 다음과 같다.

1. 시설물의 안전 및 유지관리 계획
2. 안전진단전문기관의 등록, 등록사항의 변경신고, 휴업·재개업 신고, 등록 취소, 영업정지, 등록말소, 시정명령 또는 과태료 등에 관한 사항
3. 유지관리업자의 영업정지, 등록말소, 시정명령 또는 과태료 등에 관한 사항
4. 안전점검·정밀안전진단 및 유지관리의 실적
5. 사용제한 등에 관한 사항
6. 보수·보강 등 필요한 조치결과의 통보 내용
7. 시설물의 준공 또는 사용승인 통보 내용
8. 감리보고서·시설물관리대장 및 설계도서 등 관련 서류
9. 그 밖에 시설물의 안전 및 유지관리에 관련되고 시설물의 정보로 관리할 필요가 있다고 인정되어 국토교통부장관이 정하는 사항

시설물정보관리종합시스템의 관리·운영에 대한 규정의 목차는 다음과 같다.

1. 시설물정보의 종류 및 제출
    시설물정보의 종류
    시설물정보의 입력·보고·제출
    안전 및 유지관리 계획의 제출
    취합기관의 조치
    제출기관의 조치
    안전 및 유지관리계획의 제출현황 보고
    시설물의 사고사례 등록

2. 안전진단전문기관 및 유지관리업자의 정보관리
    안전진단전문기관의 등록·변경
    안전진단전문기관에 대한 행정처분
    유지관리업자의 등록·변경·행정처분
    안전진단전문기관 및 유지관리업자 현황 보고

3. 안전점검·정밀안전진단 실적 제출 및 관리
    안전점검·정밀안전진단 및 유지관리 실적의 제출
    정밀점검·정밀안전진단 실시결과 e-보고서의 제출 및 활용
    미실시자에 대한 조치
    실적확인서 발급 등
    안전점검 및 정밀안전진단 실시결과 현황 보고
    안전점검 및 정밀안전진단 실시결과 정보 공개

4. 설계도서 등의 제출 및 관리
    준공 사용승인 사실 통보서의 제출
    설계도서등 제출시기 등
    제출 면제
    시설물관리대장의 제출방법
    설계도서 등 관련서류 및 감리보고서의 제출방법
    안전점검종합보고서 제출방법
    제출도서의 접수 및 확인
    제출 사전예고 및 제출 촉구
    제출도서의 보존
    제출도서의 활용
    제출도서의 관리현황 보고
    행정사항

5. 입력자료의 신뢰성 확보
    FMS 입력자료의 신뢰성 확보 등

2) 시설물재난관리시스템

한국시설안전공단에서는 관련 기관 및 일반국민이 모두 사용 가능한 시설물재난관리 시스템을 운영하며 시설물 안전사고 또는 사고징후 등 시설물에 대한 위험 상황을 신속히 전파하는 시스템을 구축하고 있다.

운영규정에서 정의하고 있는 재난상황의 종류는 시설물 안전사고, 사고 징후, 연습 및 훈련(시설물에 발생할 수 있는 시설물 안전사고에 대비하여 사용기관에서 실시하는 각종 예방활동을 말함), 그 밖의 제보영상이다. 제보 받은 재난영상 및 사고에 대해서는 현장확인 후 조치결과를 통보하고 실적보고를 진행하는 순서로 재난상황을 관리하고 있다.

3. 붕괴사고의 발생원인과 유형

1) 붕괴사고 발생원인

① 시설물에 과도한 하중재하로 인한 붕괴
② 노후 구조물의 성능 저하로 인한 붕괴
③ 시설물의 거동특성을 파악하지 않고 잘못된 유지관리를 실시하여 붕괴(예 : 힌지부의 고정)
④ 폭발(가스, 테러 등)로 인한 붕괴

2) 붕괴사고 발생 유형

① 대상에 따라 건축물붕괴와 시설물(터널, 사면, 교량) 붕괴로 나뉜다.
② 발생 시기에 시기에 따라 시공 중 거푸집 등 가설물의 붕괴와 공용 중인 시설물 또는 유지관리 중에 발생하는 붕괴로 나뉜다.
③ 계절에 따라서는 해빙기(봄철)에 발생하는 사면 및 건축물의 붕괴사고와 하절기(장마철)에 집중호우로 인해 발생하는 사면 및 건축물의 붕괴사고로 나눌 수 있다.

3) 붕괴사고 발생 전 징후

① 건물바닥이 갈라지거나 함몰되는 경우
② 창호나 문틀이 뒤틀려 여닫기 어려운 경우
③ 기둥이 휘거나 마감재가 탈락하는 경우
④ 기둥 주변에 망형 균열이 발생하거나 슬래브의 처짐이 발생한 경우
  • 지반침하와 석축, 옹벽에 균열이나 배부름현상이 나타나는 경우
  • 해빙기나 장마철에 지표면에 진동이나 나무 등이 넘어지는 경우

02 시설물 안전관리 일반

1. 시설물 안전관리의 목적

국가 주요 시설의 건설과 관련한 제반사항은 1987년에 제정된 건설기술관리법을 근거로 운영되었으나, 신규 건설 사업에만 주력하여 준공 후의 관리에 소홀했고, 유지관리도 기본 법체계가 미흡함에 따라 각각의 관리주체가 관리한 결과 전문적·체계적·효율적 관리를 하지 못하고 있었다.

이러한 상황을 근본적으로 개선하고 시설물의 기능을 향상시키기 위하여 안전점검 및 유지관리에 관한 업무를 체계화하고 시설물의 안전점검 및 유지관리에 관한 업무를 체계화하고 시설물의 관리자 등에게 유지관리의 의무와 책임 등을 부여하며, 이를 전문적으로 수행할 수 있는 공신력 있는 전문기관을 육성하는 등의 내용을 담아 의원입법으로 「시설물의 안전관리에 관한 특별법」을 제정·공포하였다.

시설물 안전관리는 「시설물의 안전관리에 관한 특별법」(이하 '시특법'이라 함)에 의거 시설물의 안전점검과 적정한 유지관리를 통하여 재해와 재난을 예방하고 시설물의 효용을 증진시킴으로써 공중(公衆)의 안전을 확보하고 나아가 국민의 복리증진에 기여하는 것에 목적이 있다.

2. 시설물 안전관리의 구분

「시특법」에서 구분하는 시설물은 건설공사를 통하여 만들어진 구조물과 그 부대시설로 1종시설물 및 2종시설물로 구분하고 있다.

구분		1종시설물	2종시설물
1. 교량			
	가. 도로교량	• 상부구조형식이 현수교, 사장교, 아치교 및 트러스교인 교량	
		• 최대 경간장 50미터 이상의 교량(한 경간 교량은 제외한다)	• 경간장 50미터 이상인 한 경간 교량
		• 연장 500미터 이상의 교량	• 1종시설물에 해당하지 않는 연장 100미터 이상의 교량
		• 폭 12미터 이상이고 연장 500미터 이상인 복개구조물	• 1종시설물에 해당하지 않는 복개구조물로서 폭 6미터 이상이고 연장 100미터 이상인 복개구조물

구분		1종시설물	2종시설물
나. 철도교량		• 고속철도 교량	• 1종시설물에 해당하지 않는 연장 100미터 이상의 교량
		• 도시철도의 교량 및 고가교	
		• 상부구조형식이 트러스교 및 아치교인 교량	
		• 연장 500미터 이상의 교량	
2. 터널			
가. 도로터널		• 연장 1천미터 이상의 터널	• 1종시설물에 해당하지 않는 터널로서 고속국도, 일반국도, 특별시도 및 광역시도의 터널
		• 3차로 이상의 터널	• 연장 500미터 이상의 지방도, 시도, 군도 및 구도의 터널
		• 터널구간의 연장이 500미터 이상인 지하차도	• 1종시설물에 해당하지 않는 지하차도로서 터널구간의 연장이 100미터 이상인 지하차도
나. 철도터널		• 고속철도 터널	• 1종시설물에 해당하지 않는 터널로서 특별시 또는 광역시에 있는 터널
		• 도시철도 터널	
		• 연장 1천미터 이상의 터널	
3. 항만			
가. 갑문시설		• 갑문시설	
나. 계류시설		• 20만톤급 이상 선박의 하역시설로서 원유부이(BUOY)식 계류시설(부대시설인 해저송유관을 포함한다) • 말뚝구조의 계류시설(5만톤급 이상의 시설만 해당한다)	• 1종시설물에 해당하지 않는 1만톤급 이상의 계류시설
4. 댐		• 다목적댐, 발전용댐, 홍수전용댐 및 총저수용량 1천만세제곱미터 이상의 용수전용댐	• 1종시설물에 해당하지 않는 댐으로서 지방상수도전용댐 및 총저수용량 1백만세제곱미터 이상의 용수전용댐
5. 건축물			
가. 공동주택			• 16층 이상의 공동주택
나. 공동주택 외의 건축물		• 21층 이상 또는 연면적 5만제곱미터 이상의 건축물	• 1종시설물에 해당하지 않는 16층 이상 또는 연면적 3만제곱미터 이상의 건축물
		• 연면적 3만제곱미터 이상의 철도역시설 및 관람장	• 1종시설물에 해당하지 않는 고속철도, 도시철도 및 광역철도 역시설
			• 1종시설물에 해당하지 않는 다중이용건축물 및 연면적 5천제곱미터 이상의 전시장

구분		1종시설물	2종시설물
		• 연면적 1만제곱미터 이상의 지하도상가(지하보도면적을 포함한다)	• 1종시설물에 해당하지 않는 연면적 5천제곱미터 이상의 지하도상가(지하보도면적을 포함한다)
6. 하천			
	가. 하구둑	• 하구둑 • 포용조수량 8천만세제곱미터 이상의 방조제	• 1종시설물에 해당하지 않는 포용조수량 1천만세제곱미터 이상의 방조제
	나. 수문 및 통문	• 특별시 및 광역시에 있는 국가하천의 수문 및 통문(通門)	• 1종시설물에 해당하지 않는 국가하천의 수문 및 통문 • 특별시, 광역시 및 시에 있는 지방하천의 수문 및 통문
	다. 제방		• 국가하천의 제방[부속시설인 통관(通管) 및 호안(護岸)을 포함한다]
	라. 보	• 국가하천에 설치된 높이 5미터 이상인 다기능 보	• 1종시설물에 해당하지 않는 보로서 국가하천에 설치된 다기능 보
7. 상하수도			
	가. 상수도	• 광역상수도 • 공업용수도 • 1일 공급능력 3만세제곱미터 이상의 지방상수도	• 1종시설물에 해당하지 않는 지방상수도
	나. 하수도		• 공공하수처리시설(1일 최대처리용량 500세제곱미터 이상인 시설만 해당한다)
8. 옹벽 및 절토사면			
			• 지면으로부터 노출된 높이가 5미터 이상인 부분의 합이 100미터 이상인 옹벽
			• 지면으로부터 연직높이 50미터 이상을 포함한 절토부로서 단일 수평연장 200미터 이상인 절토사면

재난발생의 위험이 높거나 재난 예방을 위하여 계속적으로 관리할 필요가 있다고 인정되는 시설(이하 "특정관리대상시설"이라 한다)로서 1종이나 2종 시설물에 해당되지 아니하는 시설의 구조적 안전성 및 결함의 정도를 판단한 결과 공중에 위해를 끼칠 우려가 있다고 인정되는 경우 해당 시설을 관리하는 국가 또는 지방자치단체의 기관은 소속 중앙행정기관 또는 지방자치단체의 장에게, 그 밖의 공공관리주체는 이를 지도·감독하는 중앙행정기관 또는 지방자치단체의 장에게, 민간관리주체는 특별자치도지사·시장·군수 또는 구청장에게 그 시설을 1종시설물 또는 2종시설물로 지정하여 주도록 요청할 수 있다.

3. 시설물 안전관리 관련 용어정의

1) 관리주체

관계 법령에 따라 해당 시설물의 관리자로 규정된 자나 해당 시설물의 소유자, 해당 시설물의 소유자와의 관리계약 등에 따라 시설물의 관리책임을 진 자를 관리주체로 보며, 관리주체는 공공관리주체(公共管理主體)와 민간관리주체(民間管理主體)로 구분
① 공공관리주체 : 국가지방자치단체, 공공기관, 지방공기업
② 민간관리주체 : 공공관리주체 외의 관리주체

2) 안전점검

경험과 기술을 갖춘 자가 육안이나 점검기구 등으로 검사하여 시설물에 내재(內在)되어 있는 위험요인을 조사하는 행위

3) 정밀안전진단

시설물의 물리적·기능적 결함을 발견하고 그에 대한 신속하고 적절한 조치를 하기 위하여 구조적 안전성과 결함의 원인 등을 조사·측정·평가하여 보수·보강 등의 방법을 제시하는 행위

4) 내진성능평가

지진으로부터 시설물의 안전성을 확보하고 기능을 유지하기 위하여 「지진재해대책법」 제14조 제1항에 따라 시설물별로 정하는 내진설계기준(耐震設計基準)에 따라 시설물이 지진에 견딜 수 있는 능력을 평가하는 것

5) 도급 및 하도급

① 도급 : 원도급·하도급·위탁, 그 밖에 명칭 여하에도 불구하고 안전점검이나 정밀안전진단을 완료하기로 약정하고, 상대방이 그 일의 결과에 대하여 대가를 지급하기로 약정하는 계약
② 하도급 : 도급받은 안전점검이나 정밀안전진단 용역의 전부 또는 일부를 도급하기 위하여 수급인(受給人)이 제3자와 체결하는 계약

6) 유지관리

완공된 시설물의 기능을 보전하고 시설물 이용자의 편의와 안전을 높이기 위하여 시설물을 일상적으로 점검·정비하고 손상된 부분을 원상복구하며 경과시간에 따라 요구되는 시설물의 개량·보수·보강에 필요한 활동을 하는 것

7) 시설물정보관리종합시스템

시설물의 안전과 유지관리에 관련된 정보체계를 구축하기 위하여 국토교통부장관이 시설물의 정보와 안전진단전문기관, 한국시설안전공단과 관계법에 따라 등록한 유지관리업자에 관한 정보를 종합적으로 관리하는 시스템

8) 하자담보책임

관계 법령에 따른 하자담보책임기간 또는 하자보수기간

4. 시설물 안전 및 유지관리계획

1) 안전계획의 수립

국토교통부장관은 시설물이 안전하게 유지될 수 있도록 하기 위하여 5년마다 시설물의 안전과 유지관리에 관한 기본계획을 수립·시행·변경하고 이를 고시하여야 하며 다음 사항이 포함되어야 한다.

▼ 시설물 안전과 유지관리에 관한 기본계획 고시

> 1. 시설물의 안전과 유지관리에 관한 기본방향
> 2. 시설물의 안전과 유지관리에 필요한 기술의 연구·개발
> 3. 시설물의 안전과 유지관리에 필요한 인력의 양성
> 4. 시설물의 유지관리체계의 개발
> 5. 시설물의 안전과 유지관리에 관련된 정보체계의 구축
> 6. 그 밖에 시설물의 안전과 유지관리에 관한 사항

이에 따라 관리주체는 위의 내용을 준수하여 안전 및 유지관리 계획을 소관 시설물별로 다음 사항을 포함하여 매년 수립·시행하여야 한다.

▼ 시설물 안전과 유지관리에 관한 기본계획 수행

> 1. 시설물의 적정한 안전과 유지관리를 위한 조직·인원 및 장비의 확보에 관한 사항(공동주택의 경우 관리주체 단위로 수립)
> 2. 긴급상황 발생 시 조치체계에 관한 사항(공동주택의 경우 관리주체 단위로 수립)
> 3. 시설물의 설계·시공·감리 및 유지관리 등에 관련된 설계도서의 수집 및 보존에 관한 사항
> 4. 안전점검 또는 정밀안전진단 실시계획 및 보수·보강 계획에 관한 사항
> 5. 안전과 유지관리에 필요한 비용에 관한 사항

2) 안전계획의 수립 및 시행 보고제출

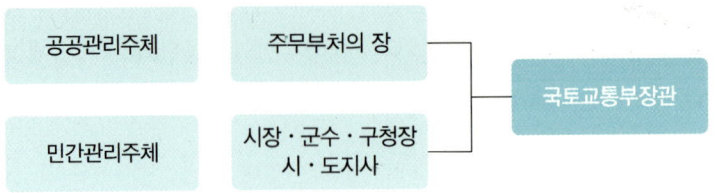

시장·군수 또는 구청장은 시설물의 안전 및 유지관리계획을 제출받은 때에는 그 시행 여부를 연 1회 이상 확인하여야 한다.

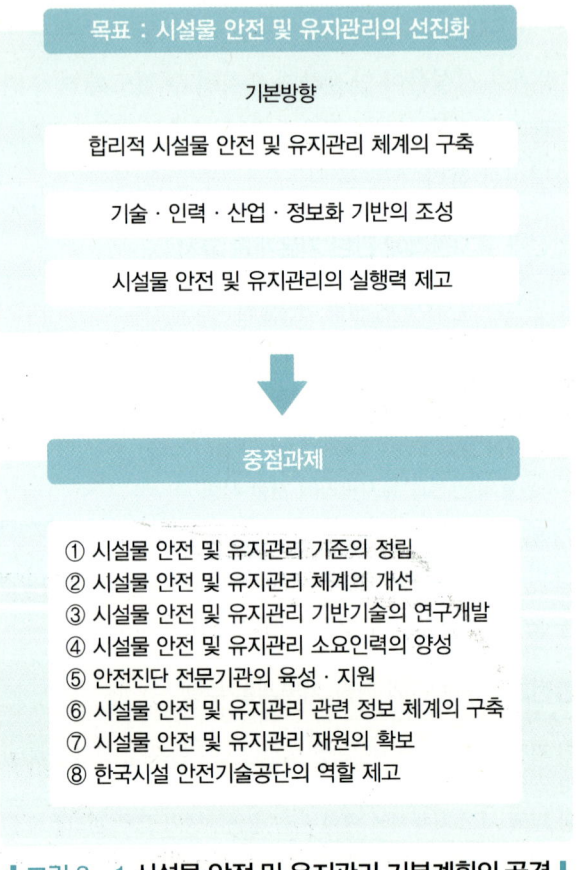

| 그림 2-1 시설물 안전 및 유지관리 기본계획의 골격 |

5. 시설물의 유지관리 수행

시설물은 관리주체가 직접 유지관리하거나 유지관리업자로 하여금 유지관리하게 할 수 있다. 다만, 아래에 해당하는 시설물로서 주택법 시행령에 의하여 유지관리를 하는 경우에는 그러하지 아니하다.

> 1. 300세대 이상의 공동주택
> 2. 150세대 이상으로 승강기가 설치된 공동주택
> 3. 150세대 이상으로 중앙집중식 난방방식(지역난방방식 포함)의 공동주택
> 4. 건축허가를 받아 주택 외의 시설과 주택을 동일 건축물로 건축한 건축물로서 주택이 150세대 이상인 건축물

관리주체는 하자담보책임기간(동일한 시설물의 각 부분별 하자담보책임기간이 다른 경우에는 가장 긴 하자담보책임기간을 말한다.) 내에는 그 시설물을 시공한 자로 하여금 유지관리하게 할 수 있다.

시설물의 유지관리에 소요되는 비용은 관리주체가 부담하며 시설물의 유지관리를 하는 자는 성실하게 그 업무를 수행하여야 한다.

6. 시설물 안전에 관한 도서의 보존 및 비치

1) 설계도서 등의 보존의무 등[1]

시설물의 발주자는 감리보고서를 공단에, 시설물의 시공자는 설계도서 등 관련 서류를 관리주체와 공단에, 관리주체는 시설물관리대장을 공단에 각각 제출하여야 한다. 다음에 해당하는 중요한 보수·보강의 경우에는 설계도서를 보존하여야 한다.

> 1. 철근 콘크리트 구조부 또는 철골 구조부
> 2. 「건축법」 제2조 제1항 제7호에 따른 주요구조부
> 3. 그 밖에 구조상 주요 부분
>   - 교량의 교좌장치
>   - 터널의 복공부위
>   - 하천제방의 수문문비
>   - 댐의 본체, 시공이음부 및 여수로
>   - 조립식 건축물의 연결부위
>   - 상수도 관로이음부
>   - 항만시설 중 갑문문비 작동시설과 계류시설의 구조체

---

[1] 2015년 서울시 7급 안전관리론 기출문제 A형 16번

관계 행정기관의 장은 시설물의 발주자·관리주체와 시공자가 시설물관리대장 및 설계도서 등 관련 서류를 공단에 제출한 것을 확인한 후 준공 또는 사용승인을 하여야 한다.

시설물의 발주자 및 시공자는 국방이나 그 밖의 보안상의 비밀유지가 필요한 시설물에 대하여 공공관리주체의 요구가 있을 경우에는 그 시설물의 감리보고서 및 설계도서 등 관련 서류를 공단에 제출하지 아니할 수 있다. 이 경우 공공관리주체는 그 사유를 공단에 통보하여야 한다.

관리주체와 공단은 제출받은 감리보고서·시설물관리대장 및 설계도서 등 관련 서류를 보존하여야 한다.

공단·안전진단전문기관 또는 유지관리업자는 안전점검 및 정밀안전진단업무를 수행할 때 필요한 경우에는 관리주체에게 해당 시설물의 설계·시공 및 감리와 관련된 서류의 열람이나 그 사본의 교부를 요청할 수 있다. 다만, 국방이나 그 밖의 보안상의 비밀유지가 필요한 시설물은 관리주체나 관련 기관의 동의를 받아 이를 열람할 수 있다.

안전진단전문기관, 유지관리업자, 중앙시설물사고조사위원회, 시설물사고조사위원회 및 관계 행정기관의 장은 시설물의 안전과 유지관리를 위하여 필요하면 공단에 감리보고서, 설계도서 및 시설물관리대장 등 관련 서류 의 열람을 요청할 수 있다. 이 경우 요청을 받은 공단은 특별한 사유가 없으면 이에 따라야 한다.

감리보고서, 시설물관리대장 및 설계도서 등 관련 서류의 종류·제출시기·보존기간 및 서류의 열람범위·절차 등에 필요한 사항은 다음과 같다.

▼ 표 2-1 설계도서 등 관련 서류의 종류 및 제출시기

구 분	설계도서 등 관련서류	감리보고서	시설물관리대장
종 류	1. 준공도면 2. 준공 내역서 및 시방서 3. 구조계산서 4. 그밖에 시공상 특기할 사항에 관한 보고서 등	최종 감리보고서	법 제13조의 규정에 의한 안전점검 및 정밀안전진단 지침에서 정한 시설물관리대장
제출자	시공자	발주자	관리주체
제출처(기관)	관리주체 및 한국시설안전기술공단	한국시설안전기술공단	한국시설안전기술공단
제출시기	준공(사용승인일) 후 3월 이내		
보존기간	시설물의 존속기간		
열람범위 및 절차	법 제25조의 규정에 의하여 설립된 한국시설안전기술공단은 국토교통부장관이 승인을 얻어 정한 지침에 따른다.		

7. 소규모 취약시설의 안전점검

1) 소규모 취약시설 안전점검 실시

국토교통부장관은 시설물이 아닌 시설 중에서 안전에 취약하거나 재난의 위험이 있다고 판단되는 아래의 시설에 대하여 해당 시설의 관리주체 또는 관계 행정기관의 장이 요청하는 경우 안전점검 등을 실시할 수 있다.

① 「사회복지사업법」 제2조 제4호에 따른 사회복지시설
② 「전통시장 및 상점가 육성을 위한 특별법」 제2조 제1호에 따른 전통시장
③ 「농어촌도로 정비법 시행령」 제2조 제1호에 따른 교량
④ 「도로법」 제2조 제1호에 따른 도로 중 육교 및 지하도
⑤ 옹벽 및 절토사면. 다만, 「도로법」 및 「급경사지 재해예방에 관한 법률」의 적용을 받는 경우는 제외한다.
⑥ 그 밖에 안전에 취약하거나 재난의 위험이 있어 안전점검 등을 실시할 필요가 있는 시설로서 국토교통부장관이 정하여 고시하는 시설

국토교통부장관은 위와 같이 요청을 받은 경우 안전점검 및 정밀안전진단지침을 적용하여 해당 소규모 취약시설에 대한 안전점검 등을 실시하고, 그 결과와 안전조치에 필요한 사항을 소규모 취약시설의 관리주체 또는 관계 행정기관의 장에게 통보하여야 한다. 소규모 취약시설의 관리주체 또는 관계 행정기관의 장은 국토교통부장관에게 통보를 받은 경우 보수·보강 등의 조치가 필요한 사항에 대하여는 이를 성실히 이행하도록 노력하여야 한다.

2) 소규모 취약시설 안전점검 방법 및 절차

관리주체 또는 관계행정기관의 장이 소규모 취약시설의 안전점검 등을 공단에 요청할 때에는 아래 사항을 포함하여야 한다.

① 대상 시설의 종류 및 명칭
② 대상 시설의 위치 및 규모
③ 안전점검 등이 신청사유

위의 내용에 따라 안전점검 등을 요청받은 공단은 해당 시설의 관리실태 등을 검토하여 안전점검 등의 실시 여부, 안전점검 등의 시기 및 방법 등을 정하고, 이를 해당 시설의 관리주체 또는 관계 행정기관의 장에게 통보한 후 안전점검 등을 실시한다.

공단은 소규모 취약시설의 안전점검 등을 실시한 경우 그 결과와 안전조치에 필요한 사항을 특별한 사유가 없는 한 안전점검 등을 실시한 날부터 30일 이내에 해당 시설의 관리주체 또는 관계 행정기관의 장에게 통보하여야 한다.

안전점검 등의 결과와 안전조치에 필요한 사항을 통보받은 관리주체 또는 관계 행정기관의 장이 보수·보강 등의 조치를 이행한 실적이 있는 경우에는 그 실적을 공단에 제출하여야 한다.

공단은 규정에 따른 안전점검 등의 실시 결과, 보수·보강 실적 등 조치 이행 실적 등에 관한 자료를 해당 시설물이 존속하는 기간 동안 보존하여야 한다.

공단은 규정사항 외에 안전점검 등의 실시에 필요한 사항을 정하여 국토교통부장관에게 보고하여야 한다.

8. 기타 법령에 의한 안전관리

1) 다중이용업소의 안전시설 설치[2]

「다중이용업소의 안전관리에 관한 특별법」 시행령 제9조 및 별표 1에 의거

① **제9조 안전시설 등** : 법 제9조 제1항에 따라 다중이용업소의 영업장에 설치·유지하여야 하는 안전시설 등(이하 "안전시설 등"이라 한다)은 〈별표 1〉과 같다.

② **별표 1** : 비상구. 다만, 다음 각 목의 어느 하나에 해당하는 영업장에는 비상구를 설치하지 않을 수 있다.
- 주된 출입구 외에 해당 영업장 내부에서 피난층 또는 지상으로 통하는 직통계단이 주된 출입구로부터 영업장의 긴 변 길이의 2분의 1 이상 떨어진 위치에 별도로 설치된 경우
- 피난층에 설치된 영업장[영업장으로 사용하는 바닥면적이 33제곱미터 이하인 경우로서 영업장 내부에 구획된 실(室)이 없고, 영업장 전체가 개방된 구조의 영업장을 말한다]으로서 그 영업장의 각 부분으로부터 출입구까지의 수평거리가 10미터 이하인 경우

---

[2] 2014년 지방직 9급 안전관리론 기출문제 B형 18번

03 안전점검·인증·진단 및 검사[3]

1. 안전점검의 일반

안전점검 및 정밀안전진단의 목적은 현장조사 및 각종 시험에 의해 시설물의 물리적·기능적 결함과 내재되어 있는 위험요인을 발견하고, 이에 대한 신속하고 적절한 보수·보강 방법 및 조치방안 등을 제시함으로써 시설물의 안전을 확보하고자 함에 있다.

관리주체는 소관 시설물별로 안전 및 유지관리계획을 수립하여 체계적이고 일관성 있는 안전점검 및 정밀안전진단이 실시될 수 있도록 하여야 한다.

공공관리주체는 매년 소관시설물의 유지관리에 필요한 예산을 확보하여야 하며, 민간관리주체도 시설물 및 공중의 안전 확보를 위하여 시설물의 유지관리에 필요한 예산을 확보하여 적절한 유지관리를 하여야 한다.

유지관리 예산에는 안전점검 및 정밀안전진단을 실시하는 비용이 포함되어야 하며 이 비용은 안전점검 및 정밀안전진단 대가기준을 기초로 한다.

유지관리 예산은 시설물의 안정성·기능·사용빈도·성능 등에 의하여 보수·보강·교체 등이 시급하다고 판단되는 시설물에 대하여 우선 계상되어야 한다. 이 경우 중대한 결함이 있는 시설물에 대하여는 유지관리 보수·보강·교체비용을 종합적으로 검토하되, 가급적 당해 시설물의 기능을 유지시키는 방안이 우선적으로 강구되어야 한다.

관리주체는 소관시설물에 대하여 전산기법을 이용한 시설물관리체계에 의하여 시설물의 유지관리를 과학적으로 시행하도록 노력하여야 하며, 이에 따라 유지관리 예산 및 보수·보강 시기 등을 결정할 수 있도록 하여야 한다.

안전점검 또는 정밀안전진단 실시결과를 통보받은 관리주체는 실시결과 구조안전에 영향을 줄 수 있는 중대한 결함사항이 포함되어 있는 경우에는 통보를 받은 날부터 2년 이내에 그 결함사항에 대한 보수·보강 등의 필요한 조치에 착수하여야 하며, 특별한 사유가 없는 한 착수한 날부터 3년 이내에 이를 완료하여야 한다.

---

[3] 2015년 서울시 9급 안전관리론 기출문제 A형 5번

중대한 결함에 해당하는 경우는 다음과 같다.

▼ **시설물의 중대한 결함**

1. 시설물기초의 세굴
2. 교량교각의 부등침하
3. 교량 교좌장치(교량받침)의 파손
4. 터널지반의 부등침하
5. 항만계류시설 중 강관 또는 철근콘크리트파일의 파손·부식
6. 댐본체의 균열 및 시공이음의 시공불량 등에 의한 누수
7. 건축물의 기둥·보 또는 내력벽의 내력손실
8. 하구둑 및 제방의 본체, 수문, 교량의 파손·누수 또는 세굴
9. 폐기물매립시설의 차수시설 파손에 의한 침출수의 유출
10. 시설물의 철근콘크리트의 염해 또는 중성화(탄산화)에 따른 내력손실
11. 절토·성토사면의 균열·이완 등에 따른 옹벽의 균열 또는 파손
12. 기타 규칙 제13조에서 정하는 구조안전에 영향을 주는 결함

시설물명	주요부위의 중대한 결함
1. 교량	• 주요 구조부위 철근량 부족 • 주형(거더)의 균열 심화 • 철근콘크리트 부재의 심한 재료 분리 • 철강재 용접부의 불량용접 • 교대·교각의 균열발생
2. 터널	• 벽체균열 심화 및 탈락 • 복공부위 심한 누수 및 변형
3. 하천	• 수문의 작동불량
4. 댐	• 물이 흘러 넘치는 부분의 콘크리트 파손 및 누수 • 기초지반의 누수, 파이핑 및 세굴 • 수문의 작동불량
5. 상수도	• 관로이음부의 불량접합 • 관로의 파손, 변형 및 부식
6. 건축물	• 조립식 구조체의 연결부실로 인한 내력상실 • 주요구조부재의 과다한 변형 및 균열심화 • 지반침하 및 이로 인한 활동적인 균열 • 누수·부식 등에 의한 구조물의 기능상실
7. 항만	• 갑문시설 중 문비작동시설 부식 노후화 • 갑문 충·배수 아키덕트 시설의 부식 노후화 • 잔교·시설 파손 및 결함 • 케이슨 구조물의 파손 • 안벽의 법선변위 및 침하

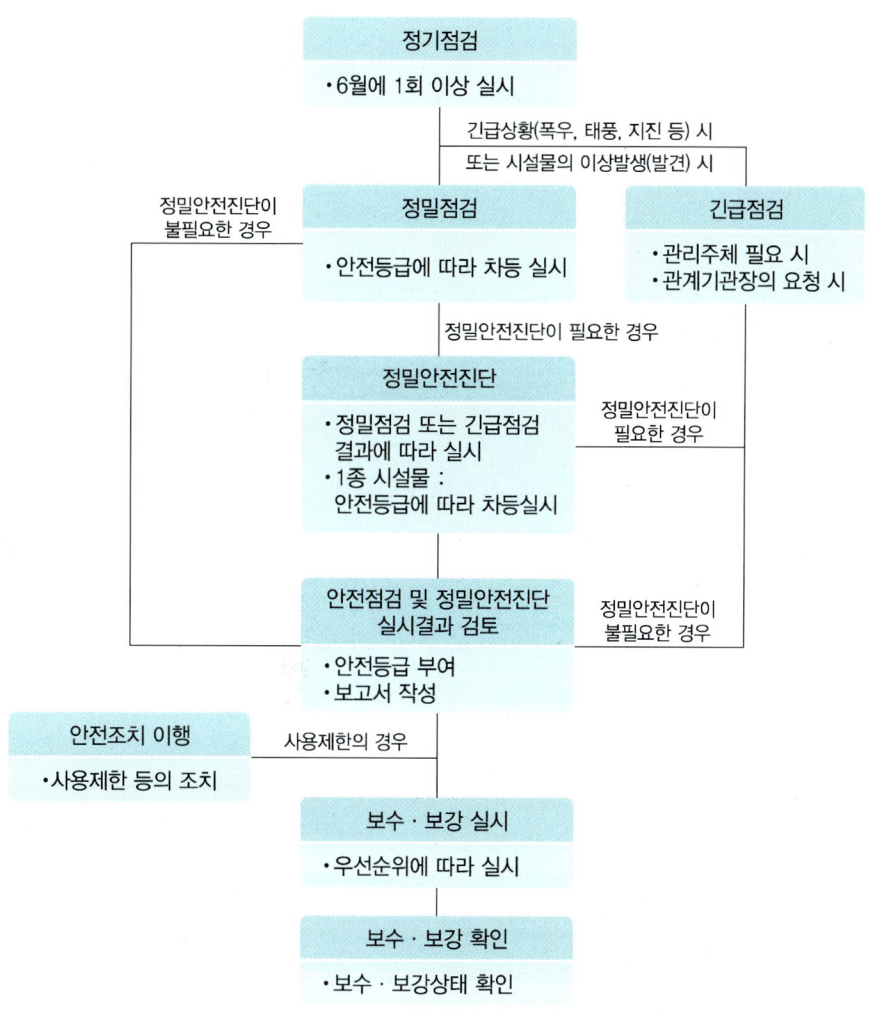

▎그림 2-2 안전관리업무 흐름도 ▎

2. 안전점검 및 정밀안전진단의 종류

안전점검은 점검의 목적 및 수준에 따라 정기점검, 긴급점검 및 정밀점검으로 구분한다.

1) 정기점검

정기점검은 경험과 기술을 갖춘 사람에 의한 세심한 외관조사 수준의 점검으로서 시설물의 기능적 상태를 판단하고 시설물이 현재의 사용요건을 계속 만족시키고 있는지 확인하기 위한 관찰로 이루어진다.

점검자는 시설물의 전반적인 외관형태를 관찰하여 중대한 결함을 발견할 수 있도록 세심한 주의를 기울여야 한다.

점검자 및 관리주체는 정기점검 실시결과 중대한 결함이 있는 경우에는 즉시 관계행정기관의 장에게 통보하여야 한다.

관리주체는 정기점검 실시결과 필요할 경우 결함의 정도에 따라 긴급점검 또는 정밀안전진단을 실시하는 등 필요한 조치를 취하여야 한다.

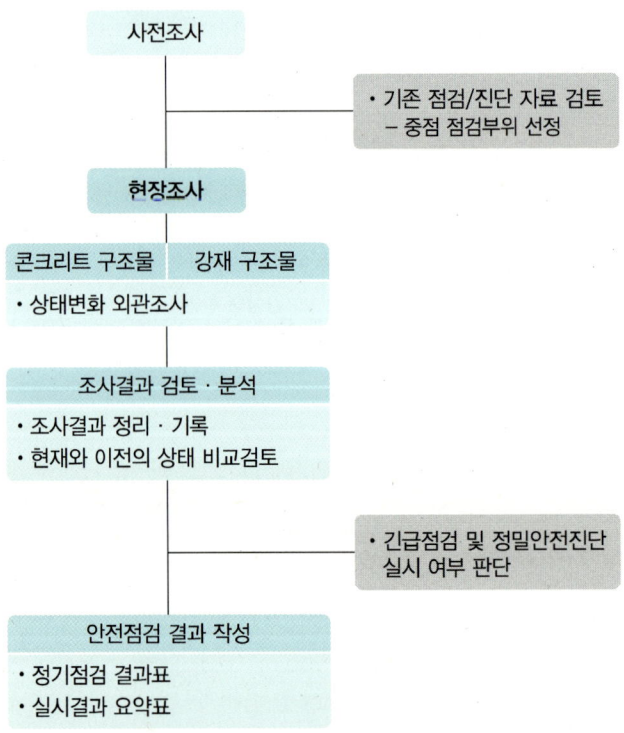

▮ 그림 2-3 **정기점검 흐름도** ▮

2) 정밀점검

정밀점검은 시설물의 현 상태를 정확히 판단하고 최초 또는 이전에 기록된 상태로부터의 변화를 확인하며 구조물이 현재의 사용요건을 계속 만족시키고 있는지 확인하기 위하여 면밀한 외관조사와 간단한 측정·시험장비로 필요한 측정 및 시험을 실시한다. 외관조사 및 측정·시험 결과와 이전의 안전점검 및 정밀안전진단 실시결과에서 발견된 결함의 진전 및 신규발생을 파악하여 시설물의 주요 부재별 상태를 평가하고 이전의 안전점검 및 정밀안전진단 실시결과의 상태평가 결과와 비교·검토하여 시설물 전체에 대한 상태평가 결과를 결정하여야 하며, 결함부위 등 주요 부위에 대한 외관조사망도 작성 등 조사결과를 도면으로 기록하여야 한다.

정밀점검에서는 내진설계 여부를 확인하고, 시설물에 중대한 결함이 발생하는 등 필요한 경우에는 해당 부위에 대하여 안전성평가를 실시할 수 있다.

정밀점검 실시결과 결함이 광범위하게 발생하는 등 정밀안전진단이 필요하다고 판단될 경우 점검자는 관리주체에게 즉시 보고하여야 하며, 관리주체는 정밀안전진단을 실시하여야 한다.

3) 긴급점검

긴급점검은 관리주체가 필요하다고 판단한 때 또는 관계행정기관의 장이 필요하다고 판단하여 관리주체에게 요청한 때에 실시하는 정밀점검 수준의 안전점검이며 실시목적에 따라 손상점검과 특별점검으로 구분하고 다음과 같이 실시하여야 한다.

▼ **긴급점검의 구분**

> **1. 손상점검**
> 손상점검은 재해나 사고에 의해 비롯된 구조적 손상 등에 대하여 긴급히 시행하는 점검으로 시설물의 손상 정도를 파악하여 긴급한 사용제한 또는 사용금지의 필요 여부, 보수·보강의 긴급성, 보수·보강작업의 규모 및 작업량 등을 결정하는 것이며 필요한 경우 안전성평가를 실시하여야 한다.
> 점검자는 사용제한 및 사용금지가 필요할 경우에는 즉시 관리주체에 보고하여야 하며 관리주체는 필요한 조치를 취하여야 한다.
>
> **2. 특별점검**
> 특별점검은 기초침하 또는 세굴과 같은 결함이 의심되는 경우나 사용제한 중인 시설물의 사용여부 등을 판단하기 위해 실시하는 점검으로서 점검 시기는 결함의 심각성을 고려하여 결정한다.

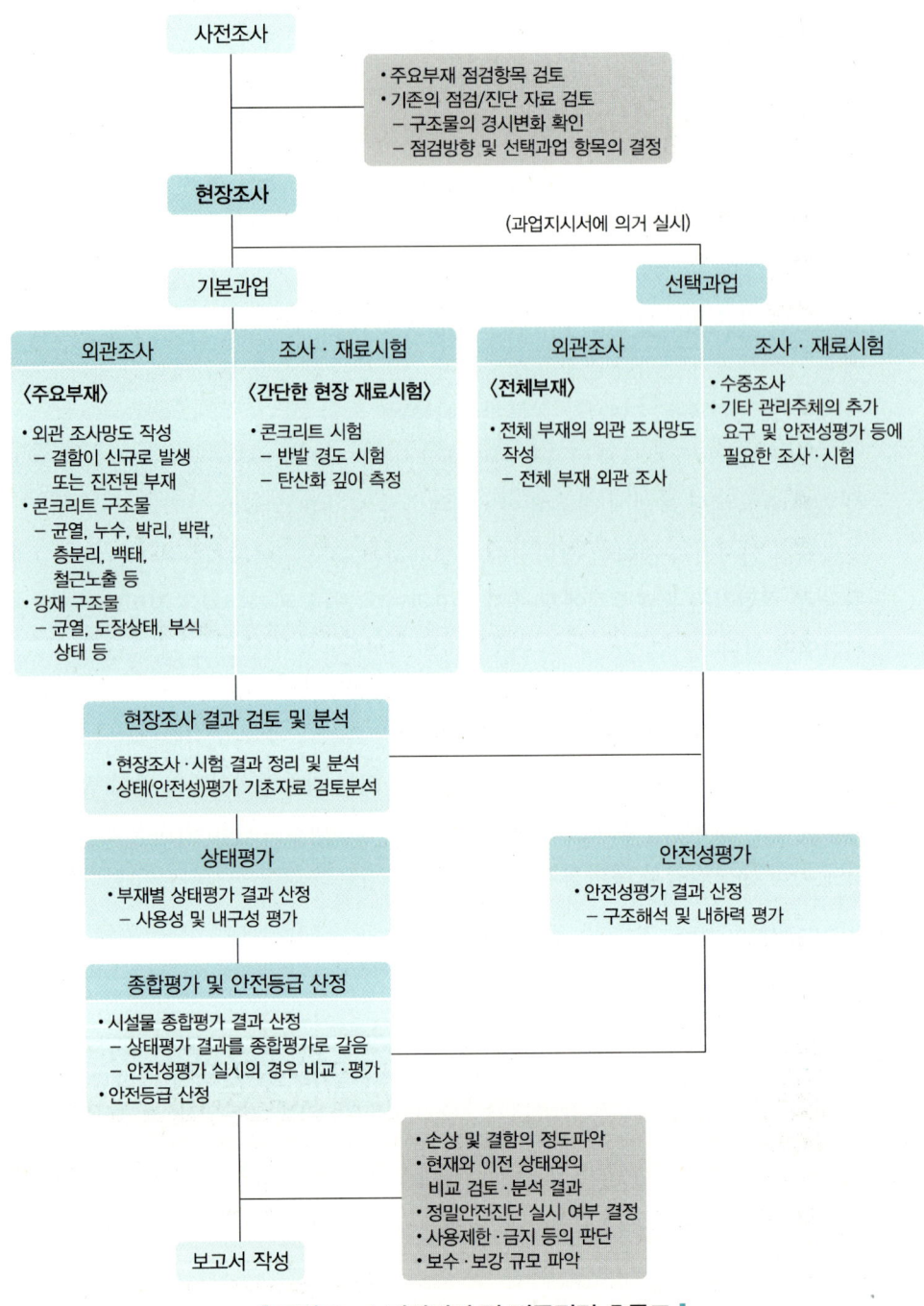

그림 2-4 정밀점검 및 긴급점검 흐름도

4) 정밀안전진단

정밀안전진단은 1종시설물에 해당하는 시설물의 경우에는 정기적으로 실시하며, 관리주체가 안전점검을 실시한 결과 시설물의 재해 및 재난 예방과 안전성 확보 등을 위하여 필요하다고 인정하는 경우에 실시한다.

정밀안전진단은 안전점검으로 쉽게 발견할 수 없는 결함부위를 발견하기 위하여 정밀한 외관조사와 각종 측정·시험장비에 의한 측정·시험을 실시하여 시설물의 상태평가 및 안전성평가에 필요한 데이터를 확보한다.

현장조사 시 「필요한 경우 교통통제」 및 안전조치를 취하여야 하며 시설물 근접조사를 위한 접근장비와 필요 시 수중카메라 등 특수장비와 잠수부 등 특수기술자도 투입하여야 한다. 결함의 유무 및 범위에 대한 확인이 필요한 때에는 현장 재료시험과 기타 필요한 재료시험을 병행하여야 한다.

전체구조물의 표면에 대한 외관조사 결과는 도면으로 기록하여야 하며, 구조물 전체 부재별 상태를 평가하고 시설물 전체에 대한 상태평가 결과를 결정하여야 한다.

정밀안전진단에서는 시설물의 결함 정도에 따라 필요한 조사·측정·시험, 구조계산, 수치해석 등을 실시하고 분석·검토하여 안전성평가 결과를 결정하여야 한다. 또한 필요한 경우에는 구조물의 사용성, 내진성능 등도 평가하여야 한다.

정밀안전진단 결과 보수·보강이 필요한 경우에는 보수·보강방법을 제시하여야 한다. 이 경우 보수·보강 시 예상되는 임시 고정하중(공사용 장비 및 자재 등)이 현저하게 작용하는 상황에 대한 구조 안전성평가를 포함하여야 한다.

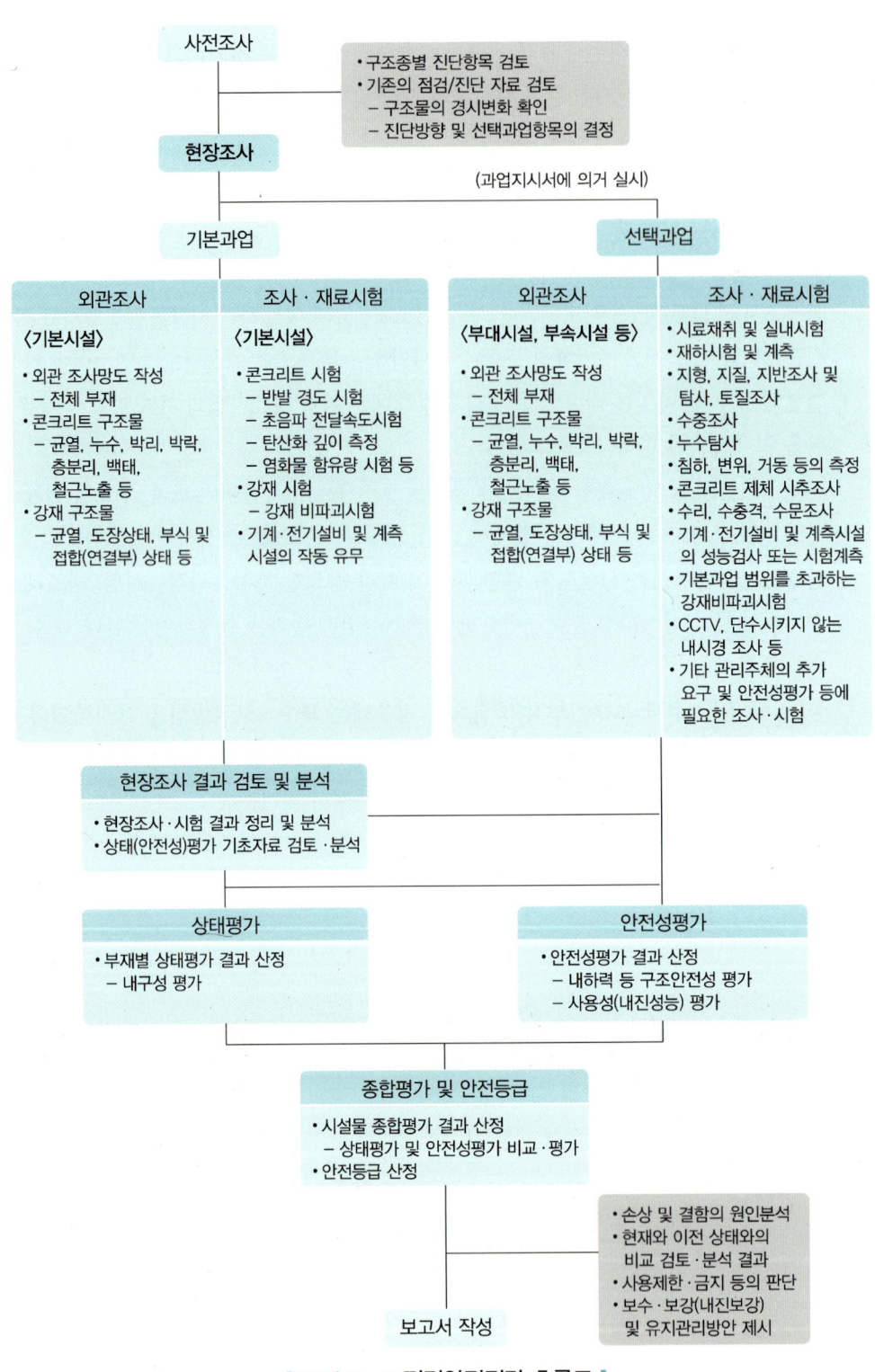

그림 2-5 정밀안전진단 흐름도

3. 안전점검 시기

관리주체는 소관시설물에 대하여 정기적으로 정기점검, 정밀점검 및 정밀안전진단을 아래와 같이 실시하여야 하며, 시설물의 안전 및 유지관리계획 수립 시 안전점검 및 정밀안전진단 실시계획을 포함하여야 한다. 다만, 안전점검은 다음 각 항목의 하나에 해당하면서 시설물을 사용하지 않는 경우에는 국토교통부장관과 협의하고 실시를 생략하거나 시기를 조정할 수 있다.

① 시설물의 증축 및 개축, 리모델링 등의 공사 중인 경우
② 시설물의 철거 예정인 경우

시설물 구조형태의 변경으로 1종 또는 2종시설물이 된 경우 안전점검 및 정밀안전진단 실시시기는 준공일 또는 사용승인일(임시 사용승인 포함)로부터 기산한다. 다만 1종시설물로 변경된 경우 정밀안전진단 실시시기는 그 시설물의 최초 준공일로부터 기산하며, 시설물의 최초 준공일이 10년이 경과된 시설물은 구조형태의 변경으로 1종시설물이 된 시점으로부터 1년 이내에 정밀안전진단을 실시하여야 한다.

▼ 표 2-2 **안전점검 시기**[4]

안전등급	정기점검	정밀점검		정밀안전진단
		건축물	그외 시설물	
A등급	반기에 1회 이상	4년에 1회 이상	3년에 1회 이상	6년에 1회 이상
B·C등급		3년에 1회 이상	2년에 1회 이상	5년에 1회 이상
D·E등급	해빙기·우기·동절기 등 1년에 3회 이상	2년에 1회 이상	1년에 1회 이상	4년에 1회 이상

4. 안전점검 및 정밀안전진단 실시자의 자격

1) 시설물 안전점검 및 정밀안전진단 실시자의 자격

안전점검 또는 정밀안전진단을 자신의 책임 하에 실시할 수 있는 사람(이하 "책임기술자"라 한다)은 아래와 같은 자격을 갖춘 기술자로서 법정 교육기관에서 시행하는 해당 분야의 안전점검 및 정밀안전진단 교육과정을 70시간 이상 이수한 사람으로 하여금 안전점검 또는 정밀안전진단을 실시하도록 하여야 한다.

---

[4] 2015년 국가직 9급 안전관리론 기출문제 사형 9번

▼ 표 2-3 안전점검 및 정밀안전진단을 실시할 수 있는 책임기술자의 자격

구분	자격요건
정기점검	「건설기술 진흥법」에 따른 토목·건축 또는 안전관리(건설안전) 직무분야의 건설기술자 중 초급기술자 이상
정밀점검 및 긴급 점검	• 「건설기술 진흥법」에 따른 토목·건축 또는 안전관리(건설안전) 직무분야의 건설기술자 중 고급기술자 이상 • 건축사로서 연면적 5천 제곱미터 이상의 건축물에 대한 설계 또는 감리 실적이 있는 사람
정밀안전진단	• 「건설기술 진흥법」에 따른 토목 또는 건축 직무분야의 건설기술자 중 특급기술자 • 건축사로서 연면적 5천 제곱미터 이상의 건축물에 대한 설계 또는 감리 실적이 있는 사람

책임기술자는 안전점검 및 정밀안전진단 전반에 대한 총괄책임자로서 설계, 안전성평가, 성능회복과 유지관리를 포함한 공학적 및 기술적인 면에서의 전반적인 지식을 갖추어야 한다. 또한, 책임기술자의 감독 아래 정밀안전진단을 하려는 사람은 기술인력의 자격요건을 갖춘 사람으로 법정 교육기관에서 시행하는 해당 분야의 정밀안전진단 교육과정을 70시간 이상 이수하여야 한다. 다만, 주택관리사 또는 주택관리사보는 안전점검 교육을 35시간 이상 이수하여야 한다.

5. 안전등급 지정

정밀점검 및 정밀안전진단을 실시한 책임기술자는 당해 시설물에 대한 종합적인 평가결과에 따라 아래와 같이 안전등급을 지정한다. 다만 정밀점검 및 정밀안전진단 실시결과 기존의 안전등급보다 상향하여 조정할 경우에는 해당 시설물에 대한 보수·보강 조치 등 그 사유가 분명하여야 한다.

▼ 표 2-4 안전등급 기준

안전등급	시설물의 상태
A(우수)	문제점이 없는 최상의 상태
B(양호)	보조부재에 경미한 결함이 발생하였으나 기능 발휘에는 지장이 없으며 내구성 증진을 위하여 일부의 보수가 필요한 상태
C(보통)	주요부재에 경미한 결함 또는 보조부재에 광범위한 결함이 발생하였으나 전체적인 시설물의 안전에는 지장이 없으며, 주요부재에 내구성, 기능성 저하 방지를 위해 보수가 필요하거나 보조부재에 간단한 보강이 필요한 상태
D(미흡)	주요부재에 결함이 발생하여 긴급한 보수·보강이 필요하며 사용제한 여부를 결정하여야 하는 상태
E(불량)	주요부재에 발생한 심각한 결함으로 인하여 시설물의 안전에 위험이 있어 즉각 사용을 금지하고 보강 또는 개축을 하여야 하는 상태

6. 안전점검 및 정밀안전진단 시 안전관리

1) 일반

안전점검 및 정밀안전진단을 실시하는 사람은 안전은 물론 공공의 안전을 위하여 진단측정장비 및 기기 등을 안전하게 운용하고 작업을 안전하게 수행하도록 안전관리계획을 수립하여야 한다.

2) 안전점검 및 정밀안전진단 종사자의 안전

안전점검 및 정밀안전진단을 실시하는 사람은 안전모, 작업복, 작업화와 필요한 경우 청각, 시각 및 안면보호장비 등을 포함한 개인용 보호장구를 항시 착용하여야 하며 진단측정장비 및 기기를 항상 최적의 상태로 정비하여야 한다. 또한 밀폐된 공간에서의 작업이 필요할 경우에는 유해물질, 가스 및 산소결핍 등에 대한 조사와 대책을 사전에 마련하여야 한다.

3) 공공의 안전

공공의 안전측면에서 관리주체는 시설물의 안전점검 및 정밀안전진단 실시 기간 동안 교통통제와 작업공간 확보를 위하여 적절한 계획을 수립 시행하여야 한다.

7. 안전점검 및 정밀안전진단 방법

1) 콘크리트 구조물

① 반발경도시험(Rebound Test) : 콘크리트의 경도를 측정하여 콘크리트의 강도를 추정하는 데 사용
② 초음파법(Ultrasonic Techniques) : 콘크리트 내부의 결함, 균열깊이, 강도 및 품질상태를 검사하는 데 사용
③ 자기법(Magnetic Methods) : 자기법은 주로 철근의 피복두께, 위치 및 직경 확인에 사용
④ 레이다법(Radar Techniques) : 지표면 침투 레이다(GPR : Ground−Penetrating Radar)는 구조물 공동 및 지하매설물 등을 발견하기 위하여 사용
⑤ 방사선법(Radiography Test) : 감마광선은 콘크리트를 투과할 수 있으므로 필름을 방사선에 노출되게 함으로써 콘크리트 검사에 사용

2) 철골 구조물

① 방사선투과시험(Radiographic Test) : 용접 또는 주조의 슬래그 함침(Slag Inclusion)이나 간극과 같은 결함을 쉽게 찾아낼 수 있는 방법
② 자분탐상시험(Magnetic Particle Test) : 염료침투방법과 같이 표면이나 표면 부근의 결함을 찾을 때에 사용
③ 침투탐상시험(Liquid Penetrant Test) : 염료침투방법을 사용한 점검은 가장 보편적으로 사용되는 방법. 이 방법은 비록 구조물 표면의 결함에만 한정되지만 저가로 쉽게 사용 가능
④ 초음파 탐상시험(Ultrasonic Test) : 내부 결함을 찾기 위하여 재료 내의 소리에 대한 진동 특성을 이용하여 점검하는 방법

04 사고조사

1. 사고 · 재해 조사의 목적

재해조사는 재해의 원인과 자체의 결함 등을 규명함으로써 동종 재해 및 유사 재해의 발생을 막기 위한 예방대책을 강구하기 위해서 실시한다. 재해조사는 조사하는 것이 목적이 아니며, 관계자의 책임을 추궁하는 것이 목적도 아니다. 재해조사에서 가장 중요한 것은 재해원인에 대한 사실을 규명해내는 것이다.

1) 재해조사를 하는 데 있어서의 유의사항

① 사실 수집(이유는 나중에 확인)
② 목격자 등이 증언하는 사실 이외의 추측은 참고로만 한다.
③ 조사는 신속하게 행하고 긴급조치를 하여 2차 재해의 방지를 도모한다.
④ 사람, 기계설비의 양면의 재해요인을 모두 도출한다.
⑤ 객관적인 입장에서 공정하게 조사하며, 조사는 2인 이상이 한다.
⑥ 책임추궁보다 재발방지를 우선하는 기본 태도를 갖는다.

2) 재해조사를 하는 방법과 유의사항

① 재해발생 직후에 행한다.
② 현장의 물리적 흔적 수집
③ 현장을 사진촬영하여 보관, 기록
④ 목격자, 현장책임자 등 많은 사람들에게 사고 시의 상황을 의뢰한다.
⑤ 재해 피해자로부터 재해 직전의 상황을 듣는다.
⑥ 판단하기 어려운 특수재해나 중대재해는 전문가에게 조사를 의뢰한다.

3) 동종재해를 방지하기 위한 재해원인 탐구에 관한 유의사항

① 사고의 원인요소에 중점을 둔다.
② 재해발생 시 시설에 불안전한 상태가 있을 때에는 그 배경이 되는 관리적인 결함에 대해서 조사한다.
③ 작업자의 불안전한 행동이 있을 때에는 그 배경이 되는 관리적인 결함이나 작업자의 안전 결함에 대해서 조사한다.
④ 작업방법에 대한 결함이 있을 때에는 작업표준에 대해서 조사
⑤ 관리적인 문제는 작업자에 대한 안전지도교육, 감독, 지시에 대하여 조사
⑥ 재해발생시의 작업순서나 내용에 대해 조사

4) 재해원인 조사의 순서

① 1단계 : 사실의 확인
② 2단계 : 재해요인의 파악
③ 3단계 : 재해요인의 결정

2. 사고 · 재해 조사와 해석법(NTSB)

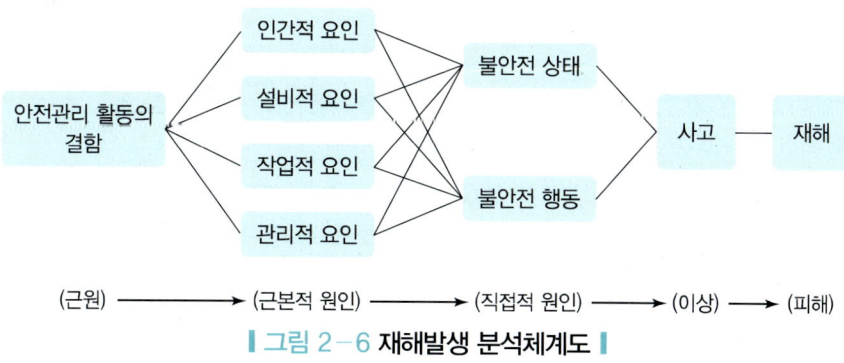

그림 2-6 재해발생 분석체계도

미국연방교통안전위원회(NTSB, National Transportation Safety Board)는 항공기사고, 고속도로사고, 선박사고, 수송관사고, 철도사고 등에 대한 관리와 대처를 담당하며 특히, 국외 항공기 사고에 대해 특별조사관을 투입한다. 미국연방교통안전위원회에서 기본적으로 사고의 발생 원인에 대해 조사하고 해석하는 것은 다음의 기준에 의하여 실시한다.

① 우선, 사고를 객관적으로 다루고, 사고발생 근본원인 추구를 첫 번째 목표로 한다.
② 사고는 여러 요인이 서로 얽혀서 일어난다. 그 원인을 규명하기 위해서는 사고와 관련된 상황을 청취조사하고, 시간경과에 따라 철저히 조사해 연쇄상황을 밝힌다.
③ 산업재해 발생원인을 피해 쪽부터 거슬러 올라가 다음의 포인트에 대해 세부적으로 조사한다.
   - 불안전상태가 있는지? 있다면 어디에 문제가 있는지를 밝혀낸다.
   - 불안전한 행동을 했는지?
   - 4M의 어딘가로 분류될 만한 것이 있었는지?
   - 안전관리활동에 대해, 결함이 없었는지 어떤지?
④ 이들 포인트를 조사함에 따라 이 사고가 「인간에게 관계되는 것인가?」「안전관리시스템과 직접 관계되는 것인가?」「작업 현장 등과 관련된 것인가?」를 분석해서 차후에 유사한 형태의 사고 발생을 방지하기 위한 방책을 마련할 수 있다.
⑤ 근본원인을 파악했다면 누가, 무엇을 언제까지(장기계획으로 개선할 것인가? 즉시 대응할 수 있는가를 확인한다.) 실시할 것인가에 대한 계획을 세우고, 계획대로 안전대책 실시 후 정말 이것으로 좋은지 다시 체크한다.

3. 삼풍백화점 붕괴사고 사례

삼풍백화점의 규모는 지상 5층(지하 4층)에 연면적 2만2천3백86평(매장면적 9천3백87평)의 크기이다. 1989년 11월 매장면적 4천1백61평에 대한 가사용 허가를 받았다. 1990년 7월 준공검사를 받은 다음, 1994년 10월 지하매장을 2백4평 가량 더 늘리면서 동시에 매장을 붕괴 당시의 규모로 확장하는 공사허가도 받아냈다.

사고 며칠 전부터 벽면에 균열이 있는 등 붕괴의 조짐이 있었고 사고 당일에는 5층 천장이 내려앉기 시작했으나 영업을 중단하지 않고 보수공사를 진행하였다. 결국 1995년 6월 29일 오후 5시 55분경 엘리베이터 타워를 제외한 삼풍백화점 A동 전체가 붕괴되었다. 이 사고로 사망 502명, 부상 937명, 실종 6명으로 총 1,445명의 사상자가 발생한 한국 최대 인적 재난으로 기록되었다.

1) 붕괴 직전의 진행상황

(1) 누수현상
백화점 개장 시부터 붕괴 당일까지 백화점 A동 5층 일대 곳곳에 누수

(2) 균열현상
붕괴 몇 달 전 4층 모서리 천장에 손가락이 들어갈 정도의 균열이 발견

(3) 진동등 현상
조명 등이 흔들리다 추락할 정도의 진동이 발생, 붕괴 전날 밤새 뚝뚝 소리

2) 붕괴원인

(1) 부실설계 · 감리
건설비를 줄이기 위해 구조계산을 형식적으로 넘어가거나 설계회사와 감리회사가 같아 민간건설 분야의 총체적 부실 발생

(2) 엉성한 준공검사
건축허가를 담당하는 구청 등은 전문인력을 확보하지 못해 건축허가 과정에서부터 준공검사과정까지 부실을 체크할 수 없는 문제 발생

(3) 무리한 허가
서울시와 서초구청이 삼풍백화점의 무리한 매장면적 증설(125%) 및 증축(6722m^2)을 허가

(4) 안전진단 미비
당시 공사비 1백억 원 이상 건물신축현장의 지하굴착공사에 대해서만 1년 단위로 전문기관의 안전진단을 받도록 의무화

3) 붕괴사고 처리의 초동단계 활동

(1) 사고대책본부 설치 · 운영
① 상황 접수 후 서울시도시방제종합대책본부를 '서울특별시 사고대책본부'로 전환하고 근무요원 80명을 편성
② 제반장비들을 우선적으로 지원하고 생존자 확인 작업 실시와 함께 부상자, 사망자 신원 확인

(2) 현장 지휘체계의 구축

① 현장지휘체계는 시장 총괄지휘 하에 인명구조를 담당하는 민, 관, 군 인명 구조대가 있었으며 화재진압을 담당하는 소방본부, 질서유지와 경비를 담당하는 경찰, 군 지휘소가 있었고 구호활동을 담당하는 서초구청, 인력과 장비지원을 하는 시 대책본부로 구축

② 인명구조 현장 지휘본부는 총괄 지휘관인 소방본부장 밑에 구조과장과 방호과장을 두고 6개반을 편성하여 반장을 소방서장이 맡도록 하는 소방본부 자체의 지휘체계를 구성

(3) 인명구조 활동

① 초기 2일 동안 진압대 1,950명 등 총 2,982명의 인원과 구급차 169대 등 503대의 장비가 인명구조 활동 실시

② 소방, 군, 경, 자원봉사자의 합동구조팀을 편성 사상자 탐색작업 수행하였고 민간 구조대 팀은 구조작업 기관 간 통신채널 구축, 부족한 장비의 보급 및 제반 지원활동 등의 임무도 수행

4) 지원활동

(1) 사상자 후송 및 의료지원

붕괴현장에서 사상자를 직접 발굴해내는 구조업무와 병원이나 수용시설로 긴급 이송하여 신속하게 치료 등의 후속조치를 취하도록 하는 지원업무로 구성

(2) 안전진단

① 붕괴현장의 잔존건물에 대한 안전진단 및 주변 아파트의 안전진단을 실시하였으며 안전진단의 대상과 방법에 있어서 인명구조를 최우선으로 고려

② 대한건축학회, 대한건축사협회, 시설안전 기술공단, 한국건설기술연구원으로 안전진단팀 구성하여 진단팀, 계측팀, 행정지원팀 체계로 운용

(3) 잔재처리

잔재 이송 업무는 시신이 발굴되지 않은 사망자 처리와 관련하여, 적치된 잔재에 인정사망의 단서가 되는 유품이나 부분사체가 포함되어 있어 이송에서부터 적치, 보존까지 세심한 배려가 요구

05 붕괴사고 시 행동요령

1. 붕괴사고 시 상황별 세부행동요령

1) 건물붕괴로 인한 매몰(고립) 시

① 가급적 편안한 자세를 유지하고 외부와 접촉을 지속적으로 시도한다.
② 불필요한 체력 소모 행위를 자제한다.
③ 누출된 가스로 인한 폭발 등의 사고 방지를 위해 가스 라이터나 전열기는 사용하지 않는다.
④ 휴대폰 사용이 가능하면 휴대폰을 통해 자신의 상황을 외부에 전달한다.
⑤ 휴대폰 사용이 불가능할 경우 파이프 또는 돌 등을 이용해서 소리를 내어 외부와 접촉을 시도한다. 구조에 대한 믿음과 확신을 가지고 최대한 심적 안정을 취하려고 노력한다.
⑥ 집단 매몰되었을 경우 상호 격려 및 협력이 필요하다.
⑦ 가능하면 정부방송을 청취하고 외부상황을 파악한다.

▼ **사례**

> 1995년 6월 29일 서울의 삼풍 백화점 붕괴 시 매몰되었던 최명석 씨는 11일, 유지환 씨는 13일, 박승현 씨는 17일 만에 구조되었다. 이는 구조에 대한 믿음과 확신이 있었기에 가능한 일이었다.

2) 폭발에 의한 건물 붕괴 시

① 건물이 붕괴된 경우에는 당황하지 말고 주변상황을 살핀다.
② 자신의 위치에서 가장 가까운 비상구를 찾아 이동한다.
③ 엘리베이터 홀 및 계단실 등의 내력 벽체가 있는 안전한 곳으로 임시대피한다.
④ 이동 간 방석 등 물건으로 머리를 보호하면서 신속하고 질서 있게 대피한다.
⑤ 건물 밖으로 나오면 추가붕괴 및 가스폭발 등의 위험이 없는 안전한 지역으로 대피한다.
  * 건축물 붕괴 시 실내에 있을 경우 외벽(또는 내력벽)족이 보다 생존확률이 높다.

3) 건물붕괴 우려 시(외부에 있는 경우)

① 동료 및 주변사람들에게 신속하게 상황을 전파한다.
② 건물 높이 2배 이상의 충분한 안전거리를 고려하여 대피한다.
③ 대피 시 각종 파편을 조심하고 최대한 머리 부분을 보호한다.

▼ **관련법 규정**

- 시설물의 안전관리에 관한 특별법, 동법 시행령, 시행규칙
- 도시계획시설의 결정·구조 및 설치기준에 관한 규칙

2. 붕괴사고 시 행동요령(구조대원의 행동요령)

1) 사고특성 및 위험요인

① 다수의 사상자가 발생할 가능성 높음
② 2차 붕괴 위험성에 따른, 구조대원 안전사고 발생 우려 큼
③ 붕괴에 따른 진출입로의 확보 곤란으로 인명구조에 어려움이 큼
④ 요구조자의 위치를 파악하는 데 어려움이 큼
⑤ 철근 콘크리트 등 각종 건축자재가 뒤엉켜 구조 활동에 어려움이 있으며 파괴 장비의 이용에 따른 요구조자의 2차 피해 우려 큼
⑥ 구조 활동 간 많은 인력과 시간을 필요로 함(대기조 운영)

2) 대응절차 및 기준

건축물 붕괴 등 시설물 재난에 대한 대응대책은 폭발·붕괴 등의 2차 피해에 대한 유발요인 진단 및 제거와 상황발생 시 단계별·유형별 신속한 보고·전파, 신속한 구조 및 실종자 수색, 사망·부상자 신원파악, 재난 발생 우려가 있는 경우 신속한 응급조치 실시, 붕괴 잔재물 수거 및 통신·상하수도·전기·가스시설 긴급 복구, 사고원인에 따른 향후 항구적 재발 방지대책의 수립이 있으며 이에 대한 대응절차 및 기준은 아래와 같다.[5)6)]

(1) 접보와 출동단계

① 상황접보 시 현장상황 파악 및 출동대 편성 시 필요장비 확인
② 상황에 따라 유관기관과 협조체제 유지
③ 구·군청, 경찰, 전기, 가스시설 등 사고 관련 유관기관에 통보
④ 현장상황에 따른 개인안전장구 착용 및 확인

(2) 현장도착 및 현장활동 단계

① 현장상황을 고려하여 안전통제선을 설정하고 차량은 통제선 밖에 배치한다.
② 위험지역 출입 통제선을 설치하고 인근 주민들의 출입을 통제한다.

---

5) 2015년 서울시 7급 안전관리론 기출문제 A형 14번
6) 2015년 지방직 9급 안전관리론 기출문제 A형 15번

③ 건물관계인과 사고 당시의 목격자를 확보하고, 요구조자의 위치 파악에 주력한다.
④ 현장지휘관은 건물외벽 등 추가붕괴징후를 감시하고 안전요원을 배치하며 배치 시에는 건축물 사면에 배치하되, 내부 진입대원이 보이거나 수시 연락에 지장이 없는 장소에 배치한다.
⑤ 현장지휘관은 신속히 상황을 판단하고 관계기관에 전파한다.

▼ **상세내용**

- 피해정도, 사상자·요구조자 수 및 대응규모 파악
- 가스, 전기, 중장비 운용 등 관계기관 공조
- 필요한 경우, 숙련된 건축물 폭발 전문가의 지원을 요청

⑥ 구조활동에 많은 인원과 시간이 소요되므로 교대조를 편성하여 운영하고 휴식공간을 확보하고 2차 붕괴 등 비상상황에 대비한 지원팀을 운영하는 등 효율적인 자원배분과 관리가 필요하다.
⑦ 화재발생이 없더라도, 건물 주변에 경계관창을 배치한다.
⑧ 가스, 전기, 수도를 차단하고 안전조치를 철저히 실시한다.
⑨ 구조견 및 탐색장비를 활용하여 요구조자의 정확한 위치를 파악한 후 구조 활동을 실시한다.
⑩ 진동과 충격에 의해 붕괴된 건축물이 재붕괴될 수 있음에 유념하여 추가 붕괴에 대비하여 건축물 및 잔해물을 지지한다.
⑪ 유독물질 누출을 대비하여 공기호흡기 등 보호장비 착용
⑫ 병원, 공장 등 건물에는 방사성 물질 취급설비가 있음을 유념하여 방사선량률 측정기, 개인선량계 등을 착용 후 현장활동을 실시한다.
⑬ 요구조자 구조작업 시에는 필요에 따라 응급처치를 우선적으로 실시한다.

3) 철수 시

철수 시에는 출입통제선과 위험경고 표시판 등 설치사항을 확인한다.

PART 02 연습문제

01 시설물정보관리종합시스템(FMS)에서 관리하지 않는 항목은 무엇인가?

① 안전진단전문기관 및 유지관리업자의 정보관리
② 안전점검·정밀안전진단 실적 제출 및 관리
③ 설계도서 등의 제출 및 관리
④ 시설물 위험 상황 전파 및 관리

풀이 시설물정보관리종합시스템으로 관리하는 시설물 정보의 종류는 다음과 같다.
1. 시설물의 안전 및 유지관리계획
2. 안전진단전문기관의 등록, 등록사항의 변경신고, 휴업·재개업 신고, 등록 취소, 영업정지, 등록말소, 시정명령 또는 과태료 등에 관한 사항
3. 유지관리업자의 영업정지, 등록말소, 시정명령 또는 과태료 등에 관한 사항
4. 안전점검·정밀안전진단 및 유지관리의 실적
5. 사용제한 등에 관한 사항
6. 보수·보강 등 필요한 조치결과의 통보 내용
7. 시설물의 준공 또는 사용승인 통보 내용
8. 감리보고서·시설물관리대장 및 설계도서 등 관련 서류
9. 그 밖에 시설물의 안전 및 유지관리에 관련되고 시설물의 정보로 관리할 필요가 있다고 인정되어 국토교통부장관이 정하는 사항

02 시설물의 안전관리에 관한 특별법 시행령상 제1종 시설물이 아닌 것은?

① 연장 500m 이상의 철도교량
② 3차로 이상의 도로터널
③ 16층 이상의 공동주택
④ 1일 공급능력 3만톤 이상의 지방상수도

풀이 시설물의 안전관리에 관한 특별법 시행령 [별표1]에 의하면, 16층 이상의 공동주택은 제2종 시설물에 해당한다.

정답 01 ④ 02 ③

1, 2종 시설물 구분

구분		1종시설물	2종시설물
1. 교량			
	가. 도로교량	• 상부구조형식이 현수교, 사장교, 아치교 및 트러스교인 교량	
		• 최대 경간장 50미터 이상의 교량(한 경간 교량은 제외한다)	• 경간장 50미터 이상인 한 경간 교량
		• 연장 500미터 이상의 교량	• 1종시설물에 해당하지 않는 연장 100미터 이상의 교량
		• 폭 12미터 이상이고 연장 500미터 이상인 복개구조물	• 1종시설물에 해당하지 않는 복개구조물로서 폭 6미터 이상이고 연장 100미터 이상인 복개구조물
	나. 철도교량	• 고속철도 교량	• 1종시설물에 해당하지 않는 연장 100미터 이상의 교량
		• 도시철도의 교량 및 고가교	
		• 상부구조형식이 트러스교 및 아치교인 교량	
		• 연장 500미터 이상의 교량	
2. 터널			
	가. 도로터널	• 연장 1천미터 이상의 터널	• 1종시설물에 해당하지 않는 터널로서 고속국도, 일반국도, 특별시도 및 광역시도의 터널
		• 3차로 이상의 터널	• 연장 500미터 이상의 지방도, 시도, 군도 및 구도의 터널
		• 터널구간의 연장이 500미터 이상인 지하차도	• 1종시설물에 해당하지 않는 지하차도로서 터널구간의 연장이 100미터 이상인 지하차도
	나. 철도터널	• 고속철도 터널	• 1종시설물에 해당하지 않는 터널로서 특별시 또는 광역시에 있는 터널
		• 도시철도 터널	
		• 연장 1천미터 이상의 터널	
3. 항만			
	가. 갑문시설	• 갑문시설	
	나. 계류시설	• 20만톤급 이상 선박의 하역시설로서 원유부이(BUOY)식 계류시설(부대시설인 해저송유관을 포함한다)	• 1종시설물에 해당하지 않는 1만톤급 이상의 계류시설
		• 말뚝구조의 계류시설(5만톤급 이상의 시설만 해당한다)	
4. 댐		• 다목적댐, 발전용댐, 홍수전용댐 및 총저수용량 1천만세제곱미터 이상의 용수전용댐	• 1종시설물에 해당하지 않는 댐으로서 지방상수도전용댐 및 총저수용량 1백만세제곱미터 이상의 용수전용댐
5. 건축물			
	가. 공동주택		• 16층 이상의 공동주택

구분		1종시설물	2종시설물
	나. 공동주택 외의 건축물	• 21층 이상 또는 연면적 5만제곱미터 이상의 건축물 • 연면적 3만제곱미터 이상의 철도역시설 및 관람장	• 1종시설물에 해당하지 않는 16층 이상 또는 연면적 3만제곱미터 이상의 건축물 • 1종시설물에 해당하지 않는 고속철도, 도시철도 및 광역철도 역시설
			• 1종시설물에 해당하지 않는 다중이용건축물 및 연면적 5천제곱미터 이상의 전시장
		• 연면적 1만제곱미터 이상의 지하도상가(지하보도면적을 포함한다)	• 1종시설물에 해당하지 않는 연면적 5천제곱미터 이상의 지하도상가(지하보도면적을 포함한다)
6. 하천			
	가. 하구둑	• 하구둑 • 포용조수량 8천만세제곱미터 이상의 방조제	• 1종시설물에 해당하지 않는 포용조수량 1천만세제곱미터 이상의 방조제
	나. 수문 및 통문	• 특별시 및 광역시에 있는 국가하천의 수문 및 통문(通門)	• 1종시설물에 해당하지 않는 국가하천의 수문 및 통문 • 특별시, 광역시 및 시에 있는 지방하천의 수문 및 통문
	다. 제방		• 국가하천의 제방[부속시설인 통관(通管) 및 호안(護岸)을 포함한다]
	라. 보	• 국가하천에 설치된 높이 5미터 이상인 다기능 보	• 1종시설물에 해당하지 않는 보로서 국가하천에 설치된 다기능 보
7. 상하수도			
	가. 상수도	• 광역상수도	• 1종시설물에 해당하지 않는 지방상수도
		• 공업용수도	
		• 1일 공급능력 3만세제곱미터 이상의 지방상수도	
	나. 하수도		• 공공하수처리시설(1일 최대처리용량 500세제곱미터 이상인 시설만 해당한다)
8. 옹벽 및 절토사면			• 지면으로부터 노출된 높이가 5미터 이상인 부분의 합이 100미터 이상인 옹벽
			• 지면으로부터 연직높이 50미터 이상을 포함한 절토부로서 단일 수평연장 200미터 이상인 절토사면

03 시설물의 유지관리 수행에 있어 주택법 시행령에 의하여 유지관리를 하지 않는 건축물은?

① 100세대 이하의 공동주택
② 150세대 이상으로 개별난방식의 공동주택
③ 150세대 이상으로 승강기가 설치되지 않은 공동주택
④ 300세대 이상의 공동주택

정답 03 ④

풀이 시설물은 관리주체가 직접 유지관리하거나 유지관리업자로 하여금 유지관리하게 할 수 있다. 다만, 아래에 해당하는 시설물로서 주택법 시행령에 의하여 유지관리를 하는 경우에는 그러하지 아니하다.
㉠ 300세대 이상의 공동주택
㉡ 150세대 이상으로 승강기가 설치된 공동주택
㉢ 150세대 이상으로 중앙집중식 난방방식(지역난방방식 포함)의 공동주택
㉣ 건축허가를 받아 주택 외의 시설과 주택을 동일 건축물로 건축한 건축물로서 주택이 150세대 이상인 건축물

04 시설물을 유지관리함에 있어 보수보강이력 관리를 하여야 하는 것이 중요하다. 「시설물의 안전관리에 관한 특별법 시행규칙」에서 중요한 보수보강인 경우에는 설계도서를 보존하도록 하고 있다. 설계도서를 보존하여야 할 중요한 보수보강과는 거리가 먼 것은?

① 조립식 건축물의 연결부위
② 터널의 복공부위
③ 상수도 관로 이음부
④ 교량의 교각 균열

풀이 시설물의 발주자는 감리보고서를 공단에, 시설물의 시공자는 설계도서 등 관련 서류를 관리주체와 공단에, 관리주체는 시설물관리대장을 공단에 각각 제출하여야 한다. 다음에 해당하는 중요한 보수·보강의 경우에는 설계도서를 보존하여야 한다.
㉠ 철근 콘크리트 구조부 또는 철골 구조부
㉡ 「건축법」 제2조 제1항 제7호에 따른 주요구조부
㉢ 그 밖에 구조상 주요 부분
  • 교량의 교좌장치
  • 터널의 복공부위
  • 하천제방의 수문문비
  • 댐의 본체, 시공이음부 및 여수로
  • 조립식 건축물의 연결부위
  • 상수도 관로이음부
  • 항만시설 중 갑문문비 작동시설과 계류시설의 구조체

05 「시설물의 안전관리에 관한 특별법 시행령」상 시설물의 안전점검은 정기점검, 긴급점검, 정밀점검, 정밀안전진단 등으로 구분하여 시행하고 있다. 이에 대한 설명으로 옳지 않은 것은?

① 정밀점검은 안전등급이 A등급인 건축물은 4년에 1회 이상 실시하고, D·E 등급은 2년에 1회 이상 실시한다.
② 정기점검은 안전등급에 관계없이 동일한 주기로 실시하는 점검을 말한다.
③ 긴급점검은 관리주체가 필요하다고 판단한 때에 실시할 수 있다.
④ 정밀점검은 정밀안전진단보다는 그 내용 및 범위를 축소하여 실시할 수 있다.

정답 04 ④ 05 ②

풀이 ② D·E등급의 정기점검은 해빙기·우기·동절기를 포함하여 1년에 3회 이상 실시한다.

안전점검 시기

안전등급	정기점검	정밀점검		정밀안전진단
		건축물	그외시설물	
A등급	반기에 1회 이상	4년에 1회 이상	3년에 1회 이상	6년에 1회 이상
B·C등급		3년에 1회 이상	2년에 1회 이상	5년에 1회 이상
D·E등급	해빙기·우기·동절기 등 1년에 3회 이상	2년에 1회 이상	1년에 1회 이상	4년에 1회 이상

06 시설물의 안전관리에 관한 특별법 시행령상 안전점검 및 정밀안전진단의 실시 시기로 옳지 않은 것은?

① A등급의 정기점검은 반기에 1회 이상 실시한다.
② B등급의 정밀점검은 건축물의 경우 3년에 1회 이상 실시한다.
③ C등급의 정밀점검은 건축물 외 시설물의 경우 2년에 1회 이상 실시한다.
④ D등급의 정밀안전진단은 5년에 1회 이상 실시한다.

풀이 ④ D등급의 정밀안전진단은 4년에 1회 이상 실시한다.

안전점검 시기

안전등급	정기점검	정밀점검		정밀안전진단
		건축물	그외시설물	
A등급	반기에 1회 이상	4년에 1회 이상	3년에 1회 이상	6년에 1회 이상
B·C등급		3년에 1회 이상	2년에 1회 이상	5년에 1회 이상
D·E등급	해빙기·우기·동절기 등 1년에 3회 이상	2년에 1회 이상	1년에 1회 이상	4년에 1회 이상

07 시설물의 안전관리를 위한 철골 구조물에 대한 비파괴시험이 아닌 것은?

① 자분탐상시험   ② 초음파탐상시험
③ 철근탐사시험   ④ 침투탐상시험

풀이 철골 구조물에 대한 비파괴시험은 아래와 같다.
㉠ 콘크리트 구조물
• 반발경도시험(Rebound Test) : 콘크리트의 경도를 측정하여 콘크리트의 강도를 추정하는 데 사용
• 초음파법(Ultrasonic Techniques) : 콘크리트 내부의 결함, 균열깊이, 강도 및 품질상태를 검사하는 데 사용

정답 06 ④ 07 ③

- 자기법(Magnetic Methods) : 자기법은 주로 철근의 피복두께, 위치 및 직경 확인에 사용
- 레이다법(Radar Techniques) : 지표면 침투 레이다(GPR : Ground-Penetrating Radar)는 구조물 공동 및 지하매설물 등을 발견하기 위하여 사용
- 방사선법(Radiography Test) : 감마광선은 콘크리트를 투과할 수 있으므로 필름을 방사선에 노출되게 함으로써 콘크리트 검사에 사용

ⓒ 철골 구조물
- 방사선투과시험(Radiographic Test) : 용접 또는 주조의 슬래그 함침(Slag Inclusion)이나 간극과 같은 결함을 쉽게 찾아낼 수 있는 방법
- 자분탐상시험(Magnetic Particle Test) : 염료침투방법과 같이 표면이나 표면 부근의 결함을 찾을 때에 사용
- 침투탐상시험(Liquid Penetrant Test) : 염료침투방법을 사용한 점검은 가장 보편적으로 사용되는 방법. 이 방법은 비록 구조물 표면의 결함에만 한정되지만 저가로 쉽게 사용 가능
- 초음파 탐상시험(Ultrasonic Test) : 내부 결함을 찾기 위하여 재료 내의 소리에 대한 진동 특성을 이용하여 점검하는 방법

08 사고조사의 목적 중 안전문화 확산을 통한 동일 또는 유사한 사고의 재발을 방지하기 위한 조사내용으로 옳지 않은 것은?

① 사고의 세부 설명 전개
② 관련된 사실의 축적
③ 사고 잠재원인의 조사
④ 사고 책임소재의 추궁

풀이 사고조사는 사고의 원인과 자체의 결함 등을 규명함으로써 동종 사고 및 유사 사고의 발생을 막기 위한 예방대책을 강구하기 위해서 실시한다. 사고조사는 조사하는 것이 목적이 아니며, 관계자의 책임을 추궁하는 것이 목적도 아니다. 사고조사에서 가장 중요한 것은 사고원인에 대한 사실을 규명해내는 것이다.

09 건축물 붕괴 등 시설물 재난 대응대책으로 가장 옳지 않은 것은?

① 재난발생 우려가 있는 경우 신속한 응급조치 실시
② 폭발·붕괴 등 2차 피해 유발요인 진단 및 제거
③ 상황발생 시 단계별·유형별 신속한 보고·전파
④ 사고원인에 따라 향후 항구적 재발 방지대책 수립

풀이 건축물 붕괴 등 시설물 재난에 대한 대응대책은 폭발·붕괴 등의 2차 피해에 대한 유발요인 진단 및 제거와 상황발생 시 단계별·유형별 신속한 보고·전파, 신속한 구조 및 실종자 수색, 사망·부상자 신원파악, 재난 발생 우려가 있는 경우 신속한 응급조치 실시 등이 있다.

정답 08 ④ 09 ④

10 폭발로 인하여 건축물이 붕괴된 경우에 재난관리 대응대책으로 거리가 먼 것은?

① 2차적인 폭발 · 붕괴의 유발요인 진단 및 제거
② 신속한 구조 및 실종자 수색, 사망 · 부상자 신원파악
③ 재난 발생 우려가 있는 경우 신속한 응급조치 실시
④ 붕괴 잔재물 수거 및 통신 · 상하수도 · 전기 · 가스시설 긴급 복구

풀이 건축물 붕괴 등 시설물 재난에 대한 대응대책은 폭발 · 붕괴 등의 2차 피해에 대한 유발요인 진단 및 제거와 상황발생시 단계별 · 유형별 신속한 보고 · 전파, 신속한 구조 및 실종자 수색, 사망 · 부상자 신원파악, 재난 발생 우려가 있는 경우 신속한 응급조치 실시 등이 있다.

정답 10 ④

PART 03 환경오염, 폭발 및 위험물 관리

1 환경오염
1. 환경오염의 개념
2. 환경오염의 원인
3. 환경오염의 종류

2 폭발
1. 폭발의 개념
2. 폭발의 예방
3. 폭발의 분류
4. 물리적 폭발의 특성
5. 물리적 폭발의 현상
6. 분진폭발 및 연성·폭굉
7. 블레비(BLEVE) 현상
8. 백 드래프트(Back Draft) 현상

3 위험물관리
1. 위험물의 개념
2. 위험물의 분류
3. 위험시설물의 종류

PART 03 환경오염, 폭발 및 위험물관리

01 환경오염

1. 환경오염의 개념

1) 환경오염

환경오염이란 일상생활을 포함한 각종 인간활동에 의해 유발되는 인위적인 오염물질이 자연환경이나 생활환경을 손상시키고, 사람의 생활 및 건강에 유해한 영향을 미치는 현상을 의미한다.

① 환경오염 : 인간활동의 결과 발생되는 오염물질에 의해 대기, 수질, 토양 등의 환경 또는 인간생활을 영위하는 장소가 오염되는 현상
② 환경의 분류
  ㉠ 자연환경 : 지하, 지표, 해양 및 지상의 모든 생물과 비생물
  ㉡ 생활환경 : 대기, 물, 폐기물, 소음, 진동, 악취 등

2) 환경오염의 주요 원인

① 대기오염 : 이산화탄소, 메탄 등 온실가스의 농도 증가
② 수질오염 : 인간과 동물의 배설물, 농작물의 폐기물 등
③ 해수오염 : 산업 폐기물의 투기, 선박사고, 기름 유출 등
④ 토양오염 : 중금속 오염, 화학비료의 사용

2. 환경오염의 원인

환경오염의 특징은 다음과 같다.
① 환경오염의 모든 영향은 인간에게 되돌아온다.
② 인간의 무관심 속에서 환경은 무방비로 오염되고 파괴되어 왔다.

③ 환경오염 문제는 최근에 이슈가 되었다.
④ 인간과 환경은 상호작용 관계를 가지고 있기 때문에 인간은 환경오염의 원인자인 동시에 피해자이다.

환경오염의 원인은 다음과 같다.

1) 인구의 증가
① 세계적인 인구의 증가는 자원의 생산과 소비량을 증가시킨다.
② 한정된 자원을 감소시키며, 다양한 폐기물을 증가시킨다.

2) 과학 기술의 발달
① 과학 기술의 발달은 환경의 오염을 초래하는 경우가 많다.
② 과학 기술의 발달에 의한 제조과정이나 운행과정에서 많은 에너지원을 소비하고 환경을 오염시킨다.

3) 지역 개발
경제가 성장함에 따라 주민의 생활을 향상시키려는 지역개발로 환경오염과 훼손이 증가한다.

4) 인구와 산업의 도시 집중화
도시에서의 대량 생산과 대량 소비는 다양한 환경오염의 원인을 제공한다. 특히 대기오염이 가장 심각하며, 주원인은 자동차의 배기가스, 난방용 연료의 사용이다.

3. 환경오염의 종류

1) 대기오염

① 대기오염의 종류
  ㉠ 광화학 스모그 : 매연이나 안개가 자외선과 반응하여 유해한 물질을 생성하는 것
  ㉡ 산성비 : SO_2, NO_2 등이 비에 섞여 내리는 것
  ㉢ 온실효과 : 대기 중의 CO_2 양이 증가하여 태양의 복사에너지를 흡수하는 것으로, 지구온난화의 원인이 된다.
  ㉣ 오존층 파괴 : 염화불화탄소(CFC) 등이 지구의 오존층을 파괴하는 것

② 대기오염 방지책
　㉠ 화석 연료의 사용을 줄이고, 자연에너지(풍력·조력·태양열 등)의 사용을 확대한다.
　㉡ 연소 기관을 개량하여 완전 연소를 시킨다.
　㉢ 녹지대를 확보하며 자정 능력을 높인다.
　㉣ 집진기를 설치하여 먼지를 제거한다.

2) 수질오염

① 수질오염의 영향요소
　㉠ DO(용존 산소량) : 물속에 녹아 있는 산소량
　㉡ BOD(생물학적 산소 요구량) : 물속의 호기성 미생물이 유기물을 분해하는 데 사용하는 산소량
　㉢ 하천의 자정작용 : 강물 속 유기물이 미생물에 의해 분해되어 정상상태로 되돌아가는 현상

② 수질오염의 방지책 : 수질오염을 방지하기 위해서는 자정작용 등과 같은 하나 또는 수 개의 작용이 잘 작동되도록 하여야 한다.

3) 토양오염

과다한 농약 살포, 산성비, 매립 쓰레기 등이 오염의 원인이 된다.

4) 삼림오염

산성비가 주원인으로, 산의 토양이 산성화되어 나무가 갈변하여 타들어가 죽거나 나무의 씨앗들이 자라지 못하게 된다.

5) 기타 오염

① 방사능 오염 : 핵폭발, 원자로 폐기물 등에 의한 오염
② 쓰레기 오염 : 쓰레기 매립 등으로 인해 발생되는 토양 및 수질 오염

02 폭발

1. 폭발의 개념

1) 폭발의 정의

폭발은 에너지의 부피가 극적으로 갑작스럽게 증가하면서 방출하는 것을 말하며 주로 높은 온도를 일으키며 기체를 발생시킨다. 밀폐된 공간에서 발생한 급격한 압력 상승으로 에너지가 외계로 전환되는 과정에서 파열, 후폭풍, 폭음 등을 동반하는 현상으로 물리적 폭발, 화학적 폭발, 물리적·화학적 병립에 의한 혼합폭발, 핵폭발 등으로 분류된다. 이러한 폭발은 충격파를 만들어 낸다.

2) 폭발의 분류

(1) 물리적 폭발

화염 등을 접촉하지 않고 물질의 상태가 변하거나 온도·압력 등의 조건이 변하는 폭발(분자의 구조가 불변)

(2) 화학적 폭발

화염 등으로 분자구조가 변하는 폭발

구분	내용
폭발의 성립조건	• 밀폐된 공간 • 폭발범위(연소범위) : 공기 중 발화할 수 있는 혼합가스의 농도 • 점화원(점화에너지)
폭발의 영향요소	• 압력과 온도의 영향 • 산소의 영향 • 산화제

2. 폭발의 예방

1) 연소범위의 형성 방지

가연성 가스나 액체가 공기 중에 누설되지 않도록 주의하는 것이 매우 중요하다. 만약 누설된 경우 가스나 증기가 체류하지 않도록 환기해야 하며, 불티·불꽃 방지에 유의해야 한다.

2) 전기설비 등의 방폭구조

사전에 작업장 주위에 가연물을 미리 치워두거나 가연성 증기가 체류하지 않도록 하며, 백열구 전등에 방폭망을 씌우거나 방폭형 전기스위치의 설치 및 접지 등을 하는 것이 유용하다.

3) 정전기 발생 방지

정전기도 화재의 원인이 될 수 있기 때문에 접지를 하거나 습도를 높이도록 한다(70% 이상).

3. 폭발의 분류

폭발은 연소의 한 형태이며, 화학적으로 연소는 발열과 발광을 수반하는 산화반응이고, 폭발은 그 반응이 급격히 진행하여 빛을 발하는 것 외에 폭발음과 충격압력을 내며 순간적으로 반응이 완료되는 것이다.

자연폭발은 자연에서 흔하게 일어나지는 않으며, 자연폭발의 대부분은 화산에서 다양한 과정을 거치며 발생한다. 인공폭발은 화학적인 폭발물에 의한 폭발을 말하여, 보통 다량의 고열 기체를 만들어내는 산화·환원반응을 동반한다. 핵무기는 폭발물의 일종으로서 핵분열 반응이나 핵융합으로부터 파괴력을 가져온다. 소형화된 핵무기는 소규모 도시 전체를 파괴할 만큼의 위력을 가지고 있다. 전기폭발은 고압의 전류로 인해 발생하는 폭발로, 금속물질과 절연물질을 빠르게 증발시키는 높은 에너지의 전호로부터 만들어진다. 블레비(BLEVE) 현상은 폭발의 일종으로 부피가 빠르게 증가하면서 액체를 증발시키면서 발생하는 현상으로 기계폭발의 일종이라고 할 수 있지만 용기의 내용물에 파급력이 커질 수 있다. 태양의 플레어는 일반적인 폭발의 사례이며, 대부분의 별도 이러한 플레어를 가지고 있는 것으로 보여진다. 이 플레어의 에너지 원천은 태양의 유도 플라스마의 회전에서 유래한 자기장의 혼란에서 비롯된다.

화학변화에는 화학반응이 원인이 되어 일어나는 화학적 변화와 상변화 등에 의한 물리적 변화가 있고 각각 화학적 폭발과 물리적 폭발로 분류된다.

1) 폭발의 원인에 따른 분류

폭발의 원인	구분	내용
화학적 폭발	산화폭발	가연성 기체, 액체, 고체가 공기 중 산소와 화합하여 비정상연소에 의한 연소폭발 • 가스폭발(기체) • 분무폭발(액체) • 분진폭발(고체) • 촉매폭발 • 반응폭주에 의한 폭발
	분해폭발	산소와 관계없이 단독으로 발열·분해 반응을 하는 물질에 의해서 발생하는 폭발 분해반응에 의해서 폭발을 일으키는 물질 • 아세틸렌 • 산화에틸렌 • 에틸렌 • 다이너마이트 • 과산화물
	중합폭발	모노머(단량체)의 중축합반응에 따른 발열량에 의한 폭발 • 염화비닐 • 시안화수소 • 산화에틸렌
물리적 폭발	증기폭발	밀폐 공간 속의 액체 물질이 급속히 기화하면서 많은 양의 증기가 발생함과 동시에 증기압이 높아져 내압을 초과하여 파열되는 폭발
	수증기폭발	응용금속 등 고온 물질이 물속에 투입되었을 때 물의 순간적 비등화에 따른 폭발
	전선폭발	전선이 용해되어 갑작스런 기체의 팽창이 짧은 시간 내에 발생하는 폭발
	기타	진공 고압용기의 파열, 탱크의 감압파열, 보일러 폭발, 폭발적 증발, 폭발성 화합물의 폭발, 혼합위험성 물질에 의한 폭발 등

▼ 산화폭발의 종류

- 가스폭발(기체) : 공기나 조연성 가스 중에 가연성 가스가 폭발범위 내의 농도로 존재할 때 점화원에 의해 폭발하는 현상으로 가장 일반적인 폭발이다.
- 분무폭발(액체) : 무상으로 부유하고 있는 가연성 액적(윤활유 등)이 주체가 되는 폭발이다.
- 분진폭발(고체) : 액체 공기 중에 부유하고 있는 가연성 티끌이 주체가 되는 폭발이다.
- 촉매폭발 : 수소와 산소, 수소와 염소 등에 빛이 쪼일 때 반응하는 폭발이다.
- 반응폭주에 의한 폭발 : 화학반응기 내에서 반응 속도가 중대함으로써 반응이 과격화되는 현상이다.

2) 물리적 상태에 따른 분류

물리적 상태	구분	내용
기상폭발		폭발을 일으키기 이전의 물질상태가 기상인 경우의 폭발현상
	가스폭발	가연성 기체와 공기의 혼합기의 폭발현상
	분무폭발	미세한 액적이 분무상으로 되어 착화원에 의하여 폭발
	분진폭발	가연성 고체의 미분과 액체의 미스트(Mist)가 티끌이 되어 공기 중에 부유하고 있을 때 착화 에너지가 주어지면 발생
	분해폭발	아세틸렌, 산화에틸렌, 에틸렌 등이 분해하면서 생성된 가스가 열팽창되고, 이때 생기는 압력상승과 압력방출에 의해 폭발
	증기운폭발	대량의 가연성 액체가 유출하여 발생되는 구름상 증기가 공기와 혼합하여 착화원에 의하여 폭발
응상폭발		액체 및 고체 등 불안정한 물질의 연쇄 폭발현상
	증기폭발	저온 액화가스(LNG, LPG)의 수면 유출에 의한 폭발
	수증기폭발	용융금속이나 슬러그 같은 고온 물질이 물속에 투입되었을 때 상변화에 따라 나타나는 폭발
	기타	전선폭발, 고체상태 간의 전이에 의한 폭발, 폭발적 증발, 폭발성 화합물의 증발, 혼합위험성 물질에 의한 폭발

4. 물리적 폭발의 특성

1) 가스폭발

가스폭발은 화학공장에서 발생하는 대부분의 폭발형태로서 폭발로 인한 재해의 대부분을 차지하고 있다. 가연성 가스(메탄, 수소, 아세틸렌, 프로판 등)와 인화성 액체(가솔린, 알코올 등) 증기의 농도가 폭발범위 내에 있을 때 착화원에 의해서 연소를 시작하여 공기 중의 산소와 산화반응해서 발생한다. 가스 폭발은 공기와의 혼합상태의 기상부분의 용적이 크고, 또한 밀폐 상태에 있을 때 발생하기 쉬우며, 분해반응과 중합반응에 의해 다량의 가스가 공기와 함께 밀폐공간 내에 축적되면 더욱 쉽게 발생하게 된다.

2) 미스트 폭발

미스트 폭발은 가연성 액체가 무상 상태로 공기 중에 누출되어 부유 상태로 공기와의 혼합물이 되어 폭발성 혼합물을 형성하여 폭발이 일어나는 것이다. 미스트와 공기의 혼합물에 발화원이 가해지면 액적이 증기화하고 이것이 공기와 균일하게 혼합되어 가연성 혼합기를 형성하여 인화 폭발하게 된다.

3) 박막폭굉(Film Detonation)

미스트 폭발의 일종으로 압력유나 윤활유 등은 유기물로서 가연성이나 인화점이 상당히 높아 보통 상태에서는 연소하기 어려우나 대기 중에 분무된 때에는 분무폭발과 비슷한 양상으로 박막폭굉을 일으키는 일이 있다.

4) 분진폭발

① 분진이란 가연성 고체를 세분화한 것으로, 금속, 석탄, 플라스틱, 유황, 농산물, 섬유물질 등의 가연성 고체가 분말상태로 공기 중에서 부유 상태로 폭발 하한계 이상을 유지하고 있을 때 착화원으로 인하여 가연성 혼합가스와 유사한 폭발을 하는 것을 분진폭발이라고 한다.

② 분진폭발은 가스폭발에 비해 연소되는 속도는 늦지만 발열량이 큰 것이 특징이다. 가연성 분진은 가연성 고체의 분쇄 가공 시에 발생하며 또한 고체물질의 수송 취급 시에도 발생한다.

③ 미세한 고체는 공기 중에 부유되어 분산되고 입자가 커질수록 시간의 경과와 함께 침강하여 퇴적된다. 분진이 공기 중에 부유하고 있을 때는 가연성 가스가 공기 중에 확산되어 있는 경우와 유사하므로 착화원이 있으면 폭발하는 것이다.

④ 일반적으로 폭발을 하지 않는 것으로 생각되는 곡물의 입자와 목분, 경금속편 등이 분진상태로 폭발하여 많은 희생자를 내는 경우가 종종 있다.

5) 고체폭발

① 고체폭발은 산업용 및 무기용 화약, 유기과산화물, 니트로 화합물류 등의 자기 반응성 물질이 고상으로 폭발하는 것을 말한다. 이들 자기 반응성 물질은 자체 내에 산소를 가지고 있어서 외부의 산소공급이 없이도 급속한 산화반응이 발생하여 폭굉으로 발전한다.

② 고체폭발은 가스폭발에 비해서 폭발위력이 대단히 큰데, 이는 기체상태 혼합물보다 분자 간의 거리가 매우 가까워서 물질의 단위 체적당 발열량이 크고 발열속도가 매우 빠르기 때문이다.

③ 고체폭발을 일으키는 물질 중에는 이 폭발을 이용하여 물체를 분쇄하고 폭음을 내거나 불꽃놀이에 이용하거나 로켓 발사 등에 사용되는 것이 많다.

④ 따라서 고체폭발물을 사용할 때는 안전한 제어가 될 수 있는 조건하에서 폭발하도록 해야 하고, 제조수송저장 등의 과정에서 폭발을 목적으로 하지 않는 공정에서 폭발 사고가 발생하지 않도록 각별한 주의가 필요하다.

6) 증기폭발

① 단순히 증기폭발이라고 하면 의미가 모호하고 정확히는 급격한 상변화에 의한 폭발(Explosion by Rapid Phase Transition)이라고 하는 것이 옳다. 용융금속이나 슬러그(Slug) 같은 고온의 물질이 물속에 투입되었을 때, 그 고온 물체가 가지고 있는 열이 단시간에 물에 전달되면 물은 과열상태로 되고 조건에 따라서는 순간적으로 비등하여 액상에서 기상으로의 급격한 상변화에 의해서 폭발이 일어나게 된다.

② 보일러의 관체가 사고로 일부 파손되면 고압하에서 과열되어 액상으로 있던 물이 순간적으로 대기압으로 방출됨으로써 평형상태가 깨어지고 이때 발생하는 상변화도 폭발 현상을 나타내는 경우가 있다. 이런 현상을 수증기 폭발이라고도 한다.

③ 급격한 상변화를 일으키는 물질은 비단 물에만 한정되는 것이 아니고 저온액화가스(LPG, LNG)가 사고로 인해 탱크 밖으로 누출되었을 때에도 조건에 따라서는 급격한 기화에 수반되는 증기폭발을 일으킨다.

④ 증기폭발은 폭발의 과정에 착화를 필요로 하지 않으므로 화염의 발생은 없으나 증기폭발에 의해 공기 중에 기화한 가스가 가연성인 경우에는 증기폭발에 이어서 가스폭발이 발생할 위험이 있다.

7) 증기운폭발(UVCE)

저온 액화가스의 저장탱크나 고압의 가연성 액체용기가 파괴되어 다량의 가연성 증기가 대기 중으로 급격히 방출되어 공기 중에 분산·확산되어 있는 상태를 증기운이라고 한다. 이 가연성 증기운에 착화원이 주어지면 폭발하여 파이어볼(Fire Ball)을 형성하는데 이를 증기운폭발이라고 한다. 영어로는 VCE(Vapor Cloud Explosion) 또는 UVCE(Unconfined Vapor Cloud Explosion)이라고 한다.

5. 물리적 폭발의 현상

1) 개요

폭발은 화학적 폭발(연소가 급격하게 진행되어 발생)과 물리적 폭발(고압가스 등의 압축에 수반되는 파열)로 나눌 수 있다. 물리적 폭발이란 물리 변화를 주체로 한 것으로 고압용기의 파열, 탱크의 감압파손, 폭발적 증발 등이 있다. 액체가 들어 있는 밀폐용기를 예를 들면 화재 시에 외부로부터 가열되면 증기압은 상승한다. 그 경우에 용기가 파열되면 액체는 과열상태에 있기 때문에 기-액 간의 평형이 깨지고 과열액체의 증기폭발이 일어날 가능성이 있다. 또 액화가스와 같이 비점이 상온 이하의 액체가 밀폐 용기 내에 저장되어 있을 때 어떠한 원인으로 그 용기가 파열되면 상온에서도 과열액체의 증기폭발이 일어날 가능성이 있다.

2) 물리적 폭발

고압가스는 화학적 변화를 수반하지 않고 기계적 방법에 의해 압축, 제조된다. 기체가 기계적 방법으로 고압이 되는 것은 기체, 액체, 고체의 가열 용기 내의 액체가 급속히 방출, 기화하는 경우이다. 물리적 폭발은 이와같이 고압을 생성하거나 방출되면서 폭발효과를 나타내는 현상을 말한다. 물리적 폭발현상의 특징은 다음과 같다.

(1) 보일러의 폭발

① 보일러는 밀폐된 용기 속에서 물을 100℃ 이상으로 가열해서 고온·고압의 수증기를 만들고 이것을 이용하는 것이 목적이기 때문에 파열사고의 위험이 있다.
② 관체의 부식, 피로, 균열 등에 의한 내압력의 감소, 또는 과열에 의한 내압의 상승에 의해서 관체, 전열관 등의 압출, 팽출, 파열 등의 사고가 일어난다.

(2) LP 가스탱크의 폭발

① 탱크로리로부터 LP GAS의 Unloading 시 호스 커플링 등의 절손으로 인해 LP GAS Tank가 폭발하는 위험이 있다.
② 탱크의 안전밸브가 작동하여 분출가스에 착화되고 화염이 발생하였으나 방출능력이 부족하기 때문에 점자적으로 내압이 상승한다.
③ 탱크의 정상부는 화염에 의해 가열되어 온도가 상승하고 내압강도도 저하되어 결국 탱크는 정상부로부터 종으로 파열되고 탱크 내에 남아 있던 과열 상태의 LP GAS가 폭발한다.

3) 화학적 폭발

- 화학반응이 일어나서 고압가스를 발생하게 되는 경우로서, 가장 일반적 반응이 연소이다.
- 화학반응은 열역학적으로 발열반응과 흡열반응으로 구분되며, 반응이 발열 또는 흡열이 되는 것은 반응계의 조건에 따라 달라진다.
- 발열반응은 반응물질 전체의 온도를 상승시키므로 반응 속도를 더욱 증가시킨다.

(1) Uniform 반응(균일반응)

> ① 반응속도는 반응물질의 온도와 농도에 따라 달라지고 반응계 전체에 걸쳐 일정하다.
> ② 물질의 온도가 상승함으로써 발열반응은 더욱 빠르게 진행되고 결국 자기가열(Self-Heating) 상태가 되며 생성되는 발열량이 방출열량을 초과하게 된다.
> ③ 균일반응은 고체, 액체, 기체의 상태에서 모두 발생된다.
> ④ 균일반응은 반응속도가 느려 밀폐용기 내에서 고압을 생성하기는 어렵다.
> ⑤ 대개의 균일반응은 고온의 반응 중심부의 발생열을 초기에 방출, 발산하지 않으면 전파 반응으로 이행된다.

(2) Propagating 반응(전파반응) : 배관 내 폭발

> ① 이 반응은 착화된 부분에서부터 일어나 전체 혼합물로 확산되며, 반응계는 반응부분(화염발생부분), 생성부분(화염진행 후방), 미반응부분(화염진행 전방) 3개 구역으로 나누어진다.
> ② 전파반응은 항상 발열반응이며 고온부에서 먼저 발생한다.
> ③ 반응계의 초기온도가 높을수록 쉽게 착화되고, 전파반응으로 이행하기 쉽다.
> ④ 특정한 부위에서 먼저 발생하여 반응계 전체로 확산되므로 에너지 방출률은 반응속도 및 반응부분의 확대 비율과 관련이 있고, 전파 속도는 0에 가까운 수지에서 음속의 수 배에 이를 수 있으며, 물질의 조성, 온도, 압력, 밀집정도 등에 따라 결정된다. 전파 반응이 아음속일 때 폭연(Deflagration)이 되고, 초음속일 때 폭굉(Detonation)이 된다.

4) 물리적 폭발의 예방 대책

구분	내용
용기의 내압강도 유지	사용 중 부식 등에 의한 두께의 감소를 막고 강도의 유지에 유의한다.
용기의 외력에 의한 파괴 방지	수송 시 교통사고 발생 방지 또 교통사고 발생 시 탱크의 파괴 방지 등의 대책이 필요하다.
화재에 의한 가열 방지	화염에 노출되는 탱크의 벽면온도가 상승하지 않도록 살수해서 냉각하면 탱크의 파손을 방지할 수 있다

6. 분진폭발 및 연성 · 폭굉

1) 분진폭발

① **분진폭발의 정의** : 가연성 고체의 미세한 분말이 공기 중에 부유하고 있을 때 착화원에 의해 에너지가 주어지면 폭발하는 현상

② **분진폭발의 순서**

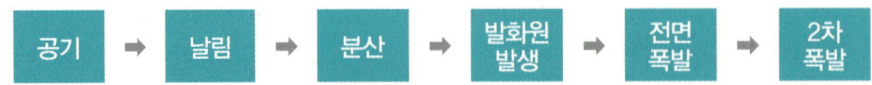

③ **분진폭발의 조건** : 분진이 밀폐된 장소에서 조연성 가스인 공기나 산소 중에서 분진되어 있을 때 점화원이 존재하면 폭발하게 된다.
　㉠ 가연성 미분상태
　㉡ 공기 중 교반(휘저어 섞임)운동
　㉢ 점화원 존재
　㉣ 폭발범위 이내일 것

④ **분진폭발에 영향을 미치는 인자**
　㉠ 산소농도
　㉡ 수분
　㉢ 화학적 성분과 반응성
　㉣ 가연성 가스
　㉤ 입도와 입도분포
　㉥ 입자의 표면상태와 형상

⑤ **분진폭발이 잘 이루어지지 않는 물질**
　㉠ 석회종류(소석회 등)
　㉡ 가성소다
　㉢ 탄산칼슘
　㉣ 생석회
　㉤ 시멘트분
　㉥ 대리석분
　㉦ 유리

분진폭발은 단위용적당 발열량이 크기 때문에 역학적 파괴효과가 가스폭발보다 크며, 탄화수소양이 많아 온도가 2,000~3,000℃까지 상승하고, 불완전 연소로 인해 일산화탄소와 같은 유해가스가 많이 발생한다.

구분	분진폭발(고체)	가스폭발(기체)
발생(발화)에너지, 파괴력	크다.	작다.
일산화탄소 발생률	크다.	작다.
최초폭발, 연소속도, 폭발압력	작다.	크다.
2차, 3차 연쇄폭발현상	있다.	없다.

2) 폭연과 폭굉

(1) 폭연과 폭굉의 의미

① 폭연(Deflagration) : 반응의 전파속도가 음속 이하이다.

② 폭굉(Detonation) : 반응의 전파속도가 초음속이다.

구분	폭연	폭굉
속도	음속보다 느리다.	음속보다 빠르다.
압력	폭굉으로 변화될 수 있으며, 정압이다.	폭연의 10배 이상이며, 동압이다.
에너지 방출속도	물질전달속도에 영향을 받는다.	물질전달속도에 영향을 받지 않고 아주 짧다.
온도	열에 의한 전파로 온도의 상승이 일어난다.	충격과 압력의 상승을 통해 온도의 상승이 일어난다.
화염면의 변화	화염면(파면)의 전파가 분자량이나 난류 확산에 영향을 받는다.	화염 면에서 온도, 압력, 밀도가 분연적 속으로 나타난다.
완전연소 소요시간	1/300초	1/1,000초

(2) 폭굉 유도거리(DID)

① 최초의 완만한 요소에서 결렬한 폭굉으로 전이되는 데 필요한 거리이다.

② 폭굉 유도거리가 짧아질 수 있는 요인

　㉠ 압력이 높을수록 짧아진다.
　㉡ 점화 에너지가 강할수록 짧아진다.
　㉢ 연소속도가 빠른 가스일수록 짧아진다.

7. 블레비(BLEVE) 현상

1) 블레비 현상의 개념

블레비(BLEVE ; Boiling Liquid Expanding Vapor Explosion) 현상이란 화재 시 외부 탱크벽에 뜨거운 열이 가해졌을 때 과열된 탱크의 내부 액화가스가 분출되어 착화할 때 폭발하는 현상으로, 물리적 폭발이 순간적으로 화학적 폭발로 이어지기 때문에 화학적 폭발로 분류된다.

▼ 파이어 볼(Fire ball)

> 블레비 현상으로 분출된 액화가스의 증기가 공기와 혼합하여 연소범위가 형성되어서 공모양의 대형화염이 상승하는 것

2) 블레비 현상의 발생과정

액온상승	• 용기 내 액화가스 온도가 상승되고 안전밸브가 작동하여 액화가스 증기가 방출 • 탱크 내 액면이 낮아지며 공간이 커짐
연성파괴	• 탱크벽이 가열되어 내부압력이 급격히 상승하고 증기가 방출 • 내부 압력이 급격히 낮아지며 용기 강도가 떨어짐
액격현상	• 과열된 상태에서 액화가스의 비점이 낮아짐 • 격렬하게 액체가 비산됨 • 증기폭발로 탱크 내벽에 강한 충격을 줌
취성파괴	• 액격현상으로 탱크 용기가 파열 • 파이어 볼로 발전

3) 블레비 현상의 방지대책

① 고정식 살수설비를 설치
② 탱크를 지하에 설치
③ 탱크에 화염이 접하지 않게 주의
④ 탱크 외벽에 단열조치 실시
⑤ 탱크벽의 두께를 두껍게 강화
⑥ 탱크용기 크기와 개수를 최소화
⑦ 감압시스템을 설치하여 압력을 낮춤
⑧ 가연물 누출 시의 가연물 유도구를 설치
⑨ 화재 시의 탱크 내용물 긴급 이송조치 실시

8. 백 드래프트(Back Draft) 현상

화재 발생 시 산소공급이 원활하지 않아 불완전연소 상태(훈소)일 때, 실내 상부 쪽으로 고온의 기체가 축적되고 외부 공기의 유입 때문에 급격히 연소가 활발해짐으로써 강한 폭풍과 함께 화염이 실외로 분출되는 폭발현상을 의미한다. 백 드래프트 현상은 연기폭발 또는 열기폭발이라고도 하며, 주로 감퇴기에 발생한다. 백 드래프트의 징후는 다음과 같다.

① 문 주위에서 짙고 검은 연기가 나온다.
② 연기가 건물 내부로 빨려 들어가거나 외부로 빠져 나오면서 맴돈다.
③ 창문에 농연으로 얼룩진 자국이나 검은색 응축물이 흘러내린다.
④ 문손잡이가 뜨겁고 휘바람 소리나 작은 진동이 발생되기도 한다.

03 위험물관리

1. 위험물의 개념

위험물이란 위험물안전관리법 제2조의 정의에 따라 '인화성 또는 발화성 등의 성질을 가지는 것으로서 대통령령이 정하는 물품'을 말한다. 같은 법 시행령 별표 1에서는 위험물에 대하여 제1분류부터 제6분류로 나누고, 위험물의 종류별로 위험성을 고려하여 위험물시설의 설치허가 등에 있어서 최저의 기준이 되는 수량을 지정함으로써 저장·취급·운반의 편리성과 누출·화재·폭발 등의 사고로부터 안전을 도모하고 있다.

2. 위험물의 분류

1) 제1류 위험물(산화성 고체)

위험물안전관리법상 산화성 고체의 정의는 고체[액체(1기압 및 섭씨 20도에서 액상인 것 또는 섭씨 20도 초과 섭씨 40도 이하에서 액상인 것을 말한다. 이하 같다)또는 기체(1기압 및 섭씨 20도에서 기상인 것을 말한다) 외의 것을 말한다. 이하 같다]로서 산화력의 잠재적인 위험성 또는 충격에 대한 민감성을 판단하기 위하여 국민안전처장관이 정하여 고시(이하 "고시"라 한다)하는 시험에서 고시로 정하는 성질과 상태를 나타내는 것을 말한다.

이 경우 "액상"이라 함은 수직으로 된 시험관(안지름 30밀리미터, 높이 120밀리미터의 원통형 유리관을 말한다)에 시료를 55밀리미터까지 채운 다음 당해 시험관을 수평으로 하였을 때 시료액면의 선단이 30밀리미터를 이동하는 데 걸리는 시간이 90초 이내에 있는 것을 말한다.

▼ 산화성 고체의 기본 특성

- 산화성 고체로서 산소를 함유하고 있는 강력한 산화제이다.
- 분해하여 산소를 방출하고, 자신은 불연성이지만 환원성 물질 또는 가연성 물질에 대하여 강한 산화성을 가진다.
- 다른 가연물의 연소를 돕는 조연성 물질이다.
- 모두 무기화합물이다.
- 대부분 무색 결정이거나 백색 분말 상태의 고체이다.
- 가열, 충격, 마찰, 타격 등 약간의 기계적 에너지에 의해 분해반응이 개시된다.
- 반응이 연쇄적으로 확대 진행되는 한편, 다른 화학물질(정촉매)과의 접촉에 의해서도 분해가 촉진된다.
- 물에 대한 비중은 1보다 크며, 물에 녹는 것이 많고 조해성이 있는 것도 있다.
- 수용액 상태에서도 산화성이 있다.
- 가열하여 용융된 진한 용액은 가연성 물질과 접촉 시 혼촉발화의 위험이 있다.
- 무기과산화물류는 물과 반응하여 산소를 발생하고 발열한다.

2) 제2류 위험물(가연성 고체)

위험물안전관리법상 가연성 고체의 정의는 고체로서 화염에 의한 발화의 위험성 또는 인화의 위험성을 판단하기 위하여 고시로 정하는 시험에서 고시로 정하는 성질과 상태를 나타내는 것을 말한다.

▼ 가연성 고체의 기본 특성

- 가연성 고체(Combustible Solid)이다.
- 비교적 낮은 온도에서 착화하기 쉬운 이연성 또는 속연성 물질이다.
- 비중은 1보다 크고 물에 녹지 않는다.
- 산소를 함유하지 않는다.
- 강력한 환원성 물질로서 대부분 무기화합물이다.
- 연소 시 연소열이 크고 연소온도가 높다.
- 산소와의 결합이 용이하며 산화되기 쉽다.
- 저농도의 산소에서도 결합한다.
- 무기과산화물류와 혼합한 것은 소량의 수분에 의해 발화한다.

3) 제3류 위험물(자연발화성 물질 및 금수성 물질)

위험물안전관리법상 자연발화성 물질 및 금수성 물질의 정의는 고체 또는 액체로서 공기 중에서 발화의 위험성이 있거나 물과 접촉하여 발화하거나 가연성 가스를 발생하는 위험성이 있는 것을 말한다.

▼ 자연발화성 물질 및 금수성 물질의 기본 특성

- 자연발화성 물질이다.
- 물과 반응하여 가연성 가스를 발생한다(복합적 위험물).
- 알킬알루미늄, 알킬리튬, 유기금속화합물류는 유기화합물이다.
- 대부분 물보다 무거우나 칼륨, 나트륨, 알킬알루미늄, 알킬리튬은 물보다 가볍다.
- 황린을 제외한 다른 물질은 물에 대한 위험한 반응성을 가진다.

4) 제4류 위험물(인화성 액체)

위험물안전관리법상 인화성 액체의 정의는 액체(제3석유류, 제4석유류 및 동식물유류에 있어서는 1기압과 섭씨 20도에서 액상인 것에 한한다)로서 인화의 위험성이 있는 것을 말한다.

▼ 인화성 액체의 기본 특성

- 인화점이 낮다.
- 발화점이 낮다.
- 불포화도가 높은 것은 자연 발화한다.
- 연소범위가 낮은 경우는 매우 위험하다.
- 증기비중이 무겁다.
- 비점이 낮아 기화하기 쉽다.
- 최소 점화에너지만 있어도 연소한다.

5) 제5류 위험물(자기반응성 물질)

위험물안전관리법상 자기반응성 물질의 정의는 고체 또는 액체로서 폭발의 위험성 또는 가열분해의 격렬함을 판단하기 위하여 고시로 정하는 시험에서 고시로 정하는 성질과 상태를 나타내는 것을 말한다.

▼ 자기반응성 물질의 기본 특성

- 외부로부터 산소의 공급이 없어도 가열·충격 등에 의해 연소폭발을 일으킬 수 있는 물질이다.
- 모두 가연성의 액체 또는 고체 물질이다.
- 연소할 다량의 가스를 발생한다.
- 대부분 물에 잘 녹지 않는 비수용성이다.
- 모두 물과 반응하는 물질이 아니다.
- 히드라진유도체류를 제외하고는 유기화합물이다.
- 유기과산화물류를 제외하고는 질소를 함유한 유기질소화합물이다.

6) 제6류 위험물(산화성 액체)

위험물안전관리법상 산화성 액체의 정의는 액체로서 산화력의 잠재적인 위험성을 판단하기 위하여 고시로 정하는 시험에서 고시로 정하는 성질과 상태를 나타내는 것을 말한다.

▼ 산화성 액체의 기본 특성

- 산화성 액체로서, 모두가 무기화합물로 물보다 무겁고 불연성 물질이다.
- 과산화수소를 제외한 대부분이 강산성 물질이다.
- 물에 녹기 쉽다.
- 모두 산소를 포함하고 있다.
- 다른 물질을 산화시킨다.
- 증기가 유독하여 피부와 접촉할 경우에는 점막을 부식시킨다.

3. 위험시설물의 종류

1) 제조소

위험물을 제조할 목적으로 지정수량 이상의 위험물을 취급하기 위하여 위험물안전관리법에 따른 허가를 받은 장소를 말한다.

2) 저장소

지정 수량 이상의 위험물을 저장하기 위한 대통령령이 정하는 장소로서 위험물안전관리법에 따른 허가를 받은 장소를 말하며, 그에 따른 저장소의 구분은 다음과 같다.

지정 수량 이상의 위험물을 저장하기 위한 장소	저장소의 구분
옥내(지붕과 기둥 또는 벽 등에 의하여 둘러싸인 곳을 말한다)에 저장(위험물을 저장하는 데 따르는 취급을 포함한다)하는 장소	옥내저장소
옥외에 있는 탱크("지하탱크저장소", "간이탱크저장소", "이동탱크저장소", "암반탱크저장소"를 제외한다)에 위험물을 저장하는 장소	옥외탱크저장소
옥내에 있는 탱크("지하탱크저장소", "간이탱크저장소", "이동탱크저장소", "암반탱크저장소"를 제외한다)에 위험물을 저장하는 장소	옥내탱크저장소
지하에 매설한 탱크에 위험물을 저장하는 장소	지하탱크저장소
간이탱크에 위험물을 저장하는 장소	간이탱크저장소
차량(피견인자동차에 있어서는 앞차축을 갖지 아니하는 것으로서 당해 피견인자동차의 일부가 견인자동차에 적재되고 당해 피견인자동차와 그 적재물의 중량의 상당부분이 견인자동차에 의하여 지탱되는 구조의 것에 한한다)에 고정된 탱크에 위험물을 저장하는 장소	이동탱크저장소
옥외에 다음의 하나에 해당하는 위험물을 저장하는 장소(다만, "옥외탱크저장소"를 제외한다.) ㉠ 제2류 위험물 중 유황 또는 인화성 고체 ㉡ 제4류 위험물 중 제1석유류 ㉢ 제6류 위험물 ㉣ 제2류 위험물 및 제4류 위험물 중 특별시 · 광역시 또는 도의 조례에서 정하는 위험물 ㉤ 국제해사기구에 관한 협약에 의하여 설치된 국제해사기구가 채택한 국제해상위험물규칙(IMDG Code)에 적합한 용기에 수납된 위험물	옥외저장소
암반 내의 공간을 이용한 탱크에 액체의 위험물을 저장하는 장소	암반탱크저장소

3) 취급소

지정수량 이상의 위험물을 제조 외의 목적으로 취급하기 위한 대통령령이 정하는 장소로서 위험물안전관리법에 따른 허가를 받은 장소를 말하며, 그에 따른 취급소의 구분은 다음과 같다.

위험물을 제조 외의 목적으로 취급하기 위한 장소	취급소의 구분
고정된 주유설비(항공기에 주유하는 경우에는 차량에 설치된 주유설비를 포함한다)에 의하여 자동차 · 항공기 또는 선박 등의 연료탱크에 직접 주유하기 위하여 위험물을 취급하는 장소	주유취급소
점포에서 위험물을 용기에 담아 판매하기 위하여 지정수량의 40배 이하의 위험물을 취급하는 장소	판매취급소
배관 및 이에 부속된 설비에 의하여 위험물을 이송하는 장소	이송취급소
"주유취급소", "판매취급소", "이송취급소" 외의 장소	일반취급소

PART 03 연습문제

01 대기오염에 관한 설명 중 옳은 것은?

① 유해 대기오염물질은 인간에게 암, 기형 등을 유발하고, 환경잔류성 및 생체농축성이 강하다.
② 산성비로 인해 금속이나 건축물이 부식되는 현상이 나타나고, 토양이 알칼리화되어 식물이 자라지 못하게 된다.
③ 산성비의 대책방안으로 주원인 물질인 황산화물과 질소산화물의 배출을 최대화해야 한다.
④ 온실효과를 일으키는 원인물질은 이산화탄소가 10%로 가장 기여도가 크다.

풀이 유해 대기오염물질은 인간에게 암, 기형, 신경장애, 유전적 돌연변이 등을 유발할 수 있고, 환경잔류성 및 생체농축성이 강하다.

02 환경문제 주요 요인으로 가장 옳지 않은 것은?

① 자원과 에너지 대량 소비
② 경제개발 및 산업화
③ 대체에너지의 개발
④ 인구증가 및 인구의 도시지역 집중

풀이 원자력 에너지와 같은 대체에너지는 환경문제를 발생시키지만 태양에너지나 풍력과 조력, 지열 등의 대체에너지는 환경문제를 경감시킨다.

03 폭발의 정의와 분류에 대한 설명으로 옳지 않은 것은?

① 폭발은 지속적인 연쇄반응을 일으키는 것을 말한다.
② 폭발은 일반적으로 물리적 폭발과 화학적 폭발로 구분될 수 있다.
③ 물리적 폭발에는 수증기폭발, 전선폭발, 증기폭발 등이 있다.
④ 폭발은 밀폐된 공간에서 발생한 급격한 압력 상승으로 에너지가 외부로 전환되는 과정에서 파열, 후폭풍, 폭음 등을 동반하는 현상을 의미한다.

풀이 연소는 지속적인 연쇄반응을 일으키는 것을 의미한다.

정답 01 ① 02 ③ 03 ①

04 폭발의 유형이 아닌 것은?

① 가장 일반적인 인공 폭발은 화학적인 폭발물을 말하며 보통 많은 양의 뜨거운 기체를 만들어 내는 빠르고 격렬한 산화 · 환원 반응을 수반한다.
② 자연폭발은 자연에서 흔히 일어나지는 않는다.
③ 고압의 전류가 실패하면 전기 폭발을 일으킬 수 있다.
④ 폭발은 에너지의 부피가 극적으로 갑작스럽게 증가하면서 방출하는 것을 말하며, 이러한 폭발은 충격파를 만들어 내지 않는다.

풀이 폭발은 에너지의 부피가 극적으로 갑작스럽게 증가하면서 방출하는 것을 말하며, 주로 높은 온도를 일으키며 기체를 발생시킨다. 이러한 폭발은 충격파를 만들어낸다.

05 전기설비의 방폭구조 중 용기 내에서 불활성 가스를 압입하여 외부 폭발성 가스의 침입을 방지하고 점화원과 폭발성 가스를 격리하는 것은 무엇인가?

① 내압방폭구조
② 압력방폭구조
③ 안전증 방폭구조
④ 본질안전 방폭구조

풀이 **전기설비의 주요 방폭구조**
  ㉠ 압력방폭구조 : 용기 내에 불활성 기체를 봉입시킨 구조(외부 → 내부)
  ㉡ 내압방폭구조 : 폭발압력에 견디는 특수한 구조로서, 가연성 가스의 전파를 차단하기 위해 용기 내부를 압력에 견디도록 전폐구조로 한 것(내부 → 외부)
  ㉢ 안전증 방폭구조 : 정상상태에서 착화될 부분에 안전도를 증가시켜 위험을 방지하는 구조
  ㉣ 본질안전 방폭구조 : 정상 혹은 이상상태의 단락, 단선, 지락 등에서 발생하는 전기불꽃, 아크 등에 의한 점화를 방지한 착화 시험으로 성능이 확인된 구조

06 다음 중 기상폭발의 분류에 속하지 않는 것은?

① 분무폭발
② 분진폭발
③ 증기운폭발
④ 전선폭발

풀이 ㉠ 기상폭발 : 가스폭발, 분무폭발, 분진폭발, 분해폭발, 증기운폭발
  ㉡ 응상폭발 : 증기폭발, 수증기폭발, 고체상태 간의 전이에 의한 폭발, 폭발적 증발, 폭발성 화합물의 폭발, 혼합위험성 물질에 의한 폭발

정답 04 ④ 05 ② 06 ④

07 다음 중 블레비 현상의 방지 대책으로 옳지 않은 것은?

① 탱크 내벽에 열전도도가 좋고 큰 알루미늄 합금박판 등을 설치한다.
② 방액제 내부바닥 기초를 경사지게 해서 탱크에 화염이 접하지 않게 한다.
③ 용기 외부에 단열조치를 하고 탱크를 지하에 설치하여 입열을 억제한다.
④ 물분무 등으로 이동식 살수설비를 설치한다.

> 풀이　블레비 현상의 방지 대책으로 가장 많이 사용되는 방법은 물분무 등으로 고정식 살수설비를 설치하는 것이다.

08 다음 중 건축물 내부에서 관찰할 수 있는 백 드래프트(역화)의 징후에 해당되지 않는 것은?

① 산소공급의 증가로 강화된 불꽃이 보이는 경우
② 연기가 빠르게 소용돌이 치는 경우
③ 창문에 농연으로 얼룩진 자국이나 검은색 응축물이 흐르는 경우
④ 문손잡이가 뜨겁고 휘바람 소리나 작은 진동 등이 발생되는 경우

> 풀이　산소공급의 감소로 약화된 불꽃이 관찰되는 경우는 백 드래프트의 징후이다.

09 제1류 위험물에 대한 일반적인 성질로 틀린 것은?

① 산화성 고체이다.
② 충격에 의해서 분해된다.
③ 다른 물질의 연소를 돕는 가연성 액체이다.
④ 저장 시 공기나 물과의 접촉을 피해야 한다.

10 제2류 위험물을 설명한 것 중 틀린 것은?

① 금속분은 물과 접촉되어도 특별하게 위험하지 않다.
② 비교적 낮은 온도에서 착화하기 쉬운 이연성 물질이다.
③ 환원성 물질로서 산소와 결합이 용이하다.
④ 가연성 고체이다.

정답　07 ④　08 ①　09 ③　10 ①

11 위험물안전관리법 시행령상 제2류 위험물로서 가연성 고체에 해당하지 않는 것은?

2015 지방직 9급

① 황린
② 황화린
③ 적린
④ 철분

> **풀이** 황린은 위험물안전관리법 시행령상제3류 위험물로서 자연발화성 물질 및 금수성 물질에 해당한다.

12 휘발유의 화재위험성에 대한 설명으로 옳지 않은 것은?

2015 국가직 7급

① 작은 점화원 또는 정전기 스파크에 의해서 인화되기 쉽다.
② 초기 화재 또는 소규모 화재의 경우 포 소화약제에 의한 질식소화가 가능하다.
③ 연소하한값이 낮아 미량의 증기만 있어도 연소할 가능성이 있다.
④ 전도성을 가지고 있으므로 정전기의 발생과 축적이 쉽다.

> **풀이** 휘발유는 전기의 불량도체이므로 정전기의 발생과 축적이 용이하다.

13 자기반응성 물질에 대한 설명으로 옳지 않은 것은?

2015 지방직 9급

① 물과 접촉 시 가연성 가스를 내어 폭발하므로, 물에 의한 냉각소화는 불가능하다.
② 대부분 가연성 물질이고 연소할 때 다량의 기체를 발생한다.
③ 외부로부터 산소 공급이 없어도 가열, 충격 등에 의해 연소·폭발을 일으킬 수 있다.
④ 히드라진(Hydrazine) 유도체류를 제외하고는 대부분 유기화합물이고, 유기과산화물류를 제외하고는 질소를 함유한 유기질소화합물이 많다.

> **풀이** 제5류 위험물(자기반응성 물질)은 대부분 물에 잘 녹지 않는 비수용성이며, 물과 반응하는 물질이 아니므로 물로 냉각소화하는 것이 좋다.

14 위험물안전관리법령상 이동탱크저장소에 의하여, 운송책임자의 감독 또는 지원을 받아 운송하여야 하는 위험물은?

2014 지방직 9급

① 알킬리튬
② 과산화수소
③ 과염소산
④ 할로겐화합물

> **풀이** 운송책임자의 감독·지원을 받아 운송하여야 하는 위험물(위험물안전관리법 제21조 제2항 동법 시행령 제19조)
> ㉠ 알킬알루미늄
> ㉡ 알킬리튬
> ㉢ ㉠ 또는 ㉡의 물질을 함유하는 위험물

정답 11 ① 12 ④ 13 ① 14 ①

15 다음과 같은 사고 발생 시 일어나는 화학반응을 식으로 나타낼 때 ㉠, ㉡에 들어갈 내용으로 옳은 것은?

> ○○회사 인쇄회로기판(PCB 기판) 제조공장에서 위험물공급업체 직원이 염산 700kg이 들어 있는 염산탱크 주입구를 염소산나트륨 주입구로 오인하고 염산탱크에 염소산나트륨을 40~50kg만큼 주입하였다. 이로 인해 염산과 염소산나트륨이 반응하여 독성가스가 발생하였고, 인근 지역으로 확산되어 72명이 중독되었다.
>
> (㉠) + 4HCl → $2ClO_2$ + Cl_2 + (㉡) + $2H_2O$

	㉠	㉡		㉠	㉡
①	$NaClO_3$	NaCl	②	$NaClO_4$	NaCl
③	$2NaClO_3$	2NaCl	④	$6NaClO_4$	6NaCl

풀이 $(2NaClO_3) + 4HCl → 2ClO_2 + Cl_2 + (2NaCl) + 2H_2O$

정답 15 ③

PART 04 화재 안전관리

1 화재 개요
1. 연소 및 화재의 기초
2. 화재 구분
3. 화재 시스템 분류
4. 화재의 원칙
5. 화재의 종류
6. 화재 성상
7. 연기 특성
8. 연소생성 가스와 유해성

2 화재 관련 법규
1. 소방 관련법
2. 건축 관련법
3. 화재 관련 법규정의 관계

3 소방설비
1. 소화설비
2. 경보설비
3. 피난설비
4. 소화활동설비
5. 소화용수설비

PART 04 화재 안전관리

01 화재 개요

1. 연소 및 화재의 기초

1) 연소란

연소는 다량의 열을 동반하는 발연화학반응으로서 이 반응에 의하여 발생하는 열에너지(Heat Energy)와 활성화학 물질에 의해 자발적으로 반응이 계속되는 현상이라고 정의할 수 있다. 즉, 어떤 물질이 다른 데에서 점화 에너지를 받고 산소와 화합하여 산화반응을 일으켜 점화에너지 이상의 열에너지를 발생하여 다른 물질로 변화하는 현상이다.

2) 연소의 4요소

(1) 가연물

가연물이란 불에 타기 쉬운 물질이나 물건으로 산소와 반응 시 발열에 의해 연소가 계속되기 쉬운 것이다. 이를테면 일반적으로 산소와의 화합물을 만들 수 없는 원소들은 가연물질이 될 수 없다. 즉, 연료란 그 자신이 내부구조의 변화 또는 다른 물질과의 반응에 의해서 화학에너지 또는 핵에너지를 지속적으로 열에너지로 변화시킬 수 있는 물질의 총칭이다. 일반적으로 여러 물질 중에서 산소와 반응하는 물질을 가연물질이라 하는데, 발연반응을 수반하지 않는 물질은 가연물질이라고 말하지 않는다.

(2) 공기 중의 산소

공기는 질소, 산소, 수증기, 헬륨, 아르곤, 이산화탄소 그리고 다른 가스들의 혼합체이다. 연소에 필요한 산소는 공기 중에 약 1/5 정도(체적비 : 약 21%, 중량비 : 약 23%)로 존재하고 있다. 이와 같은 산소는 공기 중의 다른 물질과 기체 상태로 충분히 혼합되어 가연성 물질을 태우는 데 필요한 역할을 하게 되므로 공기는 바로 산소의 공급원이 된다. 공기 중의 산소 이외에도 가연성 물질 자체에 다량의 산소를 함유하고 있는 것이 외부에서의 산소 공급이 없어도 자체의 산소를 소비하면서 연소되는 경우와 자기 자신은 불연성 물질이지만 자신의 내부에 산소를 포함하고 있어 다른 가연물질을 산화시키는 경우도 있다.

(3) 점화원(열원, Heat Energy Sources)

연소가 이루어지기 위해서는 일정한 온도와 일정한 양의 열(점화원 또는 에너지원)이 있어야 하는데 이를 열원이라고 한다. 열원을 바꾸어 설명하자면 어떤 물질이 발화하기 위한 최소에너지라 할 수 있다. 이러한 최소 발화에너지는 각 물질에 따라서 그 에너지 값에 차이가 있지만 발화하기 위한 점화원으로 화기는 물론이고 전기불꽃, 마찰열 및 충격 등에 의한 불꽃과 발열, 자연발화의 원인이 되는 산화열 등 물리적, 화학적 현상에 의한 열원이 되는 경우가 많다.

(4) 연쇄반응(Chain Reaction)

연소물질의 연소과정에서 산소와 열이 충분히 공급되면 연소가 활발히 이루어지면서 불꽃 연소의 계속적인 진행이 가능하게 되는데 이러한 현상을 연쇄반응이라고 한다. 연소의 3요소는 가연물, 산소, 점화원이고 연소의 4요소는 연쇄반응까지 포함한다. 연쇄반응은 물질의 연소과정이 Free Radical(화학반응 시 분해되지 않는 하나의 분자에서 다른 분자로 이동할 수 있는 원자의 집단)가 계속 생성되면서 이에 의해 연쇄반응이 성립되어 화재가 계속 진행되는 현상이다.

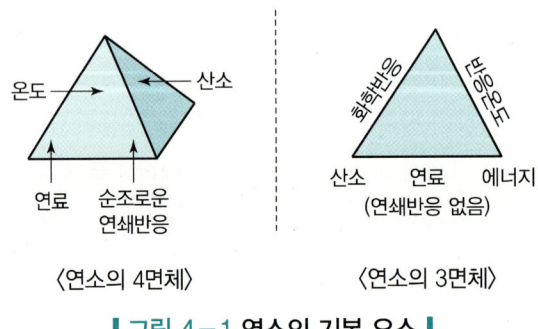

〈연소의 4면체〉　　〈연소의 3면체〉

▎그림 4-1 **연소의 기본 요소** ▎

3) 연소의 형태

(1) 고체연료

① 표면연소 : 산화반응을 하며 화염을 내지 않고 연소하는 것으로서 코크스나 목탄 연소형태가 대표적이다.

② 분해연소 : 초기 연소형태에서 불꽃을 내면서 타는 연소형태로서 석탄, 목재 등이 대표적이다. 목재의 열분해 온도는 160~360℃이고, 석탄은 300℃에서 열분해되며 열분해 시 CO가 발생한다.

③ 증발연소 : 주로 액체연료(경유, 휘발유 등)에서 볼 수 있지만 양초, 나프탈렌, 황(S)과 같이 고체연료에서도 분해과정 없이 증발하는 경우도 있다.

④ 자기연소 : TNT(화약), 나이트로셀룰로스, 피크르산과 같이 연소에 필요한 산소의 전부 또는 일부를 자기 분자 속에 포함하고 있는 물체의 연소형태를 말한다.

(2) 액체연료

① 증발연소 : 액체 표면에서 증발한 가연성 증기에 의해 연소하는 것으로서 석유, 휘발유, 경유 등이 대표적이다.

② 무화연소 : 연료의 표면적을 넓게 하여 연소효율이 증대되는 형태로서 중유 등 주로 공업용으로 사용하는 연소형태 방식이다.

(3) 기체연료

① 혼합연소 : 가연성 기체와 공기가 혼합되어 연소되는 형태로서 프로판가스가 대표적이다.

② 확산연소 : 연료만 버너로부터 분출시키고 화염 주변의 확산에 의해 공기와 연소하는 방식으로 층류 확산연소와 난류 확산연소가 있으며 역화의 위험은 없다.

③ 예혼합연소 : 미리 연료와 공기를 혼합하여 연소하는 방식으로 역화의 위험은 있으나 고부하 연소가 가능하다. 화염이 짧고 연소실 부하율을 높일 수 있다. 고온의 화염을 얻을 수 있는 연소형태이다.

(4) 연소형태별 소화방법

① 가연물 제거소화 : 가연물이란 불에 타기 쉬운 물질이나 물건으로 산소와 반응 시 발열에 의해 연소가 계속되기 쉬운 것으로서 가연물을 제거하여 소화한다.

② 질식소화 : 산소는 공기 중의 다른 물질과 기체 상태로 충분히 혼합되어 가연성 물질을 태우는 데 필요한 역할을 하게 되므로 산소를 차단하는 질식소화방법을 적용한다.

③ 냉각소화(점화원소화) : 연소가 이루어지기 위해서는 일정한 온도와 일정한 양의 열(점화원 또는 에너지원)이 있어야 하는데 이를 열원이라고 하며, 소화원리는 가연물의 온도를 인화점 및 발화점 이하로 낮추어 소화하는 방법이다.

④ 부촉매소화 : 물질의 연소과정은 Free Radical(화학반응 시 분해되지 않는 하나의 분자에서 다른 분자로 이동할 수 있는 원자의 집단)이 계속 생성되면서 이에 의해 연쇄반응이 성립되는 것으로, 부촉매소화는 연쇄반응의 원인물질인 Active Free Radical을 불활성화시켜 연쇄반응을 단절하는 소화방법이다.

⑤ 희석소화 : 희석소화는 수용성 가연물질을 저장하는 탱크 및 용기에 화재가 발생하였을 때 다량의 물을 방사함으로써 농도를 묽게 하여 연소농도 이하로 희석시켜 소화하는 방법이다.

⑥ 유화소화 : 유화소화는 유류화재 시 포소화약제를 방사하는 경우, 유류 표면에 유화층이 형성(에멀션 효과)되어 공기의 공급을 차단하는 소화방법을 말한다.

2. 화재 구분

화재는 발생원인, 연소대상물, 점화원의 형태 등 다양한 메커니즘에 의해 매우 복잡하고 다양하게 진행되기 때문에 분류하는 것이 쉬운 문제는 아니다. 그러나 방재분야의 선진국을 비롯한 대부분의 나라에서는 화재가 발생하는 데 필요한 연소의 3요소 중 가연물질의 종류와 성상에 따라 분류하고 있다. 국내의 경우도 선진국의 분류기준에 준하여 화재를 분류하고 있으며, A, B, C, D의 4등급으로 나누어 적용하고 있다.

1) A급 화재(일반화재)

일반적으로 다량의 물 또는 수용액으로 소화할 때 냉각효과가 가장 큰 소화역할을 할 수 있는 것으로서 연소 후 재를 남기는 화재를 일반화재, 다른 말로 백색화재라고 한다. 주로 면화류, 목모 및 대패밥, 넝마 및 종이, 볏짚, 고무, 석탄, 목탄, 목재 가공품 등의 가연물과 폴리에스테르, 폴리아크릴, 폴리아미드계의 합성섬유, 페놀, 멜라민, 규소, 폴리에틸렌, 폴리프로필렌, 폴리우레탄 등의 합성수지에 의한 화재를 말하며 발생하는 모든 종류의 화재 중 발생빈도 및 피해액이 가장 많은 화재이다.

2) B급 화재(유류화재)

연소 후 재를 남기지 않는 화재로서 유류(가연성 액체 포함) 및 가스화재를 황색화재 또는 B급 화재라고도 하며, "위험물안전관리법 시행령 별표 1"에 규정된 특수인화물류, 제1석유류 · 제2석유류 · 제3석유류 · 제4석유류 · 에스테르류 · 케톤류 · 알코올류 · 동식물류 등의 제4류 위험물 화재가 여기에 속한다.

유류화재는 액체 가연물의 취급부주의로 발생하는데, 일반화재보다 화재의 위험성이 크고 연소성이 좋아 매우 위험하다. 유류는 대부분 가연성 액체로 대기압 하에서 상온 이하의 인화점을 가지므로 증기를 발생시키고 이 가연성 증기는 공기와 적당히 혼합된 상태인 연소범위에 들어가게 되며, 발화원이 접촉되면 쉽게 인화하여 화재를 발생시킨다.

3) C급 화재(전기화재)

전기화재 발생은 2015년에는 8,967건으로 매년 9,000건 내외의 화재 발생 발화요인으로서 전체 화재건수의 20% 정도를 차지하고 있다.

전기화재는 화재분류상 C급 화재로서 전류가 흐를 때 전류는 발열, 방전 등의 현상을 수반하기 때문에 전기회로 중에 발열, 방전을 수반하는 장소에 가연물 또는 가연성 가스가 존재하게 되면 화재가 발생하게 된다. 따라서 전기화재는 전기가 유인되어 발화한다는 의미가 아니고 전기 기기가 설치되어 있는 장소에서의 화재를 말한다. 발생요인으로 줄(Joule)열과 불꽃방전을 들 수 있다. 그러므로 전기화재란 전기에 의한 발연체가 발화원이 되는 화재의 총칭이다.

4) D급 화재(금속화재)

금속화재는 D급 화재로서 소방법 시행령 별표 3의 철분 · 마그네슘 · 금속분류 등의 가연성 고체, 칼륨 · 나트륨 및 알킬리튬(칼륨 및 나트륨 제외)류, 알칼리금속류, 알킬알루미늄 및 알킬리튬을 제외한 유기금속화합물류, 금속수소화합물류, 금속화합물류, 칼슘 또는 알루미늄의 탄화물류 등의 금속(자연발화성 물질 및 금수성 물질)에 의해서 발생된다.

일반화재, 유류화재 등에 비하여 화재건수는 적은 편이나 금속을 이용하는 제련 · 가공 · 연마 · 세공 분야의 공업 발달과 동시에 금속화재로 인한 피해는 급격히 증가될 것으로 예상된다. 대부분의 금속은 연소 시 많은 열을 발생하며, 나트륨(Na), 칼륨(K), 알루미늄(Al) 등은 발화점이 낮아 화재를 발생시킬 위험성이 다른 금속에 비하여 높다.

5) 가스화재

가스화재는 국내의 경우 특별한 분류 없이 B급 유류화재에 포함시키고 있으나 선진국에서는 E급 화재로 분류되고 있다.

가스화재를 일으키는 가연성 가스는 압축·액화·용해 가스로 존재하며, 도시가스, 수소가스, 아세틸렌, LP 가스 등의 가연성 가스가 배관이나 기타 설비에서 누설되었을 경우 착화되어 연소되는 화재이다. 가연성 기체의 연소 시 가장 큰 특색은 가연성 액체나 고체에 비하여 지연성 가스와의 접촉 시 비정상 연소, 즉 폭발을 일으킬 우려가 있다는 점이다. 가스는 대부분 기체 상태로 존재하며, 불규칙하게 운동하고 있으므로 연소(폭발)의 범위가 넓어서 발화원이 존재하면 화재를 일으킬 위험성이 다른 가연성 물질에 비해 높은 편이다.

소방분야의 국내외 소방대상물에 의한 화재 분류를 다음 표에 비교하여 제시하였다.

▼ 표 4-1 **연소대상물에 의한 국내외 화재 분류**

구분	한국	일본	미국
A급	목재, 종이, 섬유류 등의 일반 가연물	목재, 종이, 섬유류 등의 일반 가연물	목재, 종이, 섬유류 등의 일반 가연물
B급	유류·가스 (가연성 액체 포함)	유류 (가연성 액체 포함)	유류 (가연성 액체 포함)
C급	전기	전기	전기
D급	금속	금속	금속
E급	-	가스 (액화, 용해, 압축)	가스 (액화, 용해, 압축)

3. 화재 시스템 분류

1) Passive System

구조, 시설 등 하드웨어로서 화재안전 확보(내화, 불연·준불연·난연재료, 방화구조·구획 등)

2) Active System

설비로서 화재 시 적극적 제어·진압(제연·배연, 소방설비 등)

▼ 표 4-2 화재 시스템 분류

구 분	개념 정의
내화구조	건축물 화재 시 인명의 대피와 건축물 붕괴를 방지할 수 있도록 부위별로 요구되는 불에 견디는 성능적 개념(Passive System)
불연·난연 등 건축재료	각종 건축재료의 불에 대한 저항성을 평가하는 개념으로서 불에 타거나 견디는 정도를 나타내는 성능적 개념(Passive System)
방화구조 및 구획	건축물 화재의 확대 방지를 위한 공간의 구획과 차단의 개념(Passive System)
제연 및 배연	건축물 화재 시 발생되는 유독가스 및 연기 등의 제어적 개념(Active System)
소방설비 등	건축물 화재 시 불에 적극적으로 진압하기 위한 소화·피난·경보 설비 등(Active System)

4. 화재의 원칙

1) Fail-safe

하나가 실패하더라도 안전해야 한다는 원칙(냉전시기에 미국 핵무기 발사과정에서 최고 책임자와 부책임자가 작동장치를 각각 사용하여 만일의 사고 대비)으로서 2중, 3중의 안전조치를 마련하는 것을 말한다. 화재 측면에서 보면 비상전원 등을 확보하는 행위, 2방향 피난경로 설치 등을 들 수 있다.

2) Fool-proof

행동이나 판단 능력이 저하하더라도 안전해야 한다는 원칙으로서 화재 측면에서 보면 알기 쉬운 공간 구성(피난계단의 위치 등), 조작하기 쉬운 설비 시스템(전원스위치의 높이 등) 등을 들 수 있다.

5. 화재의 종류

1) 환기지배형 화재

사무소, 주택 등 가연물이 많고 개구부가 작아서 환기가 제한된 화재로서 실내에 가연성 가스가 충만되어 폭발적으로 연소되는 Flashover가 발생되며, 공기온도는 1,000~1,200℃에 이르는 특징을 가지고 있다.

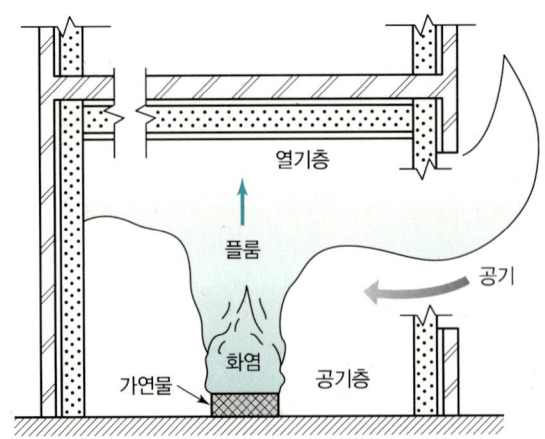

| 그림 4-2 환기지배형 화재의 개념도 |

2) 연료지배형 화재

소량의 가연물이 특정장소에서 연소, 가연물의 양에만 영향을 받으며, 철골온도는 통상 600℃ 이하(아트리움, 스포츠 시설 등)가 된다.

6. 화재 성상

1) 실내화재의 성장과정

실내에서의 화재 발생 및 화재 크기는 적정한 가연물량, 산소 그리고 화원에 의해 결정된다. 실내공간에서의 화재 이력 및 크기는 연소의 3대 요소의 크기에 따라 달라지지만 일반적으로 실내화재의 발생은 연기의 발생이 주된 과정인 제1성장기, 빛과 열이 발생되면 실내온도가 600℃ 수준으로 균일하게 유지되면서 실내 전체가 화염에 휩싸이게 되는 플래시오버(Flash Over)의 발생과정인 제2성장기 그리고 플래시오버를 지나 최고 정점에 도달되는 최성기를 거쳐서 가연물양의 감소로 이루어지는 감쇠기를 거쳐 소멸되게 된다.

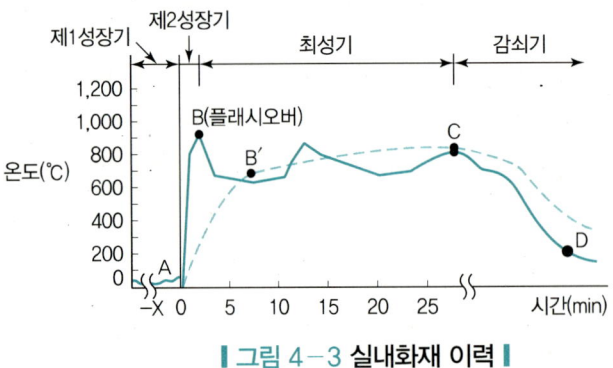

| 그림 4-3 실내화재 이력 |

다음은 각 화재 단계별 주요 특징을 나타낸 것이다.

(1) 성장기(Pre-flashover)

연소에 따라 발생한 가연성 가스가 천장 부근에 축적되어 있는 상태. 갑자기 공기의 유입이 증가될 경우 큰 화염이 발생하여 실 전체가 화염에 휩싸일 수 있음

(2) 플래시오버(F.O ; Flashover)

① 국부적 화재에서 구획 전체로 화재의 급속한 전이
② 연료지배연소에서 환기지배연소가 되는 화재의 급격한 전이
③ 천장의 미연소가스의 착화에 따른 화재의 급격한 확대, 천장 부근의 온도가 600℃ 내외로서 재실자의 피난 완료 및 소방대의 구조와 소화작업이 중요
④ 창문, 개구부로 화염이 분출되거나 화재공간 바닥의 발열량이 20kW 시점

(3) 최성기(Post-flashover)

실내 전체에 걸친 온도 상승이 최고점에 도달되며(1,000℃ 이상), 아주 심한 불완전 연소 발생

2) 최성기의 연소 특성

(1) 연소속도

실내 가연물의 중량이 연소에 의해 줄어드는 속도를 의미하며 중량감소율이라고도 한다.

실외가 오픈된 자동차 주차장과 같이 개구부가 현저히 크지 않은 실내는 외부로부터 유입되는 공기량에 의해 연소가 좌우되는 환기지배형이 된다. 대부분의 건축물 화재가 환기지배형이다.

최성기의 연소속도는 일정하며 연소속도는 다음 식으로 계산할 수 있다.

$$R = K \cdot A\sqrt{H}$$

여기서, R : 연소속도(kg/min)
K : 계수(콘크리트 건물의 경우 5.5~6.0)
A : 개구부 면적(m²)
H : 개구부 높이(m)
$A\sqrt{H}$: 개구부 인자, 환기 인자

(2) 화재계속시간

실내에서 화재가 지속되는 시간을 나타내는 것으로서 가연물량을 연소속도로 나누어서 계산한다.

$$T(\min) = \frac{W}{(5.5 \sim 6.0)A\sqrt{H}} = \frac{\omega A_t}{(5.5 \sim 6.0)A\sqrt{H}}$$

여기서, W : 가연물량(kg)
ω : 화재하중(단위면적당 가연물량 kg/m²)
A_t : 바닥면적(m²)

실내 가연물량의 총 발열량(cal)을 목재의 단위중량 발열량 3,600kcal/kg(19MJ/kg)으로 환산하여 목재 환산 화재하중 또는 화재하중(kg/m²)이라고 한다.

(3) 화재실 온도

공간 내부의 온도 크기를 의미하며 우리나라의 KS F 2257-1 또는 ISO 834 표준온도 가열곡선을 이용하거나 Euro Code의 변수적용 실험식 또는 내부 열평형 방정식을 이용하여 계산할 수 있다.

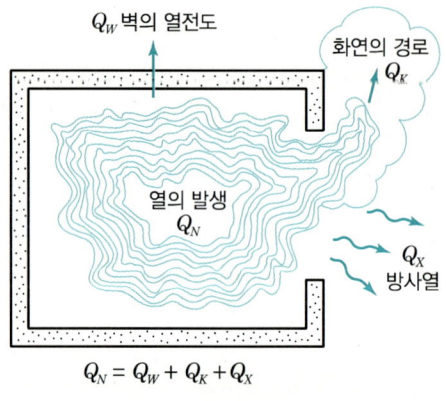

| 그림 4-4 열평형 방정식 |

7. 연기 특성

연기는 물질의 열분해 생성물로서 방출되는 수증기, 타르계(Tar)의 입자, 그을음(매연) 등의 각 입자가 대기 중에 확산 부유하여 화재에 의한 열에 따라 유동하는 현상을 나타내며, 육안으로 확인할 수 있는 연기 입자의 크기는 8~10cm이다. 유기물의 열분해 생성물에는 연기입자와 각종 가스 분자가 공존한다.

1) 연기농도 표시방법

연기농도에 따른 표시방법에는 연기중량농도, 연기입자농도 그리고 연기감광계수가 있다.

연기 중량농도는 연기 입자의 중량을 단위용적으로 나눈 값이고, 연기 입자농도는 연기 입자의 수를 단위용적으로 나누어서 구한다. 연기 감광계수는 연기 중의 투사량에서 구한 광학적 농도이다. 연기에서는 연기 감광계수(C_s)가 사용된다. 연기 감광계수는 다음 식으로 산출된다.

$$C_s = \frac{1}{L}\log_e \frac{I_o}{I}(m^{-1})$$

여기서, L : 광원으로부터 거리(m)
Lo : 연기가 없을 때 광원으로부터 L 거리에서 빛의 세기
I : 연기가 있을 때 빛의 세기

감광계수의 정도는 다음과 같다.
- 0.1/m : 화재 초기에 발생할 정도의 감광계수, 연기감지기의 작동점 크기, 최대 투시거리 20m 정도
- 0.1~0.2/m : 불특정 다수인의 피난 한계
- 1.0/m : 최대 투시거리 2m 정도
- 5~10/m : 최성기 화재에서의 연기 농도

2) 투시거리

목표물의 존재를 확인할 수 있는 거리를 의미한다. 피난자가 유도표지등을 확인할 수 없는 경우는 피난행동을 취할 수 없어 인명 손실의 경우가 많다.
- 연기농도(C_s)와 투시거리(L) : Cs×L = 일정
- 발광판형 표지 및 창(전구를 내장한 것) : L = 5~10/Cs
- 반사판형 표지 및 문(실내의 조명광을 이용한 것) : L = 5~10/Cs

따라서 발광판형이 반사판형보다 연기 상황에서 2배 정도 유리하다.

3) 연기 중의 보행속도

연기 속에서의 보행속도는 복도와 실내의 밝기, 건물 내의 숙지도, 연기농도와 눈을 자극하는 정도에 큰 영향을 받는다.

백화점과 지하가와 같은 용도에서의 불특정 사용인의 피난한계의 투시거리는 15~20m 수준이며, 이는 감광계수 0.1/m에 해당된다. 건물 내의 숙지자는 3~5m 이는 감광계수 0.4~0.7/m에 해당된다. 하얀 연기에서의 조명 빛의 세기는 연기의 농도에 영향을 받지 않으나, 검은 연기에서의 조명 빛의 세기는 빛을 흡수하기 때문에 피난하기에 더욱 어려운 환경이 된다.

4) 연기의 이동속도

수평방향의 연기이동속도는 외기풍에 의한 영향이 없다면 약 0.5~1m/sec(0.8~1m/s)가 된다. 또한 수직방향의 연기이동속도는 약 2~3m/sec이며 계단실과 같은 수직공간에서의 연기 상승 속도는 수평속도의 3에서 5배인 3~5m/s이며 최상층이 아래층보다 빨리 연기가 충만된다.

8. 연소생성 가스와 유해성

1) 발생 가스 성분과 그 유해성

화재 발생 시에 인명피해에 대한 직접적인 손실의 원인은 인체에 유해한 가스를 포함한 연기로 알려지고 있다. 화재 시의 실내 공기 성분의 변화는 그림과 같다.

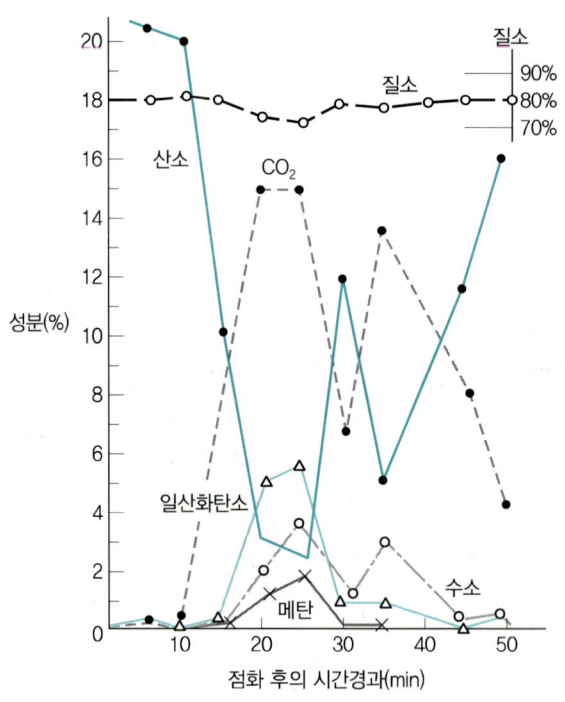

┃그림 4-5 **유해가스성분**┃

화재 시의 연기(유해가스 포함)의 유해성은 다음과 같다.
① **시각적 유해성** : 짙은 연기로 인한 전방의 물체 식별 장애를 유발, 유도표지 인식불가 등으로 인하여 피난층으로 피난하는 데 많은 애로사항을 유발시킨다.
② **생리적 유해성** : 일산화탄소에 의한 중독현상 유발 그리고 산소 결핍에 의한 질식 및 연기 입자 흡입에 의한 호흡곤란 등의 인간 생리 기능에 영향을 미친다.
③ **심리적 유해성** : 연기를 본 것에 의한 공포심을 유발하거나, 행동의 자유를 잃거나, 이상한 행동을 취하는 심리적 장애를 유발한다.

2) 유해성분과 허용온도

연기의 성분 중 생리적 유해성을 유발하는 물질로 명확히 규명된 것은 일산화탄소이다.

(1) 일산화탄소(CO)

무색 무취로서 화재 시에 5% 이상 발생한다. 인체 내 흡입된 일산화탄소는 혈액 중의 헤모글로빈(Hb)과 결합(COHb)되어 O_2의 운반작용을 저해하여 뇌에 산소공급의 장애를 유발한다.

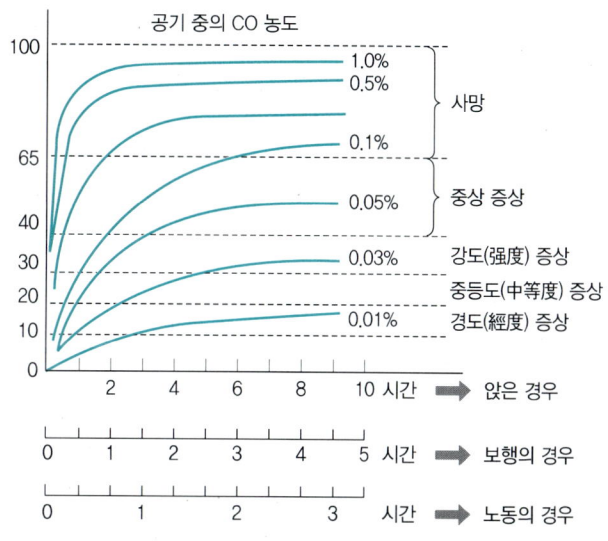

┃그림 4-6 일산화탄소의 농도가 인체에 미치는 영향┃

(2) 산소 부족

연소가 지속되는 것은 공기 중의 산소를 지속적으로 소모한다는 의미이다. 이는 사람에게 필요한 공기 중의 산소가 없어진다는 것과 같은 뜻이다. 공기를 구성하는 요소 중에 약 21%를 차지하는 산소가 연소에 소비되어 인체에 원활하게 공급되지 못함으로써 치명적 위해를 유발시킬 수 있다.

▼ 표 4-3 공기 중 산소 농도가 인체에 미치는 영향

공기 중의 산소 농도(%)	증상
21	정상
20	영향 없음
16~12	호흡, 맥박 빨라짐
12~10	감정 착란, 피로 가중
10~6	구토, 의식불명
6 이하	호흡 중지, 수분 후 사망

3) 건물 내의 연기 유동 및 확대

연기는 열분해 가스류와 함께 실의 천장부에 도달한 후에 사방으로 확대되며 벽체에 도달한 이후에 하강 및 실 전체로 확산되는 경로를 가진다. 실의 일부에 개구부가 있는 경우는 상반부로부터 다른 구획(옥외)으로 연기가 유출되고 하반부로는 다른 구획(옥외)에서 공기가 유입되어 연소가 지속적으로 유지된다.

연기 속도는 복도와 로비에서 0.5~1.0m/sec, 계단실 그리고 에스컬레이터, 엘리베이터 샤프트, 수직 덕트에서는 수직통로의 최상부까지 매우 빨리 상승한다. 이는 온도차와 위치의 고저차에 따른 부력효과 때문이다. 수직통로의 상부에 개구부가 없으면 연기가 상류에 체류한 후에 하강하기 시작하고, 하강 부분에 개구부가 있으며 그 부분으로 유출되어 해당 층으로 연기의 확산이 유발된다.

02 화재 관련 법규

1. 소방 관련법

1) 소방법령의 체계

우리나라 소방법령의 체계도는 다음과 같다.

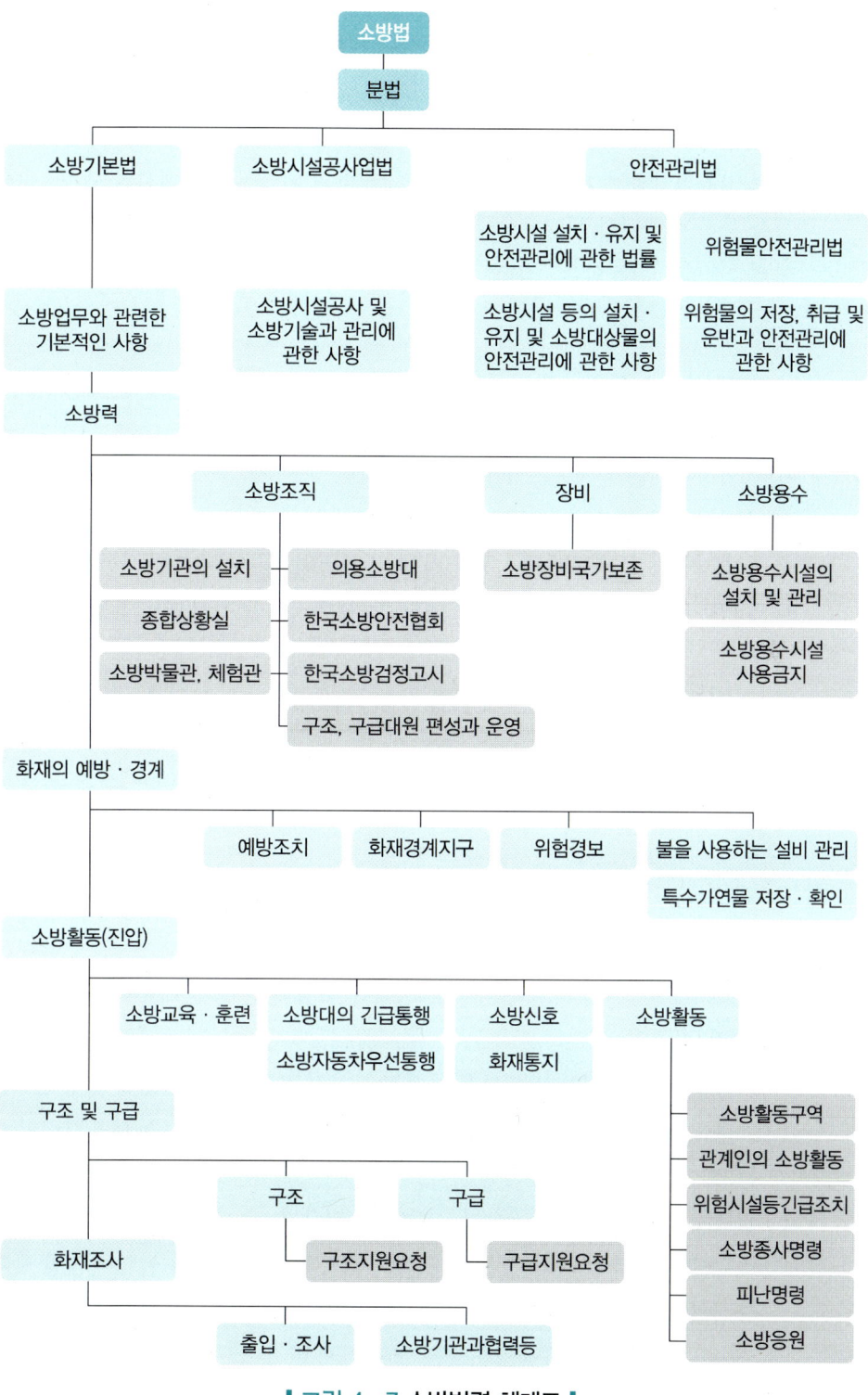

▍그림 4-7 소방법령 체계도 ▍

2) 소방기본법

(1) 목적

1958년 제정된 소방법은 2004년 5월 소방기본법으로 제개정되어 화재를 예방·경계하거나 진압하고 화재, 재난·재해 및 그 밖의 위급한 상황에서의 구조·구급활동을 통하여 국민의 생명·신체 및 재산을 보호함으로써 공공의 안녕질서 유지와 복리증진에 이바지함을 목적으로 한다.

(2) 주요 내용

소방기본법은 기존의 소방법에서 규정하고 있던 소방업무의 기본에 관한 사항 외에 다음과 같은 사항을 추가하여 제정되었다.
① 종합상황실의 설치·운영에 관한 사항
② 소방박물관 및 소방체험관의 설립·운영에 관한 사항
③ 소방자동차 출동로의 주·정차 차량 및 물건의 이동·제거에 관한 사항
④ 소방본부장·소방서장 또는 소방대장의 위험시설 등에 대한 긴급조치권에 관한 사항
⑤ 국제구조대의 편성·운영에 관한 사항

(3) 용어의 정의(소방관계법)

① **소방대상물** : 건축물·차량·선박(항구 안에 매어둔 선박에 한함)·선박건조구조물·산림 그 밖의 공작물 또는 물건
② **소방시설** : 소화설비·경보설비·피난설비·소화용수설비·그 밖의 소화활동설비로서 대통령령이 정하는 것
③ **소방시설 등** : 소방시설과 비상구 그 밖에 소방 관련 시설로서 대통령령이 정하는 것
④ **위험물** : 인화성 또는 발화성 등의 성질을 가진 것으로서 대통령령이 정하는 물품
⑤ **특정소방대상물** : 소방시설을 설치하여야 하는 소방대상물로서 대통령령이 정하는 것
⑥ **관계인** : 소방대상물의 소유자·관리자·점유자
⑦ **바닥면적** : 건축물의 각 층 또는 그 일부로서 벽·기둥 기타 이와 유사한 구획의 중심선으로 둘러싸인 부분의 수평투영면적
⑧ **연면적** : 건물 각 층의 바닥면적을 합한 전체 면적
⑨ **지하층** : 건축물의 바닥이 지표면 아래에 있는 층으로서 그 바닥면으로부터 지표면까지의 평균높이가 당해 층 높이의 1/2 이상인 것

⑩ 화재조사의 종류 및 조사범위

▼ 표 4-4 화재원인조사

종류	조사범위
가. 발화원인 조사	화재가 발생한 과정, 화재가 발생한 지점 및 불이 붙기 시작한 물질
나. 발견·통보 및 초기 소화상황 조사	화재의 발견·통보 및 초기소화 등 일련의 과정
다. 연소상황 조사	화재의 연소경로 및 확대원인 등의 상황
라. 피난상황 조사	피난경로, 피난상의 장애요인 등의 상항
마. 소방시설 등 조사	소방시설의 사용 또는 작동 등의 상황

▼ 표 4-5 화재피해조사

종류	조사범위
가. 인명피해조사	• 소방활동 중 발생한 사망자 및 부상자 • 그 밖에 화재로 인한 사망자 및 부상자
나. 재산피해조사	• 열에 의한 탄화, 용융, 파손 등의 피해 • 소화활동 중 사용된 물로 인한 피해 • 그 밖에 연기, 물품반출, 화재로 인한 폭발 등에 의한 피해

3) 소방시설 설치 유지 및 안전에 관한 법률

이 법률은 기존의 소방법을 분법하면서 기존 법에서 규정하고 있던 제2장(화재의 예방)과 제4장(소방시설 등의 기준 및 점검) 및 제5장(소방용기계·기구 등의 형식승인)에 규정된 28개 조문을 근간으로 하여 4개의 조문신설 및 9개 조문으로 제정되었으며, 전문 8장, 본칙 47조 및 부칙 9조로 구성되어 있다.

이 법률은 소방시설에 관한 내용으로 소방용 기계·기구의 형식승인과 건축허가동의 등 소방시설의 설치에 관한 사항을 규정하고 설치된 소방시설의 유지·관리를 위하여 관할행정기관이 소방본부장 또는 소방서장의 감독권인 소방검사 등에 대한 사항과 특정소방대상물 관계인에 의한 방화관리제도 및 소방시설유지관리업 등에 대하여 규정하고 있다.

(1) 목적

화재, 재난·재해 그 밖의 위급한 상황으로부터 국민의 생명·신체 및 재산을 보호하기 위하여 소방시설 등의 설치·유지 및 소방대상물의 안전관리에 관하여 필요한 사항과 공공의 안전과 복리증진에 이바지함을 목적으로 한다.

(2) 용어의 정의
　① **소방용 기계 · 기구** : 소화기 · 소화약제 · 방염도료 그 밖에 소방시설을 구성하는 기기로서 대통령령이 정하는 것
　② **무창층** : 지상층 중 건축물에서 채광 · 환기 · 통풍 또는 출입을 위해서 만든 창 · 출입구 그 밖에 이와 유사한 것들의 면적의 합계가 당해 층의 바닥면적 30분의 1 이하가 되는 층
　③ **피난층** : 건축물 등에서 화재와 같은 재해가 발생했을 때 피난 시 재해의 영향을 받지 않는 층, 곧바로 지상으로 갈 수 있는 출입구가 있는 층으로 일반적으로 옥외와 접하는 1층

(3) 소방시설
　건축물이나 위험물저장 및 처리시설의 화재를 탐지하고 소화하는 것을 목적으로 설치되는 소방시설로서 소화설비 · 경보설비 · 피난설비 · 소화용수설비 그 밖의 소화활동설비 및 비상구 · 방화문 · 영상음향차단장치 · 누전차단기 · 피난유도선 등에 대한 총칭이다.

(4) 소방시설 등
　1. 소화설비
　　물 또는 그 밖의 소화약제를 사용하여 소화하는 기계 · 기구 또는 설비로서 다음 각 목의 것
　　가. 소화기구
　　　1) 소화기
　　　2) 간이소화용구 : 에어로졸식 소화용구, 투척용 소화용구 및 소화약제 외의 것을 이용한 간이소화용구
　　　3) 자동확산소화기
　　나. 자동소화장치
　　　1) 주거용 주방자동소화장치
　　　2) 상업용 주방자동소화장치
　　　3) 캐비닛형 자동소화장치
　　　4) 가스자동소화장치
　　　5) 분말자동소화장치
　　　6) 고체에어로졸자동소화장치
　　다. 옥내소화전설비(호스릴옥내소화전설비를 포함한다)

라. 스프링클러설비등
　　　　　1) 스프링클러설비
　　　　　2) 간이스프링클러설비(캐비닛형 간이스프링클러설비 포함)
　　　　　3) 화재조기진압용 스프링클러설비
　　　마. 물분무등소화설비
　　　　　1) 물분무소화설비
　　　　　2) 미분무소화설비
　　　　　3) 포소화설비
　　　　　4) 이산화탄소소화설비
　　　　　5) 할로겐화합물소화설비
　　　　　6) 청정소화약제소화설비
　　　　　7) 분말소화설비
　　　　　8) 강화액소화설비
　　　바. 옥외소화전설비

2. 경보설비
　　화재 발생 사실을 통보하는 기계·기구 또는 설비
　　　가. 단독경보형감지기
　　　나. 비상경보설비
　　　　　1) 비상벨설비
　　　　　2) 자동식사이렌설비
　　　다. 시각경보기
　　　라. 자동화재탐지설비
　　　마. 비상방송설비
　　　바. 자동화재속보설비
　　　사. 통합감시시설
　　　아. 누전경보기
　　　자. 가스누설경보기

3. 피난설비
　　화재가 발생할 경우 피난하기 위하여 사용하는 기구 또는 설비
　　　가. 피난기구
　　　　　1) 피난사다리

         2) 구조대
         3) 완강기
      나. 인명구조기구
         1) 방열복
         2) 공기호흡기
         3) 인공소생기
      다. 유도등
         1) 피난유도선
         2) 피난구유도등
         3) 통로유도등
         4) 객석유도등
         5) 유도표지
      라. 비상조명등 및 휴대용비상조명등

   4. 소화용수설비
      화재를 진압하는 데 필요한 물을 공급하거나 저장하는 설비
      가. 상수도소화용수설비
      나. 소화수조·저수조, 그 밖의 소화용수설비

   5. 소화활동설비
      화재를 진압하거나 인명구조활동을 위하여 사용하는 설비
      가. 제연설비
      나. 연결송수관설비
      다. 연결살수설비
      라. 비상콘센트설비
      마. 무선통신보조설비
      바. 연소방지설비

(5) **특정소방대상물**

현재 소방관계법령에서 정하고 있는 특정 소방대상물이라 함은 법적으로 일정규모 이상 면적과 층수에 따라 화재 등 재난 발생의 인명피해와 재산피해 방지를 위하여 소방시설을 설치하여야 하는 소방대상물로서 대통령령이 정하는 것을 말하며 이는 안전과 직결되는 중요한 시설물을 말한다.

1. 공동주택 : 아파트(5층 이상), 기숙사 등
2. 근린생활시설 : 슈퍼마켓, 일반음식점, 체력단련장, 목욕장 등
3. 문화 및 집회시설 : 공연장, 집회장, 관람장, 전시장 등
4. 종교시설
5. 판매시설 : 도매시장, 소매시장, 대형 상점 등
6. 운수시설 : 여객자동차터미널, 철도시설, 공항 · 항만시설 등
7. 의료시설 : 병원, 격리 · 요양병원, 정신 · 장애인의료기관 등
8. 교육연구시설 : 학교, 대학, 대학교, 교육원, 연구소 등
9. 노유자시설 : 노인 · 아동 · 장애인 · 정신질환자 · 노숙자 관련 시설 등
10. 수련시설 : 생활권 · 자연권 수련시설, 유스호스텔 등
11. 운동시설 : 체육관 등
12. 업무시설 : 공공 · 일반업무시설 등
13. 숙박시설 : 일반형 · 생활용 숙박시설, 고시원 등
14. 위락시설 : 단란주점, 유흥주점, 무도장, 카지노영업소 등
15. 공장
16. 창고시설
17. 위험물 저장 및 처리 시설 : 위험물 제조소, 가스시설 등
18. 항공기 및 자동차 관련 시설
19. 동물 및 식물 관련 시설 : 축사, 작물 재배사, 종묘배양시설 등
20. 분뇨 및 쓰레기 처리시설
21. 교정 및 군사시설
22. 방송통신시설 : 방송국, 전신전화국, 촬영소, 통신시설 등
23. 발전시설 : 원자력 · 화력 · 조력 · 수력 · 풍력 발전소 등
24. 묘지 관련 시설 : 화장시설, 봉안당 등
25. 관광 휴게시설 : 야외음악당, 야외극장, 관망탑 등
26. 장례식장
27. 지하가 : 지하상가, 지하 · 해저 또는 산을 뚫어 만든 터널 등
28. 지하구 : 전력 · 통신용의 전선이나 가스 · 냉난방용의 배관 등을 집합 수용하기 위해 설치된 지하 인공구조물 또는 공동구 등
29. 문화재
30. 복합건축물 : 하나의 건축물이 근린생활시설, 판매시설, 업무시설, 숙박시설 또는 위락시설의 용도와 주택의 용도로 함께 사용되는 것

4) 소방시설공사업

소방시설공사 및 소방기술의 관리에 관하여 필요한 사항을 규정함으로써 소방시설업을 건전하게 발전시키고 소방기술을 진흥시켜 화재로부터 공공의 안전을 확보하고 국민경제에 이바지함을 목적으로 한다.

① 특정소방대상물의 소방시설의 설치 및 유지·관리 등의 의무와 위험물 제조서 등의 안전관리의 규정들은 소방대상물 또는 대상자의 행위에 대한 제한을 중점적으로 규율하여 안전성을 확보하는 안전관리법률이다.

② 소방시설공사업법은 사업법으로서 각종 소방안전의 기초가 되는 소방시설의 설계·시공·감리 등의 영업에 대해 규제함으로써 소방시설 등의 설계단계부터 완공까지 적정, 적법, 안전하게 설치될 수 있도록 하고, 간접적으로 일정 수준 이상의 안전이 확보된 소방시설설치를 담보하여 궁극적으로 소방안전에 기여함을 목적으로 한다.

5) 다중이용업소의 안전관리에 관한 특별법

(1) 목적

화재 등 재난 그 밖의 위급한 상황으로부터 국민의 생명·신체 및 재산을 보호하기 위하여 다중이용업소의 소방시설·안전시설 등의 설치·유지 및 안전관리와 화재위험평가에 관하여 필요한 사항을 정함으로써 공공의 안전과 복리증진에 이바지하는 것을 목적으로 한다.

(2) 다중이용업의 범위

다중이용업이라 함은 불특정다수인이 이용하는 영업 중 화재 등 재난 발생 시 생명·신체·재산상의 피해가 발생할 우려가 높은 곳으로 다음 각 호의 어느 하나에 해당하는 영업을 말한다.

1. 식품접객업 중 다음 각 목의 어느 하나에 해당하는 것
    가. 휴게음식점영업·제과점영업 또는 일반음식점영업으로서 영업장으로 사용하는 바닥면적의 합계가 100제곱미터 이상인 것
    나. 단란주점영업과 유흥주점영업
2. 영화상영관·비디오물감상실업·비디오물소극장업 및 복합영상물제공업
3. 학원으로서 다음 각 목의 어느 하나에 해당하는 것
    가. 수용인원이 300명 이상인 것
    나. 수용인원 100명 이상 300명 미만으로서 다음의 어느 하나에 해당하는 것
        (1) 하나의 건축물에 학원과 기숙사가 함께 있는 학원

(2) 하나의 건축물에 학원이 둘 이상 있는 경우로서 학원의 수용인원이 300명 이상인 학원

(3) 하나의 건축물에 제1호, 제2호, 제4호부터 제7호까지, 제7호의2부터 제7호의5까지 및 제8호의 다중이용업 중 어느 하나 이상의 다중이용업과 학원이 함께 있는 경우

4. 목욕장업으로서 다음 각 목에 해당하는 것
  가. 목욕장업 중 수용인원이 100명 이상인 것
  나. 「공중위생관리법」의 시설을 갖춘 목욕장업

5. 게임제공업ㆍ인터넷컴퓨터게임시설제공업 및 복합유통게임제공업
6. 노래연습장업
7. 산후조리업
7의2. 고시원업
7의3. 권총사격장
7의4. 골프 연습장업
7의5. 안마시술소
8. 화재 발생 시 인명피해가 발생할 우려가 높은 불특정다수인이 출입하는 영업으로서 국민안전처장관이 관계 중앙행정기관의 장과 협의하여 총리령으로 정하는 영업

(3) 다중이용업소에 설치하여야 하는 소방시설 등

불특정 다수인이 이용하는 다중이용업을 하고자 하는 자는 아래의 소방시설 등을 화재안전기준에 따라 설치ㆍ유지하여야 한다.

가. 소방시설
  (1) 소화설비 : 수동식 또는 자동식소화기, 자동확산소화용구 및 간이스프링클러 설비
  (2) 피난설비 : 유도등ㆍ유도표지ㆍ비상조명등ㆍ휴대용비상조명등 및 피난기구
  (3) 경보설비 : 비상벨설비ㆍ비상방송설비ㆍ가스누설경보기 및 단독경보형감지기

나. 방화시실 : 방화문 및 비상구
다. 그 밖의 시설 : 영상음향차단장치ㆍ누전차단기 및 피난유도선

(4) 다중이용업소의 안전시설

다중이용업소의 영업장에 설치ㆍ유지하여야 하는 안전시설 등은 다음과 같이 설치한다. (시행규칙 제9조 〈별표 2〉)

1. 소방시설
    가. 소화설비
        1) 소화기 또는 자동확산소화기 : 영업장 안의 구획된 실마다 설치할 것
        2) 간이스프링클러설비
    나. 비상벨설비 또는 자동화재탐지설비
        1) 자동화재탐지설비를 설치하는 경우에는 감지기와 지구음향장치는 영업장의 구획된 실마다 설치할 것
        2) 영상음향차단장치가 설치된 영업장에 자동화재탐지설비의 수신기를 별도로 설치할 것
    다. 피난설비
        1) 피난기구(간이완강기 및 피난밧줄은 제외)
        2) 피난유도선 : 전류에 의하여 빛을 내는 방식으로 할 것
        3) 유도등, 유도표지 또는 비상조명등
        4) 휴대용 비상조명등

2. 비상구
    가. 공통 기준
        1) 설치 위치 : 비상구는 영업장 주된 출입구의 반대방향에 설치하되, 주된 출입구로부터 영업장의 긴 변 길이의 2분의 1 이상 떨어진 위치에 설치할 것
        2) 비상구 규격 : 가로 75cm 이상, 세로 150cm 이상으로 할 것
        3) 비상구 구조
            - 비상구는 구획된 실 또는 천장으로 통하는 구조가 아닌 것으로 할 것
            - 비상구는 다른 영업장 또는 다른 용도의 시설을 경유하는 구조가 아닌 것이어야 하고, 층별 영업장은 다른 영업장 또는 다른 용도의 시설과 불연재료 · 준불연재료로 된 차단벽이나 칸막이로 분리되도록 할 것
            - 문이 열리는 방향 : 피난방향으로 열리는 구조로 할 것
        4) 문의 재질 : 비상구와 주된 출입구의 문은 방화문으로 설치할 것
    나. 복층구조(複層構造) 영업장의 기준
        1) 각 층마다 영업장 외부의 계단 등으로 피난할 수 있는 비상구를 설치할 것
        2) 비상구의 문이 열리는 방향은 실내에서 외부로 열리는 구조로 할 것

다. 영업장의 위치가 4층 이하인 경우의 기준
   1) 피난 시에 유효한 발코니 또는 부속실을 설치하고, 그 장소에 적합한 피난기구를 설치할 것

3. 영업장 내부 피난통로
   가. 내부 피난통로의 폭은 120cm 이상으로 할 것
   나. 구획된 실부터 주된 출입구 또는 비상구까지의 내부 피난통로의 구조는 세 번 이상 구부러지는 형태로 설치하지 말 것

4. 창문
   가. 영업장 층별로 가로 50cm 이상, 세로 50cm 이상 열리는 창문을 1개 이상 설치할 것
   나. 영업장 내부 피난통로 또는 복도에 바깥 공기와 접하는 부분에 설치할 것

5. 영상음향차단장치
   가. 화재 시 자동화재탐지설비의 감지기에 의하여 자동으로 음향 및 영상이 정지될 수 있는 구조로 설치하되, 수동으로도 조작할 수 있도록 설치할 것
   나. 영상음향차단장치의 수동차단스위치를 설치하는 경우에는 관계인이 일정하게 거주하거나 일정하게 근무하는 장소에 설치할 것
   다. 영상음향차단장치의 작동으로 실내 등의 전원이 차단되지 않는 구조로 설치할 것

6. 보일러실과 영업장 사이의 방화구획
   가. 보일러실과 영업장 사이의 출입문은 방화문으로 설치하고, 개구부(開口部)에는 자동방화댐퍼(damper)를 설치할 것

7. 방화문(防火門)
   가. 갑종방화문 또는 을종방화문으로서 언제나 닫힌 상태를 유지하거나 화재로 인한 연기의 발생 또는 온도의 상승에 따라 자동적으로 닫히는 구조를 말한다.

2. 건축 관련법

1) 건축법령의 체계

우리나라 건축법령의 체계도는 다음과 같다.

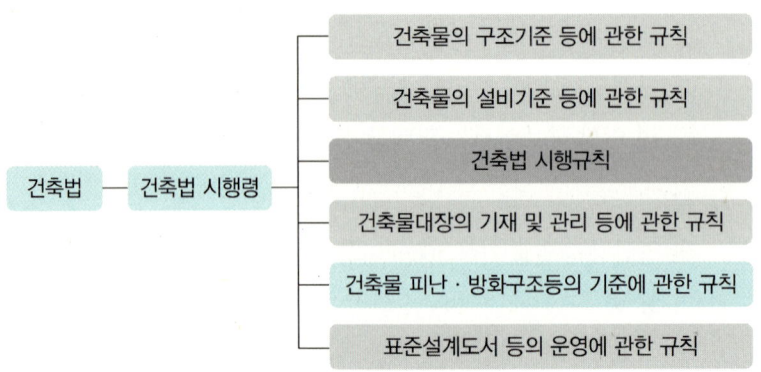

┃그림 4-8 건축법령 체계도┃

건축물의 안전·기능 및 미관을 증진하기 위하여 건축법에서 건축물의 대지·구조 및 설비의 기준과 용도 등을 규정하고 있다.

▼ 표 4-6 건축법의 주요 내용

장	주요 규정	하위법령
건축물의 건축	건축허가·신고, 설계변경, 수수료, 용도변경, 가설건축물, 착공, 사용승인, 현장조사·검사 등	건축공사감리세부기준, 표준계약서(설계·공사·감리), 오피스텔건축기준
건축물의 대지 및 도로	대지의 안전, 토지굴착부분 조치 등, 조경, 대지와 도로 관계, 도로 지정·변경, 건축선 지정·건축제한	
건축물의 구조 및 재료	구조내력 등, 피난시설·용도제한 등, 내화구조 및 방화벽, 방화지구 안의 건축물, 내부마감재료	• 건축물구조기준 등에 관한 규칙 • 건축물의 피난·방화구조 등의 기준에 관한 규칙 • 내화구조의 인정 및 관리기준 • 자동방화셔터 및 방화문 기준 • 건축구조설계기준
건축설비	건축설비기준 등, 승강기, 에너지 이용·폐자재 활용, 관계전문기술자, 기술적 기준	• 건축물설비기준 등에 관한 규칙 • 차음구조 인정 및 관리기준 • 에너지절약 설계기준

2) 건축법령

(1) 목적

건축법은 대지·구조·설비 기준 및 용도 등을 정하여 건축물의 안전·기능·환경 및 미관을 향상시킴으로써 공공복리의 증진에 이바지하는 것을 목적으로 한다. 화재 측면에서 살펴보면 ① 건축물 내 인명안전 및 소방활동 등의 확보 ② 화재 확대 방지와 재산보호 ③ 건축물의 도괴방지 및 이에 따른 부지 주변 위험방지 등을 목적으로 「건축법」에서는 법적 근거를 명기하고 있으며, 「건축법 시행령」에서는 화재 기준이 적용되는 대상 건축물, 「건축물의 피난·방화구조 등의 기준에 관한 규칙」에서는 설치기준을 규정하고 있다.

(2) 건축법령에서의 화재 기준

건축법령에서 규정하고 있는 화재 기준은 크게 피난안전 기준, 구조안전 및 화염확산방지 기준으로 분류된다.

① 피난안전 기준 : 직통계단, 피난계단, 옥외피난계단, 옥상광장, 헬리포트, 대지 안의 통로

② 구조안전 및 화염확산방지 기준 : 내화구조, 건축물의 마감재료, 방화구획, 방화지구 안의 건축물, 방화문, 지하층, 피난안전구역, 피난용 승강기

3. 화재 관련 법규정의 관계

화재의 진행에 따른 화재안전 시스템과 이를 규정하고 있는 관련 법규정의 관계를 살펴보면 다음과 같다.

▼ 표 4-7 화재의 진행에 따른 안전대책 시스템

목적	화재의 진행	대응 방법 (시설·설비명)	건축법 관련	소방법 관련	피난 및 화재진압과의 관계
경보 설비	발화 ⇩ 감지정보전달 ⇩	• 자동화재탐지설비 • 비상경보설비등	-	◎	• 화재의 감지 및 정보전달 • 피난개시 시간단축 • 초기진압시간 단축
초기 소화 설비	자력 소화설비 ⇩	• 소화기구(소화기 등) • 옥내소화전 • 스프링클러 • 옥외소화전	-	◎	• 피난의 여부 결정 • 화재 초기에 화재진압

목적	화재의 진행	대응방법 (시설·설비명)	건축법 관련	소방법 관련	피난 및 화재진압과의 관계
피난 시설 및 설비	피난행동 개시 및 피난 ⇓	• 피난기구 • 인명구조기 • 유도등/유도표지 • 비상조명등		◎	• 안전한 피난
		• 직통계단의 설치/구조 • 피난계단/옥외피난계단 • 특별피난계단 • 관람석으로부터 출구 • 계단 및 복도 • 비상탈출구(소 : 비상구) • 옥상광장 및 헬리포트	◎	◎	• 안전한 피난경로 확보 • 화재진압 및 구조 수행
연소 확대 방지 시설	연기 및 연소 확대 방지 ⇓	• 방화구획	◎	–	• 화염, 연기 화재확대방지
		• 주요구조부의 내화구조 • 방화구조 • 방화구획(면, 층, 용도) • 방화문·방화벽 • 경계벽 및 칸막이벽 • 내부마감재료(내장재) • 방염처리	◎	◎	• 건축물 붕괴 방지 • 피난경로의 안전성 확보 • 화염 및 연기 피해 축소 • 화염, 연기 화재확대 방지 및 화재진행속도 지연
도괴 방지		• 주요구조부 내화구조	◎		• 건축물 붕괴방지
소화 활동 보장 설비	공공 (소방관) 소화 활동 ⇓ 진화	• 연결송수관설비 • 연결살수설비 • 소화용수설비 • 비상콘센트설비 • 배연설비(거실) • 제연설비, 제연구역 • 비상용승강기	◎	◎	• 피난성능의 향상 • 소방관 화재진압능력 향상 • 효율적인 화재진압
		• 막다른 도로	◎	–	• 공공소방력 신속한 접근 • 구조·구급 공간의 확보

03 소방설비

소방설비는 크게 소화설비와 경보설비, 피난설비, 소화활동설비, 소화용수설비로 구분한다. 화재의 종류, 즉 유류화재, 전기화재, 특수화재, 일반화재 등의 화재성상에 따라 소화방법이 다르기 때문에 이에 따라서 소화설비의 종류도 다르게 적용된다.

소화설비의 종류는 통상적으로 소방대상물의 용도와 구조, 저장되어 있는 가연품의 연소성을 고려하여 적응 소화설비를 선정하여 설치하여야 한다. 즉, 화재 발생 시 소방대상물에 수납되어 있는 가연물, 설치구조에 따라서 연소현상이 다르기 때문에 이를 유효하게 제어하고 소화할 수 있는 설비를 설치하는 것이 매우 중요하다. 또한 소화설비의 종류를 물계, 가스계, 분말계 소화설비로 구분할 수도 있으며, 최근 선진국에서는 이들 약제를 적절하게 혼합하여 사용한 소화설비도 개발되고 있다.

1. 소화설비

1) 소화기구

(1) 소화기

일반적으로 소화기라고 하며 이동식 수동 소화기를 뜻하며 일정한 저장용기에 방출되는 압력과 소화효과가 있는 물이나 특정한 소화약제를 저장하였다가 화재 발생 시 직접 사람이 운반하여 방출손잡이의 조작에 의해서 소화약제를 분사시키는 기구를 말한다. 최근에 개발된 소화기로는 화재 또는 가연성 가스의 누출을 감지하는 열감지부와 가스 감지부로 구성된 화재감지기가 설치되어 자동으로 소화약제를 방출하여 소화하는 자동식 소화기도 있다.

(2) 간이 소화기구

수동식 소화기 이외의 마른모래, 팽창질석, 팽창진주암을 일정량 이상 확보하고 보조기구를 겸비하는 경우에는 소화능력을 인정받을 수 있다.

2) 옥내소화전설비

화재 초기에 건축물 내의 화재를 진화하도록 소화전함에 비치되어 있는 호스 및 노즐을 이용하여 소화작업을 하는 설비이다. 일반적으로 수원, 가압송수장치, 개폐밸브, 호스, 노즐, 소화전함, 비상전원 등으로 구성되어 있다.

주로 학교, 공장, 창고, 사업장에 한하여 설치할 수 있으며, 소화전함의 기동스위치를 누르고 앵글밸브를 열면 가압송수장치의 펌프가 가동되어 방수가 시작되는 수동기동방식(On-Off방식)과 소화전함의 앵글밸브를 열면 배관 내의 압력 감소로 압력감지장치에 의해 펌프가 기동되어 방수가 시작되는 자동기동방식(기동용수압개폐방식)이 있다. 기동용 수압 개폐장치는 스프링클러설비, 포말소화설비, 물분무소화설비에서는 필수적인 기동방식이다.

3) 옥외소화전설비

옥외소화전설비는 건물 아래층(1~2층)의 초기 화재뿐만 아니라 본격화재에도 적합하며 인접건물로의 연소방지를 위해서 건축물 외부로부터의 소화작업을 실시하기 위한 설비로 자위소방대가 사용하는 것은 물론이고 소방서의 소방대도 사용 가능하도록 한 소화설비이다. 옥외소화전 설비의 구성은 수원, 가압송수장치, 옥외소화전, 배관 등으로 이루어지며 옥내소화전 설비와 거의 비슷하다. 단, 옥내소화전설비와의 차이는 대화재시나 인접건물의 연소에 대처하지 않으면 안 되기 때문에 옥내소화전설비에 비해 방수압력이 높고, 방수량도 많으며, 소화성능을 확대한 것이다. 그리고 건축물 외부에 설치하는 것이 또한 다르다. 고층건축물이나 지하층에 대해서는 효과적인 소화활동이 불가능하며 주로 건축물의 1층 및 2층의 소화활동에 유효하다.

4) 동력소방펌프설비

동력소방펌프설비란 수원과 이동이 가능한 동력소방펌프로 구성되어 옥내 및 옥외소화전 설비의 대체로 설치할 수 있는 설비이다.

5) 스프링클러소화설비

스프링클러설비는 화재를 초기에 소화할 목적으로 설치된 소화설비이다. 화재가 발생한 경우 천장이나 반자에 설치된 헤드가 감열 작동하여 자동적으로 화재를 감지함과 동시에 주변에 비가 오듯이 물을 뿌려주므로 효과적으로 화재를 진압할 수 있는 고정식 소화설비이다. 초기 진화에 특히 절대적인 효과를 가지고 있으며, 오작동, 오보가 없고 약제가 물이라서 경제적이고 복구가 쉽다. 또한 조작이 간편하고 안전하며 야간이라도 자동적으로 화재감지, 경부, 소화할 수 있는 장점이 있다. 반면 초기 시설비가 많이 들며 시공이 다른 설비에 비해 복잡하고 물로 인한 피해가 크다는 것이 단점으로 지적되고 있다.

(1) 습식 스프링클러 소화설비(Wet Sprinkler System)

스프링클러 시스템 중 표준방식이고 시설비가 적게 들며, 수원, 가압송수장치(Pump), 제어장치, 각종 밸브류, 배관, 알람밸브(유수검지장치), 스프링클러로 구성되며 펌프

토출 측에서부터 스프링클러 헤드까지 항상 가압된 물이 충만되어 있는 상태이다. 습식 스프링클러 소화설비는 배관 내부에 항상 가압된 물이 충만되어 있기 때문에 기온이 영하로 떨어질 경우 동파에 대한 세심한 주의가 필요하다.

(2) 건식 스프링클러 소화설비(Dry Sprinkler System)

건식 시스템은 알람밸브 대신에 드라이 파이프 밸브를 설치한 것이며 스프링클러 헤드는 폐쇄형을 사용하고 또한 드라이 파이프 밸브 주위에 여러 개폐부(Trim)가 설치되어 드라이 파이프 밸브 2차 측에 압축공기 또는 질소(N_2)가스로 채워져 있는 것이 다른 스프링클러 시스템과 다르다. 2차 측의 공기압력은 드라이 파이프 밸브마다 에어컴프레서를 설치하여 일정압력 이하가 되면 자동으로 압력을 유지시켜 주는 방법과 대형 에어메인터넌스 장치(Air Maintenance Device)를 통하여 일정압력으로 감압된 공기를 공급하는 방법이 있다.

(3) 준비작동식 스프링클러 소화설비(Pre-Action Sprinkler System)

준비작동식 밸브(Preaction Valve)의 1차 측에 가압수를 채워 놓고 2차 측에는 저압 또는 대기압상태의 공기를 채운 상태에서 화재 발생 시 화재감지기가 작동하면 자동적으로 프리액션밸브를 개방함과 동시에 가압송수장치를 가동시켜 물을 각 헤드까지 송수하며 헤드가 열에 의해 개방되면 살수되는 구조이다. 준비작동식 스프링클러의 경우 헤드가 오작동으로 개방되거나 살수관이 파열되면 수손(水損)이 클 것이 예상되는 경우나 건식스프링클러 대용으로 이용되며, 감지기의 동작으로 대부분의 화재에는 경보를 발하므로, 신속히 사람이 달려가 헤드가 개방되기 전에 초기소화할 수 있는 장점을 지니고 있다.

(4) 간이 스프링클러 소화설비

일반 스프링클러 소화설비에서 수원을 상수도설비에 직접 연결하여 수돗물을 사용하고 헤드를 간이헤드로 사용하여 설비가 간소화된 스프링클러 소화설비로서 최근 화재로 인한 재산·인명피해가 확대되고 있는 다중이용업소에 의무화되어 있다.

① 근린생활시설로 사용하는 부분의 바닥면적 합계가 1,000m² 이상인 것은 전층
② 교육연구시설 내에 있는 합숙소로서 연면적 100m² 이상인 것
③ 노유자시설 또는 정신보건시설로서 300m² 이상 600m² 미만인 시설(창살을 설치한 시설은 300m² 미만)
④ 건물을 임차하여 보호장소로 사용되는 부분

6) 특수소화설비

(1) 물분무소화설비

물 소화기에는 수동 펌프를 설치한 펌프식, 압축공기를 주입해서 이 압력에 의해 물을 방출하는 축압식, 별도로 이산화탄소 등의 가압용 봄베 등을 설치하여 그 가스압력으로 물을 방출하는 가압식 등이 있다. 물이 소화약제로서 적합한 이유는 탁월한 냉각적용 때문이다. 특히 기화잠열(539kcal/kg)이 다른 물질에 비해 냉각효과가 뛰어나다. 그러므로 A급(일반) 화재에 적응되며 입자를 무상으로 방사할 경우에는 C급(전기) 화재에도 적응성을 가진다. 그러나 B급(유류) 화재에 사용하게 되면, 화재면(연소면) 확대의 우려가 발생되므로 사용을 금지하는 것이 좋다.

(2) 포말 소화설비

종류에는 전도식과 파괴식이 있지만 대부분 전도식이다. 외통액으로는 중탄산소다, 포안정제로서 단백질 및 방부재, 내통액으로서는 황산알류미늄을 이용한다.
소화기로부터 방사되는 거품은 내화성능을 지속할 수 있는 것이어야 한다. 포 소화약제는 화학포 소화약제와 기계포 소화약제로 분류되는데 화학포 소화약제의 불 용해분은 0.1vol/% 이하이어야 하며 분말상의 소화약제는 물에 잘 용해되는 건조상태의 것이어야 한다. 상온에서 거품의 용량은 소화약제 용량의 5배 이상이어야 하며, 발표 종료로부터 1분이 경과한 때에 있어 거품으로부터 환원되는 수용액이 발포전 수용액의 25% 이하이어야 한다.
적응화재는 A급(일반) 화재, B급(유류) 화재에 적응성을 보인다.

포말 소화약제의 혼합방식은 다음과 같다.

① 라인 프로포셔너(Line Proportioner) 방식 : 주로 사용하는 방식으로 송수관 계통의 도중에 흡입기를 접속시키고, 소화원액을 가압수에 흡입시켜 지정농도의 포 수용액으로 만들고 포 노즐에서 공기를 흡입시켜 폼을 형성하는 방식

② 펌프 프로포셔너(Pump Proportioner) 방식 : 펌프의 토출관과 흡입관 사이의 배관 도중에 설치한 흡입기에 펌프에서 토출된 물의 일부를 보내고 농도 조절밸브에서 조정된 포 소화약제의 필요량을 포 소화약제 탱크에서 펌프 흡입 측으로 보내어 혼합하는 방식

③ 프레져 프로포셔너(Pressure Proportioner) 방식 : 펌프와 발포기의 배관 도중에 포 소화약제 저장탱크와 혼합기를 설치하여 혼합기의 벤투리 작용에 의하여 포약제를 혼합하는 방식

④ 프레져 사이드 프로포셔너(Pressure Side Proportioner) 방식 : 가스송수용 펌프와 소화 원액펌프가 별도로 설치되어 있고 압력이 변동되면 차압밸브에서 자동조절에 의한 약제펌프를 가동시켜 송수관로에 소화원액을 강제로 유입시켜 주는 방식

(3) 이산화탄소 소화설비

본체 용기 내부에 액화된 이산화탄소가스가 1kg에 대하여 용기의 내용적 1500mL 이상으로 충전되어 있고, 레버를 쥐면 밸브가 열려 액화된 이산화탄소 가스가 압출되어 노즐에서 분사될 때 기화되어 가스 모양 및 드라이아이스로서 방사된다.

소화약제인 탄산가스는 용량이 99.5% 이상의 액화 탄산가스로서 냄새가 없어야 하며, 수분은 0.05% 이하이어야 한다.

이산화탄소가스에 의한 질식작용에 의하여 B급(유류) 화재 및 C급(전기) 화재에 적응된다. 질식에 의한 소화방법을 사용하기 때문에 산소결핍으로 인한 질식 위험이 있으므로 인체에 대한 안전성을 고려해야 한다.

(4) 할로겐화합물 소화설비(증발성 액체 소화설비)

일반적으로 압축공기 또는 질소가스를 넣어서 축합해 둔 축압식과 본체 용기에 수동펌프가 부착된 수동펌프식, 공기 가압펌프가 붙어 있고, 보조적으로 내부의 공기를 가압하는 수동축압식, 상온에서 기체인 할로겐화합물의 경기 자기증기압식(할론 1301)으로 분류된다.

할론 1301을 제외한 할론 소화기는 좁고 밀폐한 실내에서는 사용을 금하고 있으며, 바람방향으로 방사하고, 사용 후는 신속히 환기를 하여야 한다. 또한 발생가스가 유독하기 때문에 흡입하지 말아야 한다. 설치장소는 할론 1301소화기를 제외한 할로겐화합물 소화기는 지하층, 무창층, 환기에 유효한 개구부의 넓이가 바닥면적의 1/30 이하, 또 바닥면적이 20m² 이하의 장소에는 설치하여서는 안 된다.

할로겐화합물 소화기에는 할론 1011, 1202, 1301, 2402 등이 있으며, 이 중 할론 1301이 가장 우수한 소화효과 있는 것으로 알려져 있다.

(5) 분말소화설비

용기에 분말 소화약제와 방출압력원인 질소가스가 함께 축압되어 있는 축압식과 별도로 이산화탄소가 충전된 가압봄베를 본체 용기 안에 설치하든가 본체 용기 밖에 설치하는 가스가압식으로 분류된다.

분말소화약제는 방습가공한 나트륨 및 칼륨의 중탄산염, 기타의 염류 또는 인산염류, 환산염류 기타 방염성을 가진 염류이다.

분말소화기의 적응화재는 제3종 분말소화기(ABC분말소화기)는 열분해에 의해 부

착성이 좋은 메타인산(HPO_3)을 생성하므로 A, B, C급(일반, 유류, 전기) 화재에 적용되며, 제1, 2종 분말소화기는 B, C급(유류, 전기) 화재에 효과가 있다.

(6) 산알칼리소화기

산알칼리소화기는 물 소화기의 일종으로 산과 알칼리의 반응에 의해서 생기는 이산화탄소의 가스압을 이용하여 물을 방출한다.

용기 속의 탄산수소나트륨($NaHCO_3$)의 수용액과 용기 내 황산(H_2SO_4)을 봉입한 앰플을 갖고 있다. 누름쇠에 충격을 가함으로써 황산앰플이 파괴되어 황산과 탄산수소나트륨이 산알칼리 반응을 일으켜서 발생하는 이산화탄소의 압력 약 $5kg/m^2$에 의해 노즐의 끝에서 중화된 물을 방사한다.

적응화재로는 A급(일반) 화재에 적합하며 무상일 경우 C급(전기) 화재에도 가능하다.

(7) 기타 소화설비(강화액소화설비 등)

기타 소화설비 중 강화액소화설비는 용기 내에 강화액 탄산칼륨의 진한 수용액이 충전되고, 공기 또는 질소가스가 $7.0~9.8kg/m^2$의 압력으로 봉입되어 있으며, 내압을 가리키는 지시 압력계가 반드시 부착되어 있는 축압식과 가압용 가스용기를 본체의 용기 속에 취부하는 가압식, 파병식 산알칼리 소화기와 마찬가지로 본체의 용기 속에 황산을 넣고 산알칼리 반응에 의하여 발생하는 이산화탄소의 압력에 따라 방사하는 반응식도 있다. 입자 형태에 따라 봉상일 때는 A급(일반) 화재, 무상일 경우에는 A, B, C급(일반, 유류, 전기) 화재에 적용된다.

2. 경보설비

1) 자동화재탐지설비

자동화재탐지설비는 화재 초기단계에서 발생되는 열 또는 연기 및 불꽃 등을 자동적으로 감지하는 감지기, 화재신호를 받아 벨·사이렌으로 음향을 발하는 음향설비, 발신기, 중계기, 전체 연동동작을 총괄하는 수신기 등으로 구성되어 있다.

수신기는 감지기나 발신기와 직접 연결되거나 또는 중계기를 사이에 두고 연결되어 있고 감지기, 중계기, 발신기가 작동했을 때 그 장소를 표시할 수 있으며, 그 외에도 여러 가지 기능시험을 할 수 있는 장치를 갖추고 있다.

2) 자동화재속보설비

화재 발생을 자동적으로 관할소방서에 통보하는 설비로서 화재현장주소, 성명, 위치 등을 신속하게 119번으로 통보하는 설비이다.

3) 비상경보설비

비상경보설비는 자동화재탐지설비와 그 외 다른 방법에 의해 감지된 화재의 발생이나 상황을 소방대상물 내부에 있는 사람에게 경보하여 초기 소화를 용이하게 하고 피난활동을 신속하게 하기 위하여 설치하는 것으로 비상벨(경종)·자동 사이렌·단독경보형 감지기 등이 있다. 그러나 수용인원이 많은 대형 건축물에는 비상방송설비를 설치하여야 한다.

4) 비상방송설비

비상방송설비는 자동화재탐지설비로부터 화재신호를 받아서 확성기로 화재 발생을 알려 준다. 비상경보는 피난 시 안전사고를 최소화하고 질서 있게 피난할 수 있도록 다음과 같이 경보하도록 되어 있다.

① 2층 이상 층에서 발화한 때에는 발화층 및 직상층에 우선적으로 경보
② 1층에서 발화한 때에는 발화층, 그 직상층 및 지하층에, 지하층에서 발화한 때에는 발화층·직상층 및 기타의 지하층에 우선적으로 경보

또한 자동화재탐지설비에는 비상방송설비로 화재신호를 보내지 못하도록 하는 연동정지 스위치가 있는데 이 스위치가 연동정지에 있으며 비상방송설비가 작동하지 못하므로 검사 시 이에 대한 사항을 주의해야 한다.

5) 누전경보설비

누전경보설비는 건축물의 천장·바닥·벽 등의 보강재로 사용하고 있는 금속류 등이 누전의 경로가 되어 화재가 발생하는 것을 방지하기 위하여 누설전류가 흐르면 자동적으로 경보하는 설비이다. 이러한 누전경보설비는 600V 이하인 전기설로에 설치되며 부하측으로 부터 지락·단락 등에 의해 절연파괴로 인한 화재 및 감전사고를 방지하기 위한 설비이다.

6) 가스누설경보설비

가스누설경부기는 가연성 가스(LNG, LPG 등) 또는 불완전 연소가스가 누설되는 것을 탐지하여 관계자나 이용자에게 경보하여 가스누출로 인한 폭발사고 예방 및 독성가스로 인한 중독사고를 예방하기 위한 시설이다.

3. 피난설비

1) 피난기구

(1) 피난사다리

피난사다리는 재질 및 사용방법에 따라 금속제 피난사다리와 금속제 이외의 피난사다리도 분류된다. 이들은 각각 고정식 사다리, 올림식 사다리, 내림식 사다리로 나뉜다.

(2) 완강기

피난자의 체중에 의하여 로프의 강하속도를 조속기가 자동적으로 조정하여 완만하게 강하할 수 있는 피난기구이다. 완강기는 사용방법에 따라 1인용 및 2인용·3인용이 있으나 대부분 1인용을 사용한다. 완강기는 2층 이상의 층에서 설치하는 것으로서 조속기, 로프, 벨트 및 조석기의 연결부(Hook)로 구성되어 있다.

(3) 구조대

화재 시 건축물의 창, 발코니 등에서 지상까지 굴 같은 포대를 설치하여 포대 속으로 하강하는 피난기구이다. 설치방법에 따라 크게 사강식과 수직하강식으로 분류되며 주로 3층 이상 층에 설치된다. 기타 피난기구에는 미끄럼대, 미끄럼봉, 피난교, 피난로프, 피난트랩 등이 있다.

2) 유도등 및 유도표지

유도등은 화재 발생 시 시야를 확보하기 위한 피난구유도등·통로유도등·객석유도등과 같은 조명기구와 유도표지가 있다. 유도등은 정상상태에서는 상용전원에 의해 점등되고 정전 시에는 비상전원으로 자동 전환되어 점등되는 구조이어야 하며 비상전원 용량은 20분 또는 60분 이상 확보하여야 한다.

유도표지는 피난할 수 있는 장소를 신속하게 유도하는 목적으로 전원이 없는 설비이다.

3) 비상조명설비

비상조명설비는 화재 시 정전이 발생된 경우에도 원활한 피난활동을 할 수 있도록 거실이나 피난통로에 설치하여 최소시간 동안 시야를 확보하기 위한 조명장치이다. 정상상태에서는 상용전원에 의해 점등되나 상용전원 차단 시 자동으로 예비전원으로 전환되어 바닥면의 조도를 1lx 이상으로 20분 이상 조명을 확보할 수 있어야 한다.

4. 소화활동설비

1) 제연설비

제연설비는 화재 시 소방대상물 내에 수용되어 있는 거주자들을 안전한 장소로 신속하게 피난 또는 대피할 수 있도록 함과 동시에 정상적인 소화활동이 이루어질 수 있도록 지하가·지하 등에 설치하여 소방대상물의 외부로 연기를 배출시키는 설비이다.

제연설비는 화재 발생 시 발생되는 연기를 제어하는 방식에 따라 배연과 방연으로 구분되는데 방연이란 연기를 소방대상물 내의 한정된 장소로부터 다른 장소로 유동하지 않도록 함과 동시에 연기가 당해 장소로 침입하는 것을 방지하는 연기의 제어방식을 말하며, 배연이라 연기를 일정한 장소로 유인하여 자연적으로 설치된 창·발코니 등의 개구부를 통하여 옥외로 배출하거나 소방대상물의 지붕에 설치된 스모크타워(Smoke Tower) 또는 기계의 동력에 의해 신속하게 옥외로 배출되게 하는 것을 말한다.

2) 연결송수관설비

고층건축물·아케이드 등에 설치하여 소방대가 현장에 도착하여 조작되고 화재가 발생한 장소에 주수하여 소화하는 설비이다. 이 설비는 건축물에 설치하는 소화설비 중 가장 이상적이고 확실한 설비이며 스프링클러 소화설비가 설치된 건축물에 있어서도 건축물 구조상 외부로부터 호스를 내부에 연장하기 곤란한 장소에 빠른 시간 내에 가장 효율적인 소화활동을 전개할 수 있는 설비이다. 연결송수관설비의 구성은 송수구·배관·방수구로 분류된다.

3) 연결살수설비

화재 발생으로 연기가 충만하여 소화활동이 곤란한 장소에 설치하며 송수구, 배관, 살수헤드, 밸브로 구성되고 화재 시 송수구 및 배관을 통하여 소방펌프차로 송수하여 살수헤드로부터 방수됨으로써 소화활동을 하는 것이다.

연결살수설비는 지하가 또는 건축물의 지하층의 연면적 150m^2 이상인 곳에 설치하는 본격소화를 위한 소화활동상 필요한 설비이다.

4) 비상콘센트설비

화재가 발생하면 건축물 내의 전원이 차단되므로 출동한 소방대의 소화활동장비에 전원을 공급하기 위해서 이동용 자가발전기를 사용하거나 외부로부터 전선릴을 이용하여 전원을 사용해야 하는데, 건축물 내부로 접근이 용이하지 않은 고층건축물이나 지하층은 전원 공급에 많은 어려움이 있다. 이에 일정 규모 이상의 건축물에는 화재 발생 시

소화활동에 필요한 전원을 전용으로 공급받을 수 있는 설비를 설치하도록 하고 있는데 이를 비상콘센트설비라고 한다. 이 설비는 일반 전원이 차단되어도 비상콘센트에 공급되는 전원에 영향을 최소화할 수 있도록 분기하고, 전원에서 비상콘센트까지는 전용배선으로 하며, 전선은 내화배선이나 내열배선으로 설치한다.

5) 무선통신 보조설비

지하층이나 지하상가 등은 건축구조상 전파의 차폐로 반송 특성이 전하되어 화재 시 무선통신기를 사용하여 지상의 소방대원과 교신할 경우 지상과 전파 전달이 어려워진다. 따라서 지하층과 지상과의 원활한 무선교신을 위하여 누설동축케이블이나 안테나를 설치하여야 하는데 이에 따라 무선호출, 방송수신, 소방무선 등을 할 수 있도록 한 설비를 무선통신보조설비라 한다.

6) 연소방지설비

도시의 기능을 원활하게 유지할 수 있도록 전력, 통신, 상수도 설비 등을 설치하기 위한 지하공동구는 여러 가지 편리한 점이 있는 반면 지상과는 달리 화재를 쉽게 예측 및 제어하기 어려운 잠재 위험성이 있는 시설이다.

이처럼 증가되고 있는 지하공동구에서 화재가 발생할 경우 소화하는데 지상의 시설물을 소화할 때보다 훨씬 큰 어려움이 따르기 마련이다. 따라서 원활한 화재진압을 위하여 지하공동구에는 연소방지시설비를 설치하도록 되어 있다. 연소방지설비는 스프링클러설비 또는 연결살수설비와 거의 유사한 시설로서 송수구, 배관, 방수헤드 등으로 구성된다.

5. 소화용수설비

소화용수설비는 넓은 부지를 보유한 건축물 또는 같은 부지 내의 인근 건축물의 경우 바닥면적의 합계가 대단히 큰 규모인 건축물에 화재의 확산을 방지할 목적으로 공설 소방대가 사용할 수 있도록 설치하는 소방용 수리를 말한다. 소화용수설비는 공공의 목적으로 설치되며 공설 소화전 및 소화수조가 있다.

PART 04 연습문제

01 화재 시 건축물 내 연기가 화재로 발생하는 열에너지에 의해 이동할 경우 수평이동속도와 수직이동속도는?

	수평이동속도[m/s]	수직이동속도[m/s]
①	0.5~1	2~3
②	2~3	5~7
③	2~3	0.5~1
④	5~7	2~3

풀이 ㉠ 수평방향의 전파
연기이동속도는 외기풍에 의한 영향이 없다면 약 0.5~1m/sec(0.8~1m/s)가 된다.

㉡ 수직방향의 전파
화재실에서의 수직 연기상승속도는 약 2~3m/sec이고 계단실과 같은 수직공간에서의 연기 상승속도는 수평속도의 3에서 5배인 3~5m/s이며 최상층이 아래층보다 빨리 연기가 충만된다.

02 가연물의 연속적인 연소 연쇄반응이 진행되지 않도록 화재를 소화시키는 방법은?

① 냉각소화
② 부촉매소화
③ 희석소화
④ 유화소화

풀이 ① 냉각소화는 가연물의 온도를 인화점 및 발화점 이하로 낮추어 소화하는 방법이다.
② 부촉매소화는 연쇄반응의 원인물질인 Active Free Radical을 불활성화시켜 연쇄반응을 단절하는 소화방법이다.
③ 희석소화는 수용성 가연물질을 저장하는 탱크 및 용기에 화재가 발생하였을 때 다량의 물을 방사함으로서 농도를 묽게 하여 연소농도 이하로 희석시켜 소화하는 방법이다.
④ 유화소화는 유류화재 시 포소화약제를 방사하는 경우, 유류표면에 유화층이 형성(에멀션 효과)되어 공기의 공급을 차단시키는 소화방법을 말한다.

정답 01 ① 02 ②

03 화재의 초기 단계에서 연소물로부터의 가연성 가스가 천장 부근에 모이고 그것이 일시에 인화해서 폭발적으로 방 전체가 불꽃에 휩싸이는 화재를 무엇이라 하는가?

① 자유연소 ② 훈소
③ 플래시오버 ④ 백드래프트

풀이
① 자유연소 : 자체적으로 연소의 4요소를 발현하여 연속으로 화재가 이어지는 현상이다.
② 훈소 : 작은 구멍이 많은(다공성) 가연성 물질의 내부에서 발생하는 것으로 불꽃이 없이 타는 연소이다. 훈소를 일으키는 물질로 일반적인 예는 불꽃 없이 타는 목탄숯, 담배 등이 있다.
③ 플래시오버 : 국부적 화재에서 구획 전체로 화재가 급속히 전이되며, 천장의 미연소가스의 착화에 따른 화재의 급격한 확대, 천장 부근의 온도가 600℃ 내외로서 재실자의 피난 완료 및 소방대의 구조와 소화작업이 중요하다.
④ 연소에 필요한 산소가 부족하여 훈소상태에 있는 실내에 산소가 갑자기 다량 공급될 때 연소가스가 순간적으로 발화하는 현상이다.

04 연소행태별 그 예시를 나타낸 것으로 옳지 않은 것은?

① 증발연소-양초, 나프탈렌 ② 분해연소-종이, 유황
③ 표면연소-목탄, 코크스 ④ 자기연소-TNT, 피크르산

풀이
① 증발연소 : 주로 액체연료(경유, 휘발유 등)에서 볼 수 있지만 양초, 나프탈렌, 황(S)과 같이 고체 연료에서도 분해과정 없이 증발하는 경우도 있다.
② 분해연소 : 초기 연소형태에서 불꽃을 내면서 타는 연소형태로서 석탄, 목재 등이 대표적이다.
③ 표면연소 : 산화반응을 하며 화염을 내지 않고 연소하는 것으로서 코크스나 목탄 연소형태가 대표적이다.
④ 자기연소 : TNT(화약), 나이트로셀룰로스, 피크르산과 같이 연소에 필요한 산소의 전부 또는 일부를 자기 분자 속에 포함하고 있는 물체의 연소형태를 말한다.

05 연소의 4대요소에는 가연물, 산소공급원, 점화원(점화에너지), 연쇄반응이 있는데 각 요소에 대응하는 4대 소화원리로 옳지 않은 것은?

① 가연물-제거소화법
② 산소공급원-질식소화법
③ 점화원(점화에너지)-냉각소화법
④ 연쇄반응-피복소화법

풀이
① 가연물 소화 : 가연물이란 불에 타기 쉬운 물질이나 물건으로 산소와 반응 시 발열에 의해 연소가 계속되기 쉬운 것으로서 가연물을 제거하여 소화한다.
② 산소 소화 : 산소는 공기 중의 다른 물질과 기체 상태로 충분히 혼합되어 가연성 물질을 태우는 데 필요한 역할을 하게 되므로 산소를 차단하는 질식소화방법을 적용한다.

정답 03 ③ 04 ② 05 ④

③ 점화원 소화 : 연소가 이루어지기 위해서는 일정한 온도와 일정한 양의 열(점화원 또는 에너지원)이 있어야 하는데 이를 열원이라고 하며, 소화원리는 점화원을 냉각하는 소화방법을 적용한다.
④ 연쇄반응 소화 : 연쇄반응은 Free Radical(화학반응 시 분해되지 않는 하나의 분자에서 다른 분자로 이동할 수 있는 원자의 집단)이 계속 생성되면서 이에 의해 연쇄반응이 성립되는 것으로, 부촉매소화를 통해 연쇄반응의 원인물질인 Active Free Radical을 불활성화시켜 연쇄반응을 단절함으로써 소화한다.

06 A급 화재에 대한 설명으로 옳은 것은?

① 일반 가연물의 화재로 소화방법은 물에 의한 냉각소화를 이용한다.
② 인화성 액체 등의 유류화재로 주로 질식효과를 적용하여 소화한다.
③ 전기기기의 화재로 누전 등의 전기화재가 포함되어 전기 절연성을 갖는 소화를 사용한다.
④ 마그네슘 등의 금속화재로 소화에는 마른 모래 등이 효과적이다.

풀이 ① A급은 일반화재(백색)로 목재, 섬유, 고무류, 합성수지 등 가연물의 화재를 말한다. 소화방법은 주로 물에 의한 냉각소화를 이용한다.
② 인화성 액체 등의 유류화재는 B급(황색)으로서 주로 포소화약제, 분말 등을 사용하며 질식효과를 적용하여 소화한다.
③ C급은 전기화재(청색)로서 통전 중인 전기설비 및 기기의 화재를 내용으로 하며, 전기절연성을 갖는 소화제를 사용한다.
④ 알루미늄, 마그네슘 등의 금속화재 D급(무색)으로 소화에는 마른 모래, 금속화재용 분말소화약제를 사용한다. E급은 가스화재(국내에서는 B급 화재로 분류됨)로서 가연성 가스(LPG, LNG 등) 화재이며, 소화방법은 물을 주수, 밸브차단으로 가스누출을 억제한다.

07 다중이용업소의 안전시설 설치에 대한 설명으로 옳지 않은 것은?

① 소화기는 영업장 안의 구획된 실마다 설치한다.
② 비상구는 영업장의 주된 출입구와 같은 방향에 설치한다.
③ 비상벨 설비는 영업장의 구획된 실마다 설치한다.
④ 보일러실과 영업장 사이의 출입문은 방화문으로 설치한다.

풀이 다중이용업소의 영업장에 설치·유지하여야 하는 안전시설 등은 시행규칙 제9조 〈별표 2〉와 같다.
〈별표 2〉
2. 비상구. 다만, 다음 각 목의 어느 하나에 해당하는 영업장에는 비상구를 설치하지 않을 수 있다.
   가. 주된 출입구 외에 해당 영업장 내부에서 피난층 또는 지상으로 통하는 직통계단이 주된 출입구로부터 영업장의 긴 변 길이의 2분의 1 이상 떨어진 위치에 별도로 설치된 경우
   나. 피난층에 설치된 영업장[영업장으로 사용하는 바닥면적이 33제곱미터 이하인 경우로서 영업장 내부에 구획된 실(室)이 없고, 영업장 전체가 개방된 구조의 영업장을 말한다]으로서 그 영업장의 각 부분으로부터 출입구까지의 수평거리가 10미터 이하인 경우

② 비상구는 영업장의 주된 출입구와 반대 방향에 설치한다.

정답 06 ① 07 ②

08 소화기구 및 자동소화장치의 화재안전기준에 대한 설명으로 옳지 않은 것은?

① 대형소화기란 화재 시 사람이 운반할 수 있도록 운반대와 바퀴가 설치되어 있고 능력단위가 A급 10단위 이상, B급 20단위 이상인 소화기를 말한다.
② 소화기구는 거주자 등이 손쉽게 사용할 수 있는 장소에 바닥으로부터 1.5m 이하의 곳에 비치한다.
③ 능력단위가 2단위 이상이 되도록 소화기를 설치하여야 할 특정소방대상물 또는 그 부분에 있어서는 간이소화용구의 능력단위가 전체 능력단위의 2분의 1을 초과하지 않게 한다.
④ 소화기는 각 층마다 설치하되, 특정소방대상물의 각 부분으로부터 1개의 소화기까지 보행거리가 소형소화기의 경우에는 30m 이내가 되도록 배치한다.

풀이 ① 화재안전기준 제3조 제2호

> 2. "소화기"란 소화약제를 압력에 따라 방사하는 기구로서 사람이 수동으로 조작하여 소화하는 다음 각 목의 것을 말한다.
>   가. "소형소화기"란 능력단위가 1단위 이상이고 대형소화기의 능력단위 미만의 소화기를 말한다.
>   나. "대형소화기"란 화재 시 사람이 운반할 수 있도록 운반대와 바퀴가 설치되어 있고 능력단위가 A급 10단위 이상, B급 20단위 이상인 소화기를 말한다.

② 화재안전기준 제4조 제1항 6호

> 6. "소화기구(자동소화장치를 제외한다)"는 거주자 등이 손쉽게 사용할 수 있는 장소에 바닥으로부터 높이 1.5m 이하의 곳에 비치하고, 소화기에 있어서는 "소화기", 투척용소화용구에 있어서는 "투척용소화용구", 마른모래에 있어서는 "소화용모래", 팽창질석 및 팽창진주암에 있어서는 "소화질석"이라고 표시한 표지를 보기 쉬운 곳에 부착할 것

③ 화재안전기준 제4조 제1항 5호

> 5. 능력단위가 2단위 이상이 되도록 소화기를 설치하여야 할 특정소방대상물 또는 그 부분에 있어서는 간이소화용구의 능력단위가 전체 능력단위의 2분의 1을 초과하지 아니하게 할 것. 다만, 노유자시설의 경우에는 그렇지 않다.

④ 소화기구 및 자동소화장치의 화재안전기준(국민안전처 고시) 제4조 제1항 4호

> 4. 소화기는 다음 각 목의 기준에 따라 설치할 것
>   가. 각 층마다 설치하되, 특정소방대상물의 각 부분으로부터 1개의 소화기까지의 보행거리가 소형소화기의 경우에는 20m 이내, 대형소화기의 경우에는 30m 이내가 되도록 배치할 것. 다만, 가연성 물질이 없는 작업장의 경우에는 작업장의 실정에 맞게 보행거리를 완화하여 배치할 수 있으며, 지하구의 경우에는 화재 발생의 우려가 있거나 사람의 접근이 쉬운 장소에 한하여 설치할 수 있다.
>   나. 특정소방대상물의 각 층의 2 이상의 거실로 구획된 경우에는 가목의 규정에 따라 각 층마다 설치하는 것 외에 바닥면적이 33m² 이상으로 구획된 각 거실(아파트의 경우에는 각 세대를 말한다)에도 배치할 것

정답 08 ④

09 다음 중 「소방시설 설치·유지 및 안전관리에 관한 법률 시행령」상 방염성능기준 이상의 실내장식물 등을 설치하여야 하는 특정소방대상물이 아닌 것은?

① 근린생활시설 중 체력단련장
② 건축물의 옥내에 있는 종교시설
③ 건물의 층수가 11층 이상인 아파트
④ 의료시설 중 요양병원

> **풀이** ① 근린생활시설 : 슈퍼마켓, 일반음식점, 체력단련장, 목욕장 등
> ② 종교시설
> ③ 공동주택 : 아파트(5층 이상), 기숙사 등
> ④ 병원, 격리·요양병원, 정신·장애인의료기관 등

10 「소방기본법 시행규칙」에서 규정한 화재피해조사 범위에 속하지 않는 것은?

① 소화활동 중 발생한 사망자 및 부상자
② 소방시설의 사용 또는 작동 등의 상황
③ 소화활동 중 사용된 물로 인한 피해
④ 열에 의한 탄화, 용융, 파손 등의 피해

> **풀이** 소방기본법 시행규칙에서 규정하고 있는 화재피해조사 범위는 다음과 같다.
> ㉠ 인명피해조사
> • 소방활동 중 발생한 사망자 및 부상자
> • 그 밖에 화재로 인한 사망자 및 부상자
> ㉡ 재산피해조사
> • 열에 의한 탄화, 용융, 파손 등의 피해
> • 소화활동 중 사용된 물로 인한 피해
> • 그 밖에 연기, 물품반출, 화재로 인한 폭발 등에 의한 피해

11 소방시설에 대한 설명으로 옳은 것은?

① 방화문은 화재 시 이를 감지하여 자동으로 열리는 구조이어야 한다.
② ABC분말소화기는 일반화재, 유류화재, 금속화재에 적응성이 있다.
③ 옥내소화전설비는 화재의 최성기에 사용되는 소화설비로서 소방관만 사용하는 것이다.
④ 제연경계벽은 화재 연기의 확산 및 연기의 유동을 방지하는 시설이다.

> **풀이** ① 방화문은 화재 시 이를 감지하여 자동으로 닫히는 구조이어야 한다.
> ② 금속화재가 아니라 전기화재이다.
> ③ 옥내소화전설비는 초기화재 진압용이다.

정답 09 ③ 10 ② 11 ④

12 소방시설 설치·유지 및 안전관리에 관한 법령상 소방시설의 종류에 대한 설명으로 옳지 않은 것은?

① 소화설비 – 소화기구, 옥내소화전설비, 스프링클러설비
② 소화활동설비 – 소화수조, 저수조, 제연설비
③ 경보설비 – 비상방송설비, 누전경보기, 통합감시시설
④ 피난설비 – 유도등, 비상조명등, 인명구조기구

풀이

소방시설 분류	정의
소화설비	물 그 밖의 소화약제를 사용하여 소화하는 기계·기구 또는 설비
경보설비	화재 발생 사실을 통보하는 기계·기구 또는 설비
피난설비	화재가 발생할 경우 피난하기 위하여 사용하는 기구 또는 설비
소화용수설비	화재를 진압하는 데 필요한 물을 공급하거나 저장하는 설비
소화활동설비	화재를 진압하거나 인명구조활동을 위하여 사용하는 설비

13 소방시설의 종류에서 피난설비에 해당되지 않는 것은?

① 완강기　　　　　　　　② 유도등
③ 사이렌　　　　　　　　④ 비상조명등

풀이 소방시설 설치 유지 및 안전에 관한 법률에서 규정하고 있는 피난설비는 다음과 같다.
1. 피난기구 : 피난사다리, 구조대, 완강기
2. 인명구조기구 : 방열복, 공기호흡기, 인공소생기
3. 유도등 : 피난유도선, 피난구유도등, 통로유도등, 객석유도등, 유도표지
4. 비상조명등 및 휴대용비상조명등

14 스프링클러 소화설비 중 소화설비 수원을 상수도설비에 직접 연결하여 수돗물을 사용하는 스프링클러 설비에 해당되는 것은?

① 습식 스프링클러 소화설비　　　　② 건식 스프링클러 소화설비
③ 준비작동식 스프링클러 소화설비　　④ 간이 스프링클러 소화설비

풀이 소방시설 설치 유지 및 안전에 관한 법률에서 규정하고 있는 스프링클러 소화설비는 다음과 같다.
① 습식 스프링클러 소화설비 : 스프링클러 시스템 중 표준방식이며, 설비의 구성은 수원, 가압송수장치(Pump), 제어장치, 각종 밸브류, 배관, 알람밸브(유수검지장치), 스프링클러로 이루어지며 펌프 토출 측에서부터 스프링클러 헤드까지 항상 가압된 물이 충만한 상태이다.
② 건식 스프링클러 소화설비 : 건식 시스템은 알람밸브 대신에 드라이 파이브 밸브를 설치한 것이며 스프링클러 헤드는 폐쇄형을 사용하고 또한 드라이 파이프 밸브주위에 여러 개페부(Trim)가 설치되어 드라이 파이프 밸브 2차 측에 압축공기 또는 질소(N_2)가스로 채워져 있는 것이 다른 스프링클러 시스템과 다르다.

정답 12 ②　13 ③　14 ④

③ 준비작동식 스프링클러 소화설비 : 준비작동식 밸브(Preaction Valve)의 1차 측에 가압수를 채워놓고 2차 측에는 저압 또는 대기압상태의 공기를 채운 상태에서 화재 발생 시 화재감지기가 작동하면 자동적으로 프리액션밸브를 개방함과 동시에 가압송수장치를 가동시켜 물을 각 헤드까지 송수하며 헤드가 열에 의해 개방되면 살수되는 구조이다.
④ 간이 스프링클러 소화설비 : 일반 스프링클러 소화설비에서 수원을 상수도설비에 직접 연결하여 수돗물을 사용하고 헤드를 간이헤드로 사용하여 설비가 간소화된 스프링클러 소화설비로서 최근 화재로 인한 재산·인명피해가 확대되고 있는 다중이용업소에 의무화되어 그 중요성이 날로 증가하고 있다.

15 화재 시스템 분류상 Active System에 속하지 않는 것은?

① 소화설비
② 경보설비
③ 제연설비
④ 내화구조

풀이 화재 시스템은 Passive System과 Active System으로 분류할 수 있다.
1. Passive System : 구조, 시설 등 하드웨어로서 화재안전 확보(내화, 불연·준불연·난연재료, 방화구조·구획 등)
2. Active System : 화재 시 적극적 제어·진압하는 설비(소화설비, 경보설비, 피난설비, 제연·배연 등)

16 할로겐 화합물의 소화약제 중 소화효과가 가장 좋은 것은?

① Halon 1301
② Halon 1202
③ Halon 1011
④ Halon 2402

풀이 일반적으로 압축공기 또는 질소가스를 넣어서 축압한 축압식과 본체 용기에 수동펌프가 부착된 수동펌프식, 공기 가압펌프로 구성된다.
할론 1301을 제외한 할론 소화기는 좁고 밀폐한 실내에서는 사용을 금하고 있으며, 바람방향으로 방사하고, 사용 후에는 신속히 환기를 하여야 한다. 또한 발생가스가 유독하기 때문에 흡입하지 말아야 한다. 할로겐화합물 소화기에는 할론 1011, 1202, 1301, 2402 등이 있으며, 이 중 할론 1301이 가장 우수한 소화효과 있는 것으로 알려져 있다.

17 화재진압 시 이산화탄소 소화설비를 사용할 경우에 유의할 점으로 옳은 것은?

① 전기화재의 경우 반응 위험성이 있어 사용하지 않아야 한다.
② 산소결핍으로 인한 질식 위험이 있으므로 인체에 대한 안전성을 고려해야 한다.
③ 유류화재의 경우 화재에 폭발성을 더 가중시킬 수 있기 때문에 사용하지 않아야 한다.
④ 화재의 심부까지 침투가 어렵고, 독성이 크기 때문에 인체에 대한 안전성을 고려해야 한다.

풀이 이산화탄소 소화설비는 이산화탄소가스에 의한 질식작용에 의하여 B급(유류) 화재 및 C급(전기) 화재에 적응된다. 질식에 의한 소화방법을 사용하기 때문에 산소결핍으로 인한 질식 위험이 있으므로 인체에 대한 안전성을 고려해야 한다.

정답 15 ④ 16 ① 17 ②

PART 05 교통안전

1 교통안전 총설
1. 국내 교통안전 현황
2. 교통안전관리의 중요성
3. 교통안전관리 추진체계

2 도로교통 안전관리
1. 도로교통사고의 원인 및 특징
2. 도로교통사고 조사 및 안전정보 관리
3. 교통사고 처리의 특례
4. 도로교통 안전대책
5. 교통안전 교육 및 안전의식 제고
6. 안전지향형 교통환경 조성

3 철도교통 안전관리
1. 철도교통사고의 원인 및 특징
2. 철도사고 조사 및 안전정보 관리
3. 철도 안전관리 체계
4. 철도 종사자의 자질 향상

4 항공교통 안전관리
1. 항공교통사고의 원인 및 특징
2. 항공사고 원인조사 및 안전정보 관리
3. 항공안전 프로그램
4. 항공 종사자의 자질 향상

5 해양교통 안전관리
1. 해양사고의 원인 및 특징
2. 해양사고 원인조사 및 안전정보 관리
3. 해사 안전관리체계
4. 해양 종사자의 자질 향상

PART 05 교통안전

01 교통안전 총설

1. 국내 교통안전 현황

최근 10년간('05~'14) 국내 도로, 철도, 항공, 해양 분야에서 총 2,211,247건의 교통사고가 발생하여 59,295명이 사망하였고, 2014년 한 해에만도 교통사고로 인해 5,313명이 사망하고 338,285명이 부상을 당하여 교통사고로 인한 인명·재산피해·처리비용이 막대하고 대내외적 국가 이미지 추락 등 간접 피해도 심각한 수준이다. 특히, 교통사고 발생의 99.3%와 사망자의 89.6%가 도로 교통사고에서 발생하였고, 교통안전수준은 경제협력개발기구(OECD) 국가 중 최하위에 머물고 있는 것이 우리의 현실이다.

① 자동차 1만 대당 사망자가 2.4명(2012년 기준)으로 일본 0.6명, 영국 0.5명 등 선진국에 비해 4배 이상 높고
② 인구 10만 명당 사망자수도 10.8명(OECD 국가 평균 6.5명)으로 OECD 32개국 중 31위의 최하위에 머물고 있다.

국가적 차원에서 교통안전 문제를 해결하기 위하여 교통안전법을 중심으로 5년 단위의 국가교통안전기본계획을 수립하고 연차별 시행계획을 추진하고 있다. 제7차 교통안전기본계획('12~'16년)에서는 교통안전수준을 선진국 수준으로 높이고자 2016년까지 도로교통사고 사망자수를 3,000명, 자동차 1만 대당 사망자수를 1.3명으로 감축한다는 목표를 수립하였다. 철도교통의 경우 2016년까지 1억 km당 사망자수를 37명('10년 42명)으로 감축시키고, 항공은 항공기 5년 평균 사망사고 발생건수를 0.76건('10년 1.0건)으로 감축하며, 해양의 경우에는 해양사고 사망·행방불명자수를 125명('10년 176명)으로 감축하는 것을 목표로 정하고 있다.

▼ 표 5-1 국내 교통사고 발생현황

자료 : 2015년 교통안전연차보고서, 국토교통부

구분		'05	'06	'07	'08	'09	'10	'11	'12	'13	'14	계	연평균 증감률
발생 (건)	계	214,567	214,080	211,972	217,058	234,079	228,737	223,720	225,404	216,607	225,023	2,211,247	0.53%
	도로	214,171	213,745	211,662	215,822	231,990	226,878	221,711	223,656	215,354	223,552	2,198,541	0.48%
	철도	386	329	302	282	261	225	186	166	147	136	2,420	-10.94%
	해양	-	-	-	948	1,815	1,627	1,809	1,573	1,093	1,330	10,195	5.81%
	항공	10	6	8	6	13	7	14	9	13	5	91	-7.41%
사망 (명)	계	6,582	6,499	6,354	6,142	6,156	5,806	5,519	5,626	5,298	5,313	59,295	-2.35%
	도로	6,376	6,327	6,166	5,870	5,838	5,505	5,229	5,392	5,092	4,762	56,557	-3.19%
	철도	201	171	184	153	156	130	118	106	93	78	1,390	-9.98%
	해양	-	-	-	116	148	170	158	122	101	467	1,282	26.13%
	항공	5	1	4	3	14	1	14	6	12	6	66	2.05%
부상 (명)	계	342,414	342,170	336,032	339,221	362,201	352,649	341,635	344,838	329,166	338,285	3,428,611	-0.13%
	도로	342,233	342,029	335,906	338,962	361,875	352,458	341,391	344,565	328,711	337,497	3,425,627	-0.15%
	철도	171	141	116	130	108	88	70	105	48	538	1,515	13.58%
	해양	-	-	-	111	217	102	166	163	206	243	1,208	13.95%
	항공	10	-	10	18	1	1	8	5	201	7	261	-3.89%

자료 : 경찰청(도로), 국토교통부 철도운행안전과(철도), 해양수산부 해양안전심판원(해양), 국토교통부 항공·철도 사고조사위원회(항공)

* 철도 교통사고는 자살·직원사고 포함, 항공교통사고는 항공기·경량항공기·초경량비행장치 사고를 포함
* '08년 이후부터 국민안전처(해양경비안전본부)의 조난사고를 해양사고통계에 반영·통합관리
   - 세월호 304명 사망/실종('14. 4월), 오룡호 53명 사망/실종('14. 12월)
   - 서울메트로 상왕십리 열차추돌 477명 부상('14. 5월)

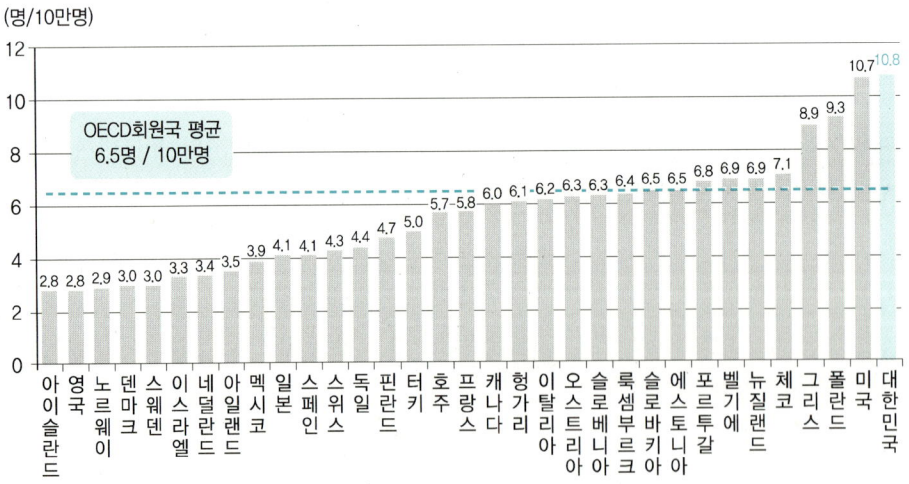

자료 : http://Internationaltransportforum.org/IRTADUsers. 14.7

| 그림 5-1 인구 10만 명당 교통사고 사망자수(OECD, 2012년 기준) |

2. 교통안전관리의 중요성

교통안전은 인간의 생명가치를 최우선으로 하며, 교통사고를 예방하고 사고피해를 최소화하여 국민이 사고나 재난으로부터 안전한 사회에서 생활할 수 있도록 함을 기본 이념으로 하고 있다.

특히 수송단위가 큰 교통수단의 사고는 대형 재난으로 확대될 위험성이 높기 때문에 교통안전관리는 국민의 생명, 신체 및 재산의 보호, 사회질서의 확립은 물론, 국민의 삶의 질 향상과 교통권(안전한 이동의 보장) 확보라는 측면을 고려하여 국가적인 차원에서 접근할 필요가 있다.

교통안전법에 따르면 교통사고라 함은 "교통수단의 운행·항행·운항과 관련된 사람의 사상 또는 물건의 손괴"를 말하며, 재난 및 안전관리 기본법에서 안전관리란 "재난(자연재난, 사회재난)이나 각종 사고로부터 사람의 생명·신체 및 재산의 안전을 확보하기 위하여 하는 모든 활동"으로 정의하고 있다.

교통안전은 "사고나 재해가 발생하지 않은 상태"라는 "경험적 안전"의 개념에서 시작하여 최근에는 위험분석과 위험도 평가를 기반으로 하여 합리적인 예방대책 수립과 피해경감을 강구하는 "입증된 안전"으로 발전하고 있다.

교통안전관리의 출발점으로서 위험(Hazard) 분석 및 위험도(Risk) 평가는 필수적인 과정이며, 확인된 위험은 최종적으로 해결될 때까지 설계, 제작, 운영 및 유지보수의 전체 수명주기에 걸쳐서 연속적인 순환과정으로 관리되어야 한다. 교통안전관리도 역시 기술(Engineering), 제도 및 단속(Enforcement), 교육(Education)의 3E 방법론이 일반적으로 적용된다.

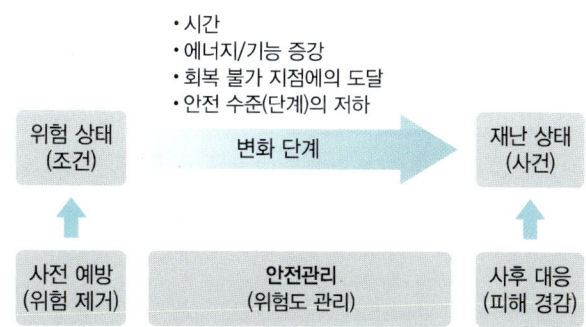

| 그림 5　2　**위험-재난의 상태변화와 위험도 기반의 교통안전관리** |

3. 교통안전관리 추진체계

1) 교통안전에 관한 기본법령(교통안전법)

교통안전법은 교통안전에 관한 시책의 기본을 규정함으로써 그 종합적·계획적 추진을 도모하여 공공복리의 증진에 기여함을 목적으로 1979년 12월에 제정되었다. 이후 교통안전수준의 획기적 향상과 선진 교통안전제도의 도입·시행이 반드시 필요하다는 인식하에 아래와 같이 교통안전관리 추진체계를 정비하는 전면 개정이 2006년 12월에 있었다.

① 지역 교통안전정책심의위원회 설치(법 제13조)와 교통안전기본계획 및 시행계획 수립(법 제17조) 의무화로 지방자치단체의 교통안전 책임 강화

② 일정규모 이상의 교통시설 설치자에 대한 교통안전진단 의무화(법 제34조), 일정기준 이상의 교통사고가 발생한 경우나 교통사고를 초래할 중대한 위험요인이 있다고 인정되는 교통사업자에 대한 특별교통안전진단 명령(법 제36조) 등 교통안전진단 제도 시행의 확대 및 강화

③ 중대한 교통사고가 발생한 경우 관련 지정행정기관이 교통시설의 결함 여부와 교통수단의 제작상의 결함 등을 조사토록 의무화하고(법 제50조), 그 결과에 따라 교통사고 재발방지 대책의 수립·시행에 활용토록 함

④ 교통사고 관련자료 또는 정보를 조사·취득·분석하는 자의 자료 보관·관리 의무화(법 제51조)와 교통안전에 관한 정보와 교통사고 관련자료 등의 통합적 유지·관리를 위한 교통안전정보관리체계의 구축·관리 규정(법 제52조)

⑤ 사업용자동차의 운행기록장치 장착과 운행기록 보관(법 제55조), 교통안전체험연구·교육시설의 설치·운영(법 제56조) 등을 규정하여 교통수단을 운전·운행하는 자의 안전의식과 안전운전능력의 효과적인 배양 및 사고예방을 도모

⑥ 교통시설설치·관리자 및 교통수단운영자는 그가 설치·운영·관리하는 시설 또는 수단의 안전확보를 위하여 교통안전관리규정을 작성·준수할 것을(법 제21조) 규정하고

⑦ 교통행정기관은 소관 교통수단·교통시설 또는 교통체계에 대한 교통안전점검의 실시(법 제33조)를 규정하여 교통시설설치·관리자 등의 자율적인 규정 준수와 교통안전관리 능력 배양을 유도

지정행정기관은 교통안전이 취약한 지자체에 대해 특별실태조사를 실시하고 관할 행정기관에 개선권고할 수 있도록(법 제33조의2) 규정하여, 정부차원에서의 사고원인 조사와 맞춤형 개선대책을 마련할 수 있게 되었음

2) 분야별 교통안전 법률체계

교통안전에 관한 법률체계는 교통안전법을 기본법으로 하며, 도로, 철도, 항공, 해양의 각 소관 분야별로 다음과 같은 개별 법령에서 안전관리에 관한 사항을 규정하고 있다.

① 도로 교통 : 도로법, 도로교통법, 교통사고처리특례법, 자동차관리법, 자동차손해배상보장법, 여객 및 화물자동차 운수사업법
② 철도 교통 : 철도산업발전기본법, 철도안전법, 도시철도법, 건널목개량촉진법
③ 항공 교통 : 항공법, 항공안전 및 보안에 관한 법률, 항공·철도 사고조사에 관한 법률
④ 해양 교통 : 해사안전법, 선박안전법, 선원법, 개항질서법, 해운법, 수난구호법, 유선 및 도선 사업법, 해양사고의 조사 및 심판에 관한 법률, 국제항해선박 및 항만시설의 보안에 관한 법률

3) 국가교통안전 기본계획 및 시행계획

교통안전법 제15조 규정에 따라 도로, 철도, 항공 및 해양 부문의 교통안전 전반에 관한 중장기·종합계획으로서 국가교통안전기본계획(5년 단위)과 연도별 시행계획을 수립·시행하고 있다.

(1) 계획의 성격

① 도로, 철도, 항공, 해양 각 분야별 소관계획을 포함한 종합계획
② 교통안전 의식과 제도 개선, 교통시설 및 교통수단의 안전성 확보 방안 등을 광범위하게 설정하는 계획
③ 교통사고 예방에 관한 관계 행정기관의 교통안전정책의 수립·추진을 위한 기본방향 수립, 지정행정기관의 교통안전시행계획 및 지자체(시·도)의 지역교통안전 세부시행계획 작성의 기본지침

* 분야별 소관계획으로는 교통사고 사상자 절반 줄이기 종합시행계획, 도로정비기본계획, 철도안전종합계획, 중장기항공안전종합계획, 국가해사안전기본계획 등이 수립·추진되고 있다.

(2) 계획수립 체계

① 국가교통안전기본계획은 국가교통위원회(위원장 : 국토해양부장관)의 심의를 거쳐 국가기본계획으로 확정되고
② 국토해양부장관은 매년 지정행정기관의 교통안전계획을 제출받아 국가교통안전시행계획을 수립·시행하며
③ 매년 그 시행결과를 종합·분석한 후 교통안전연차보고서를 작성하여 국회에 제출해야 한다.

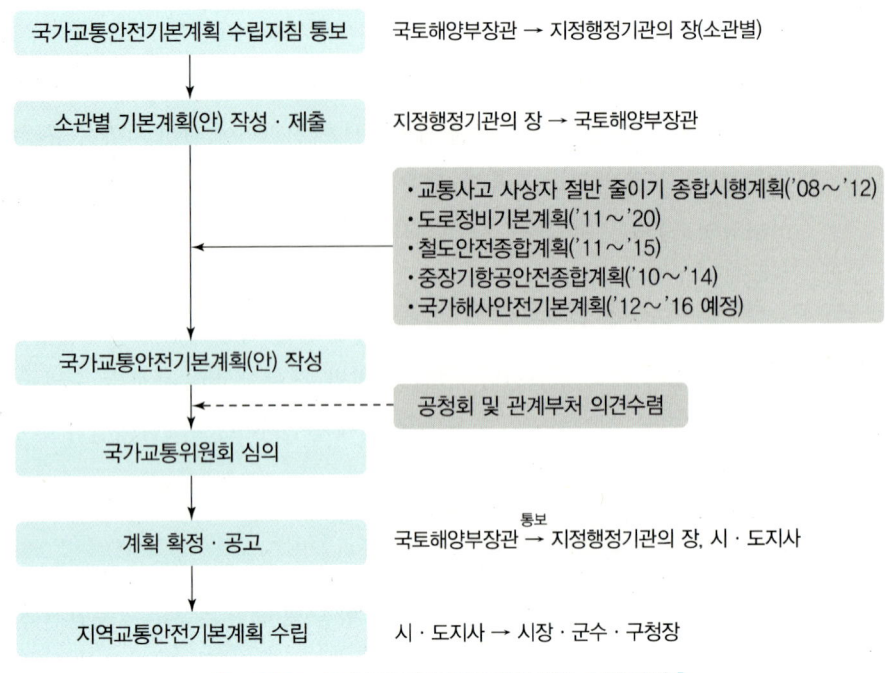

┃그림 5-3 국가교통안전기본계획 수립체계┃

(3) 국가교통안전기본계획의 주요 내용

　① 교통안전에 관한 중·장기 종합정책방향
　② 부문별 교통사고의 발생현황과 원인의 분석
　③ 교통수단·교통시설별 교통사고 감소목표
　④ 교통안전지식의 보급 및 교통문화 향상목표
　⑤ 교통안전정책의 추진성과에 대한 분석·평가
　⑥ 교통안전정책의 목표달성을 위한 부문별 추진전략
　⑦ 부문별·기관별·연차별 세부추진계획과 투자계획 등
　⑧ 교통안전시설의 정비·확충에 관한 계획
　⑨ 교통안전 전문인력의 양성
　⑩ 교통안전과 관련된 투자사업계획 및 우선순위
　⑪ 지정행정기관별 교통안전대책에 대한 연계와 집행력 보완방안
　⑫ 그 밖에 교통안전수준 향상을 위한 교통안전시책에 관한 사항

4) 교통안전진단 제도

(1) 교통시설설치자의 교통안전진단(교통안전법 제34조)

① 대통령령이 정하는 일정 규모 이상의 도로·철도·공항·항만 등의 교통시설을 설치하고자 하는 교통시설 설치자는 일반교통안전진단기관 또는 특별교통안전진단기관에 의뢰하여 교통안전진단을 받아야 한다.

② 교통안전진단을 받은 교통시설 설치자는 당해 교통시설에 대한 공사계획 또는 사업계획 등에 대한 승인·인가·허가·면허 또는 결정 등을 얻어야 하거나 신고 등을 하여야 하는 경우에는 일반교통안전진단기관 또는 특별교통안전진단기관이 작성·교부한 교통안전진단보고서를 관련서류와 함께 승인 등을 하거나 신고 등을 받는 관할 교통행정기관에 제출하여야 한다.

▼ 표 5-2 **일반교통안전진단 대상 교통시설(시행령 제22조 별표 2)**

구분	대상 교통시설
도로	1) 「국토의 계획 및 이용에 관한 법률」 제2조 제10호에 따른 도시계획시설사업으로 시행하는 다음과 같은 도로의 건설 　가) 일반국도·고속국도 : 총 길이 5km 이상 　나) 특별시도·광역시도·지방도(국가지원지방도를 포함한다) : 총 길이 3km 이상 　다) 시도·군도·구도 : 총 길이 1km 이상 2) 「도로법」 제10조에 따른 다음과 같은 도로의 건설 　가) 일반국도·고속국도 : 총 길이 5km 이상 　나) 특별시도·광역시도·지방도 : 총 길이 3km 이상 　다) 시도·군도·구도 : 총 길이 1km 이상
철도	1) 「철도건설법」 제2조 제1호와 「국토의 계획 및 이용에 관한 법률」 제2조 제6호에 따른 철도의 건설(철도사업법 제2조제5호에 따른 전용철도를 공장 안에 설치하는 경우는 제외) : 1개소 이상의 정거장을 포함하는 총 길이 1km 이상 2) 「도시철도법」 제2조 제2호에 따른 도시철도의 건설 : 1개소 이상의 정거장을 포함하는 총 길이 1km 이상
공항	「항공법」 제2조 제6호 및 제7호에 따른 비행장 또는 공항의 신설 : 연간 여객처리능력이 10만 명 이상인 비행장 또는 공항의 신설

(2) 교통사업자의 특별교통안전진단(교통안전법 제36조)

① 교통행정기관은 일정 기준 이상의 교통사고가 발생한 경우 당해 교통사고발생 원인과 관련된 교통수단·교통시설 또는 교통체계에 대하여 교통안전진단이 필요하다고 인정되는 때에는 해당 교통사업자로 하여금 특별교통안전진단기관에 의뢰하여 교통안전진단을 받을 것을 명할 수 있다.

② 교통행정기관은 교통사업자의 교통안전점검 결과 교통사고를 초래할 중대한 위험요인이 있다고 인정되는 때에는 해당 교통사업자로 하여금 일반교통안전진단기관 또는 특별교통안전진단기관에 의뢰하여 교통안전진단을 받을 것을 명할 수 있다.

▼ 표 5-3 특별교통안전진단 대상 교통사고(시행령 제29조)

구분	특별교통안전진단 대상 교통사고
교통수단운영자	가. 자동차운송사업자 : 다음 중 어느 하나에 해당하는 자의 교통안전도 평가지수가 국토교통부령으로 정하는 기준을 초과한 교통사고 　1) 자동차를 20대 이상 보유하여 「여객자동차 운수사업법」 제4조에 따른 여객자동차 운송사업의 면허를 받거나 등록을 한 자 　2) 자동차를 20대 이상 보유하여 「화물자동차 운수사업법」 제3조에 따라 화물자동차 운송사업의 허가를 받은 자 나. 항공운송사업자 : 「항공·철도 사고조사에 관한 법률」 제18조에 따른 항공사고 조사 결과 항공운송사업자의 귀책사유로 1명 이상의 사망자가 발생한 교통사고 다. 철도사업자·전용철도운영자 또는 도시철도운영자 : 「항공·철도 사고조사에 관한 법률」 제18조에 따른 철도사고 조사 결과 철도사업자·전용철도운영자 또는 도시철도운영자의 귀책사유로 1명 이상의 사망자가 발생한 교통사고 라. 궤도사업자 또는 전용궤도운영자 : 「궤도운송법」 제19조 제1항 제2호에 따라 임시검사의 대상이 되는 사고
교통시설관리자	가. 도로의 관리자 : 별표5의 도로에서 발생한 교통사고 중 교통시설의 결함 여부 등을 조사한 교통사고 별표5. 교통사고원인조사의 대상 | 대상도로 | 대상구간 | |---|---| | 최근 3년간 다음 각 호의 어느 하나에 해당하는 교통사고가 발생하여 해당 구간의 교통시설에 문제가 있는 것으로 의심되는 도로 1. 사망사고 3건 이상 2. 중상사고 이상의 교통사고 10건 이상 | 1. 교차로 또는 횡단보도 및 그 경계선으로부터 150m까지의 도로 지점 2. 「국토의 계획 및 이용에 관한 법률」 제6조 제1호에 따른 도시지역의 경우 600m, 도시지역 외의 경우 1,000m의 도로 구간 | 나. 공항의 관리자 : 항공·철도 사고조사에 관한 법률 제18조에 따른 항공사고 조사 결과 공항 또는 공항시설의 결함으로 1명 이상의 사망자가 발생한 교통사고 다. 철도시설관리자 : 항공·철도 사고조사에 관한 법률 제18조에 따른 철도사고 조사 결과 철도시설의 결함으로 1명 이상의 사망자가 발생한 교통사고

02 도로교통 안전관리

1. 도로교통사고의 원인 및 특징

도로 교통사고는 다음 3개의 유형으로 구분한다.
① 차 대 차 사고 : 차와 다른 차가 충돌·추돌 또는 접촉한 사고
② 차 대 사람 사고 : 차가 보행자를 충격한 사고
③ 차량단독 사고 : 운전자, 차 도로상에 설치된 각종 시설물 또는 자연물이 원인이 되어 차가 스스로 전도·전복·추락·충격한 사고

2014년 기준 도로 교통사고 분석에서 차-대-차 사고가 전체 사고발생의 72.5%, 사망자의 40.2%를 차지하며, 치사율 면에서는 차량단독사고의 치사율(9.1%)이 전체 유형(2.1%)보다 4.3배 더 높다.

▼ 표 5-4 도로 교통사고 유형별 현황(2014년)

단위 : 건, 명, %

구 분	사고건 수	구성비	사망자 수	구성비	부상자 수	구성비
계	223,552	100	4,762	100	337,497	100
차 대 사람	50,315	22.5	1,843	38.7	51,590	15.3
차 대 차	162,181	72.5	1,914	40.2	272,147	80.6
차량 단독	11,054	4.9	1,005	21.1	13,758	4.1
차대 열차	2	0.0	0	0.0	2	0.0

자료 : 경찰청, 교통사고통계

1) 원인별(법규위반)

도로 교통사고 발생원인의 대부분은 운전자 법규위반이며, 특히 사망자가 발생한 사고에서 교통법규 위반 중 안전운전 불이행이 전체의 70.8%를 차지하며, 중앙선 침범(8.1%), 신호위반(7.5%), 보행자 보호의무위반(3.5%), 과속(3.8%) 등의 순서이다.

2) 도로별

특별·광역시도에서 전체 교통사고의 40.3%가 발생하였으며, 시도(31.2%), 지방도(8.5%) 등에서 발생하였다. 사망자는 시도에서 전체의 27.2%(1,295명)가 발생하였고, 특별·광역시도(23.8%), 일반국도(17.3%) 순으로 발생하였다.

고속도로에서의 교통사고 발생은 전체 구성비 1.6%로 매우 작은 규모이지만, 치사율은 7.6%로 특별 및 광역시도(1.3%)보다 7배 더 높고, 부상률은 239.4%로 1.6배 더 높다.

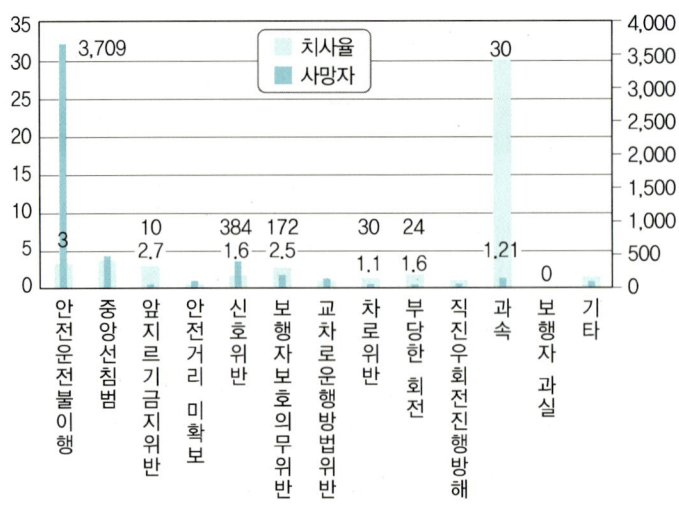

자료 : 경찰청, 2011년 도로교통안전백서

| 그림 5-4 교통법규 위반별 사망자수 현황 |

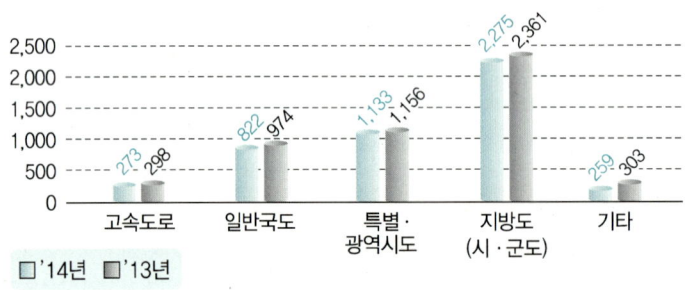

| 그림 5-5 도로 종류별 교통사고 사망자 현황(2014년) |

3) 차종별, 용도별

교통사고에 관계한 사람 가운데 과실이 가장 많은 사람을 일컫는 "제1당사자"를 기준으로 보면, 승용차가 66.2%, 화물차 12.6%, 승합차 7.0%, 이륜차 5.3%의 순이다. 사망자는 승용차가 전체의 50.0%(2,380명)를 차지하고, 화물차 22.5%, 승합차는 7.5%이다.

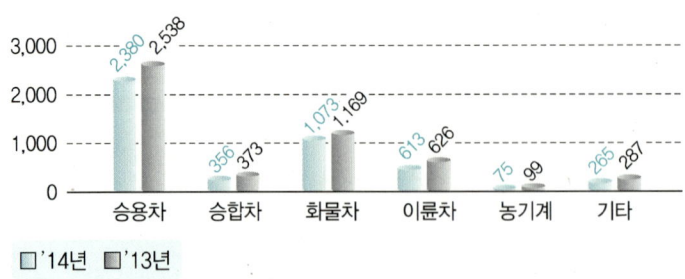

| 그림 5-6 차종별 교통사고 사망자 현황(2014년) |

2. 도로교통사고 조사 및 안전정보 관리

1) 도로교통사고 원인조사

(1) 교통시설, 교통수단을 관리하는 행정기관의 교통사고 원인조사

① 교통시설을 관리하는 행정기관, 교통시설 설치·관리자를 지도·감독하는 교통행정기관은 소관 교통시설 안에서 중대한 교통사고가 발생한 경우, 당해 교통시설의 결함, 교통안전표지 등 교통안전시설의 미비 등으로 인하여 교통사고가 발생하였는지의 여부 등 교통사고의 원인을 조사하여야 한다.

② 교통수단의 안전기준을 관장하는 지정행정기관은 중대한 교통사고가 발생한 경우, 교통수단의 제작상의 결함 등으로 인하여 교통사고가 발생하였는지의 여부에 대하여 조사할 수 있다.

③ 지방자치단체는 소관 교통시설 안에서 교통수단의 결함이 원인이 되어 중대한 교통사고가 발생하였다고 판단되는 경우, 지정행정기관에게 교통사고의 원인조사를 의뢰할 수 있다.

④ 교통사고의 원인을 조사·처리한 교통행정기관 등은 교통사고의 재발방지를 위한 대책을 수립·시행하거나 관계행정기관에 교통사고재발방지대책을 수립·시행할 것을 권고할 수 있다.

(2) 교통사고 원인조사는 다음과 같이 예비조사, 심층조사, 사후관리의 3단계로 구분하여 시행한다.

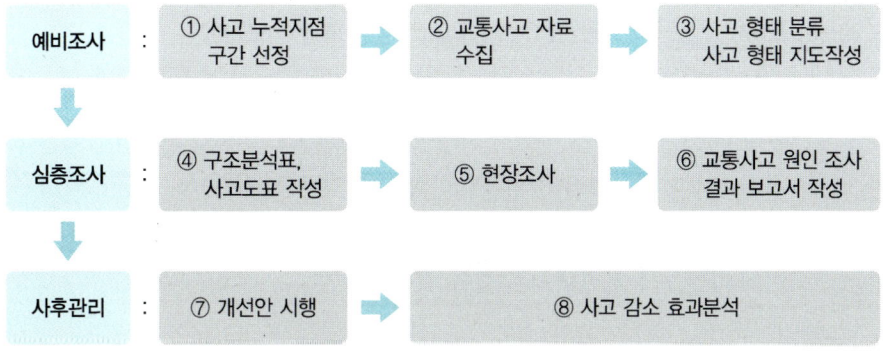

2) 교통안전정보의 관리

교통사고 또는 그 원인을 조사·처리한 교통행정기관 등은 교통사고조사와 관련된 자료·통계 또는 정보를 교통사고가 발생한 날부터 5년간 보관·관리해야 한다.

교통시설(도로만 해당)을 관리하는 행정기관과 교통시설설치·관리자(도로의 설치·관리자만 해당)를 지도·감독하는 교통행정기관은 지난 3년간 발생한 중대한 교통사고의 누적지점과 구간에 관한 자료를 보관·관리하여야 한다.

(1) 도로 교통사고 통계자료의 통합관리

① 2008년부터 도로교통공단이 경찰청의 위임을 받아 "국가교통사고DB"로서 경찰이 처리한 교통사고와 손해보험사 및 공제조합에 신고된 교통사고를 통합관리하고 있다.

② 도로교통법 제2조에 교통사고는 "도로에서 차량의 교통으로 인하여 인적·물적 피해가 따르는 사고"로 정의하지만, 사고통계는 인적 피해 사고만 관리하고 물적 피해 사고는 제외된다.

(2) 도로교통공단의 교통사고 통합DB 구축과 교통사고분석시스템

교통사고종합분석센터에서 경찰, 보험사, 공제조합 등 각 기관별로 분산·관리되고 있는 교통사고정보를 교통안전법 제52조, 제59조에 의거 통합·관리하는 "교통사고 종합 데이터베이스"와 교통사고에 대한 다양한 분석을 수행할 수 있는 GIS 기반 교통사고분석시스템(http://tass.koroad.or.kr)을 구축·운영하고 있다.

(3) 교통안전공단의 교통안전정보관리시스템 구축과 정보공유

국토교통부와 교통안전공단은 교통안전법 제52조와 동법 시행령 제40조에 의거 교통안전정보관리체계(http://tmacs.ts2020.kr)를 구축하여 지자체별 교통사고 취약지점(구간), 운수회사별 교통안전정보(운행기록분석정보, 교통문화지수, 교통안전진단정보, 운전정밀검사정보 등) 서비스의 연계를 통한 다각적인 사고원인 분석과 이에 따른 교통안전대책 수립을 지원한다.

3. 교통사고 처리의 특례

운전자가 교통사고로 인하여「형법」제268조의(업무상 과실 또는 중대한 과실로 인하여 사람을 사상에 이르게 한) 죄를 범한 경우에는 5년 이하의 금고 또는 2천만 원 이하의 벌금에 처해지지만, 교통사고처리 특례법은 업무상과실 또는 중대한 과실로 교통사고를 일으킨 운전자에 관한 형사 처벌 등의 특례를 정함으로써 교통사고 피해의 신속한 회복을 촉진과 국민생활의 편익을 증진함을 목적으로 한다.

1) 처벌의 특례

업무상과실치상죄 또는 중과실치상죄와「도로교통법」제151조의(건조물이나 그 밖의 재물을 손괴한) 죄를 범한 운전자에 대하여는 피해자의 명시적인 의사에 반하여 공소(公訴)를 제기할 수 없다.

2) 보험 등에 가입된 경우의 특례

교통사고를 일으킨 차가 보험 또는 공제에 가입된 경우에는 죄를 범한 차의 운전자에 대하여 공소를 제기할 수 없다.

그러나 다음에 해당하는 업무상 과실 또는 중과실 치상사고는 특례를 적용하지 않고, 형사 입건한다.

- 차의 운전자가 업무상 과실치상죄 또는 중과실치상죄를 범하고도 피해자 구호 등의 조치를 하지 아니하고 도주하거나 피해자를 사고 장소로부터 옮겨 유기하고 도주한 경우
- 같은 죄를 범하고「도로교통법」제44조 제2항을 위반하여 음주측정 요구에 따르지 아니한 경우
- 다음에 해당하는 행위로 같은 죄를 범한 경우
  1. 신호 위반, 안전 지시를 위반하여 운전한 경우
  2. 중앙선을 침범하거나「도로교통법」제62조를 위반하여 횡단, 유턴 또는 후진한 경우
  3. 제한속도를 시속 20킬로미터 초과하여 운전한 경우
  4. 앞지르기의 방법ㆍ금지시기ㆍ금지장소 또는 끼어들기의 금지를 위반한 경우
  5. 철길건널목 통과방법을 위반하여 운전한 경우
  6. 횡단보도에서의 보행자 보호의무를 위반하여 운전한 경우
  7. 운전면허 또는 건설기계조종사면허를 받지 아니하거나 국제운전면허증을 소지하지 않고 운전한 경우
  8. 술에 취한 상태에서 운전을 하거나 약물의 영향으로 정상적으로 운전하지 못할 우려가 있는 상태에서 운전한 경우
  9. 보도(步道)가 설치된 도로의 보도를 침범하거나 보도 횡단방법을 위반하여 운전한 경우
  10. 승객의 추락 방지의무를 위반하여 운전한 경우
  11. 어린이 보호구역에서 조치 준수 및 안전운전 의무를 위반하여 어린이의 신체를 상해에 이르게 한 경우

4. 도로교통 안전대책

1) 교통안전관리규정의 작성, 확인 및 평가

교통안전법 제21조에 따라 대통령령이 정하는 교통시설설치·관리자 및 교통수단운영자는 그가 설치·관리하거나 운영하는 교통시설 또는 교통수단과 관련된 교통안전을 확보하기 위하여 교통안전관리규정을 정하여 관할교통행정기관에 제출하여야 한다.

교통행정기관은 교통시설설치·관리자 등이 교통안전관리규정을 준수하고 있는지의 여부를 매 5년마다 확인, 평가하여야 하며, 교통안전 확보를 위하여 필요하다고 인정하는 때에는 교통안전관리규정의 변경을 명할 수 있다. 이 경우 변경명령을 받은 교통시설설치·관리자 등은 특별한 사유가 없는 한 이에 응하여야 한다.

(1) 교통안전관리 규정의 작성주체는 다음과 같다.
   ① 교통시설 설치·관리자(도로) : 한국도로공사, 도로공사를 시행하거나 유지하는 관리청이 아닌 자, 유료도로를 신설 또는 개축하여 통행료를 받는 비도로관리청, 민간투자사업 시행 도로 및 도로부속물을 관리·운영하는 민간투자법인
   ② 교통수단 운영자(자동차) : 사업용으로 20대 이상의 자동차를 사용하는 자(피견인 자동차는 제외), 궤도사업 허가를 받은 자 또는 전용궤도운영자

(2) 교통안전관리규정에 포함할 사항은 다음과 같다.
   ① 교통안전의 경영지침에 관한 사항
   ② 교통안전목표 수립에 관한 사항
   ③ 교통안전 관련 조직에 관한 사항
   ④ 교통안전담당자 지정에 관한 사항
   ⑤ 안전관리대책의 수립 및 추진에 관한 사항
   ⑥ 교통안전과 관련된 자료·통계 및 정보의 보관·관리에 관한 사항
   ⑦ 교통시설의 안전성 평가에 관한 사항
   ⑧ 사업장에 있는 교통안전 관련 시설 및 장비에 관한 사항
   ⑨ 교통수단의 관리에 관한 사항
   ⑩ 교통업무에 종사하는 자의 관리에 관한 사항
   ⑪ 교통안전의 교육·훈련에 관한 사항
   ⑫ 교통사고 원인의 조사·보고 및 처리에 관한 사항
   ⑬ 그 밖에 교통안전관리를 위하여 국토교통부장관이 따로 정하는 사항

2) 교통안전점검의 실시 및 개선 권고

교통안전법 제33조에 따라 교통행정기관은 소관 교통수단·교통시설 또는 교통체계에 대한 전반적인 교통안전 실태를 파악하기 위하여 주기적 또는 수시로 교통안전점검을 실시할 수 있다.

교통행정기관은 교통안전점검을 실시한 결과 교통안전을 저해하는 요인이 발견된 경우 그 개선대책을 수립하고 이를 시행하여야 하며, 교통사업자에게 교통안전과 관련된 시설·설비의 확충 또는 운행체계의 정비 등 교통안전에 관한 개선사항을 권고할 수 있다.

교통안전점검은 도로, 철도, 항공 분야의 1) 교통수단, 2) 교통시설, 3) 교통체계에 대하여 다음 내용을 중점 점검한다.

① 교통수단·교통시설 및 교통체계의 교통안전 위험요인 조사
② 교통안전 관계 법령의 위반 여부 확인
③ 교통안전관리규정의 준수 여부 점검
④ 그 밖에 국토교통부장관이 관계 교통행정기관의 장과 협의하여 정하는 사항

▼ 표 5-5 **교통안전점검 분야별 점검대상**

분야	안전점검 대상
1) 교통수단	가. 자동차운송사업자가 보유한 자동차, 국토교통부령으로 정하는 어린이 통학버스 및 위험물 운반자동차 등 교통안전점검이 필요하다고 인정되는 자동차 나. 「철도산업발전 기본법」에 따른 철도차량(도시철도차량 포함) 다. 「항공법」에 따른 항공기(군용, 국가기관 항공기는 제외)
2) 교통시설	도로·철도·궤도·항만·어항·수로·공항·비행장 등 교통수단의 운행·운항 또는 항행에 필요한 시설과 그 시설에 부속되어 사람의 이동 또는 교통수단의 원활하고 안전한 운행·운항 또는 항행을 보조하는 교통안전표지·교통관제시설·항행안전시설 등의 시설 또는 공작물
3) 교통체계	1. 다음 교통사업자가 교통수단을 이용·관리 또는 운영하는 산업 　가. 「여객자동차 운수사업법」에 따른 여객자동차운송사업자 및 여객자동차터미널사업자 　나. 「화물자동차 운수사업법」에 따른 화물자동차운송사업자 　다. 「화물유통촉진법」에 따른 화물터미널사업자 　라. 「건설기계관리법」에 따른 건설기계사업자 　마. 「철도사업법」에 따른 철도사업자 및 전용철도운영자 　바. 「도시철도법」에 따른 도시철도운영자 　사. 「항공법」에 따른 항공운송사업자 2. 교통수단의 운행을 보조하거나 통제하는 운영체계

5. 교통안전 교육 및 안전의식 제고

1) 운전자 교통안전교육

운전자의 교통법규 준수 및 양보정신 함양 등 안전운전 습관을 형성하고 선진 교통문화를 정착하기 위하여 교통법규교육, 교통소양교육 및 교통참여교육을 실시하고 있다.

(1) 교통법규교육
① 운전면허 벌점 40점 미만자 중 희망자 대상
② 교육 이수 시 벌점 20점 감경(단 1년에 1회)

(2) 교통소양교육
① 운전면허 벌점 40점 이상으로 운전면허 행정처분을 받은 자와 운전면허 취소 후 재취득 희망자 대상
② 면허정지자 교육 이수 시 운전면허 정지일 수 20일 감경

(3) 교통참여교육
① 1차 교통소양교육 이수자 중 희망자 대상
② 운전면허 정지일 수 30일 감경

▼ 표 5-6 운전자 교통소양교육 과정

교통법규반	음주운전반	교통사고반	법규취소반
4시간 (강의 3, 시청각 1)	• 1회 위반자 : 6시간(강의 4, 시청각 1, 토의 및 발표 1) • 2회 위반자 : 8시간(강의 5, 시청각 1, 과제작성 2) • 3회 이상 위반자 : 16시간(강의 2, 체험 2, 심리상담 12)	6시간 (강의 2, 토의 1, 시청각 및 적성검사 3)	6시간 (강의 3, 지필검사 · 집단상담 1, 시청각 1, 발표 및 토의 1)

2) 사업용 자동차 운전자 교육

신규 채용자 교육은 사업자가 운전자를 채용한 경우 승무시키기 전에 16시간 이상 운수종사자 연수기관에서 실시한다.

운전적성 정밀검사는 사업용 자동차 운전자의 법적 자격요건으로 관리되며, 신규(유지)검사와 특별검사로 구분하여 시행한다.

① 신규검사 : 신규로 사업용 자동차를 운전하고자 하는 자, 수검일 이후 3년 이내 미취업자, 수검일로부터 3년 이상 경과되어 재취업 하는 자(재취업일까지 무사고 운전자는 제외)가 대상임

② **특별검사** : 중상(화물업종은 5주)이상의 인명 사상 사고를 유발한 자, 과거 1년간 운전면허 행정처분 누산벌점 81점 이상인 자, 안전운전이 우려되어 운송사업자가 신청한 자가 대상임

▼ 표 5-7 **사업용 자동차 운전자 운전적성정밀검사 항목**

구분	신규검사		특별검사
지각운동 요인	1. 속도예측검사 2. 정지거리예측검사 3. 주의력검사(전환·시야·변화탐지) 4. 거리지각검사	운전행동 요인	1. 준수성 2. 안정성 3. 적응성
		상황인식 요인	4. 상황지각검사 5. 위험판단검사(Ⅰ, Ⅱ)
지적능력 요인	5. 인지능력검사Ⅰ(추리능력) 6. 지각성향검사	시력요인	6. 동체/정지시력 7. 야간시력/암적응력
적응능력 요인	7. 인성검사Ⅰ • 타당성(긍정왜곡/반응일관) • 현실판단력/행동안정성/정서안정성/정신적민첩성/생활안정성		8. 인성검사Ⅱ • 타당성(긍정왜곡/반응일관) • 현실판단력/행동안정성/정서안정성/정신적민첩성/생활안정성
항목수	14개 항목		17개 항목

3) 교통안전 체험교육

교통사고 발생 개연성이 높은 위험상황을 체험하고, 상황별 대처능력 배양과 안전의식 제고를 위한 실습 위주의 교육으로 교통안전법 제56조(교통안전체험에 관한 연구·교육시설의 설치 등)에 의하여 2009년부터 교통안전공단에서 시행하고 있다.

▼ 표 5-8 **교통안전체험 교육과정 및 교육대상**

교육과정			교육대상
운전자 과정	버스	기본(1일)	사업용자동차 신규운전자 및 재직운전자
		심화(2일)	
	택시	기본(1일)	
		심화(2일)	
	화물	기본(1일)	
		심화(2일)	
	긴급자동차 운전자과정	기본(1일)	소방·구급·긴급출동자동차운전자
		심화(2일)	
	승용자동차	기본(1일)	시, 도, 공공기관 및 운수업체등 종사자
		심화(2일)	
	기량향상	기본 1일	체험교육 이수자

교육과정		교육대상
법정 교육 과정	법정교육과정	(1일)	사업용운전자 중 중대교통사고 야기자
	유사교육 면제과정	화물(1일)	화물운송자격시험 합격자
		버스, 택시(2일)	버스, 택시업체 신규채용운전자
에코드라이빙과정(Eco-driving)(1일)		시, 도, 공공기관 및 운수업체 등 종사자
맞춤형 과정		수요자의 요구에 따른 교육시간 및 교육내용 편성가능

6. 안전지향형 교통환경 조성

1) 주행속도와 안전확보

도로의 구조·시설 기준에 관한 규칙에서 도로의 기능별 구분에 따른 설계속도를 규정하고 있다. 다만, 지형 상황 및 경제성 등을 고려하여 필요한 경우, 아래 표의 속도에서 시속 20킬로미터 이내의 속도를 뺀 속도를 설계속도로 할 수 있다.

자동차 전용도로의 설계속도는 시속 80킬로미터 이상으로 하며, 자동차 전용도로가 도시지역에 있거나 소형차도로일 경우에는 시속 60킬로미터 이상으로 할 수 있다.

▼ 표 5-9 **도로의 기능별 구분에 따른 설계속도**

도로의 기능별 구분		설계속도(킬로미터/시간)			
		지방지역			도시지역
		평지	구릉지	산지	
고속도로		120	110	100	100
일반도로	주간선도로	80	70	60	80
	보조간선도로	70	60	50	60
	집산도로	60	50	40	50
	국지도로	50	40	40	40

도로교통법 제17조와 시행규칙 제19조에 따라 도로 구분별 법정제한속도를 준수하고 이상기후에서는 운행속도를 줄여야 한다.

▼ 표 5-10 **도로 구분별 법정속도제한**

도로구분			최고속도	최저속도
일반 도로	편도2차로 이상		80km/h	제한없음
	편도1차로		60km/h	
고속 도로	편도2차로 이상	모든 고속도로	• 100km/h • 80km/h(적재중량 1.5톤 초과 화물자동차, 특수자동차, 건설기계, 위험물운반자동차)	50km/h

도로구분			최고속도	최저속도
고속도로	편도2차로 이상	중부선 등 고시노선	• 120km/h 이내 • 90km/h 이내(적재중량 1.5톤 초과 화물자동차, 특수자동차, 건설기계, 위험물운반자동차)	50km/h
	편도1차로		80km/h	50km/h
자동차 전용도로			90km/h	30km/h

* 최고속도의 20/100 감속 : 비가 내려 노면에 습기가 있을 때, 눈이 20mm 이상 쌓인 때
* 최고속도의 50/100 감속 : 폭우, 폭설, 안개 등으로 가시거리가 100m 이내인 때, 노면이 얼어붙은 때, 눈이 20mm 이상 쌓인 때

2) 안전거리 확보

모든 차의 운전자는 같은 방향으로 가고 있는 앞차의 뒤를 따르는 경우에는 앞차가 갑자기 정지하게 되는 경우 그 앞차와의 충돌을 피할 수 있는 필요한 거리를 확보하여야 한다(도로교통법 제19조). 여기서 비올 때는 1.5배 이상, 결빙노면에서는 3배 이상으로 한다.

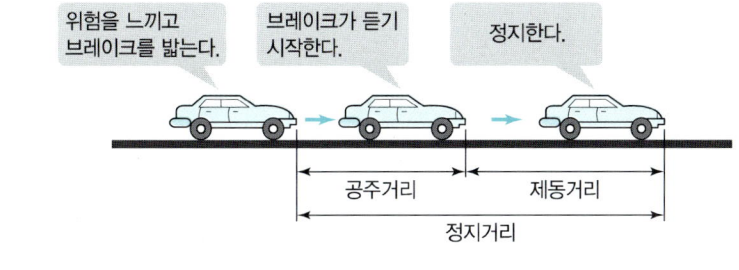

시속(km/h)	10	20	30	40	50	60	70	80	90	100
공주거리(m)	3	6	8	11	14	17	19	22	25	28
제동거리(m)	0.5	2	4	8	12	18	24	32	40	49
정지거리(m)	3.5	8	12	19	26	35	43	54	65	77

│ 그림 5-7 안전거리 확보 (정지거리 > 공주거리＋제동거리) │

3) 교통사고 잦은 곳 개선 및 위험도로 개량

교통사고 잦은 곳 개선사업은 국무조정실 주관 하에 관계기관이 유기적인 협조체제를 구축하여 추진하며, 제5차('12~'16년) 교통사고 잦은 곳 개선계획에서 1,750개소(매년 350개소)에 대한 개선사업을 시행 중에 있다.

① 교통사고 잦은 곳은 동일 장소에서 1년간 아래 선정기준 이상으로 교통사고가 발생한 지점을 말하며

② 사망사고가 2건 이상 발생한 지점에 대해서는 선정기준보다 1건씩 낮게 적용하여 사업대상 지점을 선정한다.

▼ 표 5-11 **교통사고 잦은 곳 선정기준**

구 분			선정기준
지 역	특별광역시		5건 이상
	일반시 및 기타		3건 이상
도로형태	교차로 및 횡단보도		차량 정지선에서 후방으로 30m 이내
	기타, 단일로	시가지	반경 100m 이내
		기타, 고속도로	반경 200m 이내
대상사고			인적피해사고

위험도로 개량사업은 국도 및 지방도를 대상으로 시행하며, 행정자치부와 지방자치단체는 10개년 중장기 사업계획('14~'23년)을 수립하여 위험도로 구조개선을 추진하고 있다.
① 일반국도 : 취락지 통과구간, 노폭협소, 급커브 등 도로구조가 취약하여 대형사고가 우려되는 지점의 중점 개선
② 지방도로 : 굴곡부, 급경사, 노폭협소 등 구조개선이 시급한 도로의 선형개량, 경사완화, 교차로 입체화, 병목구간 확장사업 시행

03 철도교통 안전관리

1. 철도교통사고의 원인 및 특징

철도사고는 철도교통사고와 철도안전사고로 분류된다.
① 철도교통사고 : 열차 또는 철도차량의 운행으로 여객, 공중, 직원이 사망하거나 부상을 당한 사고로서, 열차사고, 건널목사고 및 철도교통사상사고를 포함
② 철도안전사고 : 철도교통사고와 재난을 동반하지 않고 철도운영 및 철도시설관리와 관련하여 인명의 사상이나 물건의 손괴가 발생한 사고

2014년 철도교통사고(총 136건)는 일반철도, 도시철도 및 고속철도에서 열차사고 9건, 건널목사고 7건 및 교통사상사고 120건이 발생하였다.

▼ 표 5-12 철도종류별 철도교통사고 발생현황(2014년)

단위 : 건

구 분			고속철도	일반철도	도시철도	계
철도교통사고	열차사고	열차충돌사고		1	1	2
		열차탈선사고		4	2	6
		열차화재사고			1	1
		기타열차사고				0
		소계		5	4	9
	건널목사고			7		7
	교통사상사고	여객	2	13	44	59
		공중	4	41	6	51
		직원	2	8	0	10
		소계	8	62	50	120
소계			8	74	54	136

1) 원인별 열차사고 및 건널목사고

최근 10년 동안의 열차사고 원인을 분석한 결과 차량결함, 운전자 잘못, 유지보수자의 잘못, 시설결함, 관제사 잘못 및 방화 등이었다.

건널목사고는 열차접근경보 중 횡단이나 차단기 돌파 등 통행자의 잘못으로 인한 사고가 대부분을 차지하고 있다.

그림 5-8 원인별 열차사고 발생현황

그림 5-9 원인별 건널목사고 발생현황

2) 원인별 철도교통 사상사고

최근 10년 동안의 교통사상사고 원인을 분석한 결과 열차에 뛰어들거나(자살), 선로근접 및 무단통행, 승하차시 넘어짐, 부주의한 행동, 출입문에 끼임 등의 순으로 교통사고 발생이 많았다.

▼ 표 5-13 원인별 철도교통 사상사고 발생현황

단위 : 건

구분	2005	2006	2007	2008	2009	2010	2011	2012	2013	2014	계
계	343	296	272	251	238	204	170	150	128	120	2,172
열차에 뛰어듦(자살)	148	121	134	116	128	107	74	72	73	66	1,039
선로근접/무단통행	112	106	104	83	76	66	66	52	27	32	724
승하차 시 넘어짐	19	23	6	7	7	4	10	2	5	2	85
열차 내 넘어짐	20	11	2	5	2	2	2	1	2	1	48
출입문에 끼임	17	10	7	4	6	4	6	5		1	60
비산/낙화물 충격			1		1					1	3
미승인작업			1	1		6	1	2	1	2	14
부주의한 행동	4	4	1	9	7	6	4	9	4	1	49
시설/설비 결함										1	1
열차 방호 소홀	3	3	3	4	5	3	3		2	7	33
기타	20	18	13	22	7	5	4	7	14	6	116

2. 철도사고 조사 및 안전정보 관리

철도사고는 "철도운영 또는 철도시설관리와 관련하여 사람이 죽거나 다치거나 물건이 파손되는 사고"를 말한다.

아래 기준에 해당하는 철도사고는 사고발생 30분 이내에 국토교통부장관에게 즉시 보고를 해야 한다.

① 열차의 충돌 또는 탈선사고, 철도차량 또는 열차 화재 발생
② 철도차량 또는 열차의 운행과 관련하여 3명 이상 사상자 발생
③ 5천만 원 이상의 재산피해가 발생한 사고

항공·철도사고조사위원회는 이들 사고를 조사하여 명확한 사고원인을 규명하고 재발방지를 위하여 관계기관에 개선대책을 권고한다.

그 이외의 철도사고는 사고발생 1시간 이내에 국토교통부장관에게 보고하고, 철도운영기관이 자체적으로 조사하여 초기, 중간 및 종결 보고를 해야 한다.

교통안전공단은 철도안전정보종합관리시스템을 구축하여 철도차량 운전자 면허관리, 종합안전심사관리, 사고장애 통계관리 및 위험도 정보 등을 관리하고, 국가 철도안전정책 지원 및 철도운영기관 등에 효율적인 철도안전관리를 시행할 수 있도록 철도안전정보 서비스를 지속적으로 제공하고 있다.

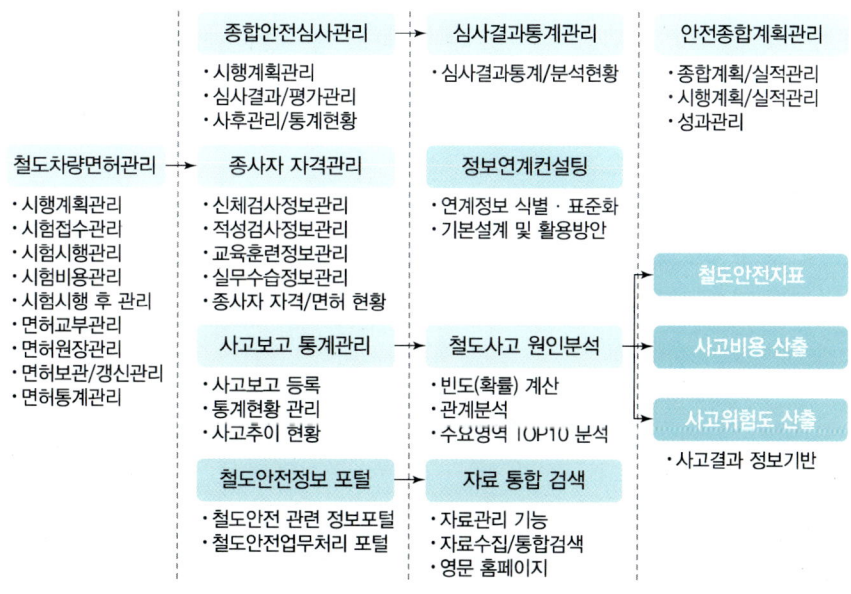

| 그림 5-10 **철도안전정보 종합관리시스템의 구성내용** |

3. 철도 안전관리 체계

1) 철도안전 종합계획 및 연차별 시행계획

국토교통부장관은 철도산업위원회 심의를 거쳐서 아래 내용을 포함한 철도안전종합계획을 5년마다 수립하고, 시·도지사 및 철도운영자 등은 소관별로 연차별 시행계획을 수립·추진해야 한다.

① 철도안전 종합계획의 추진 목표 및 방향
② 철도안전에 관한 시설의 확충, 개량 및 점검 등에 관한 사항
③ 철도차량의 정비 및 점검 등에 관한 사항
④ 철도안전 관계 법령의 정비 등 제도개선에 관한 사항
⑤ 철도안전 관련 전문 인력의 양성 및 수급관리에 관한 사항
⑥ 철도안전 관련 교육훈련에 관한 사항
⑦ 철도안전 관련 연구 및 기술개발에 관한 사항
⑧ 그 밖에 철도안전에 관해 국토교통부장관이 인정하는 사항

철도안전 중장기 Master-Plan으로서 제2차('11-'15년) 철도안전종합계획은 철도안전 관리 효율화 및 제도개선, 철도안전업무 종사자의 안전역량 강화, 철도시설의 안전성 향상, 철도차량의 안전성 향상, 철도안전 홍보 및 기술의 연구개발 확대의 5대 중점추진 분야별로 다양한 추진과제를 담고 있다.

비전	「철도여객 사망자 Zero화」 달성을 통하여 국민에게 가장 안전한 대중교통 서비스 제공			
목표	사망자 및 사고율 10% 감축으로 선진국 수준의 안전성 확보			
추진전략	제도개선	종사자	차량, 시설	연구, 홍보
	안전관리체계	직무전문성	점검, 유지보수, 설비개량	기술개발
	위험도 평가	자격제도	안전기술의 연구개발	안전문화개선
	종합안전심사	교육훈련	주요용품의 안전성 인증	국민참여 확대
	불법침입대응	작업환경	주요시설물 보안강화	홍보의 다양화
	안전정보활용	안전문화	재해재난을 고려한 설계	
성과	☑ 철도사고 감소에 따른 인적·물적 피해 감소 ☑ 선진국 수준의 안전성 확보에 따른 철도 이용객의 증가 ☑ 이용률 증가에 따른 철도운영자 경영수지 개선 및 투자확대 ☑ 안전설비 및 기술의 해외수출을 통한 세계철도 안정성 향상			

그림 5-11 제2차('11~'15년) 철도안전종합계획의 주요내용

2) 철도안전관리체계(SMS)의 수립, 승인 및 유지

철도운영을 하거나 철도시설을 관리하려는 경우에는 인력, 시설, 장비, 운영절차 및 비상대응계획 등 철도 및 철도시설의 안전관리에 관한 유기적 체계(철도안전관리체계)를 갖추어 국토교통부장관의 승인을 받고, 이를 지속적으로 유지하여야 한다.

- "철도안전관리체계 기술기준"은 철도안전관리시스템, 열차운행체계 및 유지관리체계의 3개 분야에 대하여 안전프로그램 작성에 대한 세부요건을 규정하고 있다.

승인받은 안전관리체계의 지속적인 유지를 점검·확인하기 위하여 정기 또는 수시로 검사할 수 있다.

- 검사 결과 위반행위에 따라서 아래 표와 같은 처분과 그 밖에 철도안전을 위하여 긴급히 필요하다고 인정하는 경우에는 시정조치를 명할 수 있다.

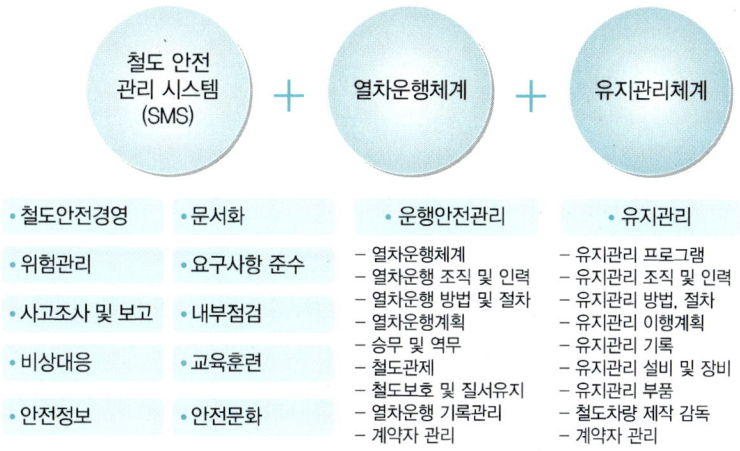

자료 : 2014년 철도안전교육 교재, 교통안전공단

| 그림 5-12 철도안전관리체계 기술기준의 구성 |

▼ 표 5-14 철도안전관리체계 관련 위반행위별 처분기준

위반행위	근거법조문	처분기준			
		1차 위반	2차 위반	3차 위반	4차 이상 위반
가. 거짓이나 그 밖의 부정한 방법으로 승인을 받은 경우	법 제9조 제1항 제1호	승인취소			
나. 법 제7조 제3항을 위반하여 변경승인을 받지 않고 안전관리체계를 변경한 경우	법 제9조 제1항 제2호	업무정지 (업무제한) 1개월	업무정지 (업무제한) 2개월	업무정지 (업무제한) 4개월	업무정지 (업무제한) 6개월

위반행위	근거법조문	처분기준			
		1차 위반	2차 위반	3차 위반	4차 이상 위반
다. 법 제7조 제3항을 위반하여 변경신고를 하지 않고 안전관리체계를 변경한 경우	법 제9조 제1항 제2호	경고	업무정지 (업무제한) 1개월	업무정지 (업무제한) 2개월	업무정지 (업무제한) 4개월
라. 법 제8조 제1항을 위반하여 안전관리체계를 지속적으로 유지하지 아니하여 철도운영이나 철도시설의 관리에 중대한 지장을 초래한 경우	법 제9조 제1항 제3호	업무정지 (업무제한) 1개월	업무정지 (업무제한) 2개월	업무정지 (업무제한) 4개월	업무정지 (업무제한) 6개월
마. 법 제8조 제3항에 따른 시정조치명령을 정당한 사유 없이 이행하지 않은 경우	법 제9조 제1항 제4호	업무정지 (업무제한) 1개월	업무정지 (업무제한) 2개월	업무정지 (업무제한) 4개월	업무정지 (업무제한) 6개월

4. 철도 종사자의 자질 향상

철도차량 운전업무에 종사하기 위해서는 철도차량운전면허를 가져야 한다.
① 면허종류에 따라 신체·적성 검사와 교육훈련을 수료한 후 일정 수준의 자격시험(필기·기능)을 통과하게 되면 자격(면허)을 부여
② 실제 철도차량의 운전을 위해서는 철도운영기관이 실시하는 운전업무실무수습(차량·구간) 교육을 이수해야 함
③ 운전업무 종사자는 정기적인 신체검사(2년마다)와 적성검사(10년마다)를 받아야 하고, 운전면허 취득 후 10년이 도래되면 면허갱신에 필요한 경력 등을 확인하여 운전면허를 갱신함
  * 면허의 종류 : 고속철도차량, 제1종·제2종 전기차량, 디젤차량 및 철도장비 등 5종류로 구분

철도관제업무 종사자는 업무수행에 필요한 신체·적성검사와 관제업무에 필요한 교육훈련 및 실무수습교육 등 지속적인 인력관리를 시행하고 있으며, 2016년도 이후부터는 국가자격검증체계인 철도관제 자격제도(철도교통관제사)를 도입할 예정이다.

1단계	신체검사 및 적성검사 (신체검사 의료기관 및 국토교통부장관이 지정한 적성검사 기관에서 합격판정)
2단계	교육훈련기관에서 면허취득을 위한 교육이수
3단계	필기시험 (교통안전공단에서 시행하는 필기시험합격)
4단계	기능시험 (교통안전공단에서 시행하는 기능시험합격)
5단계	면허발급 (최종합격자에 대하여 면허종류별로 발급, 자료관리)
6단계	운전실무수습 (철도운영기관 교육계획수립내용에 따라 실무수습)
7단계	운전실무수습인증구간 등록 (운전실무수습교육 수료 후 교통안전공단에서 면허증 뒷면 인증구간 등록)
8단계	운전업무 종사

그림 5-13 철도차량 운전업무 종사자의 운전면허 취득 절차

04 항공교통 안전관리

1. 항공교통사고의 원인 및 특징

항공사고는 항공기사고, 경량항공기사고 및 초경량비행장치사고로 구분하며, 항공기 준사고(Incident)도 포함하여 관리한다.

1) 항공기 사고

비행 목적으로 사람이 탑승한 때로부터 하기 시 사이에 항공기 운항과 관련하여 다음의 결과가 초래된 사건
① 사람이 사망하거나 중상을 당한 경우
② 당해 항공기가 손상이나 구조상의 결함이 발생한 경우
③ 항공기의 행방불명 또는 완전히 접근이 곤란한 경우

2) 항공기 준사고(incident)

항공기의 운용에 연관된 운항안전에 영향을 주거나 줄 수 있었던 사고 이외에 발생된 사건을 말한다.

* 국제민간항공기구(ICAO)가 다루고 있는 항공기 준사고 형태는 엔진고장, 화재, 지형과 장애물 안전거리 준사고, 조종계통 및 안전성 문제, 이륙/착륙 준사고, 비행승무원 무능력, 감압, 근거리 충돌위험이다.

2005년부터 2014년까지 발생한 항공사고(총 153건)를 종합분석해보면 인적 요인이 62.1%이고, 기체이상 20.3%, 기상요인 5.2%, 조류충돌 등 기타요인 4.6%를 차지하고 있어서 인적요인에 대한 안전대책의 개발과 시행이 시급하다.

사업별 항공기 사고현황에서 사용사업용 항공기 사고(21건)가 전체의 40.4%를 차지하고 있으며, 비행단계별로는 순항/비행 중 59.6%, 착륙 중 19.2%, 지상사고 13.5%를 차지하고 있다.

▼ 표 5-15 항공사고 원인분석 종합('04~'14년)

원인구분	합계	비율	발생 대상별 비교			
			항공기	비율	경량/초경량	비율
인적요인	95	62.1%	61	64.2%	34	35.8%
기체이상	31	20.3%	30	96.8%	1	3.2%
기상요인	8	5.2%	5	62.5%	3	37.5%
기타(조류충돌 등)	7	4.6%	6	85.7%	1	14.3%
조사 중	12	7.8%	12	81.8%	0	18.2%
계	153	100%	114	74.5%	39	25.5%

자료 : 국토교통부 항공·철도사고조사위원회

▼ 표 5-16 사업별, 비행단계별 항공사고 현황('05~'14년)

단계별	사고건수	사고비율	운송용	사용사업용	자가용	기타
지상	7	13.5%	2	4	1	-
이륙 상승 중	2	3.8%	-	-	1	1
순항/비행 중	31	59.6%	6	15	7	3
착륙 접근 중	2	3.8%	-	-	1	1
착륙 중	10	19.2%	5	3	2	-
계	52	100%	13	22	12	5

자료 : 국토교통부 항공·철도사고조사위원회

2. 항공사고 원인조사 및 안전정보 관리

항공사고조사위원회는 2002년 8월 최초로 설치되었고, 2006년 「항공철도사고조사에 관한 법률」에 따라 항공분야와 철도분야가 하나로 통합된 항공·철도사고위원회가 발족되었다.
- 사무국 아래 기준팀, 항공조사팀, 철도조사팀, 연구분석팀을 두고 체계적·과학적인 조사기법을 통해 사고조사 전문기관으로서의 경험과 기술력을 쌓아가고 있다.

항공사고 조사영역은 국내에서 발생하는 민간항공기의 항공기사고·준사고와 공해상에서 발생되는 국적 민간항공기의 사고·준사고를 모두 조사하여 그 원인을 규명한다. 또한 개선 요구사항에 대하여 안전권고를 발행하여 사고예방 및 재발방지에 기여한다.

항공사고통계 및 안전정보는(초경량비행장치 제외) 국토해양부에서 통합항공안전정보시스템(https://www.esky.go.kr)과 항공정보포털 시스템(http://www.airportal.go.kr)으로 관리하고 있으며, ICAO의 권장에 따라 ECCAIRS8 (European Coordination Centre for Aviation Incident Reporting Systems) 시스템을 도입하여 과거사고 자료 및 현행 사고조사 자료를 DB화하고 사고정보를 국제분류기준(ADREPS)에 맞게 분류·관리하고 있다.

3. 항공안전 프로그램

항공사고는 인명 및 재산피해가 막대하여 다른 교통수단에 비해 사회적 영향력이 크기 때문에 국제·국내·소형 항공운송사업자, 정비업, 조종사 훈련기관, 관제기관, 공항운영자는 의무적으로 잠재되어 있는 위험요소까지 식별하여 사전에 이를 개선해야 한다. 그리고 정부도 산업계로부터 안전정보를 총괄적으로 수집·관리하여 국가에 잠재되어 있는 위험요소를 총괄 관리토록 하는 '항공안전프로그램'을 2008년부터 도입·시행하고 있다.(항공법 제49조)

'항공안전프로그램'은 국가차원의 적정안전성과목표(ALoSP ; Acceptable Level of Safety Performance)의 설정과 항공안전관리의 기본적인 구성요소, 안전관리시스템(SMS) 운용자가 준수해야 하는 위험관리, 안전보증 및 안전증진 활동을 정의한 것으로서, 다음과 같은 기본 구성요소를 반드시 포함해야 한다.

① 국가의 항공안전 목표
② 항공안전목표를 달성하기 위한 항공기 운항, 항공기 정비, 항공교통업무, 공항 운영 및 항행시설 운영 등 세부 분야별 활동에 관한 사항
③ 항공기사고, 항공기준사고 및 항공안전장애 등 보고체계에 관한 사항

④ 항공안전을 위한 조사활동 및 안전감독에 관한 사항
⑤ 잠재적인 항공안전 위해요인의 식별 및 개선조치의 이행에 관한 사항
⑥ 지속적인 자체감시와 정기적인 안전평가에 관한 사항

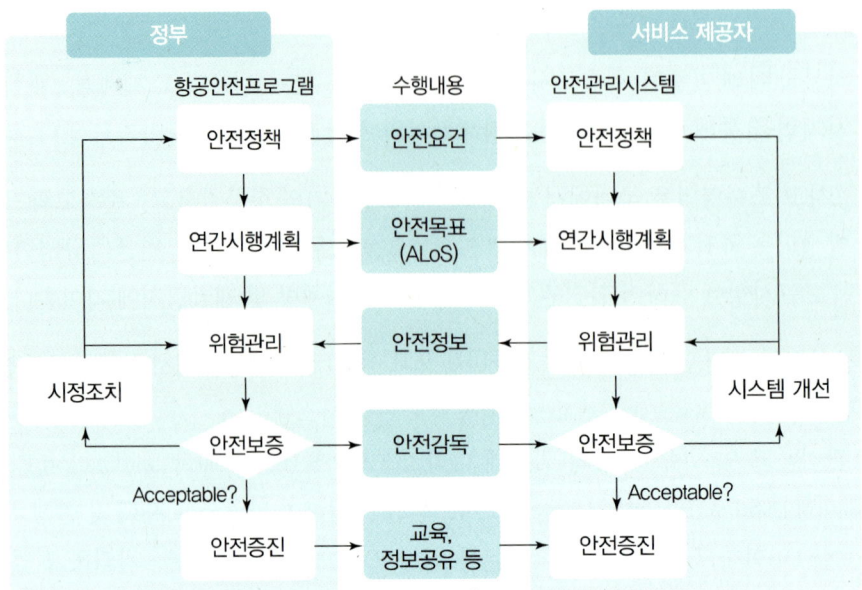

┃ 그림 5-14 항공안전프로그램 구성과 안전관리시스템과의 관계 ┃

1) 항공운송사업 운항증명 및 공항운영증명

항공운송사업자는 항공운송사업면허와는 별도로 항공기 안전운항능력을 갖추었는지를 증명하는 운항증명을 정부로부터 받아야 한다.

① 운항증명 취득 : 조직, 인력, 운항관리, 정비관리 및 종사자 훈련프로그램 등 항공기 안전운항체계에 대한 검사에 합격해야 함
② 운항증명 교부 : 운항하려는 항로, 공항 및 항공기 정비방법 등에 관한 운항조건과 제한사항이 명시된 운영기준을 함께 교부

국제민간항공기구(ICAO)는 국제민간항공조약 부속서14(비행장) 제4차 개정안(2001년 11월)에서 국제선이 운항하는 공항에 대하여 공항안전체계에 대하여 정부로부터 인증을 받아야 하는 "공항운영증명제도" 시행을 강제하였고, 우리나라도 2003년 항공법을 개정하여 인천국제공항을 비롯한 10개 공항에 대하여 "공항운영증명제도"를 시행하고 있다. 한편, 국내선 공항에 대한 공항운영증명제도의 확대 시행과 소규모 지방공항에 대한 합리적인 안전기준 적용을 위하여, 공항의 특성, 항공기 운항횟수 및 취항 항공기 규모 등에 따라 공항운영증명제도를 차등 적용하는 "공항운영등급제"를 2010년 도입하였다.

▼ 표 5-17 **공항운항증명의 구분**

공항운영 등급	구 분
1등급	국제/국내선 운항에 사용되고, 최근 5년 평균 운항횟수가 3만 회 이상인 공항에 대한 운영증명(부정기편만 운항하는 공항 제외)
2등급	국제/국내선 운항에 사용되고, 최근 5년 평균 운항횟수가 3만 회 미만인 공항에 대한 운영증명(부정기편만 운항하는 공항 제외)
3등급	국내항공운송에 사용되는 공항에 대한 운영증명(부정기편만 운항하는 공항 제외)
4등급	위의 3개 항에 해당하지 않는 항공운송사업에 사용되는 공항에 대한 운영증명(부정기편 또는 19인승 이하의 소형항공기 운송사업에 사용되는 공항)

2) 공항운영증명 공항의 안전관리시스템(SMS)

공항운영증명을 받은 공항은 안전관리시스템(SMS)을 수립하여 공항의 지속적인 안전체계 확보와 공항 및 그 주변의 항공기 사고를 사전에 방지해야 한다. 이에 따라 공항운영증명을 받은 공항운영자는 "자율적·체계적·사전적 예방방식"으로 공항안전을 확보하고자 다음 내용이 포함된 안전관리시스템(SMS) 매뉴얼을 정부로부터 승인받아야 한다.

① 안전보증 활동 : 최고경영진의 SMS 참여 및 책임, 안전방침 및 안전목표 수립, SMS위원회 등 안전조직의 구성 및 운영, 안전성과 모니터링 등을 포함
② 사전적 예방 활동 : 사고요인 등으로 발전될 수 있는 위험요소의 사전발굴과 위험요소별 위험성 평가, 위험성 저감대책 수립, 자체안전점검 및 안전감사를 통한 위험요인 사전제거 시스템 포함
③ 효과적 제도운영을 위하여 공항에 종사하는 모든 직원이 참여하는 안전의무보고제도 및 자발적 비밀보고제도의 운영을 포함

3) 항공안전 보고 및 항공보안 자율신고

항공종사자로부터 안전정보의 수집을 확대하기 위하여 보고자의 범위를 기존의 조종사뿐만 아니라 항공정비사, 항공교통관제사, 공항안전관리자 및 항행안전 시설관리자까지 확대하여 보고채널을 다양화한 항공안전보고제도 및 자율보고제도를 운영하고 있다.

① 항공안전 의무보고 : 항공법 시행규칙에 규정되어 있는 항공기사고·준사고·항공안전장애는 사건발생 인식 72시간 이내에 정부에 의무적으로 보고해야 함
② 항공안전 자율보고 : 위험도가 경미한 항공안전장애(운항·정비·관제·공항 등 70여개 항목)는 보고자의 신분공개를 금지하고, 보고자의 편의, 효율성 등을 위해 온라인 보고시스템을 적용함

③ "항공안전자율보고제도" 등을 통해 접수, 분석, 확인한 위험사례 등의 안전정보는 월간정보지 "자이로(GYRO)"를 통해 전파함

2014년부터는 '항공보안 자율신고제도'를 운영함으로써 안전 및 보안의 잠재위험요인을 수집·발굴하여 항공사고 예방에 앞장서고, 항공분야 보고제도의 확산·발전에 기여하고 있다.

4) 항공 안전평가 및 감독시스템

국적항공사 및 국내 취항 외국적항공사를 대상으로 조종, 정비, 위험물, 운항관리 및 객실안전 분야에 대하여 항공사업 현장에서 안전상태를 수시로 확인·검사할 수 있는 항공안전감독관 제도를 운영하고 있다.

운항증명 소지자에 대해서 연·월간 감독프로그램을 수립하고 아래와 같은 체계적인 관리·감독을 실시하여 위험요인을 사전에 발굴·제거하고 항공안전을 지속적으로 개선하고 있다.

① **상시점검** : 항공안전감독관 업무지침 및 분야별 점검표를 사용하여 연중 수시로 비행 중 조종실·객실점검과 공항지점 점검을 실시하고, 시정지시, 개선권고, 현장시정 등의 개선조치를 한다.

② **집중점검** : 상시점검 결과 집중적이고 광범위한 확인이 필요한 사항에 대하여 실시하는 집중점검을 실시한다.

③ **잠재위험점검과 종합안전점검** : 국적항공사에 대하여 운영실태, 사고장애 추세 분석 등의 잠재위험점검을 실시하여 종합점검 여부를 판단하고, 종합안전점검 실시를 통해 취약요인을 발견·개선한다.

한편, 국제민간항공기구(ICAO)는 항공안전평가(USOAP) 프로그램을 통해서 ICAO 체약국의 국제기준 이행 현황과 항공 안전감독시스템의 적합성을 평가하고 있다.

① 1995년부터 신청국에 한하여 3개 분야(항공종사자, 항공기운항, 항공기감항성)에 대한 자발적 평가에서 시작하여 1998년 전 회원국 대상의 의무평가제도로 강화

② 2013년부터는 항공안전 관련 16개 분야에 대한 종합평가(CSA, Comprehensive Systems Approach)를 Web-시스템 기반의 상시모니터링(CMA-Continuous Monitoring Approach) 평가방식으로 전환

③ 회원국으로부터 온라인으로 평가자료 및 안전데이터를 받아 평가하고 안전에 문제가 있는 방문확인 필요한 국가만 선별하여 현장평가를 진행

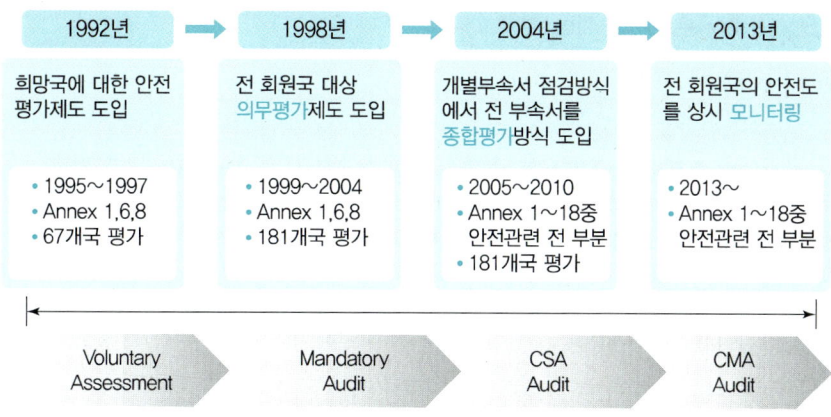

▌그림 5-15 ICAO 항공안전평가(USOAP) 프로그램의 발전 ▌

4. 항공 종사자의 자질 향상

1) 항공종사자 자격시험

항공법(제29조)에 따라 항공종사자는 소정의 자격시험을 통과하여 자격을 취득하여야만 항공업무에 종사할 수 있으며, 교통안전공단이 국토교통부로부터 위탁받아 항공종사자 국가자격증명시험(학과시험, 실기시험)을 시행하고 있다.

① 항공종사자 자격증명시험 : 운송용조종사, 사업용조종사, 부조종사, 자가용조종사, 항공기관사, 항공사, 항공교통관제사, 운항관리사, 항공정비사, 경량항공기 조종사 등 총 9개 분야

② 조종사와 기관사의 한정 심사 : 조종사(B747-400 등 20개 기종)와 기관사(B747 등 2개 기종)는 항공업무를 전문적으로 안전하게 수행할 수 있도록 하기 위하여 기종별로 한정된 자격 부여

③ 초경량비행 자격시험 : 비행에 관한 학습유도와 지식 · 기량 검증, 안전운항 확보를 목적으로 자격시험 실시. 자격분야는 동력비행장치와 회전익비행장치, 유인자유기구, 동력패러글라이더 등 4개

2) 항공종사자 교육훈련 프로그램

운항증명제도에 따라 각 항공사들은 운항승무원, 객실승무원, 운항관리사 등에 대한 교육훈련프로그램에서 훈련시간, 훈련방법, 훈련교과목, 훈련주기 등 표준화된 절차를 마련하여 체계적인 교육훈련 시행하고 있다. 또한 항공관련 업무종사자의 훈련을 담당하는 항공훈련기관(Aviation Training Organizations)을 정부가 지정하여 항공종사자 자질 향상에 기여하고 있다.

▼ 표 5-18 항공훈련기관 지정 현황

구분		BTSK	ATK	SIKL	정석 비행훈련원	항공대 (항공안전 교육원)	공군 (항공안전 관리단)	한국 항공직업 전문학교
훈련 기관	명칭	보잉 트레이닝 서비스 코리아	에어버스 트레이닝 코리아 유한회사	실인더스트리즈 코리아 유한회사	한국항공대학교 정석비행훈련원	한국항공안전교육원	공군항공안전관리단	한국항공직업전문학교
	주소	서울 영등포구 여의도동	인천 중구 신흥동	인천 중구 운서동	제주 서귀포시 표선면	경기 고양 덕양구	경기도 평택시 팽성읍	서울 동대문구 신설동 91-225
유효기간		-	-	-	'11.2.17 이후	-	'11.3.15 이후	-
훈련과정		KAL/AAR 모의비행장치 훈련 및 지상학 훈련	KAL 보유 에어버스기종 모의비행장치 훈련 및 지상학 훈련	B737NG 모의비행장치 훈련 및 지상학 훈련(제주항공, 티웨이 등 저비용 항공사	비행 훈련과정(ICE-525)	• 항공 보안 과정 • 운항 관리 과정 • 안전 관리 과정	• 항공기 사고조사 • 비행 안전 관리 • Human factors • 조류 통제 안전	객실 승무원 훈련과정

05 해양교통 안전관리

1. 해양사고의 원인 및 특징

"해양사고"란 해양 및 내수면에서 선박의 운용과 관련하여 발생한 다음의 사고를 말한다.
① 선박의 구조·설비 또는 운용과 관련하여 사람이 사망 또는 실종되거나 부상을 입은 사고
② 선박운용과 관련하여 선박 또는 육상·해상시설에 손상이 생긴 사고
③ 선박이 멸실·유기되거나 행방불명된 사고
④ 선박의 충돌·좌초·전복·침몰이 있거나 조종이 불가능하게 된 사고
⑤ 선박의 운용과 관련하여 해양오염피해가 발생한 사고

2010년부터 2014년까지 최근 5년간 해양사고는 총 7,432건 발생하였고, 유형별로 살펴보면 기관손상에 의한 해양사고가 31.5%(2,341건)로 가장 많이 발생하였으며, 그 다음으로 충돌 14.2%(1,053건), 좌초 7.6%(568건), 화재·폭발 6.0%(447건) 순으로 발생하여 이들 4개 유형의 사고가 전체 해양사고 중 59.3%를 차지하고 있다.

▼ 표 5-19 해양사고 유형별 발생현황(2010~2014년)

단위 : 건, %

구분	충돌	접촉	좌초	전복	화재폭발	침몰	기관손상	인명사상	기타	계
2010	242	28	148	38	82	50	571	32	436	1,627
2011	260	32	120	58	84	65	652	84	454	1,809
2012	196	33	113	39	105	41	489	60	497	1,573
2013	175	23	91	32	79	21	290	45	337	1,093
2014	180	19	96	35	97	19	339	113	432	1,330
계	1,053	135	568	202	447	196	2,341	334	2,156	7,432
구성비	14.2	1.8	7.6	2.7	6.0	2.6	31.5	4.5	29.0	100.0

자료 : 중앙해양안전심판원

선박용도별로 살펴보면, 어선에 의한 해양사고가 69.7%(6,136척)로 가장 많이 발생하였고 그 다음으로 화물선 6.6%(578척), 예선 5.3%(467척), 유조선 2.7%(236척), 여객선 1.8%(156척)의 순으로 발생하였다. 특히, 사고선박의 69.7%를 차지하고 있는 어선의 경우는 충돌·기관손상사고가 전체 어선사고의 51.5%(3,160척)를 차지하였고, 화물선은 충돌·접촉사고가 전체 화물선사고의 68.2%(394척)를 차지하는 것으로 나타났다.

▼ 표 5-20 선박용도별, 사고유형별 해양사고 발생현황

단위 : 척, %

구분	여객선	화물선	유조선	어선	예선	기타	계	구성비
충돌	25	358	137	1,265	148	252	2,185	24.8%
기관손상	39	35	13	1,895	30	341	2,353	26.7%
침몰	1	3	2	141	28	41	216	2.5%
좌초	10	30	10	392	55	104	601	6.8%
화재·폭발	5	27	14	392	24	47	509	5.8%
전복	1	3	-	143	16	57	220	2.5%
접촉	13	36	5	36	33	29	152	1.7%
사상	6	28	18	237	36	24	349	4.0%
기타	56	58	37	1,635	97	338	2,221	25.2%
계	156 (1.8%)	578 (6.6%)	236 (2.7%)	6,136 (69.7%)	467 (5.3%)	1,233 (14.0%)	8,806	100%

자료 : 중앙해양안전심판원

1) 사고 원인별

해양사고의 원인은 선원의 운항과실에 의한 사고가 68.4%로 가장 많은 비율을 차지하고 있으며, 다음으로 작업부주의 및 환경부적절에 의한 사고가 12.7%, 선박의 정비 불량 및 조작미숙이 13.2%의 순으로 많았다. 특히 기본적인 항해일반원칙과 법령의 미준수 등 운항과실과 기관 정비·점검 불량에 기인한 것이 높은 비율을 차지하고 있어서 선원의 자질향상과 근무기강 확립 및 정비능력 제고 등의 대책 강화가 시급하다.

▼ 표 5-21 해양사고 원인별 발생현황(2010~2014년)

단위 : 건

사고원인	주요내용	건수	구성비(%)
운항과실	항해일반원칙위반	461	53.3
	법규위반	81	9.4
	근무태만	10	1.2
	기 타	40	4.6
정비불량·기기결함	정비·조작불량	67	7.7
	선체·기관 등 결함	48	5.6
수로·항만·항로 표지시설의 부적절		3	0.3
기상 등 불가항력		15	1.7
작업부주의	운항관리 불량	7	0.8
	작업부주의 및 환경부적절	110	12.7
기 타		19	2.2
원인불명		4	0.5
합 계		865	100.0

주 : 해양안전심판 재결건수
자료 : 중앙해양안전심판원

2) 사고 유형별

① 충돌사고 : 경계소홀 및 항행법규 위반 등 운항과실에 의한 사고가 전체 충돌사고 원인의 96.9%를 차지하고 있으며, 항해당직자의 철저한 법규준수 및 근무기강 확립이 요망된다.

② 접촉사고 : 조선부적절 또는 선위확인 소홀 등의 운항과실이 전체 접촉사고 원인의 90.7%를 차지하고 있으며, 안전한 항로설정, 적절한 진입속력 유지 등 선박운항자의 안전의지가 요망된다.

③ 좌초사고 : 좌초사고의 원인의 88.1% 운항과실이고, 이 가운데에서도 선위확인 소홀(55.4%), 경계소홀(13.5%)이 전체 좌초사고 원인의 60.7%로 많은 비중을 차지하고 있

어서, 항해당직자의 근무태세 확립 및 항해술 증진에 대한 꾸준한 노력이 요망된다.

④ 화재, 폭발 사고 : 주로 화기취급불량, 전선노후 및 전선 단락에 기인한 것이 53.8%로 가장 많으며, 선박종사자의 화기작업안전수칙 준수와 선박소유자의 시설보수·유지를 위한 투자노력이 요망된다.

⑤ 침몰사고 : 침몰사고의 원인의 60%가 운항과실이며 또한 황천에 대한 대비·대응불량(26%)과 선체·기관설비의 결함(12%)이 전체의 38.0%를 차지하고 있으며, 항해 중 기상 및 해상상태 악화가 예상되었을 때 적절한 피항 조치를 취하는 한편, 평소 선체·기관설비의 유지·보수에 만전을 기하는 노력이 요구된다.

⑥ 기관 손상사고 : 취급 또는 정비불량이 기관손상사고의 원인이며, 기관 및 장비 현대화에 따른 기관취급·정비지식 향상과 철저한 사전점검·정비, 선박소유자의 적기 기관보수·유지를 위한 꾸준한 노력이 요망된다.

⑦ 인명 사상사고 : 선내작업안전수칙 미준수가 전체 인명사상사고의 73.6%를 차지한 것으로 나타났으며, 철저한 작업안전수칙 준수와 기상악화 대비·대응을 위한 교육·훈련이 필요하다.

2. 해양사고 원인조사 및 안전정보 관리

국제연합에서는 국제해양법협약에 해양사고 조사를 기국(Flag State)의 의무사항으로 규정하고 있으며, 이와 더불어 국제해사기구(IMO)는 "해양사고 조사협약(2010년)"을 채택하여 중대 해양사고에 대하여 원인 규명을 위한 특별조사 시행, 연안국 등 이해당사국의 조사협력 의무 및 권고사항을 규정하였다.

우리나라도 동 조사협약의 내용을 "해양사고의 조사 및 심판에 관한 법률"에 수용(2011년 개정)하여 해양사고 조사는 해양안전심판원에서 기본적으로는 해양사고의 원인을 명확하게 규명하고, 이와 더불어 국제 해양사고 조사협력 및 국제 흐름에 대한 적극적인 대응을 통해 국가위상 제고 노력을 하고 있다. 또한 해양사고 발생현황, 조사 심판을 통해 규명된 사고원인분석 결과 등 총 62종의 공식적인 해양사고 통계를 관리하고 있다.

3. 해사 안전관리체계

해사안전관리는 선원·선박소유자 등 인적 요인, 선박·화물 등 물적 요인, 항행보조시설·안전제도 등 환경적 요인을 종합적·체계적으로 관리함으로써 선박의 운용과 관련된 모든 일에서 사고발생위험을 줄이는 활동을 말한다. 특히 해양사고의 약 90%를 차지하는 인적 요인에 의한 사고예방을 위해서는 안전문화 개선을 통한 안전 제일주의의 확립이 우선되어야 한다.

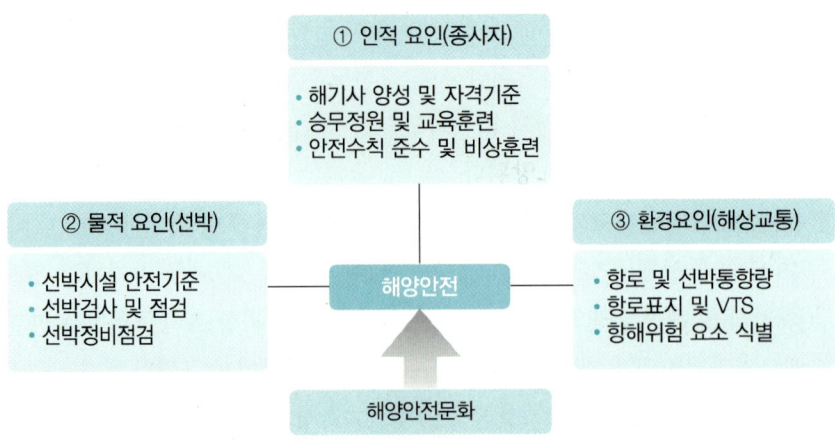

그림 5-16 해사안전관리 3요소

1) 국가해사안전 기본계획

해사안전확보를 위하여 통합·체계적인 국가해사안전관리를 추진하기 위하여 5년 단위의 국가해사안전기본계획과 연차별 시행계획을 수립·추진하고 이를 통해 국제해사기구(IMO) 회원국 감사제도에서 요구하는 해사안전정책의 피드백 체계(수립 → 시행 → 평가 → 차기계획 반영)를 확보한다.

제1차 국가해사안전기본계획('12~'16년)은 다음과 같은 목표와 추진전략을 가지고 국가차원의 안전관리를 시행하고 있다.

(1) 목표
  ① '16년까지 대형사고 Zero화
  ② 주요사고 및 사망자수 20% 감소

(2) 추진전략
  ① 선원 역량 제고
  ② 선박안전성 강화
  ③ 선사·정부의 관리능력 강화
  ④ 안전한 통항환경 조성
  ⑤ 안전문화 증진
  ⑥ 비상대응체계 구축

2) 선사 및 선박의 안전관리체계 인증심사

해양사고 방지를 위해 국제해사기구(IMO)의 선박의 안전운항 및 해양오염방지를 위한 ISM(International Safety Management) Code는 선사가 선박안전운항 및 해양환경보호를 위한 목표·방침을 설정하고 안전관리체제(SMS)를 갖출 것을 의무화하였다. 국내는 1999년 「해상교통안전법」에 동 내용을 수용하여 국내법화하였고, 현재는 「해상교통안전법」을 전부 개정한 「해사안전법」 제5장 제1절(선박의 안전관리체제)에 관련 규정을 두고 있다.

ISM Code는 선사가 선박안전운항 및 해양환경보호를 위한 목표·방침을 설정하고 안전관리체제(SMS)를 갖추도록 의무화하였다. 이에 따라 내항선박 및 선사의 안전관리체제(ISM Code)는 정부가 인증심사를 하고, 외항선박 및 선사는 외국 정부의 대행기관인 선급에서 인증심사를 하여 안전관리 시스템의 유효성을 검증한다.

① 인증심사에 합격한 선박에 대해서는 선박안전관리증서를 교부
② 인증심사에 합격한 사업장에는 안전관리적합증서를 교부
③ 불합격 시에는 선박의 운항을 금지함

* 선박안전관리증서와 안전관리적합증서의 유효기간은 각 5년이며, 중간인증심사와 갱신인증심사를 통해 유효성을 지속 확인함

▼ 표 5-22 **안전관리체제 인증심사 현황(2014년)**

대상선박		정부 심사		선급 심사		비고
		사업장	선박	사업장	선박	
국적외항선	'14 심사실적	-	-	190	396	사업장은 1년마다 선박은 2년 6개월 년마다 심사
국적내항선	'14 심사실적	110	199	-	-	

자료 : 해양수산부

선사 및 사업장의 안전관리체제는 다음 내용을 포함하여 유기적으로 작동해야 한다.
① 해상에서의 안전과 환경보호에 관한 기본방침
② 선박소유자의 책임과 권한
③ 안전관리책임자와 안전관리자의 임무
④ 선상의 책임과 권한
⑤ 인력의 배치와 운영
⑥ 선박의 안전관리체제 수립
⑦ 선박충돌사고 등 발생 시 비상대책의 수립
⑧ 사고, 위험상황 및 안전관리체제의 결함에 관한 보고와 분석
⑨ 선박의 정비

⑩ 지침서 등 문서 및 자료 관리
⑪ 선박소유자의 확인·검토 및 평가 등에 관한 사항

3) 외국선박의 항만국 통제

해양수산부의 항만국통제관은 국내에 입항하는 외국선박의 구명·소방 설비 및 선원의 자격기준 등이 해상인명안전협약(SOALS) 등 국제안전기준에 적합한지 여부를 확인하고 있다.

① 과거 항만국통제(PSC) 점검이력 등을 감안하여 국제안전기준 미달 선박 등에 대하여 우선적으로 집중점검을 실시한다.
② 국내 취항하는 국제여객선은 사고발생 시 인명피해와 재산손실 등 심각한 사회적 문제가 야기되는 점을 감안하여 반기별로 연 2회 특별점검을 실시한다.

4) 해사 안전감독관

선박·사업장 등 민간의 안전수준에 대한 정부의 지도·감독 기능을 강화하기 위해 해사안전법의 일부개정을 통하여 해사안전감독관 제도('14.11.15)를 도입하였다.

해사안전감독관은 선박, 사업자 및 운항관리자 등을 대상으로 해양사고 예방 및 적정한 해사안전관리 시행 여부 등에 대해 정기 또는 수시 지도·감독을 시행한다.

4. 해양 종사자의 자질 향상

해양사고의 실질적인 감소를 위해 선원 등 해상종사자의 안전의식과 운항능력 제고가 절실하다. 해양수산부는 전국 11개 지방해양수산청과 한국해양수산연수원, 선박안전기술공단, 한국선급 등 유관기관 간 협조체제를 구축하여 어선, 예부선 등 사고취약 선박에 종사하는 선원과 안전관리자 등 육·해상종사자를 대상으로 기본항법, 사고사례 등에 대해 안전교육을 실시하고 있다.

특히, 2014년 세월호 사고 이후 선원 대상 법정 안전교육을 실습 위주로 개편하고 안전재교육 면제제도 폐지, 여객선 직무교육 신설 및 교육기관 확대 등 안전교육 강화를 위한 제도개선을 추진하였다. 또한 여객선 승무원 비상대응능력 향상을 위하여 한국해양수산연수원에 '여객선 종합 비상훈련장'을 구축할 계획이다.

국제해사기구(IMO)의 선원 훈련, 자격증명, 당직근무에 관한 협정(STCW 1995)은 상대국의 해기면허를 배서(Endorsement)에 의해 인정하는 당사국 간의 해기면허인정협정(Undertaking)을 체결하도록 하고 있다. 현재 중국·미얀마·인도네시아 등 26개국과 해기면허인정협정을 체결하여 외국인 해기사의 승선에 필요한 배서증서를 발급하고 있다.

PART 05 연습문제

01 국가교통안전기본계획에 관한 설명에서 잘못된 것은?

① 도로, 철도, 항공 및 해양 부문의 교통안전 전반에 관한 중장기·종합계획이다.
② 국회의 심의를 거쳐 국가기본계획으로 확정된다.
③ 매년 지정행정기관의 교통안전계획을 제출받아 국토해양부장관이 국가교통안전시행계획을 수립·시행한다.
④ 매년 시행결과를 종합·분석한 후 교통안전연차보고서를 작성하여 국회에 제출해야 한다.

풀이 (교통안전법 제15조) 국가교통안전기본계획은 국가교통위원회(위원장 : 국토해양부장관)의 심의를 거쳐 국가기본계획으로 확정된다.

02 교통안전법에 따라서 일반교통안전진단을 받아야 하는 대상 교통시설이 아닌 것은?

① 총 길이 5km 이상의 일반국도·고속국도의 건설
② 총 길이 1km 이상의 시도·군도·구도의 건설
③ 총 길이 1km 이상(1개소 이상의 정거장을 포함)의 철도건설
④ 연간 여객처리능력 10만 명 이상인 항만 또는 공항의 신설

풀이 교통안전법 제34조에 따른 일반교통안전진단 대상 교통시설(동 시행령 제22의 별표2)에서 항만은 규정하지 않음

구분	대상 교통시설
도로	1) 다음과 같은 도로의 건설 　가) 일반국도·고속국도 : 총 길이 5km 이상 　나) 특별시도·광역시도·지방도(국가지원지방도를 포함한다) : 총 길이 3km 이상 　다) 시도·군도·구도 : 총 길이 1km 이상
철도	1) 철도의 건설(전용철도를 공장 안에 설치하는 경우는 제외) : 1개소 이상의 정거장을 포함하는 총 길이 1km 이상 2) 도시철도의 건설 : 1개소 이상의 정거장을 포함하는 총 길이 1km 이상
공항	연간 여객처리능력 10만 명 이상인 비행장 또는 공항의 신설

정답 01 ② 02 ④

03 교통안전법에 따라서 특별교통안전진단을 받아야 하는 대상이 아닌 것은?

① 최근 3년간 사망사고 3건 이상의 교통사고가 발생하여 해당 구간 교통시설에 문제가 있는 것으로 조사된 도로의 시설관리자
② 항공사고조사 결과 항공운송사업자의 귀책사유로 1명 이상의 사망자가 발생한 교통사고를 초래한 항공운송사업자
③ 철도사고조사 결과 철도시설의 결함으로 3명 이상의 사망자가 발생한 교통사고를 초래한 철도시설 관리자
④ 임시검사의 대상이 되는 궤도사업자 또는 전용궤도운영자의 사고

풀이 교통안전법 제34조(동 시행령 제29)에 따른 특별교통안전진단 대상에서 철도사고는 조사결과는 철도사업자 또는 운영자의 귀책사유나 철도시설의 결함으로 1명 이상의 사망자가 발생한 교통사고가 발생한 경우에 대상으로 한다.

구분	특별교통안전진단 대상 교통사고
교통 수단 운영자	가. 자동차운송사업자 : 교통안전도 평가지수가 국토교통부령으로 정하는 기준을 초과한 교통사고 1) 자동차를 20대 이상 보유 여객자동차운송사업자 나. 항공운송사업자 : 항공사고 조사 결과 항공운송사업자의 귀책사유로 1명 이상의 사망자가 발생한 교통사고 다. 철도사업자·전용철도운영자 또는 도시철도운영자 : 철도사고 조사 결과 철도사업자·전용철도운영자 또는 도시철도운영자의 귀책사유로 1명 이상의 사망자가 발생한 교통사고 라. 궤도사업자 또는 전용궤도운영자 : 「궤도운송법」 제19조 제1항 제2호에 따라 임시검사의 대상이 되는 사고

교통
시설
관리자
	가. 도로의 관리자 : 별표5의 도로에서 발생한 교통사고 중 교통시설의 결함 여부 등을 조사한 교통사고
	
	별표5. 교통사고원인조사의 대상
	
	대상도로
	최근 3년간 다음 각 호의 어느 하나에 해당하는 교통사고가 발생하여 해당 구간의 교통시설에 문제가 있는 것으로 의심되는 도로
	  1. 사망사고 3건 이상
	  2. 중상사고 이상의 교통사고 10건 이상
	
	나. 공항의 관리자 : 항공사고 조사결과 공항 또는 공항시설의 결함으로 1명 이상의 사망자가 발생한 교통사고
	다. 철도시설관리자 : 철도사고 조사결과 철도시설의 결함으로 1명 이상의 사망자가 발생한 교통사고

정답 03 ③

04 도로 교통사고에 관한 설명에서 올바르지 못한 것은?

① 도로 교통사고의 유형은 차대차 사고, 차대사람 사고, 차량단독사고와 차대열차 사고로 구분한다.
② 교통사고 또는 원인을 조사, 처리한 교통행정기관은 관련 자료, 정보를 사고가 발생한 날부터 5년간 보관, 관리해야 한다.
③ 국가교통사고DB는 도로교통공단이 경찰청의 위임을 받아 경찰이 처리한 인적 피해 교통사고만을 관리한다.
④ 교통안전공단의 교통안전정보관리시스템은 지자체별 교통사고 취약지점, 운수회사별 운행기록분석 정보 등을 서비스한다.

> 풀이 2008년부터 도로교통공단이 경찰청의 위임을 받아 "국가교통사고DB"로서 경찰이 처리한 교통사고와 손해보험사 및 공제조합에 신고된 교통사고를 통합관리하고 있다.

05 교통안전관리규정에 관한 설명에서 올바르지 못한 것은?

① 사업용으로 20대 이상의 자동차를 사용하는 자는 교통안전관리규정을 정하여 관할 교통행정기관에 제출하여야 한다.
② 교통행정기관은 교통시설 설치, 관리자 등이 교통안전관리규정을 준수하는지 여부를 매년 확인, 평가해야 한다.
③ 교통행정기관은 교통안전 확보를 위하여 필요하다고 인정하는 때에는 교통안전관리규정의 변경을 명할 수 있다.
④ 교통안전관리규정은 안전확보를 위한 교통안전의 경영지침부터 사고원인의 조사 · 보고 및 처리에 관한 사항 등을 포함한다.

> 풀이 교통행정기관은 교통안전법 제21조에 따른 "교통안전시설 설치 · 관리자 등의 교통안전관리규정"의 준수 여부를 매 5년마다 확인, 평가해야 한다.(교통안전관리규정 심사지침)

06 주행속도를 제한하는 제한속도는 보통 설계속도에서 20km를 뺀 속도로 정하며, 도로의 설계속도는 도로의 기능별 구분에 따라 다음 표의 속도 이상으로 한다. ㉠~㉢에 들어갈 숫자로 알맞은 것은?(단, 지형상황 및 경제성 등은 고려하지 않는다.) 2014 지방직 9급

도로의 기능별	설계속도(km/h)	
	지방지역(평지)	도시지역
고속도로	(㉠)	100
주간선도로(일반도로)	(㉡)	(㉢)

	㉠	㉡	㉢		㉠	㉡	㉢
①	100	70	70	②	100	80	70
③	120	70	70	④	120	80	80

> 정답 04 ③ 05 ② 06 ④

풀이 도로의 기능별 구분에 따른 설계속도는 다음 표의 속도 이상으로 한다.

도로의 기능별 구분		설계속도(킬로미터/시간)			
		지방지역			도시지역
		평지	구릉지	산지	
고속도로		120	110	100	100
일반도로	주간선도로	80	70	60	80
	보조간선도로	70	60	50	60
	집산도로	60	50	40	50
	국지도로	50	40	40	40

07 교통안전관리에 대한 설명으로 옳은 것은? 2015 국가직 9급

① 자동차가 빗길에서 주행하는 경우 발생하는 수막현상(Hydroplaning)은 속도가 빠를수록 일어나기 쉽다.
② 자동차 타이어 공기압이 낮을 경우 타이어의 마모가 가속화되지 않는다.
③ 자동차 충돌 시 충격량이 일정한 경우 정지시간 또는 정지거리가 짧을수록 충격력은 작아진다.
④ 자동차가 커브를 통과하는 경우 회전반경이 클수록 원심력이 강하게 작용된다.

풀이 ① 수막현상(Hydroplaning)은 비가 내려 노면에 많은 물이 덮여 있는 상태에서 고속주행시 타이어가 노면에 접촉되지 않고 물위를 미끄러지는 현상으로 시속 80km 이상의 속도로 주행할 때 나타나고 타이어의 공기압이 낮거나 마모가 심할수록 발생하기 쉽다.
② 자동차 타이어 공기압이 낮을 경우 지면에 닿는 면적이 많아져 타이어의 마모가 가속화된다.
③ 자동차 충돌 시 정지시간 또는 정지거리가 짧을수록 충격력은 커진다.
④ 자동차가 커브를 통과하는 경우 회전반경이 클수록 원심력은 약하게 작용된다.

08 「교통사고처리특례법」에 따른 11대 중과실 사고에 해당되지 않는 것은?
2015 서울시 공채 9급

① 제한속도를 시속 20킬로미터 초과하여 운전한 경우
② 철길 건널목 통과방법을 위반하여 운전한 경우
③ 승객의 추락방지의무를 위반하여 운전한 경우
④ 자전거 전용도로를 침범하여 운전한 경우

풀이 다음에 해당하는 업무상과실 또는 중과실 치상사고는 교통사고처리특례를 적용하지 않고, 형사입건한다.
㉠ 피해자 구호 등의 조치를 하지 아니하고 도주하거나 피해자를 사고 장소로부터 옮겨 유기하고 도주한 경우

정답 07 ① 08 ④

ⓒ 음주측정 요구에 따르지 아니한 경우
ⓒ 다음 11가지의 행위(중과실)
  1. 신호 위반, 안전 지시를 위반하여 운전한 경우
  2. 중앙선을 침범하거나 「도로교통법」 제62조를 위반하여 횡단, 유턴 또는 후진한 경우
  3. 제한속도를 시속 20킬로미터 초과하여 운전한 경우
  4. 앞지르기의 방법·금지시기·금지장소 또는 끼어들기의 금지를 위반한 경우
  5. 철길건널목 통과방법을 위반하여 운전한 경우
  6. 횡단보도에서의 보행자 보호의무를 위반하여 운전한 경우
  7. 운전면허 또는 건설기계조종사면허를 받지 아니하거나 국제운전면허증을 소지하지 않고 운전한 경우
  8. 술에 취한 상태에서 운전을 하거나 약물의 영향으로 정상적으로 운전하지 못할 우려가 있는 상태에서 운전한 경우
  9. 보도(步道)가 설치된 도로의 보도를 침범하거나 보도 횡단방법을 위반하여 운전한 경우
  10. 승객의 추락 방지의무를 위반하여 운전한 경우
  11. 어린이 보호구역에서 조치 준수 및 안전 운전 의무를 위반하여 어린이의 신체를 상해에 이르게 한 경우

09 자동차의 정지거리에 대한 설명으로 옳은 것은? 2015 지방직 9급

① 공주거리와 제동거리의 합
② 공주거리와 안전거리의 합
③ 위험거리와 제동거리의 합
④ 위험거리와 안전거리의 합

풀이 모든 차의 운전자는 앞차가 갑자기 정지하게 되는 경우 그 앞차와의 충돌을 피할 수 있는 필요한 거리를 확보하여야 한다(도로교통법 제19조). 이에 따라 안전거리 확보를 위한 정지거리는 공주거리와 제동거리의 합보다 커야 한다.

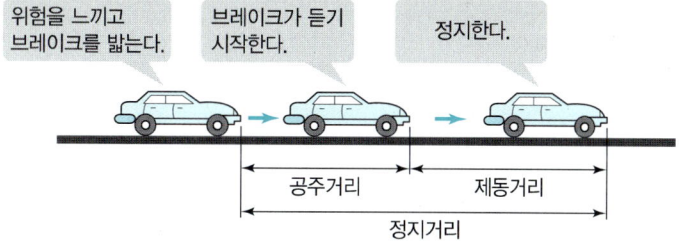

10 자동차의 충돌로 인한 인체 사상률이 자동차 운행속도에너지와 비례한다면 운행속도를 100km/hr에서 120km/h로 높이면 고정된 물체와 성년 충돌사고 발생 시 인체 사상률은 얼마나 증가하는가? 2015 지방직 9급

① 20%
② 24%
③ 44%
④ 73%

정답 09 ① 10 ③

> **풀이** 자동차 충돌로 인한 인체 사상률이 운행속도 에너지에 비례하고 고정물체와의 정면충돌이므로 운동에너지 $E = \left(\frac{1}{2}\right)mv^2$에서 자동차 무게(m)는 일정하고 단지 속도의 제곱에만 비례하게 되어 인체 사상률은 $(100)^2 : (120)^2 = 1 : 1.44$로 44% 증가한다.

11 즉시보고(사고발생 30분 이내) 대상이 아닌 철도사고는?

① 열차의 충돌 또는 탈선사고, 철도차량 또는 열차 화재 발생
② 철도차량 또는 열차의 운행과 관련하여 3명 이상 사상자 발생
③ 5천만 원 이상의 재산피해가 발생한 사고
④ 1시간 이상의 철도차량 또는 열차의 운행장애가 발생한 사고

> **풀이** 아래 기준에 해당하는 철도사고는 사고발생 30분 이내에 국토교통부장관에게 즉시 보고를 해야 한다.
> • 열차의 충돌 또는 탈선사고, 철도차량 또는 열차 화재 발생
> • 철도차량 또는 열차의 운행과 관련하여 3명 이상 사상자 발생
> • 5천만원 이상의 재산피해가 발생한 사고
> 즉시보고 대상이 아닌 그 이외의 철도사고는 사고발생 1시간 이내에 국토교통부장관에게 보고하고, 철도운영기관이 자체적으로 조사하여 초기, 중간 및 종결 보고를 해야 한다.

12 철도안전관리체계에 관한 설명에서 올바르지 못한 것은?

① 철도운영자는 인력, 시설, 장비, 운영절차 및 비상대응계획 등 철도 안전관리에 관한 유기적 체계를 갖추어 국토교통부장관의 승인을 받아야 한다.
② 철도안전관리체계 기술기준은 철도안전관리시스템, 열차운행체계 및 유지관리체계에 대한 안전프로그램의 작성요건을 규정하고 있다.
③ 승인받은 안전관리체계의 검사 결과 긴급히 필요하다고 인정하는 경우에는 시정조치를 명할 수 있다.
④ 변경신고를 하지 않고 안전관리체계를 변경한 위반행위는 1차 위반인 경우 업무정지 1개월의 처분을 받는다.

> **풀이** 철도안전관리체계의 위반행위별 처분기준에서다. 변경신고를 하지 않고 안전관리체계를 변경한 경우, 1차 위반의 처분기준은 "경고"이다.

위반행위	근거법조문	처분기준			
		1차 위반	2차 위반	3차 위반	4차 이상 위반
가. 거짓이나 그 밖의 부정한 방법으로 승인을 받은 경우	법 제9조 제1항 제1호	승인취소			
나. 법 제7조 제3항을 위반하여 변경승인을 받지 않고 안전관리체계를 변경한 경우	법 제9조 제1항 제2호	업무정지 (업무제한) 1개월	업무정지 (업무제한) 2개월	업무정지 (업무제한) 4개월	업무정지 (업무제한) 6개월

정답 11 ④ 12 ④

위반행위	근거법조문	처분기준			
		1차 위반	2차 위반	3차 위반	4차 이상 위반
다. 법 제7조 제3항을 위반하여 변경신고를 하지 않고 안전관리체계를 변경한 경우	법 제9조 제1항 제2호	경고	업무정지 (업무제한) 1개월	업무정지 (업무제한) 2개월	업무정지 (업무제한) 4개월
라. 법 제8조 제1항을 위반하여 안전관리체계를 지속적으로 유지하지 아니하여 철도운영이나 철도시설의 관리에 중대한 지장을 초래한 경우	법 제9조 제1항 제3호	업무정지 (업무제한) 1개월	업무정지 (업무제한) 2개월	업무정지 (업무제한) 4개월	업무정지 (업무제한) 6개월
마. 법 제8조 제3항에 따른 시정조치명령을 정당한 사유 없이 이행하지 않은 경우	법 제9조 제1항 제4호	업무정지 (업무제한) 1개월	업무정지 (업무제한) 2개월	업무정지 (업무제한) 4개월	업무정지 (업무제한) 6개월

13 항공사고에 관한 설명 중 올바르지 못한 것은?

① 항공사고는 항공기사고, 경량항공기사고 및 초경량비행장치사고로 구분하며, 항공기 준사고(Incident)도 포함하여 관리한다.
② 항공기 사고는 항공기 운항과 관련하여 항공기가 손상이나 구조상의 결함이 발생한 사건을 포함한다.
③ 항공기사고·준사고는 사건발생 인식 72시간 이내에 정부에 의무적으로 보고해야 한다.
④ 항공안전 자율보고는 모든 항공안전장애를 온라인 보고시스템으로 보고하고, 보고자의 신분공개를 금지한다.

풀이 ㉠ 항공안전 의무보고 : 항공법 시행규칙에 규정되어 있는 항공기사고·준사고·항공안전장애는 사건발생 인식 72시간 이내에 정부에 의무적으로 보고해야 한다.
㉡ 항공안전 자율보고 : 위험도가 경미한 항공안전장애(운항·정비·관제·공항 등 70여 개 항목)는 보고자의 신분공개를 금지하고, 보고자의 편의, 효율성 등을 위해 온라인 보고시스템을 적용한다.

14 항공안전 프로그램에 따른 안전관리 내용 중 올바르지 못한 것은?

① 항공운송사업자는 항공운송사업면허와는 별도로 항공기 안전운항 능력을 갖추었는지를 증명하는 운항증명을 정부로부터 받아야 한다.
② 운항증명을 교부하는 경우 운항하려는 항로, 공항 및 항공기 정비방법 등에 관한 운항조건과 제한사항이 명시된 운영기준을 함께 교부한다.
③ 공항운영증명을 받은 공항은 자율적·체계적·사전적 예방 방식으로 공항안전을 확보하는 내용의 안전관리시스템(SMS) 매뉴얼을 정부로부터 승인받아야 한다.
④ 항공안전감독관은 국적항공사를 대상(국내 취항 외국적항공사는 제외)으로 운항관리 및 객실안전 분야의 안전상태를 수시로 확인·검사할 수 있다.

정답 13 ④ 14 ④

> **풀이** 항공안전감독관은 국적항공사 및 국내 취항 외국적항공사를 대상으로 조종, 정비, 위험물, 운항관리 및 객실안전 분야에 대하여 항공사업 현장에서 안전상태를 수시로 확인·검사할 수 있다.

15 해양사고에 관한 설명 중 올바르지 못한 것은?

① 해양사고는 해양 및 내수면에서 선박의 운용과 관련하여 발생한 사고를 말하며, 해양오염피해가 발생한 사고는 제외한다.
② 해양사고는 「해양사고의 조사 및 심판에 관한 법률」 제2조에 따라 충돌, 접촉, 좌초, 전복, 화재·폭발, 침몰 등으로 분류한다.
③ 최근 해양사고의 발생원인은 선원의 운항과실에 의한 사고, 작업부주의 및 환경부적절에 의한 사고, 선박의 정비 불량 및 조작미숙의 순으로 많이 발생했다.
④ 해양사고는 해양안전심판원에서 사고원인을 명확하게 규명하고, 공식적인 해양사고 통계를 관리하고 있다.

> **풀이** "해양사고"란 해양 및 내수면에서 선박의 운용과 관련하여 발생한 다음의 사고를 말한다.
> 1. 선박의 구조·설비 또는 운용과 관련하여 사람이 사망 또는 실종되거나 부상을 입은 사고
> 2. 선박운용과 관련하여 선박 또는 육상·해상시설에 손상이 생긴 사고
> 3. 선박이 멸실·유기되거나 행방불명된 사고
> 4. 선박의 충돌·좌초·전복·침몰이 있거나 조종이 불가능하게 된 사고
> 5. 선박의 운용과 관련하여 해양오염피해가 발생한 사고

16 선사 및 선박의 안전관리체제(ISM) 인증심사에 관한 내용 중 올바르지 못한 것은?

① 국제해사기구(IMO)는 ISM(International Safety Management) Code에 선사가 안전관리체제 SMS)를 갖출 것을 의무화하였다.
② 외항선박 및 선사의 안전관리체제(ISM)는 정부가 인증심사를 하여 안전관리 시스템의 유효성을 검증한다.
③ 인증심사에 합격한 선박에 대해서는 선박안전관리증서를, 인증심사에 합격한 사업장에는 안전관리적합증서를 교부한다.
④ 선박안전관리증서와 안전관리적합증서의 유효기간은 5년이며, 중간인증심사와 갱신인증심사를 통해 유효성을 지속 확인한다.

> **풀이** 내항선박 및 선사의 안전관리체제(ISM Code)는 정부가 인증심사를 하고, 외항선박 및 선사는 외국 정부의 대행기관인 선급에서 인증심사를 하여 안전관리시스템의 유효성을 검증한다.

정답 15 ① 16 ②

PART 06 국가 대테러, 방범, 정보 보안

1 테러리즘의 개요
1. 테러리즘의 위협
2. 초국가적, 비군사적 위협 증대와 뉴 테러리즘의 형태
3. 테러와 대량살상무기(WMD)의 비확산 노력
4. 안전지대 없는 테러
5. 철저한 대비책 강구 필요
6. 테러의 개념(다의성·포괄성·이념성)

2 테러리즘의 정의
1. 의미
2. 다양한 정의
3. 미국의 정의
4. 영국의 「테러리즘법(Terrorism Act)」의 정의
5. 100개 이상의 테러리즘에 대한 정의

3 테러리즘의 유형
1. 정치적 성향에 따른 분류 : 적색, 백색, 흑색 테러
2. 국가의 개입 여부에 따른 분류
3. 사용주체에 따른 분류 : 위로부터의 테러와 아래로부터의 테러
4. 테러 동기에 따른 분류 : 광인형·범죄형·순교형

4 테러의 공격형태
1. 요인 암살(Assassination)
2. 인질 납치(Hostage Taking)
3. 자살폭탄 및 폭파 테러
4. 항공테러리즘(Aviation Terrorism)
5. 해상 테러리즘
6. 사이버 테러리즘
7. 대량살상무기 테러리즘

국가 대테러, 방범, 정보 보안

01 테러리즘의 개요

1. 테러리즘의 위협

테러리즘(Terrorism)의 위협은 오늘날 국제사회가 직면하고 있는 가장 심각한 안보문제 중의 하나이다. 미국의 미시간주립대학 지리학과 교수 하름 데 블레이(Harm de Blij)는 그가 쓴 『왜 지리학이 중요한가 : 미국이 직면한 세 가지 도전 : 기후변화, 중국의 도전, 그리고 글로벌 테러리즘』(Why Geography Matters : Three Challenges Facing America : Climate Change, The Rise of China, and Global Terrorism)이라는 책 속에서 미국의 관점에서 '기후변화, 중국의 부상, 국제 테러리즘'이라는 세 가지 도전을 21세기를 이해하는 키워드로 삼고 있다. 이와 관련해서 "미국의 힘, 중국의 도전, 테러리즘 세 가지를 알면 21세기가 보인다."는 말도 나오고 있다.

2. 초국가적, 비군사적 위협 증대와 뉴테러리즘의 형태

오늘날 세계 안보환경의 두드러진 특징은 국가 간 전면전의 가능성은 줄었으나 테러, 대량살상무기 확산 등 초국가적·비군사적 위협이 증대되었고, 과거 잠재되었던 갈등요인들이 표면화되면서 국가안보에 대한 위협의 성격이 다양하고 복잡하게 되었다는 점이다. 지난 2001년 미국에서 발생한 9·11테러는 일개 테러조직에 의해 미국과 같은 초강대국도 전쟁에 버금가는 재산 및 인명의 손실을 입을 수 있고 정신적 공황에 가까운 충격과 위기감에 휩싸일 수 있음을 보여 주었다. 이를 통해 국가 이외의 조직이나 세력에 의한 예측 불가능한 테러의 위협이 국가안보의 중요한 영역으로 인식되었다.

새로운 형태의 테러리즘(New Terrorism)은 그 세력이 영토나 국경을 초월하여 범세계적으로 네트워크로 연결되어 있어 실체를 찾기 어렵고 시기와 장소를 예측할 수 없다는 특징을 보여주고 있다. 세계 도처에 산재해 있는 초국가적 테러 위협은 전통적인 적과 위협의 개념, 그리고 위협에 대한 대비개념을 근본적으로 바꾸어 놓았다.

3. 테러와 대량살상무기(WMD)의 비확산 노력

9·11테러로 미국 주도하에서 테러와의 전쟁이 시작되었고 지난 2002년에는 아프가니스탄 전쟁에 의해 탈레반 정권이 무너지고, 2003년에는 이라크 전쟁에서 사담 후세인이 축출됨으로써, 조지 W. 부시(George W. Bush) 당시 미국 대통령은 2003년 5월 1일 이라크 전쟁에서 승리했다고 선언한 바 있다. 그러나 미국은 사담 후세인과의 전쟁에서는 승리했지만 이슬람테러리스트들과 새로운 전쟁을 하지 않을 수 없게 되었고, 지금도 세계 도처에서 테러사건들이 발생하고 있다. 더욱이 9·11테러를 자행한 '알 카에다(Al-Qaeda)'가 국제적 네트워크를 가진 테러집단이라고 알려지면서, 테러와 대량살상무기(WMD) 확산방지문제는 일부 국가에 국한된 것이 아니라 전 세계 차원의 문제이므로 국가 간 공조가 필수적이라는 인식이 대두되게 되었다. 따라서 9·11테러 이후 국제사회의 안정과 평화에 심각한 위협으로 인식되고 있는 테러와 대량살상무기의 확산 및 연계를 예방하기 위해 유엔을 중심으로 테러와 비확산 노력이 강구되고 있다.

4. 안전지대 없는 테러

오늘날 테러리즘은 더 이상 중동과 유럽의 몇몇 국가에 국한된 문제가 아니고, 테러리즘의 안전지대가 존재하지 않을 정도로 전 세계의 모든 국가들이 직면하고 있는 심각한 문제이다. 9·11테러 참사로 세계 안전의 상징이었던 미국, 그것도 심장부를 테러함으로써 더 이상 테러의 안전지대는 사라졌다. 이제 세계 어느 나라도 테러의 위협으로부터 자유로운 국가는 존재하지 않으며 한국의 경우도 예외는 아니다. 지난 2007년 아프가니스탄 선교봉사단 피랍과 소말리아 해상 '마부노'호 피랍사건 등의 사례에서 보듯이 최근 국내외에서 테러 발생 가능성이 상존하고 있다.

5. 철저한 대비책 강구 필요

더욱이 테러리즘과 관련해서는 한국은 특수한 상황에 처해 있다. 전략·전술적인 측면에서 세계 최고 수준의 다양한 테러리즘 능력을 갖추고 있는 북한과 상시 대처하고 있기 때문이다. 북한은 그동안 청와대 기습사건, 미얀마 랑구운사건, 대한항공 858기사건 등 여러 차례에 걸쳐 대남 테러리즘을 자행한 바 있어 향후 북한에 의한 테러리즘의 가능성도 전혀 배제할 수는 없는 상황이다. 따라서 국제테러리즘 및 북한의 테러리즘과 관련해서 우리의 철저한 대비책이 요구된다고 할 수 있다.

6. 테러의 개념(다의성·포괄성·이념성)

테러리즘(Terrorism)은 특정 목적 달성을 위해 행해진 테러행위를 총칭하는 말로서 테러(Terror)보다 이념성·포괄성을 함축하고 있는 개념이다. 우리나라에서는 테러리즘과 테러를 구분하지 않고 같은 의미로 혼용하고 있다. 또한 외국의 경우 주로 공식문서에는 테러리즘(Terrorism)을, 비공식 문서에는 테러(Terror)를 사용하는 경향이 있고, 미국이나 영국의 대테러 관련법, 조직명칭, 보고서 등에는 반드시 테러리즘(Terrorism)이란 표현을 사용하고 있지만, 시사잡지나 신문 등에서는 테러리즘(Terrorism)과 테러(Terror)를 혼용(混用)하고 있다.

사실 전혀 상반된 입장을 취하는 이해 당사자 모두가 동의할 수 있는 테러의 정의를 내린다는 것은 결코 쉬운 일이 아니다. 테러리즘이 포괄성과 이념성을 지닌 용어이다 보니 정의를 내리는 것조차도 간단하지 않다. 동일한 사건을 관점에 따라 테러리즘으로 규정하기도 하고, 어떤 경우에는 단순한 일반범죄로 취급하기도 하며, 다른 시각에서는 애국적인 행위로 평가하기도 한다. 한 예로 영국정부는 아일랜드공화국군(IRA ; Irish Republican Army)의 모든 공격을 테러리즘으로, 그리고 IRA요원들을 테러리스트로 규정하고 있다. 반면에 IRA를 추종하는 사람들이나 리비아 등 IRA를 직접 혹은 간접적인 방법으로 지원하고 있는 국가들은 IRA의 행위를 민족주의해방운동(National Liberation Movement)으로 그리고 Ira요원들을 자유투사(自由鬪士, Freedom Fighter)로 규정하고 있는 실정이다.

심지어 미국의 경우 중앙정보국(CIA ; Central Intelligence Agency), 연방수사국(FBI ; Federal Bureau of Investigation), 국무부, 법무부 그리고 국방부가 각각 다른 테러리즘 정의를 채택하고 있다. 분명한 것은 테러는 사회 전체를 공포상태에 몰아넣는 행위로서 민간정부에게 정치적 요구를 관철하기 위해 비무장 민간대중을 공격하는 행위이다. 테러인가 아닌가를 결정하는 데 있어서 사용된 무기의 종류는 묻지 않는다. 테러의 표적(Target)이 누구인가, 그 동기는 무엇인가가 테러를 정의하는 결정요소라 할 수 있다. 테러의 표적은 무고한 시민이고 그 동기는 정치적이어서 해당 정권의 특정 행동을 요구한다. 개인적 목적을 위해 무차별 대중을 공격하는 행위는 테러가 아니라 범죄일 따름이고 군사시설에 대한 공격은 테러가 아니라 전쟁인 것이다. 테러리즘은 오늘날 국제사회가 당면한 가장 심각한 문제 중의 하나임에도 불구하고 지금까지 '테러리즘이 무엇인가'에 대한 부편적인 정의(定義, Definition)조차 존재하지 않는다. 이는 테러리즘 개념 자체가 난제임을 반증하는 것이다. 테러리즘의 동기, 대상, 범위, 주체, 이념 등의 포함 여부 그리고 학자들과 테러리즘 전문가들의 시각에 따라 테러리즘이 달리 정의됨으로써 테러리즘의 정의와 성격규정에 대한 연구와 논쟁은 끊임없이 계속되고 있다.

02 테러리즘의 정의

1. 의미

1) 국어사전적 의미

먼저 테러(Terror)의 국어사전의 의미를 보면, "폭력(수단)을 사용하여, 상대를 위협하거나 공포에 빠뜨리는 행위"이다. 최근에 나온 영어사전의 의미를 보면 the violent action or the threat of violent action that is intended to cause fear, usually for political purposes(대개 정치적 목적을 위해 두려움을 주기 위한 폭력 행위 또는 그러한 위협)로 정의하고 있다. 여기서 테러는 단순한 폭력행위가 아니라, ① 미리 계획된 고의적인 폭력행위, ② 정치적 동기에서 유발된 폭력행위, ③ 민간인을 공격목표로 하는 폭력행위, ④ 국가의 정규군대가 아닌 조직이나 단체에 의해 수행되는 폭력행위라 할 수 있을 것이다.

테러와 구별된 테러리즘(Terrorism)이란 "폭력으로 반대파를 눌러 자기들의 주장을 관철하려는 정치상의 주의(主義, Ism), 즉 폭력주의"라 할 수 있다. 그리고 테러리스트(Terrorist)란 테러리즘을 신봉하는 사람, 즉 폭력주의자라고 할 수 있다. 그런데 전술한 테러(Terror)라는 말은 테러리즘(Terrorism)의 약어(略語) 또는 동의어(同義語)로, 그리고 테러리스트(Terrorist)의 약어로도 사용됨으로써 테러는 테러리즘 및 테러리스트와 사실상 혼용되고 있기 때문에 테러와 테러리즘의 엄밀한 구별은 특별한 경우를 제외하고는 무의미하다고 할 수 있다.

2) 정치학대사전적 의미

한국에서 발간한 『정치학대사전』(박영사, 1980)을 보면, 정치학에 있어서 테러리즘(Terrorism)은 폭력주의(暴力主義)에 입각한 공포정치(Reign of Terror) 또는 암흑정치(Dark Politics)라고도 불린다. 단순한 폭력이나 강제와는 달리 정부 또는 소위 혁명단체에 의해 조직적·집단적으로 행해지는 공포수단을 말한다. 즉 정치적 위기에 처한 권력 담당자가 비밀경찰·헌병 기타의 직접적 권력을 가지고 정치적 반대파를 탄압하며 강행하는 정치적 행동주의를 말한다.

3) 백과사전적 의미

『브리태니커세계대백과사전』(Britianna World Encyclopedia)은 "테러리즘이란 정치적 목적을 달성하기 위해 정부나 대중 또는 개인에게 위해를 가하거나 예측할 수 없는 폭력을 사용하는 조직적 행위(the systematic use of violence to create a general climate of fear in a population and thereby to bring about a particular political objective)"라고 규정하고 있다.

2. 다양한 정의

1) UN 안보위원회 결의

UN 안보위원회 결의 1373호(2001.9.28)에서는 "테러리즘이란 민간인을 상대로 하여 사망 혹은 중상을 입히거나 인질로 잡는 등의 위해를 가하여 대중 혹은 어떤 집단의 사람 혹은 어떤 특정한 사람의 공포를 야기시킴으로써 어떤 사람, 대중, 정부, 국제 조직 등으로 하여금 특정 행위를 강요하거나 혹은 하지 못하도록 막고자 하는 의도를 가진 범죄행위"라고 규정하고 있다.

2) 아레긴-토프트(Ivan Arreguin-Toft) : 소수의 극단주의자의 수단

아레긴-토프트(Ivan Arreguin-Toft)에 따르면 "테러는 대중적 기반이 없는 소수의 극단주의자들이 자신들의 목적을 비정상적인 방법을 통해 획득하기 위해 유괴, 암살, 폭파, 공중납치, 해상납치 등 명백하고도 비합법적인 폭력을 통해 군사적으로 압도적인 우위에 있는 적으로부터 그들의 목적을 달성하고자 하는 정당하지 못한 수단"이라는 것이다.

3) 해커(Fredrich J. Hacker) : 폭력 및 공격과 연계

해커(Fredrich J. Hacker)는 테러를 폭력 및 공격과 연계하여 설명해주고 있다. 모든 폭력이 공격적이지만 모든 공격이 다 폭력적인 것은 아니다. 불가피하게 공격적인 속성을 가지는 것에는 언어에 의한 공격, 즉 논쟁, 서로 간의 경쟁, 어떤 분야에 있어서의 공격적인 탐구 등 수많은 형태가 있다. 그러나 이들을 모두 폭력이라고 하기보다는 오히려 개별적으로나 집단적으로 볼 때 창조적·생산적 성격을 갖는 경우도 있다는 것이다. 또 모든 폭력적 행동이 다 테러의 성격을 갖는 것은 아니다. 테러리즘은 대중의 행동, 사상, 감정을 테러리스트(Terrorist) 자신들의 행동, 사상, 감정과 일치하는 방향으로 변화시키는 것을 목적으로 하는 최후수단이라는 것이다.

4) 윌킨슨(Paul Wilkinson) : 테러집단의 정치적 목적달성을 위한 행위

그런가 하면 테러리즘 연구의 세계적인 권위기관인 갈등테러리즘조사연구소 (RISCT ; Research Institute for the Study of Conflict and Terrorism)의 윌킨슨(Paul Wilkinson)은, 테러리즘은 "조직적인 살해 및 파괴 그리고 살해와 파괴에 대한 협박을 함으로써 개인, 단체, 특정공동체 혹은 정부를 공포의 분위기로 몰아 넣어 테러집단의 정치적 목적을 달성하려고 하는 행위"라고 정의하고 있다. 테러리즘은 학자나 연구기관은 물론 국가기관에 따라서도 다양하게 정의되고 있으며, 보편적 정의를 찾아보기 어렵다. 심지어는 미국의 경우 중앙정보국(CIA ; Central Intelligency Agency), 연방수사국(FBI ; Federal Bureau of Investigation), 국무부, 법무부 그리고 국방부가 각각 다른 테러리즘 정의를 채택하고 있는 실정이다.

3. 미국의 정의

1) 미국 연방수사국(FBI), 중앙정보국(CIA)의 정의

미국 연방수사국(FBI)은 테러리즘을 '정치·사회적 목적에서 정부나 시민들을 협박 및 강요하기 위해 사람이나 재산에 가하는 불법적인 폭력의 사용'으로 규정하고 있다. 미 중앙정보국(CIA)은 "테러리즘은 개인 혹은 단체가 기존의 정부에 대항하거나 혹은 대항하기 위해서든 직접적인 희생자들보다 더욱 광범위한 대중들에게 심리적 충격 혹은 위협을 가함으로써 정치적 목적을 달성하기 위해 폭력을 사용하거나 폭력 사용에 대한 협박을 하는 것이다."라고 정의하고 있다.

2) 미국 국방부의 정의

한편 미국 국방부는 1983년과 1986년에 각기 다른 테러리즘에 관한 정의를 내린 바 있다. 1983년 정의에 의하면 "테러리즘은 혁명기구가 정치적 혹은 이데올로기적 목표달성을 위해 정부 혹은 사회를 위압하거나 협박하는 수단으로 개인과 재산에 대한 비합법적인 폭력을 사용하거나 폭력사용에 대한 협박을 하는 것이다."라고 정의하고 있다. 1986년 정의에 의하면 "테러리즘은 정치, 종교, 이데올로기적 목적 달성을 위해 정부 혹은 사회에 대한 위압 혹은 협박의 수단으로 개인 혹은 재산에 대해 비합법적인 힘 혹은 폭력을 사용하거나 비합법적인 힘 혹은 폭력사용에 대한 협박을 하는 것이다."라고 규정하고 있다.

3) 미국무부의 정의

미국무부가 2008년 4월에 낸 연례보고서인 『2008 테러리즘 국가보고서』(Country Report on Terrorism 2008)는 국제테러리즘, 테러리즘, 테러리스트 집단과 관련해서 다음과 같이 정의하고 있다. 먼저 국제테러리즘(International Terrorism)이란 용어는 "2개국 이상의 시민 또는 영토를 포함하는 테러리즘(terrorism involving citizen or the territory of more than one country)"을 의미한다고 규정하고, 다음으로 테러리즘(Terrorism)이란 "준국가 단체 혹은 국가의 비밀요원이 다수의 대중에게 영향력을 행사하기 위해 비전투원을 공격

대상으로 하는 사전에 치밀하게 준비된 정치적 폭력(premeditated, politically motivated violence perpetrated against noncombatant targets by subnational groups or clandestine agents)"을 의미한다고 규정하며, 끝으로 테러리스트 집단(Terrorist Group)은 "국제테러리즘을 실행하거나 실행하는 주요 하위집단을 가진 모든 집단(any group practicing, or which has significant subgroups which practice, international terrorism)을 의미한다."고 규정해 놓고 있다.

4. 영국의 「테러리즘법(Terrorism Act)」의 정의

2000년에 제정된 영국의 「테러리즘법(Terrorism Act)」은 테러리즘이란 "정부에 영향을 주거나 일반대중 또는 공공부문을 협박하려는 행동 또는 위협, 그리고 정치적, 종교적, 또는 이념적 목적을 얻어내려는 폭력행동 또는 그 위협(use or threat of action designed to influence the government or to intimidate the public or a section of the public, and the use or threat is made for the purpose of advancing political, religious or ideological cause)이라고 규정하고 있다.

5. 100개 이상의 테러리즘에 대한 정의

이처럼 한 국가 내에서도 테러리즘에 대한 정의에 관한 합의(Consensus)를 기대하기 힘들고, 시대에 따라 미비한 테러리즘의 정의를 보완하는 점을 인정한다고 하더라도 한 부서 내에서조차 서로 다른 정의를 사용하고 있음을 알 수 있다. 또한 학자들은 각자의 주장이나 이론에 따라 각기 다른 테러리즘의 정의를 내리고 있다. 한 연구결과에 의하면 지금까지 100개 이상의 테러리즘에 대한 정의가 학자들과 각 국가 및 국제기구 등에 의해 제시되어 온 것으로 조사된 바 있다.

테러리즘은 학자나 연구기관에 따라서 다양하게 정의하고 있으나, 그 내용을 종합하여 보면 테러리즘은 주권국가 혹은 특정 단체가 정치, 사회, 종교, 민족주의적인 목표달성을 위해 조직적이고 지속적인 폭력의 사용 혹은 폭력의 사용에 대한 협박으로 광범위한 공포분위기를 조성함으로써 특정 개인, 단체, 공동체 사회, 그리고 정부의 인식변화와 정책의 변화를 유도하는 상징적·심리적 폭력행위의 총칭이다.

03 테러리즘의 유형

테러리즘의 유형은 참으로 다양하다. 고전적 테러리즘에 대비하여 뉴테러리즘(New Terrorism)이라는 용어도 널리 사용되고 있고, 최대한 많은 인명을 살해함으로써 사회를 공포와 충격으로 몰아넣은 최근의 테러리즘의 경향을 의미하는 메가테러리즘(Megaterrorism)이나 특정 인물이나 계층을 상대로 벌이는 테러와는 달리 불특정 다수를 향한 테러리즘을 일컫는 슈퍼테러리즘(Superterrorism)이란 용어도 널리 사용되고 있다. 테러리즘의 역사적·사회적·경제적 배경과 테러조직의 형태 및 그 구성원들의 특성, 테러활동의 다양한 양상으로 인해 어려움이 더욱 가중되고 있는 까닭에 테러리즘에 대한 유형분류가 쉽지 않기 때문이다. 단순한 기준으로 분류하는 것보다는 다양한 시각 또는 관점을 포함하는 복합적 기준으로 분류하는 것이 보다 더 적절할 것으로 생각된다. 따라서 여기서는 정치적 성향, 국가개입 여부, 사용주체, 테러동기 등에 따른 유형을 각각 살펴보기로 한다.

1. 정치적 성향에 따른 분류 : 적색, 백색, 흑색 테러

1) 적색 테러리즘(Red Terrorism)

정치적 성향에 따른 테러리즘은 ① 적색 테러리즘, ② 백색 테러리즘, ③ 흑색 테러리즘으로 분류가 가능하다. 첫째는 적색 테러리즘(Red Terrorism)이다. 이것은 프랑스 혁명 당시 혁명파가 주도한 테러리즘을 지칭했으나 냉전기 이후로는 좌익(또는 좌파)이나 소외계층에 의한 테러리즘을 말한다. 즉 1789년 프랑스 혁명 당시 J. 마라(Jean-Paul, Marat) G.J. 당통(Georges-Jacquesm, Danton), 로베스 피에르(Maximilien-Francois-Marie-Isadore de Robespierre) 등과 같은 개혁을 주창하던 혁명파가 주도한 테러를 '적색 테러'라고 했으며, 개혁을 반대하는 반혁명파의 보복 행위를 '백색 테러'라고 불렀다. 이러한 백색 테러와 적색 테러가 냉전기를 거치면서 그 의미가 조금 변했는데, 백색 테러는 우익에 의한 테러 행위를, 적색 테러는 좌익에 의한 테러 행위를 의미하고 있다. 대표적인 적색 테러로는, 볼셰비키가 이끄는 러시아에서 당시 지도자였던 블라디미르 레닌(Vladimir Lenin)의 암살기도 사건 후, 볼셰비키 공산당에 의해 자행된 테러로 사상자가 1만여 명에 이르렀다.

2) 백색 테러리즘(White Terrorism)

둘째는 백색 테러리즘(White Terrorism)이다. 극우파가 정치적 목적달성을 위해 벌이는 암살, 파괴 등의 테러리즘을 가리킨다. 다시 말해서 이것은 기득권 세력 자신의 기득권과 이익(국익)을 지켜내고, 더 나아가 적색 테러리즘을 종식시키기 위해 암살과 억압, 침략과 전쟁도 일삼는 기득권 세력에 의한 반(反)테러리즘을 말한다. 발생적으로는 적색 테러리즘이 기본형태인데 프랑스혁명 중에 백색 테러리즘이 나타났다. 즉 1795년 프랑스 혁명 중에 일어난 혁명파에 대한 왕당파의 보복(Terreur blanche dans le Midi)이 백색 테러리즘의 시원(始源)으로 꼽히기도 한다. 또 다른 대표적인 백색 테러리즘으로 장개석 총통이 이끈 국민당이 대만으로 이주하면서 공산당 성향을 지닌 사람들에 대한 무차별적인 탄압사건을 지목하기도 하는데, 2주 동안 2만 8천 명이 사망해서 228사건이라고도 한다. 또 다른 예를 든다면 미국의 인종차별단체인 KKK단(KuKluxKlan) 및 남아메리카의 극우 암살단도 백색 테러단체라 할 수 있다.

3) 흑색 테러리즘(Black Terrorism)

셋째는 흑색 테러리즘이다. 이것은 독일 나치 및 친위대 잔당세력의 대유태인 공격 행위를 말한다. 좌우이념 대립의 시기에는 공산주의자에 의한 테러를 적색 테러, 기득권력층에 의한 테러를 백색 테러, 무정부주의자에 의한 테러를 흑색 테러라고 구분하기도 하였다. 타민족이나 타종교인에 가하는 흑색 테러리즘이 있다고 한다면 선진국이라 할지라도 시급히 해결되어야 하는 사회문제가 아닐 수 있다.

2. 국가의 개입 여부에 따른 분류

이것은 특정국가가 테러에 개입되었는지 여부, 그리고 1개국 이상의 국민이나 영토가 테러에 관련되었는지 여부에 따른 분류로서 크게 ① 국내 테러리즘(Domestic Terrorism), ② 국가 테러리즘(State Terrorism), ③ 국가 간 테러리즘(Interstate Terrorism), ④ 초국가적 테러리즘(Transnational Terrorism) 등 4가지로 구분된다.

1) 국내 테러리즘(Domestic Terrorism)

첫째는 국내 테러리즘이다. 이것은 어떤 국가의 국민으로 구성된 반국가적·반정부적 단체가 자국 내에서 자행하는 테러행위를 말한다. 다시 말해서 1개 국가의 국민과 영토 내에서 이루어지는 테러행위로서 북아일랜드의 아일랜드공화국군(IRA ; Irish Republican Army) 등을 들 수 있다.

2) 국가 테러리즘(State Terrorism)

둘째는 국가 테러리즘이다. 이것은 한 국가의 정부가 정권의 유지를 위해 반정부세력이나 개인에게 가하는 강제적 테러리즘을 말하며 관제테러리즘이라고도 한다. 1930년대 소련의 숙청과 경찰국가들의 고문 등이 여기에 해당된다고 할 수 있다.

3) 국가 간 테러리즘(Interstate Terrorism)

셋째는 국가간 테러리즘이다. 이것은 타국의 국민이나 영토와 관련되고 어느 주권국가의 정부당국에 의해 지휘나 통제를 받는 개인이나 집단에 의해 행해지는 테러리즘을 말한다. 예컨대 이스라엘 정부당국의 지휘 통제에 따라 이스라엘 특공대원 등이 팔레스타인 해방기구(PLO) 간부들이 식사하고 있는 식당을 습격·공격하는 것 등이 국가 간 테러리즘의 예라고 할 수 있다.

4) 초국가적 테러리즘(Transnational Terrorism)

넷째는 초국적 테러리즘이다. 이것은 국제법상 주권국가로 승인받지 못한 단체들이 테러리즘의 주체가 되어 그 단체 및 그 단체에 소속된 개인에 의해 행해지는 테러리즘을 말한다. 이는 테러리즘의 발생에 대해서 호의적인 정부로부터의 정신적·물리적 지원 여부와는 관계없이 비국가적 독립된 행위자에 의해 행해지는 외국의 국민이나 영토와 관련된 테러리즘을 말한다. 팔레스타인 해방기구(Plestine Liberation Organization) 산하에서 창설·활동중인 각종 테러리즘 조직에 의한 외교관 납치, 선박습격, 하이재킹, 대사관 점거, 인질납치사건 등이 대표적인 사례라고 할 수 있다.

3. 사용주체에 따른 분류 : 위로부터의 테러와 아래로부터의 테러

테러리즘의 시대로도 불리는 현대에 있어서 테러는 위로부터의 테러와 아래로부터의 테러는 물론 좌·우익 가릴 것 없이 자행되고 있다. 사용주체에 따른 분류란 테러행위의 주체가 지배계층이냐 아니면 피지배계층이냐에 따른 분류로서 위로부터의 테러리즘과 아래로부터의 테러리즘이 바로 그것이다. 이 분류는 해커(Frederich J. Hacker) 등이 제시한 것으로 지배계층에 의한 테러가 위로부터의 테러이고 피지배계층에 의한 테러가 아래로부터의 테러이다. 그에 따르면 위로부터의 테러는 언제나 조직적이고, 아래로부터의 테러는 단독적으로 이루어질 수도 있고 다양한 집단의 협조하에 이루어지기도 한다는 것이다.

4. 테러 동기에 따른 분류 : 광인형·범죄형·순교형

해커(Frederich J. Hacker)는 전술한 바와 같이, 먼저 테러리즘이 권력자에 의한 테러리즘이냐 피지배층에 의한 테러리즘이냐 따라 위로부터의 테러리즘과 아래로부터의 테러리즘이라고 분류한 데 이어서 테러 동기에 따라 광인형·범죄형·순교형(가장 전형적이고도 다양한 변화가능성을 지니고 있음)으로 분류한 후 두 분류를 연결지어 설명해주고 있다.

먼저 광인형은 마치 정서적으로 이상이 있는 사람이 다른 사람들이 볼 때는 도저히 상식적으로 이해하기 힘든 그 자신만의 목적을 가지고 행동하듯 완전한 정신병자나 다름없이 행동하는 유형이라 할 수 있다. 범죄형은 자신의 사적 이익을 취할 목적으로 불법적인 수단을 사용하는 경우이다. 범죄형 테러리스트들은 다른 보통사람들이 원하는 것과 똑같은 것을 구하지만, 그들이 자신의 목표를 사회적으로 도저히 용납할 수 없는 수단으로 추구하는 것이 다른 점이다. 순교형의 경우 이상주의적 동기를 갖고서 개인적 이익보다도 집단적 목표를 위해 위세와 권력을 추구하면서 보다 높은 대의(大義)를 위해 헌신한다고 믿고 있다. 하지만 순수한 이상형을 실제로 가려내기는 좀처럼 어려운 점이 있다. 테러리스트의 광인형·범죄형·순교형으로의 분류는 어느 정도 유용하고 때에 따라서는 필수적인 것이다. 그 이유는 이러한 구분은 테러리스트들의 도전에 대응함에 있어서 여러 종류의 행동방식을 결정해주기 때문이다.

전술한 광인형 테러리스트들은 거의가 단독행동을 잘하며, 범죄형은 기업과 같은 조직을 가지며, 순교형은 일반적으로 군대식 조직을 갖는다는 것이다.

테러리스트들은 항상 그들의 행동에 대해 철저하게 정당성을 가진다고 확신하고 있다. 테러리스트들이 제기하는 갈등의 근원은 대개 애매한 것이며, 인위적으로 상대방의 특정한 공격적 행동을 선택하여 거기에 모든 원인을 돌리려고 하는 것이 보통의 사례이다.

테러의 희생자들은 무차별적이지만 대개의 경우 죄가 있든 없든 상관없이 희생자의 사회적 명성이나 교환가치에 기준해서 신중하게 선택되기도 한다. 희생자들은 협박과 공포의 조성 및 이득을 얻어내기 위한 도구로 쓰여진다. 또한 당장의 희생자들보다도 희생자들을 이용해서 얻어내고자 하는 궁극적 목적이 테러가 진정으로 노리는 과녁이다.

04 테러의 공격형태

테러의 공격유형은 테러의 수단과 방법을 기준으로 하여 구분해 볼 때, ① 요인암살테러, ② 인질 납치테러, ③ 자살폭탄 및 폭파테러, ④ 항공기 납치 및 폭파테러, ⑤ 해상선박납치 및 폭파테러, ⑥ 사이버테러, ⑦ 대량살상무기테러 등이 있다.

1. 요인 암살(Assassination)

요인암살은 역사적으로 가장 오래된 테러의 한 형태로 특정 인물을 은밀한 방법으로 살해하는 행위에서 시작하여 근래에는 공공연하게 특정인물은 물론 특정 민간인들에 대해서도 무자비한 공격을 가하는 데까지 이르렀다. 제2차 세계대전 직후 인도의 간디(M.K. Gandhi)가 암살된 후 1986년 스웨덴의 팔메(S.O.J. Palme) 수상이 암살되기까지 수많은 국가지도자 및 주요 정치지도자들이 희생됨으로써 요인암살은 테러리즘의 주요 형태이다. 요인암살은 특정국가의 집권자나 정치지도자를 암살하여 그 사회의 구성원들에게 공포심과 불안감을 조성함으로써 구성원 간의 상호 단결의 와해, 그리고 정권의 붕괴를 낳게 하려는 데 그 목적이 있다. 요인암살의 주요수단으로는 총기류와 폭탄이 가장 널리 사용되고 있다. 특히 폭탄공격은 19세기 초 러시아의 카파르치라는 화학자가 암살용으로 폭탄을 발명했을 때만 해도 신뢰도가 극히 낮고 성능도 원시적인 단계에서 벗어나지 못했지만, 현대의 폭탄은 폭파기술의 발달과 원격조정장치의 개발로 가히 가공할만한 성능을 가지게 되었다. 최근에는 전통적인 금속탐지기로는 발견해 낼 수 없는 셈텍스(Semtex)와 같은 플라스틱 폭탄이 등장하여 이에 대한 대처방안이 더욱 어려워지고 있는 실정이다.

2. 인질 납치(Hostage Taking)

인질납치는 남미의 혁명분자들이 1960년대 초에 주로 사용했던 방법으로 현재는 테러리스트들이 항공기 납치만큼 즐겨 쓰는 방법이다. 작전에 참여했다가 체포되어 수감되어 있는 동료 테러리스트의 석방을 위한 방편으로 사용하거나 혹은 인질을 볼모로 하여 정치적 혹은 물질적인 양보를 얻어내기 위해 사용하는 전술이다.

인질납치는 위험부담이 아주 적으면서 정치적 선전효과는 상대적으로 높아 1960년대 후반부터 급증해 1980년대에는 전 세계적으로 커다란 문제가 되었다. 1976년과 1986년 사이에 전 세계적으로 약 2,500여 차례의 인질납치사건이 발생했으며, 이 중 정치적 목적달성을 위한 목적으로 저질러진 사건은 10% 정도인 230여 차례나 발생했다. 1990년대에 들어서는 이슬람 원리주의 단체 등이 인질납치를 선호하지 않아 대폭 감소하였으나, 최근 테러와의 전쟁의 무대인 아프가니스탄과 이라크 등에서 테러단체의 인질납치가 다시 증가하고 있다.

3. 자살폭탄 및 폭파 테러

이것은 최근 테러의 전형(典型)으로 인식되고 있는 것으로서 지상에서 차량이나 사람의 몸에 폭탄을 지니고 목표지점에서 자폭하는 자살폭탄테러와 국가통치시설, 정보산업시설, 전력교통설비, 국방시설, 댐시설, 대형건물 등 국가의 중요시설과 자원을 폭파(혹은 방화)하는 폭파 테러를 말한다. 특히 중동지역 테러의 경우 폭약을 가득 실은 트럭이나 자동차를 이용하거나 혹은 자신의 몸에 폭탄을 장착한 채 목표물에 돌진하는 자폭공격은 가장 자주 쓰이는 방식임을 알 수 있다.

자살폭탄 및 방화테러는 테러리스트들이 시간과 장소를 용이하게 선택할 수 있어서 사전에 경계 및 방어가 극히 어렵다는 특성이 있다. 또한 폭탄의 살상도와 파괴력이 급격히 확대되고 있어 테러로 인한 피해규모도 증가하고 있다.

4. 항공테러리즘(Aviation Terrorism)

항공기에 대한 테러리즘은 크게 항공기 납치(Aircraft Hijacking), 공중폭파(Sabotage Bombing of Airborne Aircraft) 그리고 공항시설과 항공기이용객에 대한 공격(Attacks Against Airline Facilities and Their Users) 등이 주로 자행되어 왔다. 최근에는 테러의 수법이 대형화되면서 항공기납치가 테러에서 많이 사용되는 추세이다. 특히 2001년 9·11테러는 납치된 항공기를 이용하여 또 다른 목표를 공격함으로써 전쟁수준의 엄청난 참사를 가져올 수 있음을 보여준 항공테러리즘의 새로운 형태라고 할 수 있다.

항공 테러리즘은 초창기에 동구 공산권 국가에서 서방자유국가로 탈출하여 정치적 망명을 하기 위한 수단으로 사용되었는데, 최근에는 특정세력의 목적 달성을 위한 수단으로 확산되고 있다. 제2차 세계대전 이후 동서진영으로 나누어져 공산권 국가들과 심각한 이데올로기 대결을 벌였던 서방국가들은 자유민주주의체제의 우월성을 과시하기 위해 공산주의 국가에게 서방자유진영국가로 항공기를 납치하는 하이재커(Hijacker)에 대해 대부분 아무런 처벌 없이 정치적 망명을 허락하거나 심지어는 이들 하이재커들을 영웅시하는 경향을 보이기도 했다. 이러한 경향은 항공기 납치를 촉진시키는 요소로 작용하기도 한 것이다.

1960년 중반 이후 점차 테러리스트들이 항공기 납치를 통해 그들의 정치적 목적을 달성하기 위한 수단으로 이용함으로써 항공기 납치는 심각한 문제로 등장하였다. 1968년과 1972년 사이에 절정을 이룬 항공기 납치는 1969년 한 해만해도 85건이 발생하여 일주일에 약 2회 정도 발생했었다. 항공기테러 중 항공기테러가 수적으로 많은 이유는 테러리스트들이 그들의 정치적 목적을 주장하는데, 적은 인력과 비용으로 짧은 시간에 최대한의 효과를 발휘할 수 있는 방법이 항공기 납치임을 알고 있기 때문이다. 특히 국제교류 증대로 인해 항공기 이용객은 다양한 국적의 국민들이어서 항공기 납치가 발생만 하면 국제적인 이목을 모을 수 있고, 통신체계발달로 전 세계 구석구석까지 TV를 통해 테러리스트들은 그들의 정치적 목적을 손쉽게 알릴 수 있다는 점이다. 또한 항공기이용객을 인질로 삼아 공격목표 대상국가를 위협할 수 있다는 것이 항공기 납치 증가의 원인이기도 하다. 윌킨슨이 말하듯이 테러리즘을 가장 전형적인 심리전 전술이라고 한다면, 실제로 테러리스트들은 민간인 한 명을 살해하여 수많은 사람을 공포로 몰아가는 것을 모토로 삼고 있다. 테러리스트들은 PAN Am 103기와 KAL 858기 사건처럼 많은 인명을 살상함으로써 위협이 위협만으로 끝나지 않음을 보여주기도 하지만 그들은 많은 수의 사람을 살상하는 것보다는 많은 수의 사람들이 목격(目擊)하기를 더 바라고 있다. 이러한 목적달성을 위해 테러리스트들은 항공기 납치 보도매체를 교묘하게 이용하고 있다. 9·11테러가 보여주듯이, 최근 항공테러리즘은 대상국의 많은 사람들의 인적·물적 피해를 더욱 가중시키는 새로운 양상으로 변하고 있음을 알 수 있다.

5. 해상 테러리즘

이것은 해상의 선박을 납치 및 폭파하거나 선박시설을 파괴하여 테러목적을 달성하는 것으로 선박의 납치과정에서 선장 및 선원을 살해하기도 하고, 정박 중인 선박이나 항구를 폭파하기도 한다. 해상선박테러 등과 같은 해상테러리즘은 항공기 납치 등과 같은 항공테러리즘에 비해 성공률이 낮고 선전효과도 적어 1980년대 이후 급격히 감소하다가 최근 소말리아 인근 해적들에 의한 해상테러리즘이 다시 증가하는 추세이다. 해적의 출현이 많은 아덴만은 과거 해상테러리즘 사건이 많았던 지역으로 2000년 10월 예멘 아덴항에 정박 중이던 미국의 신형구축함 콜(Cole)호가 자살폭탄 탑재 소형선박에 의해 공격을 받아 승무원 17명이 사망한 바 있으며, 2002년 10월에도 프랑스 대형유조선 랭부르(Limburg)호가 자살폭탄공격을 받아 원유 유출과 더불어 승무원 3명이 사망하는 사건이 일어난 바 있다.

최근 소말리아 인근의 예멘에서 테러사태가 빈번히 발생하고 있으며 알카에다와 같은 테러단체는 서방세계에 대한 경제전쟁의 일환으로 범세계적 해운망의 파괴를 공공연히 시사하고 있어 국제 해상교통의 요충지이자 테러단체의 본거지와 인접한 아덴만에서 국제 테러조직과 해적들이 상호 연계될 수 있는 가능성은 항상 존재한다고 볼 수 있다.

6. 사이버 테러리즘

현대인류는 첨단기술의 발달로 지식정보화세계에서 살아가고 있다. 사이버 테러리즘(Cyberterrorism, 약칭 사이버 테러)이란 첨단정보통신기술을 이용하여 가상세계로 전환되어 있는 공간을 무차별적으로 공격하는 행위를 말한다. 이것은 인터넷을 이용해 시스템에 침입하여 데이터를 파괴하는 등 해당 국가의 네트워크 기능을 마비시키는 신종 테러 행위이다. 다시 말하자면, 이것은 상대방 컴퓨터나 정보기술을 해킹하거나 악성 프로그램을 의도적으로 깔아놓는 등 컴퓨터 시스템과 정보통신망을 무력화하는 새로운 형태의 테러리즘이다.

사이버 테러는 시간과 공간을 활용하고, 그 대상의 폭이 엄청나게 방대하다는 것을 특징으로 한다. 개인이나 기업의 컴퓨터 시스템은 물론 국가의 기간산업 및 행정시스템, 국방관련 시스템, 금융시스템, 항공운항시스템, 교통통제시스템 등 국가운영에 치명적인 위기를 초래할 수 있다. 정보화시대가 가져온 폐해의 하나로, 해킹을 비롯한 사이버 테러는 수법이 날로 교묘해지고 파괴력 또한 갈수록 커지고 있다. 정보통신산업 기술의 발달을 이용하여 군사·행정·금융 등 한 국가의 주요 정보를 파괴하는 사이버 테러는 21세기로 들어서면서 갈수록 심각해질 것으로 예상되고 있다.

사이버 테러 수법에는 강한 전자기를 내뿜어 국가통신시스템, 전력, 물류, 에너지 등의 사회기반시설을 일순간에 무력화시키는 전자기 폭탄, 데이터량이 큰 메일 수백만 통을 동시에 보내 대형 컴퓨터 시스템을 다운시키는 온라인 폭탄, 세계 유명 금융기관이나 증권거래소에 침입, 보안망을 뚫고 거액을 훔쳐내는 사이버 갱 등이 있다.

이러한 사이버 테러의 특징은 시간이나 공간을 초월하여 세계 곳곳에서 동시다발적으로 진행될 수 있다는 점에서 그 규모가 가공할 만하게 커질 수 있고, 우회적인 경로를 사용하기 때문에 범죄자를 적발하기 어렵다는 것이다. 세계 각국은 새로운 국가 위협 요소로 떠오르고 있는 사이버 테러에 대한 대응책 마련에 부심하고 있다. 미국에서는 많은 예산을 들여 1995년부터 사이버 해킹 전담반을 구성해 사이버 테러에 대비하고 있고, 한국에서도 컴퓨터 해킹 대응팀을 구성하여 운영하고 있다.

7. 대량살상무기 테러리즘

9·11테러로 인해 국제사회가 '테러시대'로 접어든 이후 나타난 국제정치적 특징 가운데 가장 두드러진 것은 테러와 대량살상무기(WMD) 문제의 상호연계성이 심화된 점이다. 9·11테러사태는 첨단기술이 아닌 재래식 수단을 이용한 테러였음에도 불구하고 다수의 사상자를 냈다는 점에서 향후 핵·생화학무기와 같은 대량살상무기를 사용한 테러(WMD terror)가 행해질 경우 9·11테러사태의 수백 배 이상의 사상자를 내는 대재앙적 사태가 발생할 수 있다는 우려를 더욱 증폭시켰다. 따라서 대량살상무기테러에 대한 철저한 대비책이 요구된다고 할 수 있다.

대량살상무기는 일반적으로 핵(방사능)무기·화학무기·생물학무기와 그 운반수단인 미사일 등으로 구분한다. 특히 화생무기와 같은 대량살상무기는 크기도 작고 비용도 싸지만 무차별적 살상력을 가지고 있기 때문에 테러에 사용되면 가장 치명적인 피해를 줄 수 있다. 특히 국제사회에서 대량살상무기를 만들 수 있는 기술이 일반화되고 크기가 소형화되어 은밀성·이동성이 용이함에 따라 테러분자 및 테러집단들이 테러무기로 사용할 수 있고, 또 그 사용 위협만으로도 국제사회 및 대상국가를 해치는 효과가 큰 테러이다. 따라서 이에 대한 국제사회의 철저한 대응책이 요구된다고 할 수 있다. 핵테러에는 두 가지 방법이 시도된다. 하나는 재래식 무기로 핵발전소나 핵물질보관소를 공격하는 방법이고, 다른 하나는 핵무기로 특정 목표를 파괴하는 방법이다. 두 경우 모두 방사능 물질에 의해 대규모의 인명피해는 물론 환경오염의 재앙을 피할 길이 없다.

테러에 사용 가능한 핵무기는 소형 핵폭탄, 더티 밤(Dirty Bomb), 원자폭탄 등 세 가지이다. 소형 핵폭탄은 서류가방 크기의 휴대용 폭탄으로 터널이나 발전소 등 기간시설 파괴에 사용된다. 더티 밤은 재래식 폭탄에 방사능 물질을 결합하여 쉽게 제조할 수 있고, 반경 수 km까지 방사능이 오염된다. 원자폭탄은 소형의 경우 TNT 1만 5천톤의 폭발력을 지닌다. 이는 1945년 일본 히로시마에 투하된 폭탄에 맞먹는 파괴력이다. 2001년 9월 11일 뉴욕의 110층짜리 세계무역센터 쌍둥이 빌딩을 붕괴시킨 자살폭탄용 민간항공기의 파괴력이 TNT 1천톤 정도이다. 핵폭발 시는 물론 핵폭발 후 방사능오염으로 인한 사상자까지 고려해보면 원자폭탄이 테러에 사용될 경우 피해 규모는 어림짐작이 간다.

한편 생화학 테러에는 화학무기와 생물무기가 사용된다. 테러에 사용이 가능한 화학무기는 파라티온(살충제), 겨자탄(독가스), 사린가스, VX가스, 독성 산업용 화학물질(TIC) 등 20여 가지에 이른다. 신경가스인 사린은 1995년 일본의 신흥 종교집단인 옴진리교가 도쿄 지하철에 살포해 5천여 명이 병원에 실려 가고 12명이 목숨을 잃은 사건으로 유명해졌다. 사린가스 1톤을 7.8km² 지역에 뿌리면 최고 23만명을 살상할 수 있다. 사린보다 100배나 강한 VX는 뇌의 기능을 파괴하는 맹독성 가스로서 노출되면 수초 만에 죽게 된다.

이상과 같은 테러공격형태 이외에도 원자력 발전소에 사람을 침투시킨다든가, 방대한 지역을 유해 방사선으로 오염시킬 우라늄으로 포장된 장치를 폭발시켜 정신적 공황을 불러일으키거나, 수도관에 독극물을 풀어 넣거나 하는 방법 등을 들 수 있다.

PART 06 연습문제

01 다음 중 테러의 개념으로 틀린 것은?

① 테러의 어원은 프랑스어에서, 테러리즘의 유래는 프랑스공포정치에서 비롯되었다.
② 원래 테러란 '커다란 공포', '떠는 상태'를 의미한다.
③ 프랑스공포정치란 프랑스 혁명 당시 공화파가 왕당파를 무자비하게 처형하였다.
④ 혁명을 추진하기 위한 강권정치는 '적색 테러리즘'이라 부른다.

풀이 ① 원래 테러(Terror)란 '커다란 공포, 떠는 상태,' '겁주다'를 의미하는 라틴어 'Terrer'에서 나왔다.

02 정치적 성향에 따른 테러리즘의 분류에 해당되지 않는 것은?

① 적색 테러리즘
② 백색 테러리즘
③ 흑색 테러리즘
④ 뉴테러리즘

풀이 정치적 성향에 따른 테러리즘은 적색, 백색, 흑색 테러리즘 세 가지로 분류된다. 뉴테러리즘은 전통적 테러리즘에 비교되는 최근의 새로운 형태의 테러리즘을 말한다.

03 일본의 지하철사건 독가스살포사건과 같은 불특정다수를 향한 테러리즘을 일컫는 용어는?

① 슈퍼테러리즘
② 뉴테러리즘
③ 메가 테러리즘
④ 백색 테러리즘

풀이 ② 불특정다수를 공격대상으로 하여 대량살상의 결과를 초래하는 새로운 유형의 테러리즘이다.

04 극우파가 정치적 목적달성을 위해 벌이는 암살, 파괴 등의 테러리즘은?

① 흑색 테러리즘
② 백색 테러리즘
③ 적색 테러리즘
④ 슈퍼테러리즘

풀이 백색 테러리즘은 프랑스 혁명 직후에 나타난 테러 형태로서 공포정치를 하는 정부에 대한 공격 행위를 말한다. 최근에는 그 의미가 변해 우익에 의한 테러 행위를 의미한다.

정답 01 ① 02 ④ 03 ② 04 ②

05 국제법상 주권국가로 승인받지 못한 단체들이 테러리즘의 주체가 되는 것은?

① 국내 테러리즘　　　　　　② 국가 테러리즘
③ 초국가적 테러리즘　　　　④ 국가 간 테러리즘

풀이 정부로부터의 정신적·물리적 지원 여부와는 관계없이 비국가적 독립된 행위자에 행해지는 외국의 국민이나 영토와 관련된 테러리즘을 말한다.

06 서기 1세기경 팔레스타인들이 테러단체를 결성해 로마에 협력하는 유대인들을 공격한 조직은?

① 자코뱅당　　　　　　　　② 팔레스타인 해방기구
③ 시카리　　　　　　　　　④ 하바시

풀이 팔레스타인은 서기1세기경 시카리(Sicarry)라는 테러단체를 결성해 유대인을 공격하였으며, '하바시'는 1968년 팔레스타인 해방기구 테러조직을 이끈 인물이다.

07 뉴테러리즘의 특징과 관계없는 것은?

① 테러주체 불명확　　　　　② 상징성을 구체적으로 공격
③ 그물망조직체계　　　　　④ 대량살상무기

풀이 전통적 테러는 상징성을 구체적으로 공격하였으나 뉴테러리즘의 목표는 오히려 예측할 수 없는 공격과 방법을 활용하고 있는 것이 특징이다.

08 평화를 원하거든 전쟁에 대비하라는 말을 한 사람은?

① 시저　　　　　　　　　　② 링컨
③ 케네디　　　　　　　　　④ 베게티우스

풀이 '진정한 평화는 언제나 용기 있게 준비하는 자의 몫이다.'는 유명한 명언을 남긴 것은 로마의 전략가 베게티우스이다.

09 '테러리즘(Terrorism)의 위협은 오늘날 국제사회가 직면하고 있는 가장 심각한 안보문제 중의 하나이다.'라고 말한 학자는?

① 하름 데 블레이(Harm de Blij)　② 프리드리히 해커
③ 윌킨스　　　　　　　　　　　④ 아레긴 토프트

정답 05 ③　06 ③　07 ②　08 ④　09 ①

> **풀이** 미국의 미시간주립대학 지리학과 교수 하름 데 블레이(Harm de Blij)는 '테러리즘(Terrorism)의 위협은 오늘날 국제사회가 직면하고 있는 가장 심각한 안보문제 중의 하나이다.'라고 말하였다.

10 오늘날 세계 안보환경의 두드러진 특징에 해당되지 않는 것은?

① 국가 간 전면전의 가능성이 증가하였다.
② 초국가적 위험이 증가하였다.
③ 잠재된 갈등요인이 표면화되었다.
④ 국가안보에 대한 위협의 성격이 다양하고 복잡하게 되었다.

> **풀이** 국가 간 전면전의 가능성은 줄었으나 테러, 대량살상무기 확산 등 초국가적·비군사적 위협이 증대되었고, 과거 잠재되었던 갈등요인들이 표면화되면서 국가안보에 대한 위협의 성격이 다양하고 복잡하게 되었다.

11 "테러는 대중적 기반이 없는 소수의 극단주의자들이 자신들의 목적을 비정상적인 방법을 통해 획득하기 위해 유괴, 암살, 폭파, 공중납치, 해상납치 등 명백하고도 비합법적인 폭력을 통해 군사적으로 압도적인 우위에 있는 적으로부터 그들의 목적을 달성하고자 하는 정당하지 못한 수단"이라고 주장한 사람은?

① 해커
② 아레긴-토프트
③ 윌킨스
④ 하바시

> **풀이** 아레긴-토프트(Ivan Arreguin-Toft)는 "테러는 대중적 기반이 없는 소수의 극단주의자들이 자신들의 목적을 비정상적인 방법을 통해 획득하기 위해 유괴, 암살, 폭파, 공중납치, 해상납치 등 명백하고도 비합법적인 폭력을 통해 군사적으로 압도적인 우위에 있는 적으로부터 그들의 목적을 달성하고자 하는 정당하지 못한 수단"이라고 하였다.

12 북아일랜드의 아일랜드공화국군(IRA ; Irish Republican Army)이 행하는 것과 같은 테러로서, 어떤 국가의 국민으로 구성된 반국가적·반정부적 단체가 자국 내에서 자행하는 테러행위를 무엇이라 하는가?

① 국가 간 테러리즘
② 국가 테러리즘
③ 초국가적 테러리즘
④ 국내 테러리즘

> **풀이** 이것은 어떤 국가의 국민으로 구성된 반국가적·반정부적 단체가 자국 내에서 자행하는 테러행위를 말하는 것으로, 국내 테러리즘이다. 다시 말해서 1개 국가의 국민과 영토 내에서 이루어지는 테러행위로서 북아일랜드의 아일랜드공화국군(IRA ; Irish Republican Army) 등을 들 수 있다.

정답 10 ① 11 ② 12 ④

13 테러의 수단과 방법을 기준으로 하여 테러의 공격유형이 구분되는데, 이에 해당되지 않는 것은?

① 요인 암살테러
② 사이버테러
③ 미사일 발사
④ 항공기납치 및 폭파

> **풀이** 테러의 공격유형은 테러의 수단과 방법을 기준으로 하여 구분해 볼 때, ① 요인암살테러, ② 인질납치테러, ③ 자살폭탄 및 폭파테러, ④ 항공기납치 및 폭파테러, ⑤ 해상선박납치 및 폭파테러, ⑥ 사이버테러, ⑦ 대량살상무기테러 등이다.

14 뉴테러리즘이 보여주는 특징에 해당되지 않는 것은?

① 규모가 거대하다.
② 무차별 인명살상
③ 인질, 납치 암살, 폭탄테러 등 소규모 폭력성
④ 불특정 일반대중을 목표로 한다.

> **풀이** 테러수단에 있어서 전통적 테러리즘은 인질, 납치 암살, 폭탄테러 등 소규모 폭력성을 보여주었지만, 뉴테러리즘은 이러한 테러대상에 대한 무차별적인 대량살상 및 대량파괴를 자행함으로써 과거에 지니고 있던 최소한의 도덕적 정당성마저도 포기하고 있다. 뉴테러리즘은 규모 면에서 과거 테러리즘과는 비교가 안 될 정도로 거대해졌다. 그리고 전술한 바와 같이, 대상에 있어서도 주로 불특정 다수의 일반대중을 목표로 하고 있으며 대량살상을 기도하고 있다. 무차별적인 인명살상을 통해 최대한의 타격을 가하려고 하기 때문에 그 피해는 엄청나다.

15 핵 테러에 사용 가능한 핵무기에 포함되지 않는 것은?

① 소형 핵폭탄
② 더티 밤(Dirty Bomb)
③ 원자폭탄
④ Emp 탄

> **풀이** 핵테러에는 두 가지 방법이 시도된다. 하나는 재래식 무기로 핵발전소나 핵물질 보관소를 공격하는 방법이고, 다른 하나는 핵무기로 특정 목표를 파괴하는 방법이다. 두 경우 모두 방사능 물질에 의해 대규모의 인명 피해는 물론 환경오염의 재앙을 피할 길이 없다. 테러에 사용 가능한 핵무기는 소형 핵폭탄, 더티 밤(Dirty Bomb), 원자폭탄 등 세 가지이다. 소형 핵폭탄은 서류가방 크기의 휴대용 폭탄으로 터널이나 발전소 등 기간시설 파괴에 사용된다. 더티 밤은 재래식 폭탄에 방사능 물질을 결합하여 쉽게 제조할 수 있고, 반경 수 km까지 방사능이 오염된다.

정답 13 ③ 14 ③ 15 ④

PART 07 화생방 사고

1 화생방의 개요
1. 화생방(CBR)
2. 화생방전의 형태

2 화생방 작용제의 특성 및 종류
1. 화학작용제(Chemical-Agent)
2. 생물학작용제(Biological Agent)
3. 방사능·방사선(Radioactivity · Radiation)

3 화생방 장비
1. 방독면
2. 탐지·해독·제독 키트
3. 기타

4 화생방 장비·물자 폐기처리지침
1. 목적
2. 폐기처리 대상

5 화생방 공격의 특성 및 행동요령
1. 화학무기 공격
2. 생물학무기 공격
3. 핵무기 공격

6 화생방테러 대응지침 및 판단요소
1. 목표
2. 대응지침
3. 판단 및 고려요소
4. 위기대응 조치 및 절차
5. 사고현장 활동

7 화학물질 누출 시 대처요령
1. 염화수소(Hydrogen Chloride)
2. 암모니아(Ammonia)
3. 질산(Nitric Acid)
4. 황산(Sulfuric Acid)
5. 포름알데하이드(Formaldehyde)
6. 톨루엔(Toluene)
7. 벤젠(Benzene)
8. 과산화수소(Hydrogen Peroxide)
9. 클로로포름(Chloroform)
10. 염화에틸(Ethyl Chloride)

8 화생방 사고 사례
1. 우크라이나
2. 일본
3. 한국

PART 07 화생방 사고

01 화생방의 개요

1. 화생방(CBR)

화생방이란 전쟁이나 테러 시에 독가스 등의 화학(Chemical) 무기, 바이러스 등의 생물학(Biological) 무기, 핵 등의 방사선(Radiological) 무기를 사용하는 경우를 말한다. 화학(Chemical), 생물학(Biological), 방사선학(Radiological), 핵(Nuclear), 폭발(Explosive)의 첫 글자를 합쳐서 CBRNE로 표현하기도 한다.

2. 화생방전의 형태

1) 화학전

화학작용제를 운용하여 사람을 살상하거나 행동을 무능화시키고 지역 및 물자의 사용을 방해함으로써 군사적 이점을 취하는 전쟁 수행 방식이다.

2) 생물학전

사람, 동물, 식물을 살상하거나 지역 및 물자에 피해를 주기 위하여 감염성이 있는 미생물이나 독소를 이용하는 전쟁 수행 방식이다.

3) 방사능전

핵 또는 방사능 무기를 사용하는 전투로서 방사능 물질에 의하여 사람이나 동물을 대량으로 살상하거나 지역 및 물자의 사용을 제한하는 전쟁 수행 방식이다.

02 화생방 작용제의 특성 및 종류

1. 화학작용제(Chemical – Agent)

1) 화학작용제의 특성
① 넓은 지역에서 대량살상이 가능
② 화학작용제의 효과가 다양하게 나타나며 대략적인 결과 예측이 가능
③ 기상 상태나 지형의 영향을 받으며 이동 제한의 한계

2) 화학작용제의 종류

신경작용제, 질식작용제, 혈액작용제, 수포작용제, 최루작용제, 구토작용제, 무능화작용제 등

(1) 신경작용제(Nerve Agent)
① 흡입 또는 피부 접촉 시 주로 자율신경계통인 교감신경과 부교감신경의 균형을 파괴함으로써 단시간 내에 사망하게 하는 급속 살상 작용제로서 코흘림, 가슴 압박감, 호흡 곤란, 동공 축소, 방분·방뇨 등의 증상이 나타난다.
② 타분(GA) : G계열 신경작용제 중 맨 처음 알려진 물질로 1936년 독일에서 강력한 살충제를 연구하던 중에 발견되었다. 아몬드 냄새의 가연성 액체로 무색에서 갈색이며 호흡곤란, 흉부 압박감, 기관지 수축 등의 증상이 나타난다.
③ 사린(GB)[7] : 무색무취의 형태이며 독일의 유태인 학살, 동경 지하철 사린 사건 등으로 유명하다. 흡입이나 피부 접촉을 통해 중독되며 동공수축, 안구통증, 호흡곤란 등의 증상이 나타난다.
④ 소만(GD) : G계열 신경작용제 중 독성이 가장 강하며 무색 액체로 과일 냄새가 난다. 저장 시에 타분이나 사린보다 안정도가 불안정하며 증상은 타분의 경우와 동일하다.
⑤ 브이엑스(VX) : 독성이 매우 강한 화합물로 액체와 기체 상태로 존재하며 주로 중추신경계에 손상을 입힌다. 피부로 흡수될 경우 사린보다 최소 100배 이상의 독성을 발휘하며 호흡기로 흡입할 경우 두 배 정도 강한 독성 반응을 나타낸다.

---

7) 2014년 지방직 9급 안전관리론 기출문제 B형 17번

(2) 혈액작용제(Blood Agent)

① 혈액작용제는 대체로 복숭아씨나 아몬드 등의 자극적인 냄새가 나며 인체에 침입하면 혈액 내의 헤모글로빈의 시토크롬 효소에 작용하여 마비시킴으로써 단시간 내에 산소가 부족하여 사망하게 되는 화학작용제이다.

② 대체로 호흡곤란으로 인하여 사망하게 되며 심한 가슴 압박감이나 가슴통증을 수반하고 인후부에 심한 발작 현상이 나타난다.

③ 시안화수소(AC) : 고휘발성 무색의 액체로 공기보다 가벼우며 호흡기로 체내에 흡수되면, 1~2분 안에 신속하게 인체를 마비시켜 사망한다. 치사량 노출 후 15분 이내에 사망을 초래하며 수분 이내에 증발하므로, 증거인멸이 용이하다.

④ 염화시아노겐(CK) : 방독면의 여과 기능을 신속히 파괴하고 신체조직의 산소사용을 방해하여 사망에 이르게 한다. 고농도로 살포 시 방독면 내로 침투가 가능하고 호흡속도를 낮추며, 강한 자극 및 질식 효과를 가진다.

⑤ 아르신(SA) : 순한 마늘냄새가 나며 휘발도가 30,900,000mg/m³인 가장 빠르게 분산되는 지연살상 작용제이다. 혈액기능을 방해하고 간과 신장을 상해하며, 가벼운 노출 시에는 두통과 불쾌감을 주나, 노출량이 많아지면 오한, 멀미 및 구토를 일으킨다.

(3) 질식작용제(Choking Agent)

① 질식작용제는 주로 갓 베어낸 풀 냄새가 나며 보호되지 않은 사람의 기관, 코, 인후, 폐에 손상을 주는 화학작용제이다. 폐에서 CO_2와 결합하여 HCL을 형성하고 혈장이 유출되어 폐에 액체가 차고 익사자와 같이 질식 사망하게 된다.

② 포스겐(CG) : 갓 베어낸 풀이나 설익은 옥수수냄새가 나는 무색의 기체로 노출 후 3~4시간 경과 후에도 효과가 완전히 나타나지 않는다. 폐의 기낭에 유체를 침투시켜 공기가 제거되며 심한 노출의 경우에는 24시간 이내에 사망할 수 있다.

③ 디포스겐(DP) : 갓 베어낸 풀이나 설익은 옥수수냄새가 나는 무색의 유성 액체로 체내에서 포스겐으로 전환되므로 포스겐과 생리적 작용은 같다. 포스겐보다 교란 작용이 적고 휘발도가 낮아 효과적인 농도를 만들기 어려운 점이 있다.

④ 클로로피크린(PS) : 무색 또는 희미한 노란색의 휘발성 액체로 독성이 약하나 강한 최루 작용을 가지고 있으며 코와 목을 자극하고 타는 듯한 고통과 많은 눈물이 나게 한다. 피부에 독성은 없으므로 야전에서 제독할 필요가 없다.

(4) 수포작용제

① 수포작용제는 제1차 세계대전 때 많이 사용된 작용제이며 겨자 맛이 나서 흔히 머스타드(Mustard) 가스라고도 한다. 피부에 반응하여 수포를 형성하고 2차적인 세균감염을 일으키며 3도 화상과 비슷한 증상이 나타난다.

② 피부에 노출 시 3분 이내에 치료를 해주어야 하고 에틸알코올을 발라주면 일부 효과를 볼 수 있다.

③ 증류겨자(HD) : 레빈스타인 겨자를 세척과 진공 증류로 순수하게 만든 겨자계 작용제로 마늘냄새가 나며 무색 및 호박색의 유성 액체이다. 레빈스타인 겨자보다 냄새가 약하나 수포 발생력은 강하고 노출 후 4~6시간 뒤에 효과를 발휘한다.

④ 질소겨자(HN-2) : 반응이 일어나면 열이 발생되어 폭발을 일으키고 저농도에서는 비누냄새, 고농도에서는 과일냄새가 나는 어두운 색의 액체이다. 저장 시 안정도가 불안정하고 HN-1보다 약간 높은 독성을 가진다.

⑤ 질소겨자(HN-3) : HN계열 중에서 안정도가 가장 뛰어나기 때문에 폭탄 충진이 가능하며 지연살상 작용제로 많이 사용된다.

⑥ 루이사이트(L) : 제라늄 냄새가 나는 무색 또는 갈색의 비소계 작용제로 기체 루이스는 눈과 피부가 따끔거리거나, 전신 중독 등의 증상을 수반하고, 액체 루이스는 눈에 즉각적인 고통 후 실명하거나 피부에 30분 이내 발적현상을 수반한다. 섬유와 고무를 통과하므로 보통의 보호의로는 방어가 곤란하다.

⑦ 포스겐옥심(CX) : 가장 극심한 고통을 가져오는 발진성 수포 작용제로 눈과 코의 점막에 화상과 같은 심한 염증을 일으킨다.

(5) 최루작용제

① 최루작용제는 낮은 농도에서 일차적으로 눈에 심한 통증을 유발하고 높은 농도에서는 호흡기와 피부를 자극하며 일반적으로 최루탄으로 불린다.

② 클로로 아세토 페논(CN) : 현재 경찰의 최루 가스로 현용되고 있으며 눈 및 상부 기관지에 즉각적인 자극을 가한다. 눈물을 많이 흘리고, 따끔하고 타는 듯한 통증과 수포 및 구토를 발생시키나 후유증은 적다.

③ 클로로벤질리덴말로노니트릴(CS) : CS로 불리는 대표적인 최루제이며 CN계열의 작용제보다 10배의 효과를 발휘한다. 적은 농도에서도 피부와 점막 등에 강한 자극을 주고 노약자 및 임산부, 폐질환자에게 치명적인 영향을 준다.

④ 디벤조옥사제핀(CR) : 다른 최루작용제보다 강한 독성효과를 가지고 있으며 점막이나 피부 호흡기에 자극을 주며 특히 눈에 강하게 작용한다.

(6) 구토작용제

① 구토작용제는 눈과 호흡기에 강한 자극을 유발시켜서 기침, 재채기와 코, 목에 통증이 있고 콧물 및 눈물이 나며 두통을 수반하면서 구토를 일으키는 화학작용제이다.

② 디페닐클로로아르신(DA) : 무색무취의 결정 혹은 진한 갈색의 액체이며 주 성분은 비소화합물인 아르신(Arsine)이다. 두통, 흉부압박감, 코의 통증과 충만감을 일으키며 전신에 불쾌감을 야기한다.

③ 아담사이트(DM) : 고체이며 쉽게 승화가 되고 눈물가스인 CN과 섞어서 시위진압용 독가스로 많이 사용된다. 호흡기와 피부에 아주 자극적이며 콧물이 많이 흐르고 코와 가슴에 심한 통증을 수반, 호흡곤란 등의 증세가 나타난다.

(7) 무능화작용제

① 무능화작용제는 오염된 인원이 일정 시간 동안 생리적 또는 정신적 무능화로 인하여 개인이 부여된 임무를 수행할 수 없도록 하는 작용제이다.

② 중추신경계에 영향을 주거나 근육을 약화시키며 불안, 현기증, 환각 등의 증상이 나타난다.

2. 생물학작용제(Biological Agent)

1) 생물학작용제의 특성

① 세균 및 바이러스 등을 전쟁이나 테러용 무기로 사용
② 환경적 요인에 민감하며 피해지역범위 확산 가능

2) 종류

미생물(세균, 바이러스), 독소

(1) 세균성

① 콜레라균 : 콜레라균은 오염된 음식이나 물을 통해 감염되며 급성 설사가 유발되어 중증의 탈수기 빠르게 진행되고 이로 인해 사망에 이를 수도 있는 전염성 감염 질환이다.

② 탄저균 : 탄저균의 포자에서 생성되는 독소가 혈액 내의 면역세포를 손상시켜서 쇼크를 유발하거나 심할 경우 급성 사망을 유발한다. 탄저균 감염 후 하루 안에 항생제를 다량 복용하지 않으면 80% 이상이 사망할 정도로 살상능력이 뛰어나다.

③ 야토병균 : 진드기, 모기 등에 물렸을 때 피부 및 점막을 통해 감염되며 영하 이하의 온도에서도 생존한다. 침입한 곳에 궤양이 생기며 두통, 불쾌감, 발열 등의 증상이 나타난다.

④ 페스트균 : 쥐나 벼룩 등에 의해 발병·전염되며, 24시간 이내 치료하지 않을 시 대부분 사망한다. 일반적인 증세는 오한, 두통과 더불어 40℃ 전후의 고열이 나타나고 의식이 혼탁해진다.

(2) 바이러스성

① 바이러스성 출혈열 : 에볼라 바이러스, 마르부르그 바이러스, 한타 바이러스 등 여러 종류의 RNA 바이러스에 의해 감염되며 인체에는 호흡기를 통해 감염된다. 발열, 오한, 두통 등의 증세를 보여서 감기로 오인할 수 있지만 방치하면 호흡부전, 급성신부전, 저혈압 쇼크 등으로 사망할 수 있다.

② 천연두 바이러스 : 전염력이 매우 강하고 고열과 전신에 나타나는 특유한 발진이 있다. 사망률이 매우 높은 감염질환으로 전 세계 전체 사망 원인의 10%를 차지하기도 하였다.

(3) 독소성

① 리신(Ricin) : 피마자 씨에서 추출되는 것으로 0.,001g 정도의 소량으로도 성인을 사망에 이르게 할 수 있는 독성물질이다. 액체나 가루 형태를 흡입, 주사를 이용해 투약할 경우 몇 시간 내 발열, 구토 기침 등의 증세를 보이며 사흘 내 사망에 이르게 한다.

② 보툴리눔(Botulinum) 독소 : 현재 알려진 독 중 가장 해로운 것으로 시냅스 전단의 세포막에서 신경전달물질인 아세틸콜린의 방출을 방해하여 근육 마비와 사망을 초래한다.

③ 포도상구균(Staphylococcus) 독소 : 포도상구균에 노출되면 위나 장에 흡수되어 구토, 설사, 복통 등을 일으킨다. 또한 식중독뿐만 아니라 피부의 화농, 중이염, 방광염 등 화농성 질환을 일으키기도 한다.

④ 진균(Mycotoxin) 독소 : 피부나 눈과의 접촉, 섭취 내지 흡입을 통해 질병을 일으키거나 사망할 수 있으며 세포 조직을 파괴할 수 있는 유일한 생물학 독소이다.

3. 방사능·방사선(Radioactivity·Radiation)

1) 방사능과 방사선의 특성

(1) 방사능

불안정한 원소의 원자핵이 스스로 붕괴하면서 내부로부터 방사선을 방출하는 능력 또는 방사선의 세기를 방사능이라 한다. 방사성 물질에는 우라늄, 라듐 등이 있다.

(2) 방사선

불안정한 상태에 있는 원자핵 및 원자가 안정한 상태로 변하면서 방출하는 입자나 전자기파로 α선, β선, γ선 등이 있다.

① α선(헬륨 원자핵) : 헬륨 원자핵의 흐름으로써 다른 물질을 이온화시키는 전리 작용이 강하지만 투과력은 가장 약하므로 두꺼운 종이 한 장으로도 막을 수 있다.

② β선(전자) : 전자들의 흐름으로 전리작용은 약하지만 투과력은 세므로 이를 차단하기 위해서는 수 mm 정도의 알루미늄판이 필요하다.

③ γ선(전자기파) : 파장이 매우 짧은 전자기파로 전리작용이 가장 약하지만 투과력은 가장 세기 때문에 납이나 두꺼운 콘크리트를 통과하여야만 현저하게 감소한다.

2) 방사선 피폭

(1) 외부 피폭[8]

인체의 외부에 있는 방사선원으로부터 조사(照射)되는 것으로 투과력이 센 γ선 등이 신체조직 전체에 위험한 영향을 준다. 외부 피폭은 방사선을 받고 있는 동안만으로 한정되며 선원을 차폐(遮蔽)하면 방사성동위원소(Radio Isotope)가 인체에 남지 않는다.

(2) 내부 피폭

방사성 동위원소가 호흡기, 소화기 및 피부 등을 통해 체내에 흡수되어 방사선의 영향을 받는 것을 말한다. 내부피폭은 방사성 물질이 체내에 존재하는 한 피폭이 계속된다.

(3) 방사선 피폭 방호

방사선 노출에 대하여 방호할 수 있는 3가지 방법은 시간, 거리, 차폐물이다.

① 피폭시간의 단축 : 방사선에 노출되는 시간을 단축한다.

② 거리의 이격 : 선량률은 선원으로부터의 거리의 제곱에 반비례하므로 거리를 이격시킨다.

---

[8] 2014년 지방직 9급 안전관리론 기출문제 B형 11번

③ 차폐의 이용 : β(베타)선을 내는 선원은 알루미늄, 유리, 플라스틱 판 등으로 쉽게 차폐된다. γ선은 투과력이 크므로 차폐 두께에 대해 지수함수적으로 감쇠가 된다. 이에 따라 차폐물로서는 밀도가 큰 물질, 콘크리트, 철, 납 등이 사용되며 두께가 두꺼울수록 방사선 세기가 지수함수적으로 감소된다.

3) 방사선 비상의 종류 및 대응 절차

「원자력시설 등의 방호 및 방사능 방재 대책법」 제17조에 의하면 원자력 시설 등의 방사선비상의 종류는 사고의 정도와 상황에 따라 백색비상, 청색비상 및 적색비상으로 구분하도록 되어 있으며 각 종류에 대한 기준, 대응절차 및 그 밖에 필요한 사항은 다음과 같다.

▼ 표 7-1 **방사선비상의 종류에 대한 기준**

구분	기준
백색비상	방사성 물질의 밀봉상태의 손상 또는 원자력시설의 안전상태 유지를 위한 전원공급기능에 손상이 발생하거나 발생할 우려가 있는 등의 사고로서 방사성 물질의 누출로 인한 방사선 영향이 원자력시설의 건물 내에 국한될 것으로 예상되는 비상사태
청색비상	백색비상에서 안전상태로의 복구기능의 저하로 원자력 시설의 주요 안전기능에 손상이 발생하거나 발생할 우려가 있는 등의 사고로서 방사성 물질의 누출로 인한 방사선영향이 원자력시설 부지 내에 국한될 것으로 예상되는 비상사태
적색비상	노심의 손상 또는 용융 등으로 원자력시설의 최후방벽에 손상이 발생하거나 발생할 우려가 있는 사고로서 방사성 물질의 누출로 인한 방사선 영향이 원자력시설 부지 밖으로 미칠 것으로 예상되는 비상사태

▼ 표 7-2 **방사선비상별 대응절차**

구분	대응절차(대응조치)		
	백색비상	청색비상	적색비상
원자력 사업자	1. 법 제21조 제1항 제1호의 규정에 의한 원자력안전위원회 등에의 보고 2. 법 제21조 제1항 제3호의 규정에 의한 방사능비상에 관한 정보의 공개 3. 법 제21조 제1항 제4호의 규정에 의한 방사선사고확대방지를 위한 응급조치 및 응급조치요원 등의 방사선피폭을 저감하기 위하여 필요한 방사선방호조치 4. 법 제35조 제1항 제5호의 규정에 의한 비상대응시설의 운영 5. 제24조의 규정에 의한 원자력시설 건물 내에서 방사능비상으로부터 방사능에 오염되거나 방사선에 피폭된 자와 원자력사업자의 종업원 중 방사능에 오염되거나 방사선에 피폭된 자에 대한 응급조치	1. 백색비상란 제1호 내지 제4호에 규정되어 있는 대응조치 2. 법 제20조 제1항의 규정에 의한 원자력사업자의 방사선비상계획에 따른 원자력사업자비상대책본부의 설치·운영 3. 법 제21조 제1항 제5호의 규정에 의한 방재요원의 파견, 기술적 사항의 자문, 방사선측정장비 등의 대여 등 지원 4. 제24조의 규정에 의한 원자력시설 부지 내에서 방사능비상으로부터 방사능에 오염되거나 방사선에 피폭된 자와 원자력사업자의 종업원 중 방사능에 오염되거나 방사선에 피폭된 자에 대한 응급조치	청색비상란 제1호 내지 제4호에 규정되어 있는 대응조치

구분	대응절차(대응조치)		
	백색비상	청색비상	적색비상

원자력 안전 위원회	법 제21조 제1항 제1호의 규정에 의한 보고를 받은 경우에 국가방사능방재계획에 따라 이를 관련기관에 통보	1. 법 제21조 제1항 제1호의 규정에 의한 보고를 받은 경우에 국가방사능방재계획에 따라 이를 관련기관에 통보
		2. 방사선비상의 사고 정도와 그 상황이 방사능재난의 선포기준에 해당하여 법 제23조 제1항의 규정에 의하여 방사능재난 발생을 선포한 경우
		  가. 국가방사능방재계획에 의하여 이를 관련기관에 통보
		  나. 국무총리를 거쳐 대통령에게 방사능재난상황의 개요 등을 보고
		  다. 시·도지사 및 시장·군수·구청장으로 하여금 방사선영향을 받을 우려가 있는 지역 안의 주민에게 방사능재난의 발생상황을 알리게 하고 필요한 대응을 하게 함
		  라. 법 제25조 제1항의 규정에 의한 중앙본부부의 설치·운영
		  마. 법 제28조 제2항의 규정에 의한 현장방사능방재지휘센터의 장의 지명
		  바. 법 제28조의 규정에 의한 현장방사능방재지휘센터의 장에 대한 지휘
		  사. 법 제32조의 규정에 의한 방사능방호기술지원본부 및 방사선비상의료지원본부의 장에 대한 지휘
			청색비상란 제1호 및 제2호에 규정되어 있는 대응조치

현장 방사능 방재지휘 센터의 장		1. 현장방사능 방재 지휘센터의 운영 2. 법 제28조 제3항의 규정에 의한 연합정보센터의 설치·운영 3. 법 제29조 제1항 각호에 규정되어 있는 권한의 행사	청색비상란 제1호 내지 제3호에 규정되어 있는 대응조치
방사선 비상 계획구역의 전부 또는 일부를 관할하는 시·도지사 및 시장·군수·구청장	법 제27조제1항의 규정에 의한 지역본부의 설치·운영	1. 법 제27조 제1항의 규정에 의한 지역본부의 설치·운영 2. 방사선비상의 사고 정도와 그 상황이 방사능재난의 선포기준에 해당하여 법 제23조 제1항의 규정에 의하여 방사능재난발생을 선포한 경우에 현장방사능방재지휘센터의 장이 법 제29조제1항 제3호·제4호 및 제7호의 사항을 결정한 경우 이의 시행	청색비상란 제1호 및 제2호에 규정되어 있는 대응조치

4) 방사선 피폭 시의 응급조치

① 피폭선량은 원칙적으로 위험구역 내에 진입할 때에 착용한 피폭선량 측정용구에 의해 파악한다.
② 피폭된 자는 방사선 오염피폭 상황 기록표를 작성해 행동시간, 부서위치, 행동경로 및 행동개요를 기록한다.
③ 체내 피폭했을 때 또는 피폭 염려가 있는 방사선 오염구역에서 활동을 한 경우에는 오염검출 후 양치질을 실시함과 동시에 피폭상황에 따라 구토시킨다.
④ 베인 상처에 오염이 있는 경우에는 즉시 다량의 물로 제염을 실시함과 동시에 출혈을 체내로의 방사성 물질의 침투를 막고 배설촉진의 효과가 있으므로 생명에 위험이 없는 경우 지혈을 하지 않는다.

03 화생방 장비

1. 방독면

1) 한국형 방독면

(1) 특징

① 미군 M17계열 방독면의 장점과 장비 국산화 시책의 일환으로 생산하여 군사용으로 활용
② 1983년부터 K1 방독면을 보급하였으며 사용성이 개선된 K2 개발
③ 중독성 화학제, 연막, 생물학 작용제, 방사능 작용제 등의 흡입을 제한
④ 산소 18% 이하인 밀폐된 공간, 암모니아, 일산화탄소, 연탄가스, 화재 발생 시 사용불가

(2) 사용방법

① 호흡을 멈추고 휴대주머니의 덮개를 열어 방독면을 꺼낸다.
② 안면부의 맨 아래 머리끈 밑에 엄지손가락이 들어가도록 양손으로 안면부를 쥐고 펴서 얼굴의 턱 부위부터 위로 올려 쓴다.
③ 머리끈을 조이고 머리받침이 중앙에 와 있나 확인 및 조정하고 목 끈을 조이고 보호두건을 덮어쓴다.

④ 안면부 내부의 잔류가스를 훅 불어서 밖으로 배출시킨다.
⑤ 손바닥으로 정화통의 흡입구를 막고 숨을 들이쉬어 공기가 흡입되지 않아야 한다. → 숨을 들이쉬면 안면부가 오그라들어 얼굴에 달라붙는다.(만약 공기가 흡입되면 네 번째부터 여섯 번째까지의 순서를 반복 실시한다.)
⑥ 착용 후 신속하게 안전한 곳으로 대피한다.

(3) 관리방법

① 정화통은 언제나 밀봉상태로 보관하여야 한다.
② 정화통은 항시 습기가 없는 건조한 곳에 보관하여야 한다.

2) 다용도 방독면

(1) 특징

① 전쟁용 독성화학가스로부터 안면부, 호흡기를 보호
② 세균, 방사능 분진 여과가 가능하며 화재 시 연기, 열, 유독가스를 방호
③ 전쟁가스용으로 최소 6분, 화재대피용으로 최소 4분 정도 방호가능
④ 화재나 오염현장에서 안전지대로 긴급 대피용으로만 사용

(2) 사용방법

① 휴대주머니에서 방독면을 꺼낸다.
② 방습밀봉포장을 개봉하여 방독면을 꺼낸다.
③ (처음 개봉 시에는 화재용 정화통이 연결되어 있다.)
④ 정화통 고정 캡을 반시계 방향으로 돌려서 화재용 정화통을 분리해 낸다.
⑤ 휴대주머니 내 안쪽 속주머니에서 밀봉 포장된 전쟁용 정화통을 꺼낸다.
⑥ 밀봉포장지의 절개 부위를 따라 절개한 후 정화통을 꺼내 정화통 둘레 띠에 표시된 화살표시방향으로 연결한다.
⑦ 호흡을 멈춘 상태에서 렌즈 쪽을 앞 쪽으로 하여 착용한 후 머리끈의 길이를 알맞게 조절한다.
⑧ 정화통을 손으로 막고 숨을 들이마셔 착용 상태를 확인한다.(이때 코틀이 얼굴로 빨려 들어와야 하며, 만일 빨려 들어오지 않으면 착용상태가 불량하여 공기가 새는 것이거나 또는 정화통의 덮개가 잘 닫혀있지 않은 상태이므로 재조정을 해야 한다.)
⑨ 착용 후 신속하게 안전한 곳으로 대피한다.

(3) 관리방법

　① 정화통은 언제나 밀봉상태로 보관하여야 한다.

　② 정화통은 항시 습기가 없는 건조한 곳에 보관하여야 한다.

3) 일반 방독면

(1) 특징

　① 7세 이상의 소년부터 성인까지 사용할 수 있는 민방위용 방독면

　② 전쟁용 독성 화학가스로부터 안면부, 호흡기를 보호

　③ 세균, 방사능 분진을 여과하며 오염지역에서 안전지대로 대피하는 데 사용

　④ 산소 18% 이하인 밀폐된 공간, 암모니아, 일산화탄소, 연탄가스, 화재 발생 시 사용불가

(2) 사용방법

　① 호흡을 멈추고 휴대주머니의 덮개를 열어 방독면을 꺼낸다.

　② 정화통 고정캡을 반시계방향으로 돌려서 분리해 낸다.

　③ 휴대주머니 내 안쪽 속주머니에서 밀봉 포장된 전쟁용 정화통을 꺼낸다.

　④ 밀봉포장지의 절개 부위를 따라 절개한 후 정화통을 꺼내 정화통 둘레 띠에 표시된 화살표시방향으로 연결한다.

　⑤ 두건을 쓰고 안면부의 고무면체가 코와 입, 턱에 밀착되게 착용한다.

　⑥ 방독면을 얼굴 중앙에 바로 놓이게 조정하고 머리끈을 조인다.

　⑦ 안면부 내부의 잔류가스를 훅 불어서 밖으로 배출시킨다.

　⑧ 손바닥으로 정화통의 흡입구를 막고 숨을 들이쉬어 공기가 흡입되지 않아야 한다.

(3) 관리방법

　① 정화통은 언제나 밀봉상태로 보관하여야 한다.

　② 정화통은 항시 습기가 없는 건조한 곳에 보관하여야 한다.

4) 방독면 보관 · 관리요령(공통)

① 평시 화생방 재난 발생 우려가 많은 유독가스 취급시설 근무자는 방독면을 사용자 가까이에 보관하여 유사시 즉각 사용할 수 있도록 대비

② 지역대원 등 가정에서 보관 시에는 건조하고 눈에 잘 띄는 곳에 비상용품과 같이 보관하여 비상시 즉각 활용할 수 있는 장소에 보관

③ 지역대에서 보관하고 있는 장비는 장기간 보관관리를 위하여 보급 당시의 포장된 상태로 집중 또는 개인별로 보관
④ 직장대 보관 장비는 통합보관 또는 과단위나 개인별 지급
⑤ 가급적 지상창고에 보관하고 지상창고가 부족하여 지하창고에 보관할 때에는 환풍시설을 설치하여 습기로 인한 훼손방지
⑥ 직사광선에 장시간 노출되지 않도록 하고 방독면의 형태가 찌그러지지 않도록 4개 이상 포개어 쌓지 말 것
⑦ 교육훈련용을 제외한 비축 방독면 정화통은 외부 노출 시 습기, 먼지에 의해 수명이 저하되므로 밀봉된 포장을 개봉하지 말 것
⑧ 박스단위로 쌓아둔 방독면은 분기 1회 주기로 상하 교환작업을 실시하여 방독면 손상 방지
⑨ 보관관리 책임자를 지정하여 정기적으로 점검정비 실시
⑩ 교육용과 비축용(유사시 사용)으로 구분 보관

2. 탐지·해독·제독 키트

1) 화학작용제 탐지키트(KM256)

(1) 특징

① 화학작용제 탐지키트는 화학반응에 의한 색 변화로부터 독가스 계열을 탐지하여 화학작용제의 유무 및 종류를 식별
② 제독의 완전성 및 오염지역의 범위를 결정하여 보호장구(방독면·보호의 등)의 해제 시기를 판단하며 오염예상지역의 정찰에 사용

(2) 사용방법

① 정제시약의 덮개를 벗긴다.
② 탐지지의 반 정도를 정제시약에 문지른다.
③ 탐지지 쪽이 위로 가도록 하고 가운데 세 개의 앰플을 눌러 터트린 후 액체가 탐지지에 잘 묻도록 눌러준다.
④ 가열기를 탐지지로부터 멀리 열어 제친 후 녹색 앰플 한 개를 깨고 탐지지 위로 다시 올려 2분간 기다린다.
⑤ 탐지지가 공기에 노출되도록 보호덮개와 가열기를 열어 제친 다음 직사광선을 피하여 10분간 공기에 노출시킨다.

⑥ 보호덮개를 잡은 채로 두 번째 녹색 앰플을 눌러 터트리고 탐지지가 열을 받도록 1분간 방치한 후 탐지지를 노출시킨다.
⑦ 탐지지가 아래쪽으로 향한 채로 앰플을 깬다.
⑧ 백색 종이를 정제에 문지르고 즉시 색깔을 비교한다.

(3) 관리방법
① 미개봉된 상태로 보관
② 서늘하고 건조한 상온(4℃ 이상)에서 보관

2) 신경작용 해독제키트(KMARK-1)

(1) 특징
① 아드로핀 주사기는 일시적 증상억제용으로 사용되고 팜옥심 주사기는 증상억제 및 원인치료제로 사용
② 노란색의 안전 캡을 제거하고 주삿바늘 부분을 주사할 부위에 대고 누르면 주삿바늘이 튀어나와 자동적으로 주사됨

(2) 사용방법
① 대퇴부 근육부분에 맞는다.
② 아드로핀 주사 후 10초 동안 기다렸다가 옥심을 주사
③ 10~15분 간격으로 한 키트씩 3회까지 주사
④ 맞고 난 주사기는 상의 옷깃에 꽂아두어 주사한 횟수를 표시

(3) 관리방법
① 동절기는 상온(4~30℃) 상태의 실내에 보관
② 하절기는 통풍이 잘되는 선선한 곳에 보관

3) 피부제독제키트(KM258A1)

(1) 특징
화학작용제(신경 및 수포, 생물학 등)에 의해 오염된 피부와 개인장비를 제독할 수 있도록 제독용액이 침지되어 있는 휴대용 제독제이다.

(2) 사용방법
① 1번 봉지를 꺼내 실선을 찢어낸 후 패드를 꺼내 오염된 부위를 1분간 닦아준다.
(피부세척용)

② 2번 봉지를 꺼내 가운데 실선부위를 접어서 내부 앰플을 깨뜨린 후 약제가 혼합된 패드를 꺼내 오염부분을 2분간 닦아준다.(피부제독용)

(3) 관리방법

동절기에 결빙되지 않도록 4℃ 이상의 장소에 보관

3. 기타

1) 오염표지판

(1) 특징

① 화생방 작용제가 오염된 지역에 설치하는 이등변 삼각형의 표지판으로 표지판의 이면이 오염된 곳을 향하도록 설치한다.

② 오염표지판은 화생방 작용제의 종류에 따라 화학작용제인 경우 '가스'(황색 바탕, 적색 글씨), 생물학작용제인 경우 '생물'(청색 바탕, 적색 글씨), 핵 및 방사능인 경우 '원자'(백색 바탕, 흑색 글씨)로 표기한다.

(2) 사용방법

① 식별이 용이하도록 지상 1m 높이에 20m 간격으로 설치한다.

② 오염된 지역으로 진입하는 인원·차량이 쉽게 확인할 수 있는 위치에 설치한다.

(3) 관리방법

유사시 오염지역에 즉시 설치할 수 있도록 표지판에 끈을 부착해 놓고, 설치대 및 걸이용 끈을 준비해 둔다.

2) 휴대용 제독기

(1) 특징

개인 휴대 및 운반이 가능하여 대형 장비 접근이 어려운 지역에 화학작용제를 제독할 수 있는 제독기이다.

(2) 사용방법

① 제독용액 주입구 뚜껑을 열고 DS2 제독용액을 주입

② 뚜껑을 닫고 지렛대를 상하로 움직여 통 내에 공기 주입

③ 어깨에 메고 오염된 지역·장비를 향해 분사

(3) 관리방법

① 녹이 슬지 않도록 습기가 있는 곳에 보관하지 않는다.
② 장비의 수명 유지를 위해 기름걸레로 닦아 보관한다.
③ 탱크 내 물이 고여 있지 않도록 탱크 내부를 수시로 건조시킨다.

04 화생방 장비·물자 폐기처리지침

1. 목적

국민안전처의 화생방 장비·물자 폐기처리지침에 따르면 화생방 장비·물자는 시한성 물품으로 일정 기간이 경과하면 폐기처리하여야 하며 일부 폐기물품 중에는 인체에 유해한 환경오염 물질이 함유되어 있어 지방자치단체에서 폐기처리 시 폐기처리 기준 및 방법을 제공하여야 한다.

2. 폐기처리 대상

1) 방독면

일반, 특수, 다용도, 한국형

2) 화생방 분대장비물자

① KM256화학작용제 탐지키트
② 탐지지(KM8, KM9)
③ 해독제(KMARK-1) : 팜 주사기, 아드로핀 주사기
④ KM258 피부 제독키트
⑤ 방독면정화통(일반, 특수, 다용도, 한국형)
⑥ 휴대용 제독기
⑦ 보호의(침투 및 불침투)
⑧ 오염표지판
⑨ 제독용액(DS_2)

3) 유효기간

(1) 방독면

 안면부, 정화통 : 10년 이상

(2) 분대장비

 ① 탐지키트, 탐지지, 해독제, 피부제독키트, 제독용액, 보호의 : 5년 이상
 ② 휴대용 제독기, 오염표지판 : 유효기간 없음

4) 폐기처리 시기

(1) 탐지키트, 탐지지, 해독제, 피부제독키트, 제독용액, 보호의

 국방부(제1화학방어연구소) 성능시험결과에 따라 결정(매년)

(2) 휴대용 제독기, 오염표지판

 마모, 파손 등 성능발휘 불가 시

5) 폐기처리 방법

(1) 방독면

 ① 안면부 및 두건 : 재활용할 수 없도록 가위로 절단한 후 일반쓰레기로 처리(소각)한다.
 ② 정화통(일반, 국민, 특수, 한국) : 절단 후 활성탄소만 별도 분리하여 일반쓰레기로 처리한다.(화재용 정화통은 일반폐기처리)

(2) 화학작용제 탐지키트(KM256)

 내용물을 절단 후 일반쓰레기로 처리(소각)한다.

(3) 탐지지(KM8, KM9)

 절단 후 일반쓰레기로 처리(소각)한다.

(4) 해독제(KMARK – 1)

 내부 스프링을 분리 후 절단하여 일반쓰레기로 처리(소각)한다.

(5) 피부제독키트(KM258)

 내용물을 절단 후 일반쓰레기로 처리(소각)한다.

(6) 휴대용 제독기

 파손 후 고철쓰레기로 처리한다.

(7) 보호의(침투 및 불 침투)

여러 조각을 내어 일반쓰레기로 처리(소각)한다.

(8) 오염표지판

일반쓰레기로 처리(소각)한다.

(9) 제독용액(DS_2)

용기에 구멍을 내어 용액을 땅속 깊이(30cm 이상) 매몰하거나 많은 물에 희석시켜 (50배 이상) 하수구에 버린다.

05 화생방 공격의 특성 및 행동요령

1. 화학무기 공격

1) 특성

① 산업원료가 무기화되고 제조원료 및 기술이 저렴하여 쉽게 생산할 수 있다.
② 적은 양으로 짧은 시간 안에 대규모의 지역을 오염시키고 인원을 살상시킬 수 있다.
③ 테러 유형이 다양하여 방호되어 있지 않은 인원의 피해가 심각하게 발생한다.

2) 행동요령

① 방독면 또는 마스크, 보호의를 착용하여 피부가 노출되지 않도록 한다.
② 보호 장비가 없는 경우 신속히 고지대나 고층건물의 실내로 대피한다.
③ 피부가 오염된 경우 비누, 세제로 흐르는 물로 씻고 오염된 옷은 비닐봉지로 밀봉처리한다.

2. 생물학무기 공격

1) 특성

① 비용이 저렴하고 은닉 및 살포가 용이하며 극소량으로 사망에 이르게 할 수 있다.
② 살포시간과 피해발생의 시간 차이가 발생하며 오염지역의 확인이 어렵다.
③ 표적이나 증거를 남기지 않으므로 피해 발생이 자연적인지 인위적인지 판단하기 어렵다.

2) 행동요령

① 방독면 또는 마스크를 착용하고 오염지역 및 감염환자로부터 신속히 대피한다.
② 병원, 진료소 등에서 감염 여부를 확인하고 예방접종 등의 치료를 실시한다.
③ 감염환자를 격리치료하고 가급적 건물 및 대피소를 밀폐조치한다.

3. 핵무기 공격

1) 특성

① 방사능 오염은 넓은 지역에 장기간 영향을 주며 즉각적인 대응이 어렵다.
② 상수도, 식품 등을 대상으로도 공격이 이루어지며 방사능이 식량사슬에 오염, 침착된다.
③ 방사능으로 인한 피해영향은 수일 또는 수주일 이후 급성·만성 장해가 발생한다.

2) 행동요령

① 신속히 지하대피소 또는 지하시설 등 깊은 곳으로 대피한다.
② 대피하지 못한 경우 폭발 반대방향으로 엎드리고 양손으로 눈과 귀를 막고 입을 벌린다.
③ 방독면, 보호의 등으로 신체 노출을 최소화하고 오염지역에서 벗어난다.

06 화생방테러 대응지침 및 판단요소

1. 목표

「국가위기관리기본지침(대통령훈령 제229호)」 및 「테러 위기관리 표준매뉴얼」에 근거하여 화생방 테러 및 사고 발생 시 신속한 인명구조로 인명피해를 최소화하는 것을 목표로 한다.

2. 대응지침

① 신속한 상황 전파·보고체계 확립(상황실/정보통신망)
② 정확한 분석·판단으로 효과적인 현장대응 및 수습지원 활동 전개

③ 소방방재청, 국립환경과학원, 질병관리본부, 한국원자력안전기술원, 국군화생방방호사령부, 경찰 등 관계기관과 적극 협력
④ 화생방테러 대응장비 점검·정비
⑤ 효과적인 대응활동을 위해 화생방대응팀 특별교육훈련 실시
⑥ 중앙119구조단 현장지휘본부 설치·운영, 재난수습 총력 대응
⑦ 환경영향 예측 및 복구를 위한 유관기관 협조 요청 시 적극 지원

3. 판단 및 고려요소

① 사고 유발물질 : 화학·생물학·방사능 등 유해화학물질
② 사고발생지역의 풍향, 풍속, 온도, 습도, 지형적 특징
③ 사고발생 원인 및 유형 : 의도한 테러, 사고 등
④ 지원 가능한 현재 대응장비 및 인원

4. 위기대응 조치 및 절차

1) 상황정보 접수·전파 및 보고

① 사고발생 상황 접수 및 재난종합상황실로부터 출동지시
② 재난상황 보고(사고발생 개요, 피해상황, 출동대 현황 등)

2) 1차 출동

① 출동 차량 편성(지휘차, 화학분석제독차, 일반공작 등)
② 1차 출동대 출동(1차 화생방대응팀 신속 출동)
③ 현장상황 신속 보고(현장 → 중앙119구조단 → 재난종합상황실)
④ 화생방대응팀 운영(탐지, 수거, 제독, 인명구조 활동)
⑤ 현장 상황관리 및 추가출동 요청

3) 2차 출동

① 출동 차량 편성(첨단장비수송차, 첨단미니버스, 크레인차 등)
② 2차 출동대 출동조치
③ 준위험지역 내 제독활동 지원

4) 복구대책 지원

오염지역 단기복구 지원(화학분석 제독차 동원 오염지역 제독작업 지원)

5. 사고현장 활동

1) 기본행동요령

① 침착하게 개인보호 장구와 탐지, 수거, 제독, 인명구조장비를 준비
② 항상 바람을 등지고 가능한 한 높은 지대에서 활동
③ 오염지역, 준오염지역, 안전지역에 대한 경계구역 설정
④ 테러 및 사고원인에 대한 정보수집
⑤ 현장 보존 및 사상자의 제독 실시

2) 검체 수거요령

① 화학 및 생물학작용제의 물체 및 환경 가검물
② 샘플채취 시 수거용기의 표면이 오염되지 않도록 주의
③ 검체의뢰는 담당자가 직접 국립환경과학원이나 질병관리본부 담당자에게 전달

3) 제독방법

(1) 기본적 주의사항

① 보호복, 공기호흡기, 불침투성 장갑과 장화 등 착용
② 출동대원들은 작용제별 증상을 숙지
③ 환자의 손과 발을 철저히 제독
④ 구급차는 현장 이동 시 제독 실시

(2) 대량환자의 제독

① 오염된 증상을 보이는 환자에게 신속하게 실시
② 대량의 물로 오염된 사람과 물체에 분무하고 오염징후를 보이는 환자의 의복 제거
③ 개인제독 실시 여부를 불문하고 현장의 모든 사람들은 정밀조사를 위해 분리된 지역에 집결
④ 생물학적 공격(백색가루)에 대한 반응은 수 시간 또는 수일 후에 나타날 수 있으므로 모든 환자의 감염 여부를 정밀 검사해야 한다.

07 화학물질 누출 시 대처요령

1. 염화수소(Hydrogen Chloride)

1) 대처요령

① 토양에 누출되었을 경우 오염지역을 산화칼슘, 분말시멘트 비산회 등으로 덮을 것
② 수중에 누출되었을 경우 산화칼슘 또는 중탄산나트륨을 이용하여 중화할 것
③ 다량 누출되었을 경우 제방을 축조하여 별도로 격리할 것
④ 누출물에 직접적으로 물이 접촉되지 않도록 할 것

2) 주의사항

① 내화학성 보호의, 보호장갑, 보호장화 등의 안전장비를 갖출 것
② 오염지역보다 낮은 지대를 피하고 바람을 등지는 곳에 위치할 것
③ 유독가스를 배출하므로 방독마스크, 송기마스크 등을 착용할 것

2. 암모니아(Ammonia)

1) 대처요령

① 대기에 누출되었을 경우 물스프레이를 이용하여 증기를 줄이고 암모니아와 결합한 물은 부식성과 독성이 있으므로 한 곳에 모아둔 후 처리할 것
② 수중에 누출되었을 경우 아세트산 용액 등 약산으로 중화시키거나 제방을 쌓아 오염지역을 고립시키고 누출물을 긁어내어 제거할 것
③ 토양에 누출되었을 경우 약산으로 중화시키거나 분말시멘트 등 비가연성 물질로 덮어서 처리할 것

2) 주의사항

① 내화학성 보호의, 보호장갑, 보호장화 등의 안전장비를 갖출 것
② 오염지역보다 낮은 지대를 피하고 바람을 등지는 곳에 위치할 것
③ 누출물로부터 가연성 물질 등 주변의 모든 점화원을 제거할 것

3. 질산(Nitric Acid)

1) 대처요령

① 토양에 누출되었을 경우 오염지역을 건토, 석회암 분말 등 비가연성 물질로 덮어서 처리할 것
② 토양에 흡수된 누출물은 땅을 파내어 용기에 담아 처리할 것
③ 대기에 누출되었을 경우 물 스프레이를 이용하여 증기를 감소시키고 질산과 결합한 물은 부식성과 유독성이므로 한 곳에 모아 처리할 것

2) 주의사항

① 내화학성 보호의, 보호장갑, 보호장화 등의 안전장비를 갖출 것
② 오염지역보다 낮은 지대를 피하고 바람을 등지는 곳에 위치할 것
③ 누출물로부터 가연성 물질 등 주변의 모든 점화원을 제거할 것

4. 황산(Sulfuric Acid)

1) 대처요령

① 대기에 누출되었을 경우 물 스프레이를 사용하여 증기의 발생을 감소시킬 것
② 토양에 누출되었을 경우 비가연성 물질을 사용하여 흡수시키거나 모래주머니 등으로 방벽을 쌓아 격리 수용한 후 처리할 것
③ 수중에 누출된 경우 석회, 나트륨 중탄삼염 등의 알칼리성 물질을 투입하여 처리할 것

2) 주의사항

① 내화학성 보호의, 보호장갑, 보호장화 등의 안전장비를 갖출 것
② 보호의를 착용하지 않고 누출물이나 주변 물품을 만지지 말 것
③ 방독마스크, 공기호흡장치 등 없이 연소 생성물의 흡입을 피할 것

5. 포름알데하이드(Formaldehyde)

1) 대처요령

① 토양에 누출된 경우 웅덩이와 같은 격리 · 수용지역을 확보하고 석회나 나트륨 중탄산염 같은 알칼리성 물질을 투입할 것
② 수중에 누출된 경우 분말시멘트나 활성탄 등을 사용하여 누출물의 확산을 막을 것
③ 화재가 없는 경우 완전밀폐식 화학보호복을 반드시 착용할 것

2) 주의사항

① 내화학성 보호의, 보호장갑, 보호장화 등의 안전장비를 갖출 것
② 대기에 누출된 경우 공기와 반응하여 폭발적인 혼합물을 형성할 수 있으므로 주의할 것
③ 주변에 점화원이 있는 경우 역화될 수 있으므로 주의할 것

6. 톨루엔(Toluene)

1) 대처요령

① 대기에 누출된 경우 물 스프레이를 사용하여 증기의 발생을 감소시킬 것
② 토양에 누출된 경우 오염지역을 소석회나 중탄산나트륨 등으로 덮어서 처리할 것
③ 수중에 누출된 경우 계면활성제를 사용하여 pH 농도를 증가시키거나 활성탄을 분사하여 처리할 것

2) 주의사항

① 내화학성 보호의, 보호장갑, 보호장화 등의 안전장비를 갖출 것
② 물을 사용하여 화재를 진압할 경우 불이 번질 수 있으므로 주의할 것
③ 오염지역보다 낮은 지대를 피하고 바람을 등지는 곳에 위치할 것

7. 벤젠(Benzene)

1) 대처요령

① 토양에 누출된 경우 모래, 비활성흡착제 등으로 흡수시키고 흡착제와 종이는 소각처리할 것
② 모래주머니나 콘크리트 등으로 제방을 쌓아 누출물의 확산을 방지할 것
③ 보호장비 미착용 시에는 누출물질이나 주변의 물품을 만지지 말 것

2) 주의사항

① 내화학성 보호의, 보호장갑, 보호장화 등의 안전장비를 갖출 것
② 화재가 발생한 경우 부식성이 강한 유독성 기체를 방출하므로 공기호흡장치를 반드시 사용할 것
③ 오염지역보다 낮은 지대를 피하고 바람을 등지는 곳에 위치할 것

8. 과산화수소(Hydrogen Peroxide)[9]

1) 대처요령

① 토양에 누출된 경우 물을 다량으로 분사하여 중화시킬 것
② 토양에 다량으로 누출된 경우 제방을 쌓아 누출물의 확산을 방지할 것
③ 대기에 누출된 경우 물 스프레이를 사용하여 증기의 발생을 감소시킬 것

2) 주의사항

① 내화학성 보호의, 보호장갑, 보호장화 등의 안전장비를 갖출 것
② 보호장비를 착용하지 않고 누출된 물질이나 주변의 물품을 만지지 말 것
③ 화재가 발생한 경우 방호 가능하거나 안전거리가 확보된 곳에서 물을 분사할 것

9. 클로로포름(Chloroform)

1) 대처요령

① 토양에 누출된 경우 질석, 건토 등 비가연성 물질을 사용하여 흡수시킬 것
② 수중에 누출된 경우 비산회나 활성탄 등으로 흡수시킬 것
③ 대기에 누출된 경우 물 스프레이를 사용하여 증기의 발생을 감소시킬 것

2) 주의사항

① 내화학성 보호의, 보호장갑, 보호장화 등의 안전장비를 갖출 것
② 수거한 용기가 가열되거나 누출물이 물과 접촉할 시 폭발할 수 있으므로 주의할 것
③ 보호장비를 착용하지 않고 누출된 물질이나 주변의 물품을 만지지 말 것

10. 염화에틸(Ethyl Chloride)

1) 대처요령

① 토양에 누출된 경우 모래나 중탄산나트륨 등으로 덮어서 흡수시키거나 제방을 쌓아 누출물의 확산을 방지할 것
② 대기에 누출된 경우 물 스프레이를 사용하여 증기의 발생을 감소시킬 것
③ 비가연성 물질을 사용하여 흡수하고 적당한 용기에 수거하여 처리할 것

---

[9] 2014년 지방직 9급 안전관리론 기출문제 B형 5번

2) 주의사항

① 내화학성 보호의, 보호장갑, 보호장화 등의 안전장비를 갖출 것
② 누출물에 물이 직접적으로 접촉하지 않도록 방지할 것
③ 오염지역에서는 자급식 호흡장치가 장착된 보호장비를 사용할 것

08 화생방 사고 사례

1. 우크라이나

1986년 4월, 우크라이나 체르노빌에서 원자로 과열로 인하여 최악의 원전폭발사고가 발생하였다. 이로 인해 8톤가량의 방사능 물질이 대기 중에 방출되었으며 이 양은 2차세계대전시 일본 히로시마에 투하된 원자탄보다 400배나 많은 양이었다. 이 사고로 인해 56명이 사망하고 질병과 암에 걸린 환자가 27만 명에 달했으며 이 중 14만 명은 사망하였다.

┃그림 7-1 체르노빌 원자로 폭발 사고┃

2. 일본

1995년 3월, 신흥종교단체 교주의 주도하에 일본 도쿄 지하철에서 출근시간에 독가스인 사린가스를 살포하여 무고한 시민 12명이 사망하고 5,500여 명이 중경상을 입었다. 부상자들은 호흡곤란, 구토, 안구통증 등의 증상을 나타냈다.

┃그림 7-2 일본 도쿄 지하철 사린 살포 테러┃

3. 한국

    2012년 9월, 경상북도 구미시 산동면 봉산리 구미 제4국가산업단지에 위치한 화학제품 생산업체에서 플루오린화 수소 가스가 유출되어 23명의 사상자가 발생하고 공장 일대의 주민과 동·식물들에 대해 대규모 피해를 준 사고이다.

┃그림 7-3 한국 구미 불산 누출 사고┃

PART 07 연습문제

01 화학물질의 사고 시 누출방재요령으로 옳은 것은?

① 벤젠 : 토양 누출 시 물 분무를 사용하여 증기의 발생을 감소시킨다.
② 암모니아 : 열, 스파크 등 점화원을 제거하고 환기시킨다.
③ 과산화수소 : 누출량에 따라 다량을 물분무를 사용하거나 제방을 축조한다.
④ 일산화탄소 : 증기를 줄이고 증기구름의 이동을 억제하기 위해 분무주수를 한다.

> **풀이** 과산화수소 누출 시 대처요령
> ㉠ 토양에 누출된 경우 물을 다량으로 분사하여 중화시킬 것
> ㉡ 토양에 다량으로 누출된 경우 제방을 쌓아 누출물의 확산을 방지할 것
> ㉢ 대기에 누출된 경우 물 스프레이를 사용하여 증기의 발생을 감소시킬 것

02 방사선 대책에서 외부 피폭에 대한 설명으로 옳은 것은?

① 방사성 물질을 취급하는 작업자는 선량계를 작업장에 비치한다.
② 작업자와 방사선원 사이에 적절한 차폐재를 설치한다.
③ 작업자는 방사선 선량률에 따라 납장갑, 납앞치마를 착용할 수 있다.
④ 방사선량은 거리가 증가함에 따라 선형적으로 감소한다.

> **풀이** 외부 피폭
> 차폐의 이용 : β(베타)선을 내는 선원은 알루미늄, 유리, 플라스틱 판 등으로 쉽게 차폐가 된다. γ선은 투과력이 크므로 차폐 두께에 대해 지수함수적으로 감쇠가 된다. 이에 따라 차폐물로서는 밀도가 큰 물질, 콘크리트, 철, 납 등이 사용되며 두께가 두꺼울수록 방사선 세기가 지수함수적으로 감소된다.

03 화학전이나 테러에 사용될 수 있는 신경계 독성 물질인 것은?

① 사린가스　　　　　　　　② 할로겐
③ 염소가스　　　　　　　　④ 클로로포름

> **풀이** 사린가스
> 신경작용제의 하나로 무색무취의 형태이며 독일의 유태인 학살, 동경 지하철 사린 사건 등으로 유명하다. 흡입이나 피부 접촉을 통해 중독되며 동공수축, 안구통증, 호흡곤란 등의 증상이 나타난다.

정답 01 ③　02 ②　03 ①

04 화학작용제 중 생물학 작용제에 대한 설명으로 옳은 것은?

① 세부 종류로는 신경작용제, 질식작용제, 혈액작용제, 수포작용제 등이 있다.
② 콜레라균, 에볼라 바이러스, 리신 등 음식물이나 호흡을 통해 인체에 침투하여 반응한다.
③ CS로 불리는 최루제 계열이며 피부와 점막 등에 강한 자극을 준다.
④ 복숭아씨나 아몬드 등의 자극적인 냄새가 나며 인체에 침입하면 산소 부족을 유발한다.

풀이 생물학 작용제
　㉠ 세균(미생물, 바이러스), 독소 등의 형태로 인체에 감염된다.
　㉡ 콜레라균, 탄저균, 야토병균 등 세균성 생물학작용제와 에볼라 바이러스, 마르부르크 바이러스, 한타 바이러스 등 바이러스성 생물학작용제, 리신, 보툴리눔 독소, 포도상구균 독소 등 독소성 생물학 작용제가 있다.

05 화생방 무기의 위협에 대한 설명으로 틀린 것은?

① 방독면을 쓰면 화생방 공격에서 일부 방호가 가능하다.
② 폭탄은 눈에 보이지만 화생방 무기는 보이지 않는다.
③ 화생방 무기의 위협은 치명적 살상의 기능 외에 사용 범위와 피해 상황을 제대로 파악하기가 어렵다는 데에 있다.
④ 중독이나 감염되기 전에 무기의 사용 확인이 가능하고 색이나 향으로 확인할 수 있다.

풀이 화생방 무기의 위협
　㉠ 치명적 살상의 기능 외에 사용 범위와 피해 상황을 제대로 파악하기가 어렵다.
　㉡ 누군가가 중독이나 감염이 된 이후에야 무기가 사용되었는지 확인할 수 있다.
　㉢ 화학무기가 확인된 때에는 이미 많은 사람들이 죽거나 병에 걸린 이후이다.

06 화학작용제의 하나인 수포작용제에 대한 설명으로 옳은 것은?

① 제2차세계대전 때 많이 사용되었다.
② 겨자 맛이 나기도 하므로 머스터드 가스라고 불린다.
③ 일반 고무(합성)를 침투할 수 없다.
④ 노출에 따라 20분 이내로 치료해야 하며 부식작용이 일어난다.

풀이 수포작용제(Blister Agents/Vesicants)
　㉠ 겨자 맛이 난다고 하여 흔히 머스타드(Mustard) 가스라고도 한다.
　㉡ 제1차 세계대전 때 많이 사용된 작용제이다.
　㉢ 오염증상(피부에 수포형성을 일으킨다, 2차적인 세균감염을 일으킨다, 3도 화상과 증상이 비슷하다.)
　㉣ 치료(노출 즉시 3분 이내에 치료를 해주어야 한다, 민간에서는 에틸알코올을 부드럽게 발라주는 것도 효과적인 방법이다.)

정답　04 ②　05 ④　06 ④

07 생물학 무기에 대한 설명으로 틀린 것은?

① 소량으로도 살상이 가능하다.
② 표적이나 증거를 은폐하기 쉬우며, 사용위협만으로도 사회적 혼란을 야기한다.
③ 값이 핵무기보다 비싸고 사용 시 육안으로 확인이 가능하다.
④ 살포시간과 피해발생의 시간 차이로 초기에 감지가 불가능하다.

> **풀이** 생물학 무기의 특성
> ㉠ 아주 미량으로도 사람을 죽일 수 있다.
> ㉡ 값(핵무기의 1/800)이 싸고 은닉 및 살포가 용이하다.
> ㉢ 감염이 되면 스스로 번식·확산되며, 오염지역의 확인에 어려움이 따른다.
> ㉣ 살포시간과 피해발생의 시간 차이로 초기감지가 어렵다.
> ㉤ 감염사실 확인 시에는 이미 다른 지역의 사람이나 동·식물로 전파시킨 후이다.
> ㉥ 사고발생이 자연발생적인지 인위적인지 구별하기 어렵다.
> ㉦ 표적이나 증거를 남기지 않으며, 사용위협만으로도 사회적 대혼란을 야기한다.

08 화생방 장비·물자 폐기처리 지침에 대한 설명으로 가장 틀린 것은?

① 화생방 장비·물자는 보관에 따라 영구적으로 사용할 수 있다.
② 방독면 정화통에 들어있는 활성탄소는 별도 분리하여 처리한다.
③ 사용한 해독제(KMARK-1)는 내·외부를 국방부 제1화학방어연구소에서 권장하는 살균·소독에 한하여 재사용한다.
④ 제독용액(DS2)은 용기에 구멍을 내어 땅속 깊이(30cm 이상) 매몰하거나 많은 물에 희석시켜(50배 이상) 하수구에 버린다.

> **풀이** ㉠ 목적
> 화생방 장비·물자는 시한성 물품으로 일정 기간이 경과하면 폐기처리하여야 하며 일부 폐기물품 중에는 인체에 유해한 환경오염 물질이 함유되어 있어 지방자치단체에서 폐기처리 시 폐기처리 기준 및 방법을 제공한다.
>
> ㉡ 폐기처리 대상
> • 방독면 : 일반, 특수, 다용도, 한국형
> • 화생방 분대장비물자
>   - KM256화학작용제 탐지키트
>   - 탐지지(KM8, KM9)
>   - 해독제(KMARK-1) : 팜 주사기, 아드로핀 주사기
>   - KM258 피부 제독키트
>   - 방독면정화통(일반, 특수, 다용도, 한국형)
>   - 휴대용 제독기
>   - 보호의(침투 및 불침투)
>   - 오염표지판
>   - 제독용액(DS₂)

정답 07 ③ 08 ③

ⓒ 유효기간
- 방독면 : 안면부 10년 이상, 정화통 5년 이상
- 분대장비
  - 탐지키트, 탐지지, 해독제, 피부제독키트, 제독용액, 보호의 : 5년 이상
  - 휴대용 제독기, 오염표지판 : 유효기간 없음
ⓔ 폐기처리 시기
- 탐지키트, 탐지지, 해독제, 피부제독키트, 제독용액, 보호의 → 국방부(제1화학방어연구소) 성능시험결과에 따라 결정(매년)
- 휴대용 제독기, 오염표지판 → 마모, 파손 등 성능발휘 불가 시

09 「원자력시설 등의 방호 및 방사능 방재대책법」상 다음의 기준에 해당하는 방사선 비상의 종류는?

> 안전상태로의 복구기능의 저하로 원자력 시설의 주요 안전기능에 손상이 발생하거나 발생할 우려가 있는 등의 사고로서 방사성물질의 누출로 인한 방사선 영향이 원자력시설 부지 내에 국한될 것으로 예상되는 비상사태

① 적색 비상   ② 황색 비상
③ 백색 비상   ④ 청색 비상

풀이 방사선 비상의 종류에 대한 기준
㉠ 백색 비상 : 방사성 물질의 밀봉상태의 손상 또는 원자력시설의 안전상태 유지를 위한 전원 공급 기능에 손상이 발생하거나 발생할 우려가 있는 등의 사고로서 방사성 물질의 누출로 인한 방사선 영향이 원자력시설의 건물 내에 국한될 것으로 예상되는 비상사태
㉡ 청색 비상 : 백색 비상에서 안전상태로의 복구기능의 저하로 원자력시설의 주요 안전기능에 손상이 발생하거나 발생할 우려가 있는 등의 사고로서 방사성 물질의 누출로 인한 방사선 영향이 원자력시설 부지 내에 국한될 것으로 예상되는 비상사태
㉢ 적색 비상 : 노심의 손상 또는 용융 등으로 원자력 시설의 최후방벽에 손상이 발생하거나 발생할 우려가 있는 사고로서 방사성 물질의 누출로 인한 방사선 영향이 원자력시설 부지 밖으로 미칠 것으로 예상되는 비상사태

10 방사능 누출 시 방사능 사고의 대처에 대한 설명으로 옳은 것은?

① 지하로 대피하되 산소 유입이 가능한 구멍을 확보한다.
② 모든 창문과 출입문을 닫는다.
③ 가옥 내에 대피 시 은폐·엄폐를 위해 표식을 없앤다.
④ 대피 시에는 전기와 가스를 켜고 수도꼭지를 튼다.

정답 09 ④ 10 ②

풀이 ▶ **방사성 물질이 누출된 경우**
    ㉠ 주민은 관계기관의 지시에 따라 행동한다.
    ㉡ 지하실이나 건물의 중앙으로 대피한다.
    ㉢ 오염공기 차단을 위해 모든 창문과 출입문을 밀폐한다.
    ㉣ 가옥 내에 대피한 주민은 노란색 천을 걸어 대피를 알린다.
    ㉤ 대피 시 전기, 가스를 끄고 수도꼭지를 잠근다.
    ㉥ 담요, 의복, 구급약품, 유아용품 등을 지참한다.

11 화학물질사고의 대처에 대한 설명으로 틀린 것은?

① 건물 내로 대피했을 경우에는 산소 호흡을 위해 환풍기 및 창문을 개방한다.
② 사고 지점 가까이에서는 바람을 등지고 대피한다.
③ 화학물질 누출 발견 즉시 119에 신고한다.
④ 대피할 때에는 방독면, 물수건, 마스크 등으로 호흡기를 보호하고 우의나 비닐로 피부가 노출되지 않도록 한다.

풀이 ▶ **화학물질이 누출된 경우**
    ㉠ 화학물질 누출 시, 즉시 119에 신고하고, 이웃에게 알린다.
    ㉡ 근처에서는 바람이 불어오는 방향으로 대피, 멀리 떨어진 지역에서는 직각방향 대피한다.
    ㉢ 방독면, 물수건, 마스크 등으로 호흡기를 보호하고 우의나 비닐로 피부를 감싼 후 대피한다.
    ㉣ 건물 내로 대피했을 경우, 창문을 닫고 문틈을 꼭 막아 외부공기를 차단한다.
    ㉤ 오염된 지역 내에서는 식수나 음식물을 먹지 말고 오염된 물건을 만지지 않는다.

12 RI(Radio Isotope ; 방사성 동위원소) 시설의 위험구역 내 활동통제에 대한 설명 중 옳은 것은?

① 오염물은 시설관계자에게 일괄하여 인도하고 사용한 소방설비는 절대로 재사용하지 않는다.
② 베인 상처의 경우에 오염이 있는 경우에는 즉시 다량의 알칼리성 물에 의한 제염을 실시한다.
③ 오염검사는 원칙적으로 시설 바깥의 오염검사기를 활용한다.
④ 오염물 세척은 산성의 물이 효과가 있다.

풀이 ▶ **RI(Radio Isotope ; 방사성 동위원소)시설 위험구역 내 활동통제**
    ㉠ 오염검사는 원칙적으로 시설관계자가 직접 시설 내의 오염검사기를 활용하도록 한다.
    ㉡ 알칼리성보다는 산성 쪽이 효과가 있다.
    ㉢ 오염된 소방설비는 원칙적으로 재사용하지 않으나 제염의 결과 재사용이 가능한 것은 제외한다.

정답 11 ② 12 ②

13 화생방테러 중 화학테러의 양상과 거리가 먼 것은?

① 다중이용시설에 화학작용제 등 고형 가루형태로 투척
② 국가기반시설에 농축액체 상태로 투척
③ 적 특작부대에 의한 휴대용 화학탄 투척
④ 열기구 및 경비행기를 이용하여 도심상공 또는 목표지역에 야간 또는 은밀히 살포

> **풀이** 화학테러 양상
> ㉠ 적특작부대에 의한 휴대용 화학탄 투척
> ㉡ 다중이용시설에 화학작용제 등 독성가스 제조, 살포
> ㉢ 열기구 및 경비행기를 이용하여 도심상공 또는 목표지역에 야간 또는 은밀히 살포

14 유독가스에 관한 설명으로 틀린 것은?

① 산화에틸렌 : 기체 상태로 흡입 시 유독성으로 목구멍 등 기관지를 자극하며, 허용농도는 50ppm이다.
② 포스겐 : 일정량 이상 흡입 시 2~6시간 후 호흡이 거칠어지고 폐세포가 손상된다.
③ 염소 : 눈, 코, 기관지 등에 심한 자극을 주며, 허용농도는 3ppm이다.
④ 암모니아 : 액화암모니아는 피부동상을 유발하고 눈, 코, 기관지에 자극을 준다.

> **풀이** 유독가스 노출 시 증7상 및 응급조치

구분	증상	응급조치
염소	• 눈, 코, 기관지 등에 심한 자극 • 액화염소는 동상 유발 • 허용농도는 1ppm • 33ppm이면 1시간 이내 50% 사망	• 흡입 시 신선한 곳으로 옮겨 의복을 벗기고 모포 등으로 보온 후 의사 진단(2%의 소금물로 입가심) • 눈에 들어갔을 시 맑은 물로 15분 이상 씻는다.
암모니아	• 눈, 코, 기관지에 자극 • 액화암모니아는 피부동상 유발 • 허용농도는 50ppm • 2,500ppm이면 1시간 이내 90~100% 사망	• 흡입 시 과즙 또는 식초를 경구 투여 • 피부오염 시 다량의 물로 세척 후 묽은 식초(2%)로 중화하고 다시 물로 씻는다. • 눈에 들어갔을 시 물로 씻은 후 2% 붕산용액으로 씻는다.
포스겐	• 일정량 이상 흡입 시 2~6시간 후에 호흡이 거칠어진다. • 폐포 속으로 혈장이 누출되어 폐세포가 손상된다. • 허용농도는 0.1ppm	• 안전한 장소로 옮긴 후 신선한 공기를 마시게 하여 안정시킴과 동시에 산소호흡 • 구조 시 방독마스크, 산소호흡기 등을 착용한다. • 눈에 들어갔을 시 다량의 물로 15분 이상 씻어낸다.
산화에틸렌	• 흡입 시 발암의 우려 및 목구멍 등의 점막 자극 • 기침, 구토, 중추신경 및 폐수종을 유발하며 마취작용 • 허용농도는 50ppm	• 흡입 시 신선한 곳으로 이동하여 보온안정시킨 후 신속히 병원후송 • 피부접촉 시 물로 잘 씻어낸다. • 눈 접촉 시 즉시 흐르는 물에 충분히 씻은 후 의사의 진단을 받는다.
시안화수소	• 혈액 내 산소공급을 방해하고 신체조직을 급속히 파괴한다. • 증기 흡입 시 후각을 손상시킨다.	• 방독면이나 물에 적신 수건으로 호흡기를 보호하고 안전지역으로 대피 • 피부·눈 오염 시 물로 씻는다.

정답 13 ① 14 ③

15 「국가대테러활동지침」상 테러대책기구에 대한 설명으로 옳지 않은 것은?

① 테러대책상임위원회의 위원장은 위원들의 투표를 통해 지명한다.
② 테러정보통합센터의 장은 테러대책회의의 간사가 된다.
③ 지역 테러대책협의회의 의장은 국가정보원의 해당 지역 관할지부의 장이 된다.
④ 테러대책회의의 의장은 국무총리가 된다.

풀이 테러대책기구
　㉠ 테러대책회의의 의장은 국무총리
　㉡ 테러대책상임위원회의 위원장은 위원 중에서 대통령이 지명한다.(따라서 국가정보원장은 테러대책상임위원회의 위원이 될 수 있고, 대통령의 지명으로 위원장이 될 수도 있다.) – 국가대테러활동지침 제8조 제2항

정답 15 ①

PART 08 보건 및 위생

1 안전보건관리체제의 의의 및 유형

2 산업안전보건법상의 안전보건관리체제
  1. 안전보건관리체제의 확립
  2. 안전보건관리조직체제별 임무

3 안전보건관리규정

4 유해·위험예방 조치
  1. 개념
  2. 유해·위험예방 조치의 유형

5 근로자의 보건관리
  1. 산업보건관리의 필요성
  2. 작업환경관리
  3. 작업관리
  4. 건강관리

6 안전보건교육
  1. 사업장 내 안전보건교육의 의의
  2. 안전보건교육의 목표와 특성
  3. 교육훈련의 기본방향과 형태
  4. 산업안전보건법상의 안전보건교육

PART 08 보건 및 위생

01 안전보건관리체제의 의의 및 유형

산업재해를 예방하기 위한 궁극적인 책임은 사업주에게 있으며, 사업주는 당연히 그 책임을 다하여야 한다.

사업주가 산업재해예방을 위한 책임을 다하는 것은 상당한 수준의 경제적인 투자가 따라야 하므로 결코 쉬운 일은 아니다. 하지만 기업의 자율적인 노력 없이는 기업의 안전보건을 기대할 수 없다는 사실 또한 알아야 한다.

산업안전보건법(이하 "산안법"이라 함.) 제1조 목적에서 규정한 바와 같이 산업안전보건에 관한 책임소재의 명확화와 자율적인 활동의 촉진은 산업재해 예방에 필수적이다. 따라서 산업안전보건에 관한 책임소재를 명확히 하고 자율적인 활동을 지속적으로 수행하기 위해서는 적절한 안전보건관리조직체제를 갖도록 하는 것이 가장 핵심적인 사항이라 할 수 있다.

하인리히(Heinrich)의 사고예방 원리 제1단계가 「안전보건조직」이라고 밝혔듯이 실제 안전보건관리에서 가장 기본적인 활동이 되고 있으며, 안전보건관리조직체제는 당해 사업(또는 사업장)의 업종, 규모 및 조직구성원의 수준에 따라 적절한 조직의 유형을 선정하고 각 조직 구성원에게 직무를 부여하여 효율적인 운영을 하도록 하여야 한다.

조직 구성에 있어 라인(Line)은 안전보건관리책임자, 관리감독자, 안전보건총괄책임자가 되며, 스태프(Staff)는 안전관리자, 보건관리자, 산업보건의로 운영할 수 있다.

라인(Line)형은 안전보건관리의 계획에서부터 실시에 이르기까지 생산라인을 통하여 이루어지도록 편성된 조직을 말하고, 근로자 100인 미만 사업장에 적용할 수 있으며, 스태프(Staff)형은 안전보건 업무를 관장하는 스태프를 별도로 구성하여 주관하는 조직을 말하고, 근로자 100인 이상 1,000인 미만 사업장에 적합하다.

또한, 라인-스태프(Line-Staff) 혼합형은 라인이 안전보건 업무를 주관·수행하고, 전문 스태프를 별도로 구성하여 안전보건대책의 수립 및 라인의 안전보건업무를 지도·지원하는 조직이며, 근로자 1,000인 이상의 대규모 사업장에 적합한 유형이라 할 수 있다.

02 산업안전보건법상의 안전보건관리체제

1. 안전보건관리체제의 확립

산업안전보건관리는 사업장의 안전관리, 작업환경관리, 작업관리, 건강관리 등을 원활히 효과적으로 추진하는 것이며, 이를 위해서 산업안전보건관리체제의 확립이 필요하기 때문에 산안법에서는 그림 8-1과 같이 사업장의 산업안전보건을 조직적으로 확보할 수 있도록 제도화하고 있다.

안전보건관리책임자 또는 안전관리자, 보건관리자, 산업보건의는 산업안전보건업무 수행에 중심적인 역할을 하는 자이나, 작업방법 및 작업환경이 시시각각 변화하고 있기 때문에 모든 작업의 진행상황이나 작업자의 행동을 하나하나 자세히 감시하고 지도할 수는 없다. 따라서 생산라인의 관리감독자가 각각 담당한 작업장에서 산업안전보건 업무를 작업에 편입해 실시하도록 하여야 하며 이를 위해서는 산업안전보건관리체제가 확립되지 않으면 안 된다.

우선 사업주가 산업안전보건의 기본방침을 정하고, 이 방침을 기초로 산업안전보건관리 계획을 세울 필요가 있으며 이 계획에 의해 작업장과 기타 관리·감독의 입장에 있는 사람들에 대한 책임과 권한을 명확히 해야 한다.

산업안전보건관리는 사업주, 안전보건관리책임자, 안전관리자, 보건관리자, 산업보건의, 관리·감독하는 사람들이 일체가 되어 활동하는 것이 중요하고, 이것에 의해 근로자에 대한 지시·지도를 철저히 하여 업무가 원활히 수행될 수 있도록 하며, 안전과 보건문제는 작업장뿐만 아니라 근로자 개개인의 생활과 직결되어 있기 때문에 근로자 전원의 협력이 필요하다.

이를 수행하기 위해 근로자 의견을 충분히 듣기 위한 기회를 만들도록 법령으로 규정하고 있다.

이 「근로자의 의견을 듣기 위한 기회」라는 것은 산업안전보건위원회, 근로자 친목회, 작업장 간담회」 등 안전보건위원회에 상응하는 조직이나 사업주 또는 이를 대신하는 관리자, 안전관리자, 보건관리자, 산업보건의, 관리·감독하는 사람들도 참석해서 가능한 근로자의 안전과 보건문제 등에 대한 의견을 듣도록 노력하는 것이 중요하다.

회사 측 입장에서 참여한 관리자들이 용이하게 이해할 수 있도록 문제 자료를 준비하여 현 상황을 자세히 설명한다든지, 작업장에서의 산업안전보건에 대한 문제점을 토의하는 일이 필요하며 이것이 안전관리자, 보건관리자, 산업보건의의 중요한 역할이라 할 수 있다.

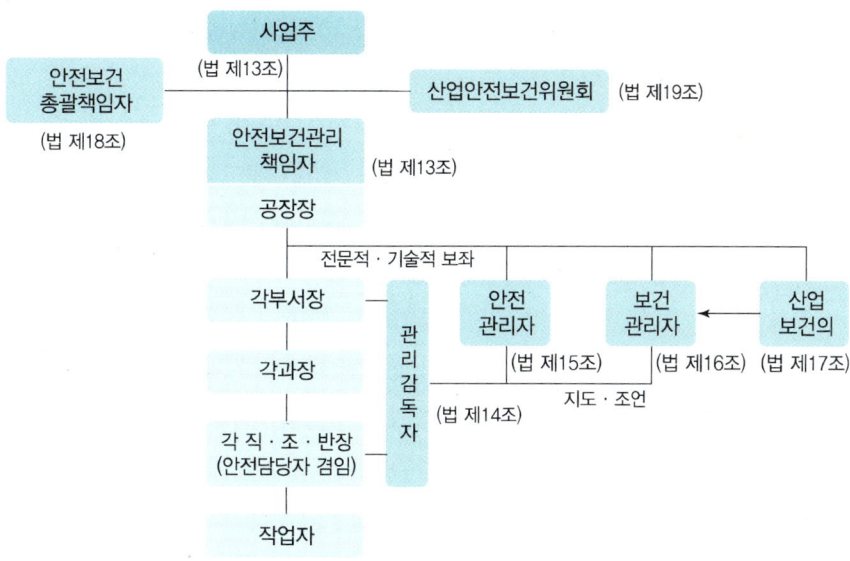

자료 : 안전보건공단, 산업안전보건법(근로자용)교육자료, 2009년 발행인용

┃그림 8-1 **산업안전보건법상의 안전보건관리체제**┃

2. 안전보건관리조직체제별 임무

산업재해예방에 대하여 기업의 책임을 완수하기 위해서는 경영책임자가 안전·보건을 자기의 문제로 인식하고 솔선하여 안전보건관리체제를 확립하고 능동적으로 활용하는 것이 무엇보다도 중요하다.

1) 안전보건관리책임자(법 제13조)

당해 사업장의 안전보건관리업무를 총괄 관리하기 위하여 일정 규모 이상의 사업장에는 안전보건관리 조직의 정점으로서 안전보건관리책임자(이하 관리책임자라 한다)를 선임하도록 규정하고 있다.

관리책임자는 산업재해 예방계획의 수립, 안전보건관리규정의 작성 및 변경, 근로자의 안전보건교육, 작업환경 측정 등 작업환경의 점검 및 개선, 근로자의 건강진단 등 건강 관리, 산업재해의 원인조사 및 재발방지대책의 수립, 산업재해에 관한 통계의 기록유지, 안전장치 및 보호구 구입 시의 적격품 여부 확인, 근로자의 유해·위험 예방조치에 관한 사항으로서 산업안전보건기준에 관한 규칙에서 정하는 근로자의 위험 또는 건강장해의 방지에 관한 사항 등의 업무를 수행하기 위해 사업장의 안전보건을 실질적으로 총괄·관리하는 사람으로 대표이사, 공장장, 현장소장 등이 이에 해당된다. 단, 부소장이나 공사과장 위에는 당해 현장의 최고책임자인 현장소장이 있으므로 안전보건관리책임자로 선임할 수 없다.

관리책임자를 두어야 할 사업장은 상시 근로자 100인 이상을 사용하는 모든 사업과 100인 미만을 사용하는 특정사업으로 구분할 수 있다.

① 100인 미만을 사용하는 사업 중에 관리책임자를 두어야 할 사업은 총 공사금액(도급에 의한 공사로서 발주자가 재료를 제공하는 경우에는 그 재료의 시가환산액을 포함한다)이 20억 원 이상인 공사를 시행하는 건설업과 산업안전보건법시행령 별표3 제1호(토·사석 광업), 내지 제20호(자동차 종합수리업, 자동차 전문수리업)의 규정에 의한 사업으로 상시 근로자 50인 이상 100인 미만을 사용하는 사업이다.

② 선임방법은 선임 또는 지정할 사유가 발생한 때에는 지체 없이 선임하고, 14일 이내에 선임신고서에 재직증명서 등 관련 증명서를 첨부하여 지방고용노동관서의 장에게 제출하여야 한다. 또한, 원청업체 내에서 하청업체 근로자가 함께 근무하는 경우에는 원청업체 관리책임자가 안전보건총괄책임자가 되어 겸임할 수 있다.

③ 벌칙으로 미선임기간이 2개월 이상인 경우에는 300만 원의 과태료 및 2개월 미만이면 200만 원의 과태료를 부과하고 있다.

2) 관리감독자(법 제14조)

산업재해는 대부분 실제 생산 활동이 행해지고 있는 현장의 제일선에서 발생하고 있다. 이 현장에서 작업의 실시를 지휘감독하고 있는 감독자가 안전보건에 무관심하게 되면 산업재해방지의 실효를 거둘 수 없게 되며, 안전보건관리는 생산 활동 속에서 그것이 어떻게 실천될 수 있는지가 무엇보다도 중요하다.

따라서 안전관리자 및 보건관리자 등의 안전보건 관계자와 생산 활동의 관계가 충분히 검토되지 않은 채 안전보건관리가 추진되면 생산 활동에서 안전보건의 책임이 불분명해져 안전의 실천이 어렵게 된다.

이는 사업장의 책임으로 안전보건을 실시하는 최상의 방법론을 의미하고 있는 것이며, 이 때문에 관리감독자는 사업장 내 부서단위에서의 산재예방활동을 촉진시키기 위해 경영조직에서 생산과 관련되는 당해 업무와 소속직원을 직접 지휘·감독하는 부서의 장이나 그 직위를 담당하는 자로서 당해 직무와 관련된 안전·보건상의 업무를 수행하는 자를 말한다.

사업장의 안전·보건관리는 경영조직에서 생산과 관련되는 당해 업무와 소속직원을 직접 지휘·감독하는 부서의 장이나 그 직위를 담당하는 관리감독자의 역할이 중요하므로 관리감독자에게 당해 직무와 관련된 업무를 수행하도록 하는 것이 필요하다.

관리감독자는 당해 직무와 관련된 안전보건상의 업무를 전담하는 자가 아니기 때문에 주업무인 생산 업무에서 안전보건업무가 자동적으로 수행될 수 있도록 산안법에서 그 직무가 규정되고 있다는 것을 감안한다면 안전보건에 대해 관리감독자는 한층 더 문제의식을 가지고 일상의 생산업무속에 안전이 공존되어야 한다.

① 관리감독자의 주요 업무는 사업장내에서 관리감독자가 지휘·감독하는 작업과 관련되는 기계·기구 또는 설비의 안전보건 점검 및 이상 유무의 확인, 소속된 근로자의 작업복, 보호구 및 방호장치의 점검과 그 착용·사용에 관한 교육·지도, 당해 작업에서 발생한 산업재해에 관한 보고 및 이에 대한 응급조치, 당해 작업장의 정리정돈 및 통로 확보와 확인·감독, 당해 사업장의 산업보건의, 안전관리자 및 보건관리자의 지도·조언에 대한 협조, 기타 당해 작업의 안전보건에 관한 사항으로서 고용노동부령으로 정하는 사항 등이며, 위험방지가 특히 필요한 작업 시에는 유해 또는 위험한 작업에 근로자를 사용할 때 실시하는 특별교육 중에서 안전에 관한 교육과 자격을 가진 경우에는 유해·위험기계 등의 안전에 관한 성능 검사, 그 밖에 해당 작업의 성격상 유해 또는 위험을 방지하기 위한 업무로서 고용노동부령으로 정하는 업무 내용을 추가한다.

② 권한의 부여로 사업주는 관리감독자에게 업무를 수행할 수 있도록 필요한 권한을 부여하고 시설·장비·예산 기타 업무수행에 필요한 지원을 하도록 하고 있다.

③ 벌칙은 관리감독자가 안전보건 업무를 수행하도록 하지 아니한 경우에는 500만 원의 과태료를 부과하고 있다.

3) 안전관리자(법 제15조)

관리책임자는 생산을 위한 최고책임자이므로 안전보건 관계 업무가 관리책임자에 의해서 직접 실시된다는 것은 매우 어렵다. 따라서 일정한 사업장에 대해서는 사업주 또는 관리책임자를 보좌하고 관리감독자에게 지도·조언을 하도록 하기 위하여 사업장에 안전관리자를 두어야 한다.

① 안전관리자의 자격은 산업안전지도사, 산업안전산업기사 또는 건설안전 산업기사 이상, 산업안전관련 전공자 등이며 시행령 제14조의 [별표 4]에서 구체적으로 규정하고 있다.

② 안전관리자 선임신고는 사업주가 안전관리자를 선임하거나 안전관리자의 업무를 안전관리전문기관에 위탁한 경우에는 선임 또는 위탁한 날로부터 14일 이내에 관할 지방고용노동관서의 장에게 안선관리사 선임 등 보고시(시행규칙 별지 제1호의2(1)(2)서식)에 자격 학력 또는 경력 등을 증명할 수 있는 서류 및 재직증명서를 첨부하여 제출하여야 한다.

③ 안전관리자의 직무로는 사업주 또는 관리책임자에게 안전에 관한 기술적인 사항에 대하여 보좌하고, 관리감독자 및 안전담당자에게 안전에 관한 지도·조언 등의 업무

를 수행하여야 하며, 산업안전보건위원회에서 심의·의결한 직무, 안전보건관리규정 및 취업규칙에서 정한 직무, 방호장치, 유해위험기계·기구 및 설비 또는 안전보호구 구입 시 적격품의 선정, 안전교육계획 수립 및 실시, 순회점검·지도 및 조치의 건의, 산재발생 원인조사 및 재발방지를 위한 기술적 지도·조언, 산업재해 통계의 유지·관리를 위한 지도·조언(안전 분야에 한함), 안전에 관한 사항을 위반한 근로자에 대한 조치의 건의 등의 직무를 수행하여야 한다.

④ 안전관리자의 지위는 종전에는 안전관리에 관한 모든 업무는 안전관리자가 행하여 왔으나 최근에는 생산라인에서 안전보건관리업무를 주관하고, 안전에 관한 기술적인 사항에 관하여 보좌·지도·조언하는 업무를 주로 수행하는 스태프로서의 지위에 놓여 있다.

⑤ 안전관리자 선임 대상은 상시 근로자 50인 이상 사업장으로서 사업의 종류·규모에 따라 안전관리자 1~2인을 두도록 하고 있다.

⑥ 안전관리자의 활용 유형으로는 안전관리자를 두어야 할 사업으로서 상시근로자 300인 이상 사업장과 건설업의 경우 공사금액이 120억 원(토목공사업의 경우 150억)이상의 사업장에는 안전관리자의 직무만을 전담하는 안전관리자를 두어야 한다.

다만, 상시근로자 300인 미만(건설업 제외)의 사업장은 안전관리업무를 안전관리대행기관에 위탁할 수 있도록 규정하고 있으나, 기업활동규제완화에관한특별조치법(이하 "특조법"이라 함.) 제40조의 규정에 의하여 규모와 업종에 관계없이 안전관리대행기관에서 대행할 수 있도록 하고 있다. 특조법 제32조의 규정에 의한 동일한 산업단지 등에서 3개 이하의 사업을 영위하는 사업장의 사업주는 공동으로 1인의 안전관리자를 둘 수 있도록 하고 있다.

또한, 동일 장소에서 행해지는 도급사업에 있어서 도급인인 사업주가 고용노동부령이 정하는 바에 따라 당해 사업의 수급인인 사업주의 근로자에 대한 안전관리를 선임한 경우에는 당해 사업의 수급인인 사업주는 안전관리자를 선임하지 않을 수 있다.

⑦ 안전관리자의 증원·개임명령으로 지방고용노동관서의 장은 당해 사업장의 연간 재해율이 동종업종 평균재해율의 2배 이상인 때, 중대재해가 연간 3건 이상 발생한 때, 관리자가 질병 기타의 사유로 3월 이상 직무를 수행할 수 없게 된 때에는 산업재해예방을 위하여 사업주에게 안전관리자를 정수 이상으로 증원하게 하거나 개임할 것을 명할 수 있다.

⑧ 의견 또는 소명기회 부여로 안전관리자를 정수 이상으로 증원하게 하거나 개임할 것을 명하는 때에는 미리 사업주 및 당해 안전관리자의 의견을 듣거나 소명자료를 제출할 수 있는 기회를 주어야 한다. 다만 정당한 사유 없이 의견진술 또는 소명자료의 제

출을 해태한 경우에는 그러하지 아니하다.
⑨ 권한의 부여는 사업주는 안전관리자에게 업무를 수행할 수 있도록 필요한 권한을 부여하고 시설·장비·예산 기타 업무수행에 필요한 지원을 하여야 한다.
⑩ 벌칙으로 안전관리자의 미선임 기간이 2개월 이상인 경우 500만 원의 과태료, 2개월 미만인 경우 300만 원의 과태료, 안전관리자의 증원·개임 명령을 위반한 경우 500만 원의 과태료를 부과하고 있다.

4) 보건관리자(법 제16조)

사업장의 유해인자, 작업방법 및 업무부담 등으로 인하여 발생할 수 있는 각종 질병으로부터 근로자를 보호하기 위해 사업주 및 안전보건관리책임자, 관리감독자 등에게 보건에 관한 기술적인 사항을 지도·조언할 수 있도록 사업장에 보건관리자를 두어야 한다.

① 보건관리자의 자격은 의사, 간호사, 산업보건지도사, 산업위생관리 산업기사(대기환경관리 산업기사 포함) 이상, 산업보건 또는 산업위생관련 전공자 등 시행령 제18조에 의거 [영 별표 6]에서 구체적으로 규정하고 있다.

② 보건관리자의 직무로는 사업주 또는 관리책임자에게 보건에 관한 기술적인 사항에 대하여 보좌하고, 관리감독자 및 안전담당자에게 보건에 관한 지도·조언 등의 업무를 수행하여야 하며, 산업안전보건위원회에서 심의·의결한 직무, 안전보건관리규정 및 취업규칙에서 정한 직무, 보건에 관련된 보호구 구입 시 적격품의 선정, 물질안전보건자료(MSDS)의 게시 또는 비치, 근로자의 건강관리, 보건교육 및 건강증진 지도, 작업장 내 전체 환기장치 및 국소배기장치 등에 관한 설비의 점검과 작업방법의 공학적 개선지도, 사업장 순회점검·지도 및 조치의 건의, 직업병 발생의 원인조사 및 대책수립, 산업재해 통계의 유지·관리를 위한 지도·조언(보건 분야에 한함), 보건에 관한 사항을 위반한 근로자에 대한 조치의 건의, 기타 작업관리 및 작업환경관리에 관한 사항 등의 직무를 수행하여야 한다.

③ 보건관리자 선임 대상은 상시 근로자 50인 이상 사업장으로서 사업의 종류·규모에 따라 보건관리자 1~2인과 보건관리 업무 수행에 적합한 자격을 가진 자를 두도록 하고 있다.

　- 보건관리자의 활용 유형으로 시행령 제16조의 [별표 5]에 의해 보건관리자를 두어야 할 사업(종류 및 규모별)으로서 상시근로자 300인 이상의 사업장은 소정의 보건직무만을 전담하는 보건관리자를 두어야 하며, 상시근로자 300인 미만 사업장에서의 보건관리자는 보건관리 업무에 지장이 없는 범위 내에서 다른 업무를 겸할 수 있다. 다만, 상시근로자 300인 미만 사업 및 벽지(僻地)로서 고용노동부장관이 정

한 지역에 소재한 사업, 육상운수업과 공단 등 사업장의 경우에는 보건관리자의 업무를 보건관리대행기관에 위탁할 수 있도록 규정하고 있으나, 특조법 제40조의 규정에 의하여 규모에 관계없이 보건관리대행기관에서 대행할 수 있도록 하고 있다. 특조법 제36조의 규정에 의해 동일한 산업단지 등에서 3개 이하의 사업을 영위하는 사업장의 사업주는 공동으로 1인의 보건관리자를 둘 수 있도록 하고 있다. 이 경우 근로자수의 합계는 300인 이내이어야 한다.

④ 보건관리자의 선임 및 개임 등 보고방법은 사업주가 보건관리자를 선임·개임하거나 보건관리업무를 보건관리대행기관에 위탁 또는 보건관리대행기관을 변경한 경우에는 선임 또는 위탁한 날로부터 14일 이내에 이를 증명할 수 있는 서류를 관할 지방고용노동관서의 장에게 제출하여야 한다.

⑤ 보건관자의 증원·개임명령은 지방고용노동관서의 장은 당해 사업장의 연간 재해율이 동종업종 평균재해율의 2배 이상인 때, 중대재해가 연간 3건 이상 발생한 때, 보건관리자가 질병 기타의 사유로 3월 이상 직무를 수행 할 수 없게 된 때에는 산업재해예방을 위하여 사업주에게 보건관리자를 정수 이상으로 증원하게 하거나 개임할 것을 명할 수 있다.

⑥ 보건관리자 겸직 가능 여부로 300인 이상 사업장의 보건관리자는 보건관리업무를 전담하여야 하며, 300인 미만 사업장의 보건관리자는 보건관리업무에 지장 없는 범위 안에서 다른 업무를 겸직할 수 있으며, 한편, 수질환경보전법·대기환경보전법에 의한 환경관리인을 각 2인 이상 채용하고 보건관리자를 2인 이상을 채용하여야 하는 사업장이 그에 해당하는 1인을 채용한 경우에는 특조법 제29조 제4항의 규정에 의하여 나머지 1인을 채용한 것으로 인정한다.

* 300인 미만 사업장이 산안법에 의한 보건관리자 및 대기환경보전법에 의한 환경관리인의 자격을 동시에 보유한 자를 채용 또는 선임한 경우에는 특조법 영 제12조의 규정에 의해 각각의 자격을 선임한 것으로 인정한다.

⑦ 의견 또는 소명기회 부여로 보건관리자를 정수 이상으로 증원하게 하거나 개임할 것을 명하는 때에는 미리 사업주 및 당해 보건관리자의 의견을 듣거나 소명자료를 제출할 수 있는 기회를 주어야 한다. 다만 정당한 사유 없이 의견진술 또는 소명자료의 제출을 해태한 경우에는 그러하지 아니하다.

⑧ 권한부여 및 시설·장비 지원으로 보건관리자에게 보건에 관한 업무를 수행할 수 있도록 필요한 권한을 부여하고 시설, 장비, 예산, 기타 업무수행에 필요한 지원을 하여야 한다. 또한, 시설·장비 지원으로 사업주는 보건관리자에게 그 직무수행에 필요한 시설 및 장비를 지원하여야 하며 의사 또는 간호사인 보건관리자를 둔 경우에는 건강관리실, 상하수도설비 등 필요한 시설 및 장비를 지원하여야 한다.

⑨ 벌칙으로 보건관리자의 미선임 기간이 2개월 이상인 경우 500만 원의 과태료, 2개월 미만인 경우 300만 원의 과태료, 보건관리자의 증원·개임 명령을 위반한 경우 500만원의 과태료를 부과하고 있다.

5) 산업보건의(법 제17조)

근로자의 건강관리, 기타 보건관리자의 업무를 지도하기 위하여 사업장에 산업보건의를 두어야 하며, 반드시 의사인 보건관리자를 두어야 한다.

① 산업보건의 자격은 의료법에 의한 의사로서 산업의학 전문의, 예방의학 전문의 또는 산업보건에 관한 학식과 경험이 있는 자
② 산업보건의 직무로는 건강진단 실시결과의 검토 및 그 결과에 따른 작업 배치, 작업 전환 또는 근로시간의 단축 등 근로자의 건강보호 조치, 근로자 건강장해의 원인조사와 재발방지를 위한 의학적 조치, 기타 근로자의 건강유지와 증진에 필요한 의학적 조치를 수행하여야 한다.
③ 산업보건의의 선임대상으로 종류 및 규모는 상시 근로자 50인 이상을 사용하는 사업으로서 의사가 아닌 보건관리자를 둔 사업장이나 의사인 보건관리자를 둔 때, 건설업, 보건관리대행기관에 보건관리자의 업무를 위탁한 때에는 산업보건의를 선임하지 않아도 된다. 또한, 특조법 제24조의 규정에 의해 자율적으로 선임하도록 하고 있다.
④ 선임 방법 및 의무로 산업보건의는 외부에서 위촉할 수 있으며 위촉된 산업보건의는 당해 사업장의 근로자 50인당 월 1시간 이상 산업보건의의 직무를 수행하여야 한다.
⑤ 권한의 부여로 사업주는 산업보건의에게 직무를 수행할 수 있도록 필요한 권한을 부여하여야 한다.

6) 안전보건총괄책임자(법 제18조)

동일한 장소에서 행하여지는 사업의 일부를 도급하는 사업주는 그가 사용하는 근로자 및 그의 수급인(하수급인을 포함한다)이 사용하는 근로자가 동일한 장소에서 작업을 할 때에 발생하는 산업재해를 예방하기 위한 업무를 총괄관리하기 위하여 사업의 관리책임자를 안전보건총괄책임자로 지정해야 하며, 관리책임자를 두지 않아도 되는 사업에서는 당해 사업장에서 사업의 실시를 총괄·관리하는 자를 안전보건총괄책임자로 지정하도록 하고 있다.

① 안전보건총괄책임자를 두어야 할 사업으로 상시 근로자 50인 이상(수급인과 하수급인을 포함한다.)을 사용하는 제조업, 제1차 금속산업, 선박 및 보트제조업, 토·사석 광업, 서적, 잡지 및 기타 인쇄물 출판업, 음악 및 기타 오디오물 출판업, 금속 및 비금속 원료 재생업 등이다.

② 안전보건총괄책임자의 직무는 산업재해발생의 급박한 위험이 있을 때 또는 중대재해가 발생하였을 때의 작업 중지 및 재개, 도급사업에 있어서의 안전보건조치, 수급업체의 산업안전보건관리비의 집행감독 및 이의 사용에 관한 수급업체 간의 협의·조정, 의무안전 인증대상 기계·기구 등과 자율안전 확인 대상 기계·기구 등의 사용 여부 확인 등의 직무를 수행하여야 한다.

③ 권한의 부여로 사업주는 안전보건관리책임자에게 직무를 수행할 수 있도록 필요한 권한을 부여하여야 한다.

④ 벌칙으로 안전보건관리책임자의 미선임 기간이 2개월 이상인 경우 300만 원의 과태료, 2개월 미만인 경우 200만 원의 과태료를 부과하고 있다.

7) 산업안전보건위원회(법 제19조)

산업재해는 기계·기구·시설물 등과 사람과의 관계에서 발생하는 것이므로 작업장에서 생산 활동에 종사하는 근로자의 이해와 협력이 없으면 안전보건관리의 완벽을 기할 수 없다.

산업현장에서는 안전·보건 문제로 노·사가 서로 불신 및 갈등을 일으켜 노사문제로까지 비화되는 경우를 종종 볼 수 있다. 따라서 안전보건업무에 근로자를 적극 참여할 수 있도록 유도하여 노사협력에 의한 안전보건관리를 수행함으로써 그 실효성을 극대화시킬 필요가 있으며, 이것이 산업안전보건위원회의 설치 목적이라 할 수 있다.

특히 안전보건관리 대책 수립 시 노·사 간의 공동심의를 통하여 상호 간의 견해차를 최소화하고 합리적인 방안을 강구하며, 이를 통해 노·사 화합의 분위기를 조성하는 기능을 수행하도록 규정하고 있다.

산업안전보건위원회는 사업장에서 근로자의 위험 또는 건강장해를 예방하기 위한 계획 및 대책 등 산업안전보건에 관한 중요한 사항에 대하여 노·사가 함께 심의·의결하기 위한 기구로서 산업재해예방에 대하여 근로자의 이해 및 협력을 구하는 한편 근로자의 의견을 반영하는 역할을 수행하여야 한다.

(1) 위원회 설치 대상

① 상시근로자 100인 이상 사업장, 상시근로자 50인 이상 100인 미만 사업장 중 타 업종에 비해 산재발생 빈도가 현저히 높은 유해·위험업종, 건설업 120억(토목공사는 150억) 이상인 사업장, 농업, 어업, 소프트웨어 개발 및 공급업, 컴퓨터 프로그래밍, 시스템 통합 및 관리업, 정보서비스업, 금융 및 보험업, 임대업(부동산 제외), 전문, 과학 및 기술 서비스업(연구개발업 제외), 사업지원 서비스업, 사회복지 서비스업 등 10개 업종은 상시 근로자 300명 이상일 경우 설치 대상이 된다.

② 유해·위험업종이란 토·사석 광업, 목재 및 나무제품 제조업(가구 제외), 화학물질 및 화학제품제조업(의약품 제외[세제, 화장품 및 광택제 제조업과 화학섬유 제조업 제외]), 비금속광물제품제조업, 제1차 금속제조업, 금속가공제품제조업(기계 및 가구 제외), 자동차 및 트레일러 제조업, 기타 기계 및 장비제조업(사무용 기계 및 장비제조업 제외), 기타 운송장비제조업(전투용 차량제조업 제외)을 말한다.

(2) 위원회의 구성

① 근로자와 사용자 동수로 구성하며, 근로자 측 10인 이내, 사용자 측 10인 이내 총 20인 이내로 구성한다.

② 근로자위원 : 근로자 대표, 근로자 대표가 지명하는 명예산업안전감독관, 근로자 대표가 지명하는 9인 이내의 당해 근로자(명예 산업안전 감독관이 근로자위원으로 위촉된 경우에는 그 숫자만큼 제외)

③ 사용자위원 : 당해 사업의 대표자, 안전 및 보건관리자(위탁한 경우 대행기관의 담당자), 산업보건의, 당해 사업의 대표자가 지명하는 9인 이내의 당해 사업장 부서의 장

④ 위원장 : 위원 중에서 호선하며, 이 경우 근로자 위원과 사용자 위원 중 각 1인을 공동위원장으로 선출할 수 있다.

(3) 위원회 심의·의결사항

산업재해예방계획 수립, 안전보건관리규정의 작성 및 변경, 근로자의 안전보건교육, 작업환경의 측정 등 작업환경의 점검 및 개선, 근로자의 건강진단 등 건강관리, 중대재해 원인조사 및 재발방지대책의 수립, 산업재해에 관한 통계의 기록·유지, 안전 및 보건관리자의 수·자격·직무·권한 등에 관한 사항, 안전·보건에 관련되는 안전장치, 유해·위험한 기계·기구 그 밖의 설비를 도입할 경우 안전·보건조치, 기타 근로자 안전보건 유지·증진에 필요하다고 인정한 경우의 관련된 사항이다.

(4) 의결되지 아니한 안건의 처리

① 처리방법은 근로자위원 및 사용자위원이 합의하여 위원회에 둔 중재기관에서 결정하거나 제3자의 중재를 받아야 하며, 중재를 받아야 할 사항으로는 심의·의결해야 할 사항에 관하여 위원회에서 의결하지 못한 경우, 의결된 사항의 해석 또는 이행방법 등에 관하여 의견의 불일치가 있는 경우이다.

② 중재결정이 있는 때에는 산업안전보건위원회의 의결을 거친 것으로 보며 사업주 및 근로자는 이에 따라야 한다.

③ 제3자 중재기관은 지방고용노동관서장, 한국산업안전보건공단 기술지도원장, 작업환경측정기관의 장, 특수건강진단의 장, 산업안전·산업보건지도사, 기타 지방고용노동관서의 장이 중재 자격이 있다고 인정하는 자 등 산업안전보건에 학식과 경험이 있는 자로서 노사의 합의에 의하여 결정된다.

(5) 심의·의결 또는 결정사항의 성실 이행 및 주지

① 성실 이행으로 산업안전보건위원회가 심의·의결 또는 결정한 사항에 대해서는 사업주와 근로자가 모두 성실하게 이행하여야 하며, 법령, 단체협약, 취업규칙, 안전보건관리규정에 반하여서는 안 된다.

② 회의 결과 등 주지로 위원장은 동위원회에서 심의·의결된 내용 등 회의 결과와 중대한 결정 내용 등을 사내방송, 사내보, 게시 또는 자체 정례조회 기타 적절한 방법으로 근로자에게 신속하게 알려야 한다.

(6) 벌칙

① 산업안전보건위원회 관련조항을 위반하였을 때로 산업안전보건위원회를 설치하지 아니한 경우는 과태료 500만 원, 회의를 정기적으로 개최하지 아니한 경우에는 1회당 과태료 100만 원, 동위원회 회의록을 작성·비치하지 아니한 경우는 과태료 100만 원을 부과한다.

② 의결되지 아니한 안건의 처리사항으로 사업주 이행의무 불이행 시는 과태료 300만원, 근로자 이행의무 불이행 시는 과태료 10만 원을 부과한다.

8) 명예산업안전감독관

사업장에서 근로자의 위험 또는 건강장해를 예방하기 위한 계획 및 대책 등 산업재해예방활동에 대한 참여와 노·사 협력적 자율안전보건관리 활성화를 위하여 근로자 및 근로자단체·사업주단체·산업재해예방관련 전문단체에 소속된 자 중에서 산재예방활동을 수행할 수 있도록 고용노동부장관이 위촉한 자를 말한다.

(1) 명예 산업안전 감독관의 임기는 2년이며, 연임 가능

임기만료일까지 사임의사를 통보하지 않고 추천권자가 후임 명예 산업안전 감독관을 추천하지 않은 경우에는 당해 명예 산업안전 감독관이 연임된 것으로 본다.

(2) 명예산업안전감독관 지원

① 불이익 처우 금지사항으로 사업주는 명예 산업안전 감독관으로서 정당한 활동을 수행한 것을 이유로 당해 명예 산업안전 감독관에 대하여 불이익한 처우를 하여서는 안 된다.

② 수당 등 경비 지급으로 고용노동부장관은 산업재해예방활동에 참여하는 명예 산업안전 감독관에게 예산의 범위 내에서 수당 등을 지급한다.
③ 직무능력 향상 교육 실시로 고용노동부장관은 명예 산업안전감독관의 재해예방활동에 필요한 산업안전보건법령 등 재해예방활동관련 교육을 연 1회 이상 실시하여야 하고, 명예 산업안전 감독관이 소속한 사업주 및 단체의 장은 명예 산업안전 감독관이 교육을 이수하는 데 따른 임금 등의 불이익이 없도록 교육이수에 적극 협조하여야 한다.

03 안전보건관리규정

안전보건관리규정은 사업장에서 실시해야 할 안전보건관리에 관한 기본적인 사항을 규정한 것이다. 많은 근로자가 근무하고 있는 사업장에서 안전보건관리를 원활하게 전개해 나가기 위해서는 일정한 규정이 확립되어 있지 않으면 안 된다.
따라서 산안법 제3장(제20조 내지 제22조)에 안전보건관리 규정을 정하여 사업주에게 규정 준수의 의무를 부여하고 있다.
주요내용은 사업주는 사업장의 안전과 보건을 유지하기 위하여 「안전보건관리규정」을 작성하여 사업자에 게시 또는 비치하고 이를 근로자에게 알려야 한다.
이 제도는 사업장에 안전보건관리규정을 작성하여 비치 또는 게시함으로써 사업주 및 근로자가 이를 준수하고 사업장의 특성에 맞는 체계적인 안전보건관리를 노·사가 양측의 입장을 조율하면서 자율적으로 규율하고자 하는 데 그 취지가 있다.
또한, 이 제도의 특성은 사업장의 안전과 보건관리에 관한 사내 규범을 법적으로 규정하도록 하고 있으며, 안전보건관리규정은 사업장의 안전보건관리에 있어 「기본 규정」이라는 성격을 갖고 있다.
이 규정을 중심으로 하여 사내의 각종 규정(예 안전보건수칙, 안전보건위원회 규칙) 및 기준(예 안전작업 기준, 설비검사기준) 등이 설정되고 있다.
안전보건관리규정을 의무적으로 작성해야 할 사업은 상시 근로자 100인 이상을 사용하고 있는 사업장이며, 규정작성에 포함되어야 할 주요사항은 안전보건관리조직과 그 직무, 안전·보건교육, 작업장 안전관리, 작업장 보건관리, 사고조사 및 대책수립, 기타 안전·보건에 관한 사항을 반드시 포함시켜야 한다.
규정작성 시 유의사항으로 안전보건관리규정은 당해 사업장에 적용되는 단체협약 및 취업규칙에 위반하여 작성할 수 없으며, 만약 안전보건관리규정 중 단체협약이나 취업규칙에 위반하는 부분에 관하여는 당해 단체협약 또는 취업규칙에 정한 기준에 의한다.

규정의 작성 및 변경절차를 보면, 상시근로자가 100인 이상이 된 때와 같이 이 규정을 작성해야 할 사유가 발생한 때부터 30일 이내에 작성해야 하며 이를 변경해야 할 사유가 발생한 때에도 30일 이내에 작성해야 한다.

또한, 이 규정을 작성하거나 변경할 때에는 반드시 산업안전보건위원회의 심의·의결을 거쳐야 한다. 다만, 산업안전보건위원회가 설치되어 있지 않은 경우에는 근로자 대표의 동의를 얻어야 한다.

산업안전보건위원회의 심의·의결된 규정은 사업장에 게시 또는 비치하고 이를 근로자에게 알려야 하며, 단순히 게시 또는 비치하고 주지시키는 등의 소극적인 활용만으로는 소기의 성과를 거두기가 쉽지 않으므로 이 규정을 사업주가 확실하게 실행하고 근로자가 반드시 준수하도록 하여야 한다.

이 규정은 사업주 및 근로자에게 반드시 준수하도록 의무를 부여하고 있으며, 이 규정에 관하여 산안법에서 규정한 것을 제외하고는 그 성질에 반하지 않는 한 근로기준법 제96조에 의한 취업규칙의 규정을 준용할 수 있도록 하였다.

안전보건관리규정을 작성하지 않은 경우에는 500만원의 과태료와 사업장에 미 게시 또는 미비치 시는 100만원의 과태료를 부과하도록 규정하고 있다.

유해·위험예방 조치

근로자의 위험 또는 건강장해를 예방한다는 것은 일반적으로 사업주의 의무라고 생각되어 왔으나 최근에는 사업주의 안전배려의무라는 차원으로 점차 확립되어 가고 있다.

이러한 의무를 사업주가 완수하기 위해서는 업종과 작업내용에 따라 다양한 조치를 강구하는 것이 필요하며, 인적인 면에서 착안한 조치, 물적인 면에 착안한 조치 등의 설정이 필요하다.

이와 같은 조치 가운데 산안법에서는 사업주가 반드시 준수해야 할 필요가 있는 최소한의 규정을 정하고 있다. 따라서 사업주 본연의 의무를 수행하기 위해서는 최소한 산안법에서 규정하고 있는 사항을 준수하지 않으면 안 된다.

산안법은 제1조(목적)에서 동법의 목적을 달성하기 위해 중요한 수단을 2가지 제시하고 있는데, 그 중의 하나로 '산업안전·보건에 관한 기준의 확립'을 제시하고 있는 것도 그러한 취지에서이다.

산안법에서는 제4장을 '유해·위험예방조치'로 하여 필요한 규제기준을 정하고 있는데, 이 장은 동법에서 가장 핵심적인 부분이라 할 수 있다.

산업재해를 예방하기 위한 기본적이고 제1차적 책임이 당해 근로자를 사용하는 사업주에게 있다는 것은 말할 필요도 없다. 따라서 산안법은 본 장을 통하여, 사업주는 사용하는 근로자의 안전보건을 확보하기 위해 필요한 조치를 강구하여야 한다는 의무를 부여하고 있고 산업재해를 예방하기 위해 필요한 영역의 많은 부분을 광범위하게 적용하고 있으나 일반 원칙적 규제만으로는 발생하는 산업재해에 완벽하게 대응할 수 없다.

이 때문에 산안법에서는 산업안전·보건기준의 확립이라는 대원칙에 따라 의무 주체의 다양화가 도모되고 있고 이것이 유기적으로 일체가 되어 산업재해 예방으로 연결되어 가는 것을 기대하고 있다.

1. 개념

산안법은 사업주가 반드시 취해야 할 필요한 조치'로서 제23조와 제24조에 다음과 같은 규정을 두고, 그 사용하는 근로자의 산업재해를 예방하기 위하여 필요한 조치를 하여야 하는 것을 사업주에게 의무를 부여하고 있다.

이 구체적 조치의 내용으로 "사업주가 하여야 할 안전·보건상의 조치사항은 고용노동부령으로 정한다."라고 하여, 산안법 제23조 제24조 제2항의 위임규정에 근거하여 산업안전보건기준에 관한 규칙을 비롯한 고용노동부령에서 정하는 것으로 되어 있다.

이 고용노동부령에는 사업주를 의무 주체로 할 수 있는 한, 산업재해 예방을 위해 필요한 조치 모두를 규정할 수 있는 것으로 해석되고 있으며, 이를 전체적으로 정리해 보면, 제23조와 제24조의 추상성이 높은 규정을 중심으로 하여 산안법상의 사업주에 부여하고 있는 산업재해예방 조치의무는 매우 넓은 범위에 걸쳐 있다는 것을 알 수 있다(산업보건, 정진우, 대한산업보건협회, 2014.9. p.32~38).

또한, 산업재해예방을 위해서는 반드시 준수해야 할 조치로서 규정 위반 시 가장 강력한 벌칙으로 근로자가 사망한 경우에는 7년 이하의 징역 또는 1억원 이하의 벌금 및 산업재해의 정도에 따라 5년 이하의 징역 또는 5천만원 이하의 벌금을 부과하고 있다.

2. 유해·위험예방 조치의 유형

산안법은 제23조(안전상의 조치) 및 제24조(보건상의 조치)에서 근로자의 위험 또는 건강장해를 예방하기 위하여 사업주가 행하여야 할 조치에 대하여 몇 가지 유형으로 나누어 규정을 하고 있으며 유형별로 정리하면 다음의 내용과 같다(산업보건, 정진우, 대한산업보건협회, 2014.9. p32~38).

1) 근로자의 물적 위험을 방지하기 위한 조치(법 제23조)

사업주가 행하여야 할 조치의 첫 번째가 물적인 위험을 방지하기 위한 조치이며, 이 물적인 위험을 방지하기 위한 조치는 다음과 같이 분류된다.

(1) 기계·기구, 그 밖의 설비에 의한 위험

위험의 종류	사고의 유형	위험성이 많이 존재하는 기계류의 예
접촉적 위험	협착, 말림	원동기, 동력 원동 기계, 공작기계, 엘리베이터
	베임, 찰상	공장기계, 식품기계, 동력공구 등
	충돌	건설기계, 크레인, 하역운반기계 등
물리적 위험	낙하, 비래	금속공장기계, 건설기계, 크레인 등
	추락, 전락(轉落)	하역운반기계 등
구조적 위험	파열	보일러, 압력용기, 배관 등
	파단	고속회전기계 등
	절단	와이어로프 등

기계·기구, 그 밖의 설비에 의한 위험에는 다음과 같으며, 사업주는 위험을 방지하기 위해 필요한 조치를 하여야 한다.

(2) 폭발성, 발화성 및 인화성 물질 등에 의한 위험

폭발성 물질, 발화성 물질, 인화성 물질 외에 산화성 물질, 가연성 가스 또는 분진, 황산, 그 밖의 부식성 액체 등이 이 분류에 포함된다. 이들 물질에는 다음과 같은 위험이 있으며, 사업주는 위험을 방지하기 위하여 필요한 조치를 하여야 한다.

종류	물질의 예	물리·화학적 성질
폭발성	초산에스테르류, 니트로화합물, 유기과산화물 등	가연성이면서 산소공급성이 있고, 가열, 충격, 마찰 등에 의해 다량의 열과 가스를 발생시켜 강한 폭발을 일으킨다.
발화성	알칼리금속, 인, 인화합물, 셀룰로이드, 카바이드 등	통상의 상태에서도 발화하기 쉽고, 물과 접촉하여 가연물가스를 발생시켜 발열·발화를 일으키며, 공기와 접촉하여 발화하는 경우도 있다.

종류	물질의 예	물리·화학적 성질
인화성	가솔린, 메탄올 등	불꽃을 일으키기 쉬운 가연성으로서, 그 표면에서 증발한 가연성의 증기와 공기의 혼합기체에 점화원이 작용하면 폭발을 일으킨다.
산화성	염소산염류, 과염소산염류, 무기과산화물 등	단독으로는 발화·폭발의 위험은 없지만, 가연성 물질, 환원성 물질과 접촉한 때에는 충격, 점화원 등에 의해 발화·폭발을 일으킨다.
가연성	수소, 아세틸렌, 메탄, 가연성 분진(알루미늄, 유황, 석탄, 소맥분 등) 등	공기 중 또는 산소 중에서 어떤 일정 범위의 농도에 있을 때에 점화원에 의해 발화·폭발을 일으킨다.

(3) 전기, 열, 그 밖의 에너지에 의한 위험

그 밖의 에너지에는 아크 등의 빛, 폭발 시의 충격파 등의 에너지가 포함된다. 이들 물질에는 다음과 같은 위험이 있으며, 사업주는 이와 같은 전기, 열, 그 밖의 에너지에 의한 위험을 방지하기 위하여 필요한 조치를 하여야 한다.

위험의 종류	사고의 유형	위험원의 예
전기에 의한 위험	감전(전격)	전기기계·기구, 송배전선, 배선
	발열	
	발화	전기불꽃, 정전기 방전
	눈 장해	아크
열, 기타 에너지에 의한 위험	화상	용융 고열물체(용광로, 용해로 등), 보일러, 화학설비, 건조설비
	방사선 장해	알파선, 베타선, 감마선, 엑스선, 중성자선
	눈 장해	자외선, 적외선, 레이저광선

2) 작업방법 등에 기인하여 발생하는 위험을 방지하기 위한 조치(법 제23조)

작업방법 '등'에는 작업방법 외에 작업행동이 포함되어 있다고 볼 수 있다. 즉 불량한 작업방법과 불안전한 행동에 의해 발생하는 산업재해를 방지하기 위한 조치에 대한 근거를 규정한 것이다.

(1) 작업방법으로 인하여 발생하는 위험을 방지하기 위한 조치

굴착, 채석, 하역, 벌목 등의 작업에서 그 작업방법을 잘못하면 산업재해로 연결될 위험이 있다. 이와 같은 작업방법에서 발생하는 위험은 다음과 같으며, 사업주는 위험을 방지하기 위하여 필요한 조치를 하여야 한다.

사고의유형	위험한 작업의 예
추락, 전도	건축작업, 토목작업, 운반 작업, 기계의 설치·철거작업
비래, 낙하	건축작업, 토목작업, 벌목·집재(集材), 토·사석 채취작업
충돌	운송작업, 하역작업
협착, 말림	제조작업, 토목작업, 운반작업

(2) 작업행동으로 인하여 발생하는 위험을 방지하기 위한 조치

산업재해 중에는 운송, 조작, 해체, 중량물 취급, 그 밖의 작업을 할 때 근로자 자신의 불안전한 행동으로 인하여 발생하는 비율이 매우 높다고 분석되고 있다. 이 근로자의 불안전한 행동에는, 안전장치를 무효로 하는 행동, 안전장치를 작동하지 않는 행동, 불안전한 상태를 방치하는 행동, 위험한 상태를 만드는 행동, 기계·장치 등을 지정 외로 사용하는 행동, 운전 중에 기계·장치 등의 청소, 주유, 수리, 점검 등을 하는 행동, 보호구·복장이 부적절한 경우의 행동, 위험한 장소 등에 접근하는 행동, 잘못된 동작 등이 있으며, 사업주는 근로자의 이러한 작업행동으로 인하여 발생하는 산업재해를 방지하기 위하여 필요한 조치를 하여야 한다.

3) 작업 장소에서 발생하는 위험을 방지하기 위한 조치(법 제23조)

산업재해는 작업 장소, 그 자체가 위험하여 발생하는 경우도 있다. 그리고 일반 작업 장소에서도 근로자가 작업을 행하는 주변의 정리·정돈이 부적절하거나 작업환경이 어둡고 고열 등에 의해 위험한 경우도 있다. 이와 같은 작업 장소에서 발생하는 위험에는 다음과 같은 것이 있으며, 사업주는 근로자가 추락할 위험이 있는 장소, 토사·구축물 등이 붕괴할 우려가 있는 장소, 물체가 떨어지거나 날아올 위험이 있는 장소, 그 밖에 작업 시 천재지변으로 인한 위험이 발생할 우려가 있는 장소에는 그 위험을 방지하기 위하여 필요한 조치를 하여야 한다.

사고의 유형	위험한 작업의 예
추락	작업바닥, 작업발판, 지붕, 사다리
전도	작업바닥, 통로
붕괴, 비래	재료적치, 토사채취현장, 갓길
충돌	하역현장, 도로

4) 근로자의 건강장해를 방지하기 위한 조치(법 제24조)

사업주로 하여금 사업을 행함에 있어서 발생할 수 있는 아래와 같은 건강장해로부터 근로자를 보호하기 위하여 필요한 예방조치를 취하도록 의무화하고 있으며 사업주가 취해야 할 보건상 조치의 구체적인 내용은 고용노동부령인 「산업안전보건기준에 관한 규칙」에 정하고 있다.

- 원재료, 가스, 증기, 분진, 흄, 미스트, 산소결핍, 병원체 등에 의한 건강장해
- 방사선, 유해광선, 고온, 저온, 초음파, 소음, 진동, 이상 기압 등에 의한 건강장해
- 사업장에서 배출되는 기체, 액체 또는 찌꺼기 등에 의한 건강장해
- 계측감시, 컴퓨터단말기 조작, 정밀공작 등의 작업에 의한 건강장해
- 단순 반복 작업 또는 인체에 과도한 부담을 주는 작업에 의한 건강장해
- 환기, 채광, 조명, 보온, 방습, 청결 등의 적정기준을 유지하지 아니하여 발생하는 건강장해

근로자의 건강장해요인으로는 작업 장소, 취급 조작하는 기계·기구 등의 설비, 취급하는 원재료, 작업의 성질 등은 관계근로자의 건강장해를 일으키는 요인이 되고 있으며, 이러한 요인으로 인해 발생되는 근로자의 건강장해를 예방하기 위해 필요한 조치는 작업환경과 인간 사이의 접촉점인 작업이 반드시 고려되어야 한다.

따라서 건강장해를 예방하기 위한 조치는 작업환경관리, 작업관리 및 건강관리 등이 있으며, 근로자의 건강에 영향을 주는 작업환경요인에는 다음 표 8-1과 같이 화학적 요인, 물리적 요인, 생물학적 요인, 인간공학적(사회 심리적요인 포함) 요인으로 분류할 수 있다.

▼ 표 8-1 작업환경요인별 건강에 대한 영향과 작업

환경요인	장해의 종류	대상작업 예	적용규칙
화학적 요인(유해물질)			
광물성 분진	진폐증	광업, 요업, 주조, 건설	보건기준 제9장
방사성 물질	전리방사선장해	방사선 물질 취급	보건기준 제7장, 원자력법
허가 및 금지 화학물질	산업중독, 직업성 암, 피부장해	염료공업 등 제조업, 도금업, 건설업	보건기준 제2장 및 4장
중금속	산업중독, 직업성 암, 피부장해	축전지제조, 제련업, 라이닝, 요업, 건설업	보건기준 제1장
기타 일반분진	진폐증, 산업중독, 피부장해	방적, 제지, 화학공업	보건기준 제9장
유기용제 등 유기화합물	유기용제중독, 피부장해	인쇄, 도장, 도료, 접착	보건기준 제1장
기타 유해가스	산업중독	화학공업 등 제조업, 광업	보건기준 제1장
산소결핍 등	산소결핍증 등	건설, 화학공업, 지하실, 음식료품제조업	보건기준 제10장

환경요인	장해의 종류	대상작업 예	적용규칙
물리적 요인(유해에너지)			
이상 온·습도, 복사열, 기류	열중증, 동상	용광로나 용해로작업, 열처리, 냉동실작업	보건기준 제6장
이상기압	잠수병, 잠함병, 고산병	잠수, 압기공사, 고소건설	보건기준 제5장
불량조명	안구피로, 근시	정밀작업, 사무작업	안전보건규칙 총칙 제1편 제1장
소음	소음성난청, 정신피로, 정서불안정	프레스, 방적기, 건설, 금속가공	보건기준 제4장
초음파	귀울림, 두통, 구토	초음파세정 및 용착	보건기준 제13장
진동 (전신 및 국소)	진동 장해, 소화기 장해	착암기, 체인톱, 진동공구 취급, 비행기 승무원	보건기준 제4장
레이저광선	망막손상, 실명	통신, 측량, 금속가공, 재단	보건기준 제13장
적외선	백내장	용해로, 건조로	보건기준 제13장
마이크로파	백내장, 체온상승, 조직괴사	레이더, 통신, 비닐용착	보건기준 제13장
자외선	홍반, 전광성 각막염	용접, 살균등, 복사기	보건기준 제13장
전리방사선 (X선, α, β, γ선 등)	전리방사선장해	의료, 비파괴검사	보건기준 제7장
생물학적 요인			
세균, 기생충, 쥐, 곤충	감염증, 식중독	모든 작업	보건기준 제8장
알레르겐	직업성 알러지질환	화학공업, 농림축산업	보건기준 제8장
사회·심리적 요인(작업적 요인, 인간공학적 요인)			
근로조건	정신피로, 정서불안정, 스트레스, 뇌심혈관계질환	모든 작업	보건기준 제13장
대인관계	심인성 질병, 스트레스, 뇌심혈관계 질환		보건기준 제13장
작업자세 불량, 중량물 취급	요통, 근골격계 질환	모든 작업	보건기준 제12장

 화학물질은 산업의 발전, 윤택한 생활의 실현을 위해 크게 공헌하고 있고, 현재의 사회생활에는 필수불가결한 것으로 되어 있지만, 한편으로는 작업환경 중에서 발생되는 가스, 증기, 분진, 미스트, 흄의 흡입이나 피부 접촉에 의한 흡수, 유해물질에 오염된 것을 섭취함으로서 근로자가 건강장해를 일으킬 우려가 있다.

 그러나 화학물질에 의한 건강장해는 시각, 청각 등 감각적으로 그 유해성을 판단하는 것이 매우 어렵고, 폭로 후 단시간에 건강장해가 발생하는 것이 아니라 상당시간이 경과 후에 건강장해가 발생하는 것도 있는 등 다양한 특성을 갖고 있기 때문에 사업주는 근로자가 종사하는 작업에 따라 건강장해를 방지하기 위해 필요한 조치를 하여야 한다.
또한, 근로자가 일하는 작업장에 대해서 환기, 채광, 조명, 보온, 방습, 청결 등의 결함에 의해 근로자의 건강장해가 발생할 우려가 있기 때문에, 사업주로 하여금 근로자가 업무에 종사하는 건설물, 기타 작업장에 대해서 보건상의 조치를 하도록 한 것이다.

5) 근로자의 준수사항(법 제25조)

근로자는 안전상의 조치 및 보건상의 조치에 따라 사업주가 한 조치로서 산업안전보건기준에 대한 규칙에 정하는 조치사항을 지켜야 하며, 유해·위험 작업 시 해당 작업에 대한 적합한 보호구를 지급·착용을 규정하고 있다.

또한, 사업주가 안전모, 안전대, 방진 또는 방독마스크 등 보호구를 지급하고 착용하도록 지시하였으나 이를 이행하지 않았을 경우에는 근로자에게 5만 원의 과태료를 부과하고 있으며, 사업주가 보호구를 지급하지 않아 근로자가 이를 착용하지 못했다면 근로자에게 과태료를 부과할 수 없으며, 사업주가 안전상의 조치 및 보건상의 조치를 위반하였음에 따라 5년 이하의 징역 또는 5천만 원 이하의 벌금을 부과하고 있다.

6) 작업 중지(법 제26조)

산업재해가 발생할 급박한 위험이 있을 때 또는 중대재해가 발생하였을 때에는 즉시 작업을 중지시키고 근로자를 작업장소로부터 대피시켜 근로자를 보호하기 위해 필요한 조치이다.

작업 중지 대상 위험작업으로는 산업재해가 발생할 수 있는 가능성이 높다고 합리적으로 판단되는 유해·위험 작업 모두를 포함한다. 예를 들면, 건물의 균열 등 붕괴위험, 화학설비에서의 유독물 또는 압력 방출 등 설비의 파괴 위험, 추락할 위험이 있는 장소에서의 추락위험 등을 들 수 있다.

작업 중지를 시킬 수 있는 자는 원칙적으로 사업주이나 사업주가 작업 중지를 못한 경우에는 근로자 스스로 작업을 중지하고, 대피한 다음 지체 없이 그 사실을 바로 위 상급자에게 보고하고, 보고 받은 상급자는 이에 대한 적절한 조치를 하여야 한다.

또한, 사업주는 산업재해가 발생할 급박한 위험이 있다고 판단될 만한 합리적인 근거가 있을 때에는 작업을 중지하고 대피한 근로자에 대하여 이를 이유로 해고나 그 밖의 불리한 처우를 해서는 안 되며, 누구든지 중대재해가 발생된 현장을 훼손하여 중대재해 발생 원인 조사를 방해하여서는 안 된다. 또한, 이를 위반한 경우에는 1년 이하의 징역 또는 1천만 원 이하의 벌금을 부과하고 있다.

7) 기술상의 지침 및 작업환경의 표준(법 제27조)

사업주가 사업을 수행함에 있어 산업재해를 예방하고 근로자를 보호하기 위하여 안전 및 보건상의 조치를 취하도록 하되 최소한 의무적으로 지켜야 할 사항은 산안법에서 정하고 있으나 실제 그 적용대상이 되는 사업장의 업종, 규모, 작업의 형태 등이 천차만별하기 때문에 획일적인 기준만으로는 미흡한 실정이며, 법의 취지를 효과적으로 실현하고 산업재해를 철저히 예방하기 위해서는 보다 구체적이고 세밀한 기준에 따라 이행할 필요성이 있다.

따라서 사업주의 안전상 조치, 보건상 조치 및 작업 중지 등에 대하여 사업주가 행하여야 할 조치에 관한 기술상의 지침 또는 작업환경의 표준을 고용노동부장관이 정하여 사업주에게 지도·권고할 수 있도록 하고 있다.

05 근로자의 보건관리

1. 산업보건관리의 필요성

1) 산업보건관리의 분류 및 개념

작업장에서의 안전·보건관리는 산업재해예방을 위하여 유해·위험에 대한 방지기준을 확립하고, 책임소재를 명확히 하거나 자율적 활동의 촉진을 위한 조치를 취하는 등 그 방지에 관한 종합적·계획적인 대책을 추진함으로써 쾌적한 작업장을 조성하여 근로자의 안전과 건강을 보호하는 데 그 목적을 두고 있다.

산업보건관리의 관점에서 근로자들의 몸과 마음을 건강하게 하고, 기분 좋게 일할 수 있도록 하는 것이 산업보건의 목적이며 산업보건관리를 추진하기 위해서는 ① 작업환경관리, ② 작업관리, ③ 건강관리를 추진해야 하고 이러한 내용을 원활하고 효과적으로 추진하기 위해서는 ④ 산업보건교육의 실시, ⑤ 산업보건 관리체제의 확립이 필요하다. 이러한 산업보건에 관한 기술적·실무적 사항을 관리하는 사람으로, 규모가 50인 이상의 사업장은 보건관리자를 선임하여야 하며, 안전보건관리책임자 또는 사업주의 지휘 아래 작업장의 산업보건관리가 추진되고 있다.

특히 보건관리자 선임의무가 부여되지 않은 중소규모 사업장에서 산업보건의 기본이 되는 대책을 실시하기 위해서는 사업주의 열의와 이 일을 실제로 실행해 나가는 추진자가 필요하다. 최근 중소규모 작업장에서의 산업재해 발생현황은 대규모 사업장에 비해서 대단히 높게 나타나고 있으며 또한 기계화를 비롯한 최근의 기술혁신은 중소규모 사업장에도 폭넓게 받아들여져 이러한 작업장에서도 안전보건업무가 복잡하고 동시에 다양해지고 있다.

안전보건관리책임자 또는 보건관리자의 구체적인 직무에 대해서는 그림 8-2에 나타내고 있으며 이러한 보건업무에 대해서 권한과 책임을 갖고 사업주의 지휘를 받아 해당 업무를 수행하도록 규정되어 있다.

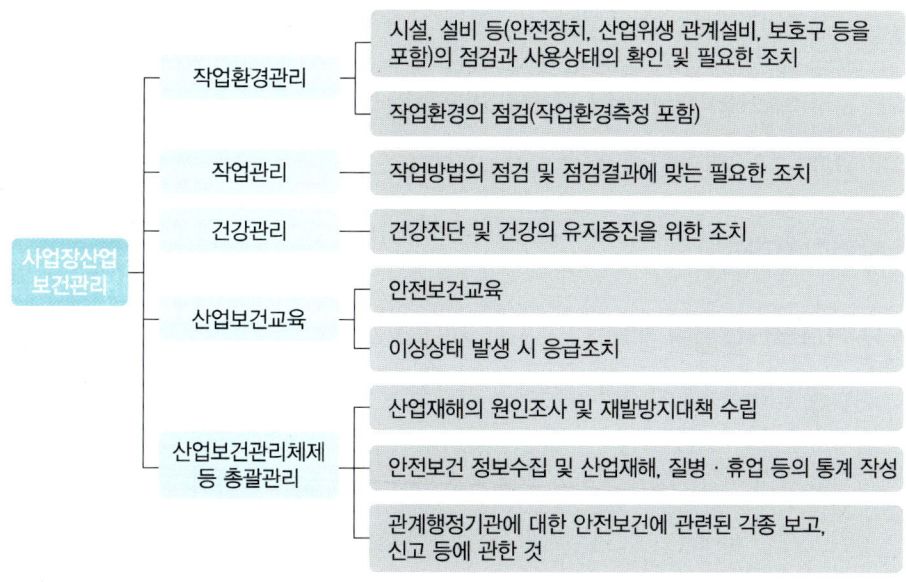

┃그림 8-2 산업보건관리 구분 및 직무┃

2) 작업환경 및 작업조건의 파악

작업장에는 여러 가지 다른 작업환경이나 작업조건이 있으며, 보건관리자가 이러한 상황을 파악하고 적절한 대응을 하지 않아 근로자의 건강장해를 일으키고 대기오염 등의 발생으로 환경문제를 유발시키는 사례가 있다.

산업보건관리를 추진하기 위해서는 우선 제일 먼저 작업장현황을 파악하여야 하며, 특히 보건 상 유해한 업무나 건강장해를 야기할 수 있는 작업에 대해서는 정확히 파악해야 하며, 건강에 영향을 야기할 수 있는 작업을 열거하면 다음과 같다.

- 유해한 화학물질을 취급하는 작업
- 유해한 가스, 증기, 분진, 미스트, 흄 등을 발산하는 작업
- 고열, 한냉, 다습한 장소에서의 작업
- 유해광선이나 방사선에 노출되는 작업

- 강렬한 소음을 발산하거나 진동이 발생되는 작업
- 산소결핍의 위험이 있는 장소에서의 작업
- 이상기압 하에서의 작업
- 중량물 취급 등의 작업
- 병원체에 의해 오염되거나 위험이 있는 작업

이상과 같은 작업이 작업장에 있는지 잘 조사해 보아야 하며, 또한 사무실 등의 일반 작업환경이나 VDT작업 등의 작업방법에 대해서도 문제가 없는지 조사해 보아야 한다. 최근 작업장 스트레스(대인관계, 업무과중, 승진, 인사배치, 업무상의 불만) 등에 의한 심리적 문제나 고령근로자에 대한 배려 등에 대해 대응할 필요가 있기 때문에 작업장의 현황을 정확히 파악해야 한다.

2. 작업환경관리

1) 작업환경관리의 개념

현대 산업사회에 있어서 근로자의 건강은 유해요인의 질적·양적 증대와 아울러 물리적·화학적·생물학적·인간공학적(사회·심리적 포함) 제반요인에 의해 정신적·육체적 그리고 사회적으로 많은 문제점을 안고 있다. 노동에 있어서 근로자의 건강과 질병의 문제는 오래 전부터 사회과학 및 의학적 견지에서 주목되어 왔으며, 근대의학의 발전 속에서 근로자들의 건강문제는 산업보건 분야에서 중요한 부문을 차지하고 있다. 근로자의 질병을 사전에 예방하고 질병 자를 조기에 발견함으로써 치료를 통해 사회에 복귀시키고 작업조건을 근로자에게 적합하도록 하기 위한 산업보건업무는 작업환경관리, 작업관리, 건강관리, 산업보건교육, 산업보건관리체제의 운영 등으로 구분할 수 있다. 특히 작업환경관리는 작업환경 중의 각종 유해요인을 제거하고 쾌적한 작업환경을 유지하는 것을 목표로 하는 것이며, 작업장에서의 근로자 건강장해를 예방하기 위해 가장 우선해서 추진해야 할 근본적인 대책이다.

2) 작업환경측정 및 평가

「작업환경측정」이라 함은 작업환경의 실태를 파악하기 위하여 해당 근로자 또는 작업장에 대하여 사업주가 측정계획을 수립하여 시료의 채취 및 분석·평가를 하는 일련의 과정으로 정의할 수 있으며, 작업환경측정을 통해 작업환경실태를 파악함으로써 작업환경 개선 여부에 대한 판단자료를 제공하며, 작업환경을 개선하는 경우 그 효과를 확인하는 등 작업환경관리의 중요한 수단이 된다.

따라서 작업장에서 발생되고 있는 유해인자의 발생수준이나 근로자에게 노출되는 정도를 측정하여 적절한 작업환경관리대책을 강구함으로써 쾌적한 작업환경을 조성하며, 이를 통해 근로자의 건강을 보호하기 위한 것이다.

작업환경의 실태를 정확히 파악하기 위해서는 산안법에서 정하고 있는 작업환경 측정기준을 근거로 한 작업환경 측정이 필수적이며 정기적 또는 수시로 측정을 하고, 그 결과에 대한 평가를 하여, 평가결과에 따라 필요한 조치를 취해야 한다. 이러한 작업환경 측정의 목적은 다음과 같다.

- 유해요인에 대한 근로자의 노출기준 초과 여부 결정
- 일상적인 작업환경의 정기적인 파악
- 신규설비, 원재료, 작업방법 등의 평가
- 개선조치 효과의 확인
- 건강진단결과 등의 확인을 통한 현장 실태의 재점검
- 국소배기장치 등 환기설비의 성능점검

이러한 목적을 달성하기 위해 산안법에서 사업주는 인체에 해로운 작업을 행하는 작업장에 대하여 산업위생관리 산업기사 이상의 자격을 가진 자로 하여금 6월에 1회 이상 정기적으로 작업환경을 측정하여 고용노동부장관에게 보고하도록 규정하고 있으며, 정기적으로 작업환경측정 등을 실시해야 할 작업장은 다음과 같은 유해인자 즉, 작업환경 측정 대상 유해인자를 취급하거나 발생되는 작업장으로 규정하고 있다. 다만, 사업장의 작업환경상태에 따라 측정 횟수는 조정받을 수 있다.

1. **화학적 인자**
   - 유기화합물(113종) : 벤젠, 톨루엔, 크실렌, 아세톤 등
   - 금속류(23종) : 수은, 구리, 납, 크롬, 비소, 카드뮴, 망간 등
   - 산 및 알칼리류(17종) : 질산, 황산, 염산, 수산화나트륨 등
   - 가스상물질류(15종) : 암모니아, 시안화수소, 일산화탄소 등
   - 허가 대상 물질류(14종) : 석면, 베릴륨 등
   - 금속가공유(1종) : 절삭유, 방청유

2. **물리적 인자**
   소음(8시간 시간가중평균 80dB 이상), 안전보건규칙 제7장에 따른 고열

3. **분진(6종)**
   광물성 물질, 면, 목분진 등

4. **측정횟수는 유해인자의 노출수준에 따라 탄력적으로 세분화**
   - 3월에 1회 이상으로 강화 : 발암성 물질이 노출기준 초과, 화학적 인자가 노출기준 2배 이상 초과
   - 1년에 1회 이상으로 완화 : 최근 1년간 공정 및 작업방법 등의 변동이 없고, 최근 측정결과 2회 연속 노출기준 미만

3) 작업환경측정 및 평가방법

근로자의 건강장해를 초래할 수 있는 유해인자의 노출 정도나 발생수준 등 작업환경의 정확한 실태를 파악하기 위하여 해당 근로자 또는 작업장에 대하여 사업주가 측정계획을 수립하여 시료의 채취 및 분석·평가 등 필요한 사항을 정함으로써 측정·평가의 신뢰도와 정확도 제고를 목적으로 하고 있으며, 기술적인 사항은 다음과 같이 정리할 수 있다.

1. **측정방법**
   - 작업환경측정을 실시하기 전에 측정의 효율성과 정확성을 기하기 위하여 사전 예비조사를 실시
   - 근로자의 노출농도를 평가하기 위한 개인시료포집방법을 원칙으로 하며, 유해물질발생원의 파악, 환경개선 효과 측정, 개인시료포집이 불가능한 경우에는 예외로 지역시료포집방법 사용 가능

2. **측정시간**
   - 작업이 정상적으로 이루어져 작업시간과 유해인자에 대한 근로자의 노출 정도를 정확히 평가할 수 있을 때 실시
   - 1일 작업시간 동안 6시간 이상 연속측정 또는 작업시간을 등 간격으로 나누어 6시간 이상 연속분리 측정
   - 발생시간이 6시간 이하, 간헐적, 불규칙한 경우에는 발생시간 동안 측정하며, 단시간 노출기준 (STEL)이 설정된 물질로서 단시간 고농도에 노출될 경우 1회에 15분간, 1시간 이상의 등 간격으로 4회 이상 단시간 측정

3. **시료포집 근로자수**
   - 최고노출근로자 2인(2개 지점) 이상 동시 측정(근로자 1인인 경우에는 예외)
   - 작업근로자수가 10인 이상인 경우 매 5인당 1인 추가측정 및 단위작업장소의 넓이가 50평방미터 이상인 경우 매 30평방미터마다 1개 지점 추가 측정
   - 동일 작업근로자수가 100명 이상인 경우 최대시료포집근로자수 20개로 조정 가능

4. **평가방법**
   - 측정농도의 평가방법에 의거 측정치의 초과 여부를 정확하게 평가
   - 측정결과보고서는 공정성, 객관성이 유지되도록 사실에 입각하여 작성

4) 작업환경의 유지 및 개선

작업환경은 근로자의 건강장해를 예방하는 의미에서 가장 근본적인 것이며 지속적인 작업환경의 측정과 정기자체검사, 점검 등의 실시에 의해, 설비 등의 개선조치를 시행하는 한편 각종 설비의 적절한 정비 등을 통하여 쾌적한 작업환경 상태의 유지에 노력하는 동시에 실효성 있게 개선해 나가야만 한다.

산안법에서는 일반적인 작업환경, 유해한 업무, 특정업무에 대해 보건에 관한 기준을 제시하고 있으며 작업환경관리에 필요한 내용에 대해 사업주에게 의무가 부과되고 있다.

5) 작업장순회 및 정기자체검사

작업환경은 항상 변화하고 또 변화하기 쉬운 특징을 가지고 있어 어떤 작업공정이 계속적으로 일정하게 반복 가동되고 있는 작업장에서도 작업 및 기계 상태 등이 조금씩 변화하고 있다. 그러므로 사업주는 이러한 작업환경이 산업 활동에 지장이 없다고 생각되면 방치하기 쉬운데 산업보건상 사소한 일이라도 방치한다면 일정기간이 지난 후에 근로자에게 건강장해를 초래하는 경우가 흔히 발생할 수 있다.

이와 같은 일이 발생하지 않도록 작업장의 실태를 항상 정확히 파악해 두는 것이 매우 중요하며, 이를 위해서 사업주를 비롯해 각 작업장의 감독자, 담당자가 각자의 입장에서 작업장순회, 정기자체검사 및 점검을 수시로 실시해서 평소의 작업장 실정을 정확히 파악해 두어야 한다.

작업장순회에는 ① 경영의 톱클래스에 의한 순회, ② 보건관리자, 안전보건담당자에 의한 순회, ③ Line의 장(부장 또는 과장, 현장감독자, 직·반장 등)에 의한 순회, ④ 안전보건 담당이나 위원에 의한 순회, ⑤ 모기업이나 협력회사에 의한 합동순회, ⑥ 외부 전문가에 의한 순회, ⑦ 행정관청 등에 의한 순회 등이 있으며, 정기자체검사와 점검에 대해 산안법에서는 국소배기장치와 그 밖의 기계·기구 등에 대한 점검을 실시하고 그 결과를 기록하도록 규정하고 있다.

특히 보건관리자, 안전보건담당자의 작업장순회는 중요한 직무중의 하나로 순회(점검)의 장소, 항목, 시기, 빈도를 정해 정기적으로 실시할 수 있도록 계획을 수립하여야 하며, 순회(점검)를 할 때는 목적에 맞는 적절한 체크리스트를 작성해서 기록하는 것이 중요하다. 순회(점검) 결과 발견된 문제점에 대해서는 해당 작업장에 통보하여 개선할 수 있도록 유도하여야 한다.

보건관리자, 안전보건담당자가 유기화합물, 중금속, 분진 등에 관계되는 국소배기장치 및 제진장치의 정기자체검사(1년에 1회 이상 정기적으로 실시)에 대해서는 적절하면서도 유효한 실시를 위해 검사항목, 검사방법, 판정기준 등 규정을 반드시 준수하여야 한다.

3. 작업관리

1) 작업관리의 개념

유해한 화학물질이나 유해한 에너지가 근로자에게 미치는 영향은 개별 근로자의 작업내용에 따라 다르며, 또한 같은 작업내용이라도 작업방법에 따라 달라지며 작업환경 자체도 작업방법에 의해 큰 영향을 받는다고 할 수 있다. 이러한 요인을 적절히 관리함으로써 작업환경과 근로자의 건강에 미치는 영향을 가능한 최소화할 수 있는 것이 작업관리인데, 작업환경관리, 건강관리와 연계하여 적용하는 것이 바람직하며 작업관리의 진행방법은 다음과 같다.

- 작업에 의한 유해요인의 발생을 방지한다.
- 폭로 최소화를 위해 적절한 작업순서, 작업방법을 정하고 철저히 이행하도록 한다.
- 작업부하, 불량한 작업 자세 등에 의해 인체에 미치는 나쁜 영향을 작업방법의 변경 등에 의해서 개선한다.
- 유해에너지의 발생이 적은 공구 등의 사용에 의해 인체에 대한 폭로를 최소화한다.
- 개인보호구의 적절한 사용에 의해 인체에 대한 폭로를 최소화한다.

위와 같은 방법으로 폭로를 억제하기 위한 대책을 검토하고, 실시하는 것이 필요하며 그 밖에 유해요인이라고 할 수 있는 작업에 수반되는 영향으로는 중량물 취급작업, 단순 반복작업, 감시 및 VDT작업에 의한 근육피로, 정신피로, 안정피로, 국소피로 등이 있으며 개인차를 근거로 한 대책을 수립해야 한다.

4. 건강관리

1) 건강관리의 개념

건강관리는 건강진단 및 그 결과를 근거로 한 사후조치를 비롯해 더 나아가 일상생활 속의 건강 상담, 건강지도까지를 포함한 광범위한 내용을 포함한 것으로, 우선 건강진단을 행하고 건강상태를 조사하며 이상이 있는 경우에는 정밀건강진단을 실시해서 건강관리구분을 결정한다. 건강관리구분상 문제가 있을 경우에는 추적검사를 한다든지 의학적 치료를 행하는 동시에 이상의 원인이 되는 작업환경요인이나 작업방법에 대해서 적절한 개선조치를 강구해야 한다.

그리고 건강진단에서 분명한 건강장해가 발견되지 않는 경우라도 작업환경과 작업방법이 근로자의 건강에 영향을 미칠 수 있는 잠재적 변화가 일어나는 경우도 있으므로 유해물질에 대한 폭로량의 저감화, 작업방법의 개선 등에 의해 건강장해를 미연에 방지하는 것이 중요하며 작업환경관리 및 작업관리와 유기적으로 연계하여 추진하는 것이 바람직하다.

산안법 제43조(건강진단)에서는 사업주에게 근로자의 건강진단을 정기적으로 실시하도록 의무화하고 있으며, 이 규정은 근로자를 채용하거나 특정작업에 종사하게 하는 것이 그 근로자의 건강상 적당한가와 정기적으로 건강진단을 실시한 결과 그 이전과 비교하여 어떤 변화가 있는가를 판단하고 만약 변화가 있다면 그 변화가 작업에 기인한 것인가 등에 관하여 판단할 근거 자료를 얻고 건강진단결과에 대하여 필요한 조치를 취하도록 하기 위해 규정한 것이다.

2) 근로자 건강진단 종류별 실시시기 및 대상

건강진단은 사업장 근로자의 질병을 조기에 발견하여 신속히 조치함으로서 근로자의 건강유지 및 증진에 기여함을 목적으로 실시하며 법령을 근거로 한 건강진단의 종류는 다음과 같다.

(1) 일반 건강진단

상시 사용하는 근로자에 대하여 주기적으로 실시하는 건강진단이며, 아래와 같이 근로자건강진단 종류별 대상, 시기 및 주기를 비교하여 나타내었다.

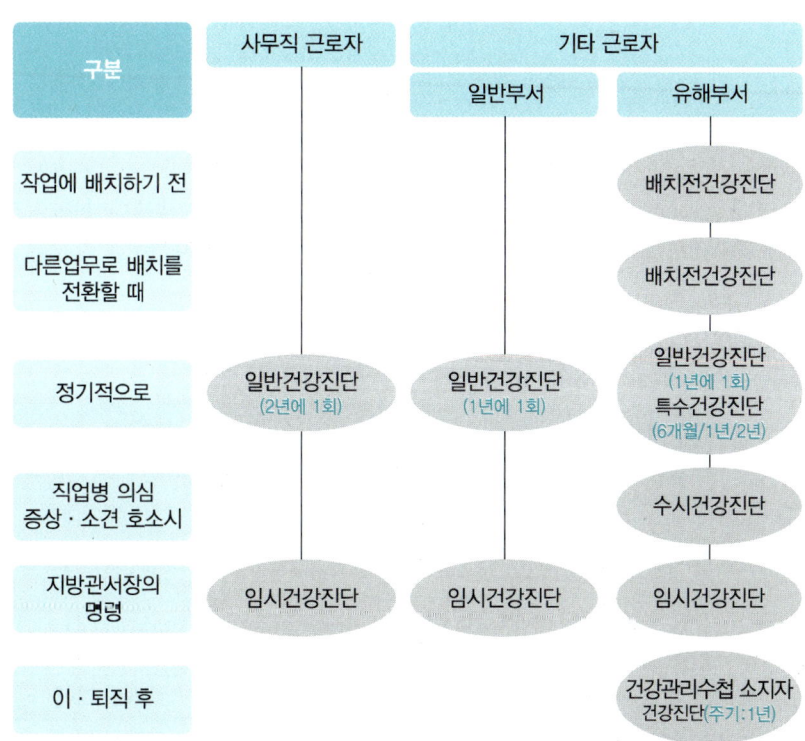

주) 유해부서 : 특수건강진단 대상유해인자(177종)
자료 : 고용노동부 홈페이지, 산재예방, 근로자건강진단자료 인용, 2016

그림 8-3 근로자건강진단 종류별 대상, 시기 및 주기

(2) 특수 건강진단

유해한 업무에 종사하는 근로자에 대하여 실시하는 건강진단

① 특수건강진단대상 유해인자에 노출되는 업무에 종사하는 근로자와 근로자 건강진단결과 직업병 유소견자로 판정받은 후 작업 전환을 하거나 작업장소를 변경하고, 직업병 유소견 판정의 원인이 된 유해인자에 대한 건강진단이 필요하다는 의사의 소견이 있는 근로자의 건강관리를 위하여 사업주가 실시하는 건강진단을 말한다.

▼ 표 8-2 **특수건강진단 대상 유해인자**

	특수건강진단 대상 유해인자	분류	종류
1	유기화합물	화학적 인자	108종
2	금속류	화학적 인자	19종
3	산 및 알칼리류	화학적 인자	8종
4	가스 상태 물질류	화학적 인자	14종
5	시행령 제30조의 규정에 의한 허가대상물질	화학적 인자	13종
6	금속가공유	화학적 인자	1종
7	분진	분진	6종
8	진동 작업	물리적 인자	8종
			177종

② 실시시기는 배치 전 건강진단을 실시한 날로부터 유해인자별로 정해져 있는 시기에 첫 번째 특수건강진단을 실시하고, 이후 아래와 같이 정해져 있는 주기에 따라 정기적으로 실시한다.

▼ 표 8-3 **유해인자별 특수건강진단 시기 및 주기**

구분	특수건강진단 대상 유해인자 (시행규칙 별표 12의3)	배치 후 첫 번째 특수건강진단 시기	주기
1	N,N-디메틸아세트아미드, N,N-디메틸포름아미드	1개월 이내	6개월
2	벤젠	2개월 이내	6개월
3	1,1,2,2,-테트라클로로에탄, 사염화탄소 아크릴로니트릴, 염화비닐	3개월 이내	6개월
4	석면, 면분진	12개월 이내	12개월
5	광물성 분진, 목분진, 소음 및 충격소음	12개월 이내	24개월
6	제1호 내지 제5호의 대상 유해인자를 제외한 별표 12의2의 모든 대상 유해인자	6개월 이내	12개월

(3) 배치 전 건강진단

특수건강진단 대상 업무에 종사할 근로자에 대하여 배치예정 업무에 대한 적합성 평가를 위하여 사업주가 실시하는 건강진단

① 사업주는 특수건강진단 대상 업무에 근로자를 배치하려는 경우에는 해당 작업에 배치하기 전에 배치 전 건강진단을 실시하여야 하고, 특수건강진단기관에 해당 근로자가 담당할 업무나 배치하려는 작업장의 특수건강진단대상 유해인자 등 관련정보를 미리 알려주어야 한다.

② 면제대상으로는 최근 6개월 이내에 해당 사업장 또는 다른 사업장에서 해당 유해인자에 대한 배치 전 건강진단에 준하는 건강진단을 받은 경우

  * 배치 전 건강진단에 준하는 건강진단이라 함은 해당 유해인자에 대한 배치 전 건강진단, 배치 전 건강진단의 제1차 검사항목을 모두 포함하는 특수건강진단·수시건강진단 또는 임시건강진단(해당 유해인자에 한함), 해당 유해인자에 대하여 배치 전 건강진단의 제1차 검사항목 및 제2차 검사 항목을 포함하는 건강진단을 말한다.

(4) 수시 건강진단

특수건강진단 대상 업무로 인하여 해당 유해인자에 의한 직업성 천식, 직업성 피부염 기타 건강장해를 의심하게 하는 증상을 보이거나 의학적 소견이 있는 근로자를 대상으로 실시하는 건강진단으로 수시건강진단 대상 근로자의 신속한 건강관리를 위해 실시한다.

① 실시시기 : 수시 건강진단 대상근로자가 직접 또는 근로자대표나 명예산업안전감독관을 통하여 수시건강진단의 실시를 서면으로 요청하거나, 해당 사업장의 산업보건의 및 보건관리자(보건관리대행기관을 포함)가 해당 수시대상 근로자에 대한 수시 건강진단의 실시를 서면으로 건의한 때이다.

② 면제대상 : 사업주가 수시건강진단의 실시를 서면으로 요청 또는 건의받았으나, 특수건강진단을 실시한 의사로부터 해당 근로자에 대한 수시건강진단의 실시가 필요치 않다는 자문을 서면으로 받은 경우에는 해당 수시건강 진단을 실시하지 아니할 수 있다.

(5) 임시 건강진단

유해인자에 의한 자각 및 타각 증상이 발생하는 등의 경우에 중독 여부, 질병이환 여부 또는 질병 발생원인 등을 확인하기 위하여 지방고용노동관서의 장의 명령에 의해 실시하는 건강진단

3) 건강진단 종류별 실시기관 검사항목 및 실시방법

(1) 일반 건강진단

① 실시기관 : 특수건강진단기관 또는 국민건강보험법에 따른 건강진단을 실시하는 기관

② 검사항목
- 과거병력, 작업경력 및 자각·타각증상(시진, 촉진, 청진 및 문진)
- 혈압, 혈당, 요당, 요단백 및 빈혈검사
- 체중, 시력 및 청력
- 흉부방사선 간접 촬영
- 혈청 지오티 및 지티피, 감마 지티피 및 총콜레스테롤
  * 혈당, 총콜레스테롤 및 감마 지티피는 고용노동부장관이 정하는 근로자에 대하여 실시한다.

③ 실시방법 : 검사결과 질병의 확진이 곤란한 경우에는 제2차 건강진단을 받아야 하며, 제2차 건강진단의 범위, 검사항목, 방법 및 시기 등은 고용노동부장관이 따로 정한다.

(2) 특수 건강진단, 배치 전 건강진단, 수시 건강진단

① 실시기관 : 특수건강진단기관
② 검사항목 : 제1차 검사항목과 제2차 검사항목으로 구분되며, 유해인자별 세부검사항목은 시행규칙 별표13에서 정한 항목에 대해 실시한다.
③ 실시방법 : 제1차 검사항목은 해당 건강진단 대상자 전체에 대하여 실시하고, 제2차 검사항목은 제1차 검사항목에 대해 검사결과 건강수준의 평가가 곤란한 자에 대하여 실시하되, 당해 유해인자에 대한 근로자 노출정도·과거병력 등을 고려하여 필요하다고 인정하는 경우에는 제2차 검사항목의 일부 또는 전부를 제1차 검사항목 검사 시에 추가하여 실시할 수 있다.

(3) 임시 건강진단

① 실시기관 : 특수건강진단기관
② 검사항목 : 시행규칙 별표13에 따른 특수건강진단의 검사항목 중 전부 또는 일부와 건강진단 담당의사가 필요하다고 인정하는 검사항목

4) 건강진단 결과의 보고 등

① 건강진단기관이 사업주·근로자·안전보건공단에 결과 송부 및 지방고용노동관서의 장에 대한보고 하여야 한다. 다만, 건강진단 개인 표 전산자료를 공단에 송부한 경우에는 지방노동관서의 장에게 건강진단 결과표를 제출하지 않아도 된다.

② 근로자에 대한 송부 : 건강진단기관이 건강진단을 실시한 때에는 그 결과를 건강진단 개인 표에 기록하고, 건강진단 실시일 부터 30일 이내에 근로자에게 송부하여야 한다.

③ 안전보건공단에 대한 송부 : 특수, 수시 또는 임시건강진단을 실시한 건강진단기관은 건강진단 개인 표 전산입력 자료를 매분기 1회 안전보건공단에 송부하여야 한다.

④ 사업주에 대한 송부 : 건강진단기관이 건강진단을 실시한 날부터 30일 이내에 건강진단결과표(실시현황, 사후관리소견서)를 송부하여야 한다.

⑤ 특수건강진단기관은 특수, 수시, 임시건강진단을 실시하고 건강진단을 실시한 날부터 30일 이내에 건강진단결과표를 지방노동관서의 장에게 제출하여야 한다. 다만, 건강진단 개인표 전산자료를 공단에 송부한 경우에는 그러하지 아니한다.

⑥ 사업주는 일반건강진단결과표를 제출할 의무는 없으나 지방노동관서의 장은 근로자의 건강을 유지하기 위하여 필요하다고 인정하는 사업장의 경우 해당 사업주에 대하여 일반건강진단결과표(시행규칙 별지 제22호(1)서식)를 제출하게 할 수 있다.

5) 사업주의 의무

① 건강진단 실시 : 사업주는 근로자의 건강보호, 유지를 위하여 근로자에 대한 건강진단을 실시하여야 한다.

② 근로자대표 입회 : 사업주가 건강진단을 실시할 경우 근로자대표의 요구가 있을 때에는 건강진단에 근로자대표를 입회시켜야 한다.

③ 임시건강진단 실시 명령 이행 : 사업주는 지방노동관서의 장이 근로자의 건강을 보호하기 위하여 특정 근로자에 대한 임시건강진단 실시 기타 필요한 사항을 명령한 경우 이 명령에 따라야 한다.

④ 건강진단결과 조치이행 : 사업주는 이 법령 또는 다른 법령에 따른 건강진단결과 근로자의 건강을 유지하기 위하여 필요하다고 인정할 때에는 작업장소의 변경, 작업의 전환, 근로시간의 단축 및 작업환경측정의 실시, 시설·설비의 설치 또는 개선 그 밖에 절한 조치를 하여야 한다.

⑤ **설명회 개최** : 사업주는 산업안전보건위원회 또는 근로자대표가 요구할 때에는 직접 또는 건강진단을 실시한 건강진단기관 등으로 하여금 건강진단결과에 대한 설명을 하여야 함. 다만, 본인의 동의 없이는 개별근로자의 건강진단결과를 공개하여서는 안 된다.

⑥ **목적 외 사용금지** : 사업주는 건강진단 결과를 근로자의 건강보호·유지 외의 목적으로 사용하여서는 안 된다.

⑦ **건강진단 실시시기의 명시** : 일반건강진단 또는 특수건강진단을 실시하여야 할 사업주는 건강진단 실시시기를 안전보건관리규정 또는 취업규칙에 분명히 밝히는 등 일반건강진단 또는 특수건강진단이 정기적으로 실시되도록 적극 노력하여야 한다.

⑧ **사업주의 건강진단결과 보존** : 법 제43조에 따른 건강진단에 관한 서류는 3년간 보존하고, 시행규칙 제105조 제3항의 규정에 따라 건강진단기관으로부터 송부받은 건강진단결과표, 법 제43조 제3항 단서에 따라 근로자가 제출한 건강진단결과를 증명하는 서류 또는 전산입력 자료는 5년간 보존한다. 다만, 발암성 확인물질을 취급하는 근로자에 대한 건강진단결과서류 또는 전산입력 자료는 30년간 보존하여야 한다.

6) 근로자의 의무

근로자는 이 법령의 규정에 따라 사업주가 실시하는 건강진단을 받아야한다. 다만, 사업주가 지정한 건강진단기관의 진단받기를 희망하지 아니하는 경우에는 다른 건강진단기관으로부터 이에 상응하는 건강진단을 받아 그 결과를 증명하는 서류를 사업주에게 제출할 수 있다.

7) 사후조치

건강진단실시결과, 발견된 질병이 환자 또는 건강이상자에 대해서 적절한 조치를 하는 것은 건강진단의 기본이며, 형식적인 진단만으로 끝내서는 안 된다.

어느 정도의 소견이 있는 근로자에 대해서는 정밀검사를 실시하고 나서 건강관리 구분을 결정할 필요가 있고, 그 결과 관찰을 요하는 자 또는 치료를 요하는 자가 있을 경우에는 건강을 유지보존하기 위해 필요하다면 작업장소의 변경, 작업 전환, 근로시간의 단축, 취업금지 등의 조치를 강구하는 한편, 작업환경측정의 실시, 시설 또는 설비의 설치 또는 개선과 기타 적절한 조치를 강구해야만 한다(표 8-4 참조).

▼ 표 8-4 건강관리구분별 사후관리내용 및 업무수행 적합 여부

건강관리구분		건강관리기준	건강관리내용
A		건강자	건강관리상 사후관리가 필요 없는 자
C	C_1	요 관찰자	직업성 질병으로 진전될 우려가 있어 추적검사 등 관찰이 필요한 자
	C_2	요 관찰자	일반 질병으로 진전될 우려가 있어 추적관찰이 필요한 자
R		추가검사 대상자	추가적으로 검사가 필요한 자
D_1		직업병 유소견자	직업성 질병의 소견을 보여 사후관리가 필요한 자
D_2		일반질병 유소견자	일반 질병의 소견을 보여 사후관리가 필요한 자

* 특수건강진단결과 "요 관찰자(C판정자)"에 대해서는 C1과 C2를 구분하여야 한다.
* 추가검사대상자(R판정자)에 대해 필요한 검사는 특수건강진단의 경우에는 선택검사항목을, 일반건강진단의 경우에는 제2차 건강진단을 말한다.

8) 위반에 대한 조치

위반내용	조치
건강진단을 실시하지 않는 경우	1,000만 원 이하의 과태료 및 행정조치
근로자대표의 입회요구 불이행 시	500만 원 이하의 과태료 및 행정조치
임시건강진단 실시명령 불이행 시	범죄인지 보고 후 수사 착수 및 행정조치
근로자가 건강진단 거부한 경우	300만 원 이하의 과태료 및 행정조치
건강진단 결과보고 불이행 및 허위 보고 시	300만 원 이하의 과태료 및 행정조치
건강진단 결과에 따른 조치 불이행 시	범죄인지 보고 후 수사 착수 및 행정조치
설명회 개최 요구 불이행 시	500만 원 이하의 과태료 및 행정조치
건강진단 결과를 본인 동의없이 공개한 경우	500만 원 이하의 과태료 및 행정조치
건강보호 유지목적 외 사용한 경우	300만 원 이하의 과태료 및 행정조치

① 건강진단을 실시하지 않은 경우 : 건강진단 대상 근로자 1명당 1차 위반 5만 원, 2차 위반 10만 원, 3차 위반 15만 원의 과태료 즉시 부과
② 건강진단 시 근로자 대표의 요구에도 불구하고 근로자 대표를 입회시키지 않은 경우 : 1차, 2차, 3차 위반 시 각각 500만 원의 과태료 부과

③ 특정근로자 임시건강진단 실시 명령을 불이행한 경우 : 즉시 범죄인지 보고 후 수사에 착수(3년 이하의 징역 또는 2,000만 원 이하의 벌금) 및 행정 조치 병행
④ 근로자가 건강진단을 받지 않은 경우 : 건강진단 대상 근로자에 대하여 1차 위반 5만 원, 2차 위반 10만 원, 3차 위반 15만 원의 과태료 즉시 부과
⑤ 건강진단기관이 근로자 건강진단결과를 보고하지 아니하거나 거짓으로 보고하는 경우 : 통보 또는 보고하지 않은 경우 1차 위반 30만 원, 2차 위반 100만 원, 3차 위반 200만 원의 과태료 즉시 부과 거짓으로 통보 또는 보고한 경우 1차·2차·3차 위반 시 각각 300만 원의 과태료 즉시 부과
⑥ 건강진단결과 근로자 건강유지를 위한 조치 불이행한 경우 : 즉시 범죄인지 보고 후 수사에 착수(1,000만원 이하의 벌금)
⑦ 산업안전보건위원회 또는 근로자대표 요구에도 불구하고 건강진단결과 설명회를 개최하지 않은 경우 : 1차 위반 50만 원, 2차 위반 250만 원, 3차 위반 500만 원의 과태료 즉시 부과
⑧ 본인의 동의 없이 개별근로자의 건강진단결과를 공개한 경우 : 즉시 500만 원 이하의 과태료 부과 및 행정조치 병행
⑨ 건강진단결과를 근로자 건강보호·유지 외의 목적으로 사용한 경우 : 즉시 300만 원 이하의 과태료 부과 및 행정조치 병행

9) 건강관리수첩 교부(법 제44조)

장기간 잠복기를 거쳐 발병하는 석면 등 11종의 유해물질을 제조·취급하는 업무에 일정기간 종사한 근로자를 대상으로 정기적으로 무료 건강진단을 실시하여 직업병으로 이환을 조기에 예방하고자 하는 데 그 취지가 있다.

대상 작업은 석면 제조·취급업무, 특정분진작업, 크롬산, 중크롬산 및 그 염제조·취급업무, 벤지딘 염산염 제조·취급업무, 염화비닐 중합, 폴리염화비닐 분리작업, 제철용 코우크스 제조, 제철용 발생로가스 근접작업, 베타-나프틸아민 및 그 염제조·취급업무, 비스-(클로로메틸에테르)제조·취급업무, 벤조트리클로리드 제조·취급업무, 삼산화비소 제조, 비소 함유광석 제련업무, 베릴륨 제조·취급업무에는 반드시 건강관리수첩을 교부하여야 하며, 교부받은 근로자는 타인에게 양도 또는 대여하여서는 안 된다.

10) 질병자의 근로금지·제한(법 제45조)

전염병, 정신병 또는 계속하여 근무할 경우 병세가 더욱 악화될 우려가 있는 질병에 걸린 자 등을 근로시킬 경우 당해 근로자의 건강상태 악화는 물론 동료 근로자의 건강까지도 해칠 우려가 있기 때문에 이러한 질병자의 근로를 금지하거나 제한하고자 하는 것이다.

질병자의 근로금지 대상은 전염의 우려가 있는 질병에 걸린 자, 정신분열증, 마비성 치매, 기타 정신질환에 걸린 자, 심장, 신장, 폐 등의 질환이 있는 자로서 근로에 의하여 병세가 악화될 우려가 있는 자로 규정하고 있다.

또한, 사업주는 근로금지 또는 제한을 받았던 근로자가 건강을 회복한 때에는 지체 없이 다시 취업할 수 있도록 조치할 의무를 가지고 있다.

06 안전보건교육

1. 사업장 내 안전보건교육의 의의

1) 안전보건교육의 정의

산업안전보건교육은 근로자가 유해위험작업 수행과정에서 당할 수 있는 재해를 사전에 예방하기 위하여 사업주가 채용 시, 작업 내용 변경 시 등 유형별로 근로자에게 실시하여야 하는 안전보건교육을 말하며, 실천적 교육과정을 통해 사업장에서 근로자의 작업 시 무의식적으로 발생하는 불안전한 행동을 안전한 행동이 되도록 의도적이며 계획적으로 변화시키는 것이다.

2) 안전보건교육의 필요성

우리 사회에는 안전 불감증이 팽배해 있으며, 국민의 안전의식이 대체로 낮은 편이다. 또한 사업주의 인전경영이나 근로자의 안전보건수칙 준수가 미흡한 실정이다. 따라서 산업재해가 다른 선진국에 비해 많이 발생하고 있으며, 일반적으로 동일 작업에서는 근로자의 연령이 낮을수록 재해율이 높으며 특히 취업한 지 6개월 미만의 근로자가 전체 산업재해자 중에서 매우 높은 비율과 매년 지속적으로 증가하고 있다. 이를 볼 때 이들에 대한 안전보건교육의 중요성은 아무리 강조하여도 지나침이 없다고 하겠다.

산업재해는 물(物) 대 사람(人)의 이상한 접촉에 의해 발생하는데 '무엇이 이상한가'를 근로자에게 숙지시킬 필요가 있으며, 직장의 위험성이나 유해성에 관한 지식, 기능, 태도는 이것이 확실하게 습관화되기까지 반복하여 교육훈련을 실시하지 않으면 이해, 납득, 습득, 이행되지 않는다.

3) 안전보건교육의 목적

안전보건교육은 근로자로 하여금 안전한 행동내용을 숙지·이행하도록 유도함으로써 산업재해를 방지하고자 하는 데 그 목적이 있으며, 작업장에 아무리 훌륭한 기기·설비를 완비하였다 하더라도 그 안전의 확보는 결국 사람의 판단과 그 행동 여하에 따라 좌우되기 때문이다.

따라서 산업안전보건교육의 목적은 단순하게 근로자를 산업재해로부터 미연에 방지할 뿐만 아니라 재해의 발생에 따른 직접적 및 간접적 경제적 손실을 방지하고, 안전보건확보를 위한 지식·기술 및 태도의 향상을 기하며, 작업의 위험에 대비하고 있다는 믿음을 심어줌으로써 기업에 대한 신뢰감을 높이고, 결과적으로 기업의 생산성이나 품질의 향상에 기여하려는 데 있다.

2. 안전보건교육의 목표와 특성

사업장에서 근로자들이 작업할 경우 반드시 안전보건행동의 습관화가 될 수 있도록 하는 것이 안전보건교육의 목표이며, 안전보건교육은 사업(또는 사업장)의 형태와 설비 및 작업조건 등에 따라 그 내용이 다를 수 있기 때문에 획일적으로 실시하는 학교교육과는 다른 특성을 지니고 있다.

안전보건교육의 목표가 안전보건 행동의 습관화에 있듯이 안전보건에 관한 '지식(안다)' 습득만으로는 그 목표를 달성할 수 없고, 안전보건에 관한 '기능(할 수 있다)' 교육과 함께 안전보건을 몸소 실천하는 '태도(행한다)' 교육이 종합적으로 이루어질 때 목표를 달성할 수 있다는 특성을 갖고 있다.

3. 교육훈련의 기본방향과 형태

1) 기본방향

사업장의 안전보건교육훈련은 일반적으로 다음의 4가지 방향으로 시행하고 있다.
① 안전보건의식 향상을 위한 인간존중이념, 안전보건의 중요성, 위험·유해에 대한 감수성, 안전보건 마음가짐이 필요하다.

② 산업재해의 사례연구를 위해 재해사례조사 연구, 재해사례 발표, 재해사례 영상을 통한 교육훈련을 실시한다.
③ 안전보건 전문지식 습득을 이해하고, 안전보건의 위험요인과 유해요인의 인지, 안전보건조치방법의 습득을 시킨다.
④ 표준안전보건방법을 몸으로 습득하기 위해 표준안전 작업방법의 체득, 표준안전 작업방법을 이행한다.

2) 안전보건교육 형태

사업장의 안전보건교육훈련을 시행하는 형태별로 분류해 보면 오제이티(OJT) 형태와 오프제이티(Off JT) 형태로 나눌 수 있다.

① 오제이티 형태(OJT : On the Job Training)는 작업을 하면서 시행하는 현장 교육 훈련을 말하며, 현장감독자(강사)가 근로자에게 실시하는 1 : 1교육(man to man : 개인교육)이며, 일상 업무를 통하여 지식·기능·태도 및 문제해결 능력 등을 지도한다. 이 형태의 장점은 현장실정에 맞는 구체적이고 실제적인 교육훈련이 가능하다.
② 오프제이티 형태(Off JT : Off the Job Training)는 작업현장을 떠나 특정한 장소에서 일정한 교육과정(프로그램)을 가지고 실시하는 집체교육을 말하며, 주로 관리감독자를 대상으로 하는 교육으로 장점은 다수의 대상자를 일괄적·조직적으로 교육할 수 있다.

4. 산업안전보건법상의 안전보건교육

1) 사업주의 교육훈련 실시 의무

산업안전보건교육은 근로자의 안전과 건강을 유지증진하기 위한 지식을 제공하며, 그것을 일상작업과 생활 속에 실천할 수 있도록 근로자에게 동기를 부여하는 데 목적이 있다.

교육을 추진할 때는 안전관리, 작업환경관리, 작업관리 및 건강관리에 대해서 올바르게 이해시키는 것이 중요하고, 산업재해를 일으키는 다양한 요인에 대한 지식과 그 대책을 알려주며, 올바른 작업을 수행하도록 교육하는 한편, 1일 24시간 근로를 포함한 생활 속에 있어서 개인의 안전과 건강문제이기도 하다는 것을 이해시킬 필요가 있다.

근로자에게 산업안전보건교육을 실시하는 안전보건관리책임자, 관리감독자, 안전관리자, 보건관리자, 산업보건의는 산업안전보건교육 추진의 중심이 되어 계획을 세우고 착실히 실시해야 하며 산업안전보건교육의 전체적인 흐름은 그림 8-4와 같다.

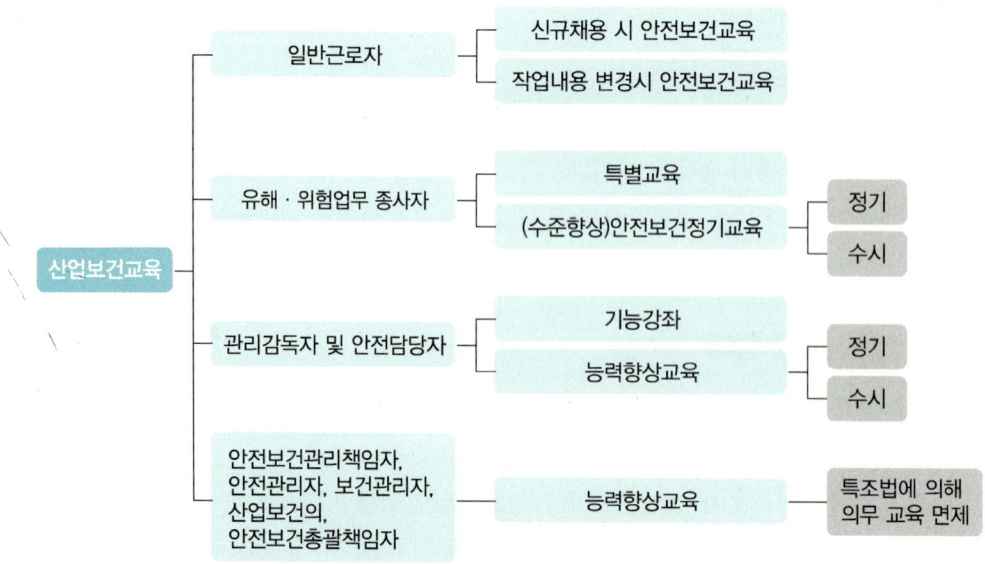

┃그림 8-4 산업안전보건교육의 흐름┃

2) 안전보건교육의 유형

① 정기교육으로 사업주는 당해 사업장의 근로자에 대하여 산업안전보건법령, 작업공정의 유해위험에 관한 사항, 표준 안전작업방법에 관한 사항 등 근로자의 작업과 관련한 일반적인 안전보건사항에 대해 실시하는 교육을 말한다.

② 채용 시 및 작업내용 변경 시 교육으로 사업주는 근로자를 새로 채용할 때나 작업내용을 변경할 때 당해 근로자에 대하여 당해 설비기계 및 기구의 작업안전점검에 관한 사항, 기계기구의 위험성과 안전작업방법에 관한 사항 등 신규자 및 작업내용 변경자에 대해 실시하는 교육을 말한다.

③ 특별교육은 법령에서 정한 유해위험 작업에 근로자를 사용할 때 당해 작업 특성에 따른 안전보건에 관한 사항을 당해 작업 근로자에게 실시하는 교육을 말한다.
  - 정기교육을 실시할 때에는 적합한 교재와 적절한 교육장비 등을 갖추어 집체교육, 현장교육, 인터넷 원격교육 중 어느 하나의 방법으로 교육을 실시할 수 있으며 안전보건교육위탁전문기관에 위탁하여 실시할 수도 있다.

3) 교육의 유형별 대상과 교육시간

교육의 유형별 교육대상과 교육시간은 다음의 표 8-5와 같다.

▼ 표 8-5 산업안전보건교육 과정별 교육시간 및 내용(규칙 별표 8)

과정	교육대상		교육시간	교육내용
정기 교육	사무직종사 근로자		매월 1시간 이상 또는 분기 3시간 이상	• 산업안전 및 사고예방 • 산업보건 및 직업병 예방 • 건강증진 및 질병예방 • 유해·위험작업환경관리 • 산업안전보건법 및 일반관리
	사무직종사근로자 외의 근로자	판매업무 직접 종사자	매월 1시간 이상 또는 분기 3시간 이상	
		별표8의2 제1호 하목 각 호의 어느 하나에 해당하는 작업 종사자	매월 2시간 이상	
		기타 종사자	매월 2시간 이상 또는 분기 6시간 이상	
	관리감독자의 지위에 있는 자		반기 8시간 이상 또는 연간 16시간 이상	• 작업공정의 유해·위험과 재해예방 대책 • 표준 안전작업방법 및 지도요령 • 관리감독자의 역할 과 임무 • 산업보건 및 직업병 예방 • 유해·위험작업환경관리 • 산업안전보건법 및 일반관리
채용 시 교육	일용근로자		1시간 이상	• 기계·기구의 위험성과 작업순서 및 동선에 관한 사항 • 작업개시 전 점검 • 정리정돈 및 청소 • 사고발생 시 긴급조치 • 산업보건 및 직업병 예방 • 물질안전보건자료(MSDS) • 산업안전보건법 및 일반관리
	일용근로자를 제외한 근로자		8시간 이상	
작업내 용변경 시 교육	일용근로자		1시간 이상	
	일용근로자를 제외한 근로자		2시간 이상	
특별 교육	별표8의2 제1호 라 목 각 호의 어느 하나에 해당하는 작업에 종사하는 일용근로자		2시간 이상	• 공통내용 : 상기와 같음 • 개별내용 : 고압실내작업, 아세틸렌 또는 가스집합용접장치를 사용한 용접·용단 또는 가열작업, 밀폐된 장소에서외 용접작업 등에서의 안전작업 방법, 작업순서 및 안전보건관리에 필요한 사항 ※ 세부내용은 시행규칙 별표 8의2 참조
	별표8의2 제1호 라 목 각 호의 어느 하나에 해당하는 작업에 종사하는 일용근로자를 제외한 근로자		• 16시간 이상(최초 작업에 종사하기 전 4시간 이상, 12시간은 3개월 이내 분할하여 실시 가능) • 단기간 또는 간헐적 작업인 경우에는 2시간 이상	

* 주 : 사업 내 안전·보건교육(시행규칙 제33조 제1항 관련)

4) 교육내용

교육대상별 교육내용은 다음의 표 8-6과 같다.

▼ 표 8-6 **교육대상별 교육내용(규칙 별표 8의 2)**

대상	교육내용
근로자 정기안전·보건교육	• 산업안전 및 사고 예방에 관한 사항 • 산업보건 및 직업병 예방에 관한 사항 • 건강증진 및 질병 예방에 관한 사항 • 유해·위험 작업환경 관리에 관한 사항 • 「산업안전보건법」 및 일반관리에 관한 사항
관리감독자 정기안전·보건교육	• 작업공정의 유해·위험과 재해 예방대책에 관한 사항 • 표준안전 작업방법 및 지도 요령에 관한 사항 • 관리감독자의 역할과 임무에 관한 사항 • 산업보건 및 직업병 예방에 관한 사항 • 유해·위험 작업환경 관리에 관한 사항 • 「산업안전보건법」 및 일반관리에 관한 사항
채용 시/작업내용 변경 시 교육	• 기계·기구의 위험성과 작업의 순서 및 동선에 관한 사항 • 작업개시 전 점검에 관한 사항 • 정리정돈 및 청소에 관한 사항에 관한 사항 • 사고 발생 시 긴급조치에 관한 사항 • 물질안전보건자료에 관한 사항 • 산업보건 및 직업병 예방에 관한 사항 • 「산업안전보건법」 및 일반관리에 관한 사항

﹡ 주 : 사업 내 안전·보건교육(시행규칙 제33조 제1항 관련)

5) 교육을 실시할 수 있는 자

① 사업주는 자체적으로 안전·보건 교육을 실시하거나 고용노동부장관이 지정한 교육기관에 위탁하여 실시할 수 있다.

② 사업주는 안전·보건 교육을 다음에 해당하는 자로 하여금 실시하게 할 수 있다.
- 당해 사업장의 안전보건관리책임자, 관리감독자, 안전관리자(안전관리 대행기관의 종사자 포함), 보건관리자(보건관리 대행기관의 종사자 포함), 산업보건의
- 안전보건공단 또는 지정교육기관에서 실시하는 당해 분야 강사요원 교육과정을 이수한 자
- 산업안전지도사와 산업보건지도사
- 산업안전·보건에 관하여 학식과 경험이 있는 자로서 고용노동부장관이 정하는 기준에 해당하는 자

6) 안전보건교육의 면제 및 감면

① 면제사항으로 사업주가 특별교육을 실시한 때에 당해 사업주에 대하여 특별교육을 이수한 근로자에 대하여는 채용 시 또는 작업내용 변경 시의 교육을 면제한다.

② 특례사항은 사업 내 정기교육 대상자를 안전보건교육 위탁전문기관에 위탁하여 교육을 실시한 때에는 당해 교육이수시간을 당해 연도에 실시하여야 하는 교육시간으로 인정하고,

- 고용노동부장관이 산안법 제4조 제1항 제5호의 규정에 근거하여 실시하는 무재해 운동 등 재해예방사업과 관련한 교육 및 행사를 실시한 때에는 당해 교육 및 행사시간을 당월의 근로자 정기교육 시간으로 갈음한다.
- 전년도에 산업재해가 발생하지 아니한 사업장을 말하며, 해당 사업장의 사업주는 그 다음 연도에 한정하여 산안법 제31조 제1항에 따른 근로자 정기교육을 규칙 별표 8에서 정한 실시기준 시간의 100분의 50 이상으로 실시할 수 있다.
- 「통계법」 제22조에 따라 통계청장이 고시한 한국표준산업분류의 세분류 중 같은 종류의 업종에 6개월 이상 근무한 경험이 있는 근로자를 이직 후 1년 이내에 신규 채용하는 경우에 사업주는 산안법 시행규칙 제33조의2 제4항에 따라 해당 근로자에 대하여 산안법 제31조 제2항에 따른 채용 시의 교육을 시행규칙 별표 8에서 정한 채용 시의 교육 실시기준 시간의 100분의 50 이상으로 실시할 수 있다.
- 산안법 시행규칙 별표 8의2의 특별안전보건교육대상작업(이하 "특별교육 대상작업"이라 한다)에 6개월 이상 근무한 경험이 있는 근로자가 이직 후 1년 이내에 신규 채용되어 이직 전과 동일한 특별교육 대상 작업에 종사하는 경우, 근로자가 같은 사업장내 다른 작업에 배치된 후 1년 이내에 배치 전과 동일한 특별교육 대상 작업에 종사하는 경우에 사업주는 시행규칙 제33조의2제4항에 따라 해당 근로자에 대하여 산안법 제31조 제3항에 따른 특별교육을 시행규칙 별표 8에서 정한 교육 실시기준 시간의 100분의 50 이상으로 실시할 수 있다.

7) 관리책임자 등 직무교육

안전관리자 등은 안전보건의 Staff로서 사업주를 보좌하고 사업장 안전보건 확보를 위해 근로자의 안전·보건 활동을 효과적으로 지휘할 수 있어야 하므로 안전·보건에 관한 기초소양과 새로운 지식·기술 발전에 따른 유해·위험요인 및 관리방식 등을 습득하게 함으로써 사업장 내의 안전·보건을 확보하려는 데 그 의의가 있다.

(1) 교육대상자

관리책임자, 안전관리자 및 보건관리자, 재해예방 전문 지도기관의 종사자

(2) 교육종류별 이수시기

① 신규교육

▼ 표 8-7 교육대상별 교육시간

안전보건관리책임자	안전관리자	보건관리자
6시간 이상	34시간 이상	34시간 이상

- 이수 시기는 '09. 1. 1 부터 관리책임자 등으로 선임된 때에는 선임일로부터 3개월(의사인 보건관리자의 경우는 1년) 이내에 신규교육을 이수하여야 한다.
- 신규교육의 면제는 안전관리자 양성교육 이수자 및 재해예방 전문 지도기관에서 지도업무를 수행하는 사람은 신규교육을 면제하고 직무교육을 이수한 자가 다른 사업장으로 전직하여 신규로 선임된 경우로서 선임신고 시 전직 전에 받은 교육이수증명서를 제출하면 해당 교육을 이수한 것으로 본다.

② 보수교육

▼ 표 8-8 교육대상별 교육시간

안전보건관리책임자	안전관리자	보건관리자
6시간 이상	24시간 이상	24시간 이상

- 이수 시기는 신규교육을 이수한 후에 매 2년이 되는 날을 기준으로 전후 3개월 사이에 보수교육을 이수하여야 한다. 다만, 대상자 본인이 원할 경우 그 시기를 앞당겨 받을 수 있으며 차기 보수교육일은 이수일로부터 기산한다.
- 보수교육의 일부 또는 전부면제는 산안법 시행령 별표4 제11호 각 목의 어느 하나(「고압가스 안전관리법」등 안전관련 법령에 따라 선임되는 안전관리책임자 등)에 해당하는 자, 특조법 제30조 제3항 제4호(「위험물안전관리법」제15조에 따른 위험물 안전관리자) 또는 제5호(「유해화학물질관리법」제25조 제1항에 따른 유독물관리자)에 따라 안전관리자로 채용된 것으로 보는 자, 보건관리자로서 시행령 별표 6 제1호(의사) 또는 제2호(간호사)에 해당하는 자가 해당 법령에 따른 교육기관에서 시행규칙 제39조 제2항의 교육내용 중 안전관리자는 2시간 이상의 산업안전보건법령, 보건관리자는 2시간 이상의 산업안전보건법령 및 산업위생에 관한 내용이 포함된 교육을 이수한 경우에는 보수교육을 면제한다. 또한, 보수교육을 받아야 할 기간 내에 해당 분야 석사학위 이상 취득, 해당분야 기술사 취득, 공단 또는 직무교육위탁기관에서 직무능력 향상교

육을 24시간(관리책임자는 6시간 이상) 이수, 안전보건공단 또는 직무교육위탁기관 등에서 실시하는 24시간 이상(관리책임자는 6시간 이상)의 전문화 교육을 이수한 경우에는 보수교육을 면제한다.

8) 안전·보건교육 조항 위반 시 벌칙

산안법 제31조 제1항 및 동법 시행령 별표13 정기교육을 실시하지 아니한 경우

① 사무직 및 사무직 외 근로자에 대한 정기교육 미실시(매분기 1명당) : 1차 위반 과태료 3만 원, 2차 위반 5만 원, 3차 위반 10만 원

② 관리감독자의 지위에 있는 자에 대한 교육 미실시(매분기 1명당) : 1차 위반 과태료 3만 원, 2차 위반 5만 원, 3차 위반 10만 원

- 산안법 제31조 제2항 및 동법 시행령 별표13의 채용 시 및 작업내용 변경 시 교육 미실시(1명당) : 1차 위반 과태료 5만 원, 2차 위반 10만 원, 3차 위반 15만 원
- 산안법 제31조 제3항 및 동법 시행령 별표13의 특별안전보건교육 미실시(1명당) : 1차 위반 과태료 5만 원, 2차 위반 10만 원, 3차 위반 15만 원
- 산안법 제32조 제1항 및 동법 시행령 별표13 관리책임자 등 직무교육 미 이수 : 1차 위반 과태료 5만 원, 2차 위반 20만 원, 3차 위반 30만 원을 부과한다.

PART 08 연습문제

01 다음의 내용 중에서 산업안전보건법상의 사업장 안전보건관리조직체제에 해당되지 않는 것은?

① 안전보건관리 책임자 ② 안전관리자
③ 산업보건의 ④ 근로감독관

> 풀이 근로감독관은 고용노동부 소속 공무원으로 사업주가 근로자에게 근로, 안전, 보건, 임금 등에서 부당한 행위를 하지 못하도록 관리·감독하는 자임

02 안전보건관리조직의 체제별로 업무의 내용을 설명하였다. 다음 중 틀리게 설명한 것은?

① 관리감독자는 사업장에서 당해 직무와 관련된 안전보건상의 업무를 전담하는 자를 말한다.
② 보건관리자는 근로자의 건강보호를 위해 사업주 등에게 보건에 관한 기술적인 사항을 지도·조언하는 자를 말한다.
③ 안전보건총괄책임자는 동일 장소에서 사업의 일부를 도급하는 사업주가 사용하는 근로자 및 수급인 등에 대한 산업재해 예방을 위해 업무를 총괄 관리하는 자를 말한다.
④ 명예산업안전감독관은 사업장의 자율적 안전보건관리 활성화를 위해 노·사·전문기관 소속자 중에서 고용노동부 장관이 위촉하는 자를 말한다.

> 풀이 관리감독자는 안전보건상의 직무를 전담하는 자가 아니라 경영조직에서 생산과 관련된 업무와 소속 직원을 직접 지휘하면서 생산 업무에서 안전보건업무가 자동적으로 수행될 수 있도록 하는 자를 말함

03 다음의 내용 중에서 보건관리자가 될 수 없는 자는?

① 간호사
② 대기환경관리 산업기사 이상
③ 소음·진동관리 산업기사 이상
④ 산업위생관리 산업기사 이상

> 풀이 소음·진동관리 산업기사 이상인 자는 보건관리자의 자격이 없으며, 환경관리자의 자격을 부여하고 있음

정답 01 ④ 02 ① 03 ③

04 다음 중 안전관리자의 직무에 해당되지 않은 것은?

① 안전보건관리규정 및 취업규칙에서 정한 직무
② 보건보호구 구입 시 적격품의 선정
③ 안전교육계획 수립 및 실시
④ 산재발생 원인조사 및 재발방지를 위한 기술적 지도·조언

> **풀이** 보건보호구는 보건관리자의 직무이며, 안전관리자는 안전보호구 구입 시 적격품의 선정업무를 수행하여야 한다.

05 다음의 내용 중에서 산업안전보건위원회의 위원회 구성에 포함되지 않는 위원은 어느 것인가?

① 근로자 대표가 지명하는 근로감독관
② 사업의 대표자
③ 안전관리자
④ 보건관리자를 위탁한 대행기관의 담당자

> **풀이** ① 근로감독관이 아니라 명예산업안전감독관임

06 다음 중 사업장에서 실시해야 할 안전보건관리에 관한 기본적인 사항을 규정한 안전보건관리 규정 작성에 포함되어야 할 주요사항이 아닌 것은?

① 안전보건관리조직과 그 직무
② 안전보건 교육
③ 사고조사 및 대책수립
④ 작업장 생산관리에 필요한 기준 작성

> **풀이** ④ 생산관리기준 작성이 아니라 작업장 안전 및 보건관리에 필요한 기준 작성이 포함되어야 할 주요사항임

07 다음의 내용 중에서 근로자의 위험 또는 건강장해를 예방하기 위하여 사업주가 행하여야 할 조치는?

① 근로자의 물적 위험을 방지하기 위한 조치
② 작업방법 등에 기인하여 발생하는 위험을 방지하기 위한 조치
③ 원재료 및 작업 성질 등에 의한 위험을 방지하기 위한 조치
④ 작업 장소에서 발생하는 위험을 방지하기 위한 조치

> **풀이** ③ 원재료, 작업 성질 등은 근로자의 건강장해 발생 요인에 해당됨

정답 04 ② 05 ① 06 ④ 07 ③

08 다음의 내용 중에서 근로자의 물적 위험을 방지하기 위한 조치에서 기계·기구, 그 밖에 설비에 의한 위험의 종류별 사고의 유형이 틀리게 연결된 것은?

① 접촉적 위험 : 협착, 베임, 충돌
② 물리적 위험 : 낙하, 추락, 비래
③ 에너지에 의한 위험 : 화상, 방사선 장해
④ 구조적 위험 : 파열, 절단

풀이 ③ 전기, 열, 그 밖의 에너지에 의한 위험의 종류별 사고의 유형을 열거한 내용임

09 다음의 내용 중에서 작업방법으로 인하여 발생하는 위험을 방지하기 위한 조치에서 사고의 유형이 잘못 기술된 것은?

① 해체   ② 추락
③ 낙하   ④ 충돌

풀이 해체, 운송, 조작, 중량물 취급 등은 작업행동으로 인하여 발생하는 사고의 유형을 열거한 내용임

10 다음의 내용 중에서 근로자의 건강장해를 방지하기 위해 사업주가 취해야 할 보건상의 조치에 해당되지 않는 것은?

① 사업장에서 배출되는 기체, 액체, 또는 찌꺼기 등에 의한 건강장해
② 원재료, 가스, 증기, 분진, 흄, 미스트, 산소결핍, 병원체 등에 의한 건강장해
③ 불안전한 행동이나 불안전한 상태의 방치 등에 의해 발생하는 건강장해
④ 방사선, 유해광선, 고온, 저온, 초음파, 소음, 진동, 이상기압 등에 의한 건강장해

풀이 ③ 작업 행동으로 인하여 발생하는 위험에 대한 내용임

11 다음 중 사업장에서 산업보건관리를 추진하기 위해 반드시 필요한 관리부분에 속하지 않는 것은?

① 공정관리   ② 작업환경관리
③ 건강관리   ④ 작업관리

풀이 공정관리는 생산성 향상을 위한 생산관리에 속하며, 산업보건관리를 원활하고 효과적으로 추진하기 위해서는 작업환경관리, 작업관리, 건강관리를 추진해야 한다.

정답 08 ③　09 ①　10 ③　11 ①

12 다음 중 사업장에서 산업재해를 예방하기 위한 수단으로 작업환경관리를 하는 목적이 아닌 것은?

① 직업병 치료
② 산업재해와 직업병 예방
③ 근로자의 작업환경 개선
④ 산업피로 예방으로 작업능률의 향상

> **풀이** 작업환경관리의 주목적은 근로자의 건강장해 예방이며, 치료가 아닌 예방과 환경개선이다.

13 다음 중 작업환경과 근로자의 건강에 미치는 영향을 최소화하기 위한 작업관리의 기본이 되는 내용이 아닌 것은?

① 작업방법 등의 개선
② 물질안전보건자료(MSDS) 작성과 비치
③ 작업환경 측정 및 평가
④ 개인보호구의 사용

> **풀이** ③ 작업환경관리의 기본이 되는 내용임

14 다음 중 산업안전보건법에서 규정하고 있는 건강진단의 종류가 아닌 것은?

① 특수건강진단
② 배치 전 건강진단
③ 채용 시 건강진단
④ 종합건강진단

> **풀이** 종합건강진단은 법에서 정하고 있는 건강진단이 아니라 국민의 건강을 위해 자율적 선택에 의해 실시하는 건강진단임

15 근로자 건강진단의 종류별 정의를 열거하였다. 다음의 내용 중에서 틀리게 기술한 것은?

① 특수건강진단은 유해한 업무에 종사하는 근로자에 대하여 실시하는 건강진단을 말한다.
② 배치 전 건강진단은 모든 근로자에 대하여 배치 예정 업무에 대한 적합성 평가를 위하여 사업주가 실시하는 건강진단을 말한다.
③ 수시건강진단은 유해인자에 의해 건강장해가 의심되거나 의학적 소견이 있는 근로자를 대상으로 실시하는 건강진단을 말한다.
④ 일반건강진단은 상시 사용하는 근로자에 대하여 주기적으로 실시하는 건강진단을 말한다.

> **풀이** 배치 전 건강진단은 특수건강진단 대상 업무에 종사할 근로자에 대하여 배치 예정 업무에 대한 적합성 평가를 위해 사업주가 실시하는 건강진단임

정답 12 ① 13 ③ 14 ④ 15 ②

16 다음 중 반도체 세척 공정에서 근무하는 근로자에게서 백혈병이 발생한 경우 질병의 발생원인 등을 확인하기 위해 고용노동부장관의 명령에 의해 실시하는 건강진단은?

① 특수건강진단 ② 배치 전 건강진단
③ 임시 건강진단 ④ 수시 건강진단

> **풀이** 임시 건강진단은 유해인자에 의한 자각 및 타각 증상이 발생하는 등의 경우에 중독 여부, 질병이환 여부 또는 질병 발생원인 등을 확인하기 위하여 지방고용노동관서의 장의 명령에 의해 실시하는 건강진단을 말한다.

17 사업장의 보건관리자가 작업환경개선을 위한 교육을 실시하고자 한다. 교육 중에서 "어떻게", "어느 때", "누구에게"보다는 "왜"해야 하는가를 교육시켜야 하는 대상자는 다음 중 누구인가?

① 경영자 ② 근로자
③ 기술자 ④ 감독자

> **풀이** 작업환경개선을 통해 경영자에게 기대되는 효과를 보면, 근로자 사기 향상, 작업능률의 향상, 품질향상, 근로자의 신뢰감 증대, 공해문제 미발생, 산업재해 감소, 기계설비의 고장과 소모 감소, 기업의 경쟁력 증대 등을 들 수 있음에 따라 교육 방법, 시기, 장소, 대상자 등은 중요하지 않으며, 작업환경개선을 "왜"해야 하는지에 대한 필요성이 중요하다.

18 사업장에서 실시하는 안전보건교육의 유형별 정의를 열거하였다. 다음의 내용 중에서 틀리게 기술한 것은?

① 정기교육은 사업주가 당해 사업장의 모든 근로자에 대하여 작업과 관련된 일반적인 안전 보건에 대해 실시하는 교육을 말한다.
② 채용 시 교육은 사업주가 근로자를 새로 채용할 경우 당해 근로자에 대하여 설비기계 및 기구의 작업안전점검, 기계기구의 위험성과 안전작업방법 등에 대해 실시하는 교육을 말한다.
③ 작업내용 변경 시 교육은 관리감독자가 당해 근로자에 대하여 설비기계 및 기구의 작업 안전점검, 기계기구의 위험성과 안전작업방법 등에 대해 실시하는 교육을 말한다.
④ 특별교육은 유해위험 작업에 근로자를 사용할 때 당해 작업 특성에 따른 안전보건에 관한 사항을 작업근로자에게 실시하는 교육을 말한다.

> **풀이** ③ 관리감독자가 실시하는 것이 아니라 사업주에게 의무를 부여하고 있다.

정답 16 ③ 17 ① 18 ③

19 사업주가 자체적으로 안전·보건 교육을 실시할 경우 교육을 실시할 수 없는 자는 다음 중 누구인가?

① 안전보건관리 책임자
② 명예산업안전감독관
③ 보건관리자
④ 산업보건의

풀이 명예산업안전감독관은 노·사 협력적 자율안전보건관리 활성화를 위해 사업장, 근로자 단체 등에 소속된 근로자 중에서 산재 예방 활동을 수행할 수 있도록 고용노동부장관이 위촉한 자로서 직무능력향상을 위해 산업안전보건법령 등 재해예방활동 관련 교육을 연 1회 이상 정기적으로 받아야 하며, 산업안전·보건교육을 실시할 수 없다.

정답 19 ②

PART 09 재난윤리 및 심리

1 안전취약계층 보호
1. 안전취약계층의 개념
2. 해외 주요국의 안전취약계층의 지원체계
3. 국내 안전취약계층의 법령

2 국가 및 공직자의 윤리
1. 재난관리에 대한 국가의 책임
2. 국가의 국민안전보장의무
3. 공직자의 윤리 사례

3 인도주의와 윤리
1. 인도주의의 개념
2. 긴급구호활동
3. 법적기반
4. 정책방향

4 노블레스 오블리주
1. 노블레스 오블리주의 어원
2. 노블레스 오블리주의 사례

5 재난과 사회윤리
1. 방관자 효과
2. 선한 사마리아인의 법

6 안전심리와 불안전 행동
1. 사고의 인적 요인
2. 심리학과 안전심리

7 인간의 심리적 특성과 사고
1. 불안전 행동의 요인 및 배후 요인
2. 인간의 사고경향성
3. 인간의 행동 특성
4. 사고의 심리적 요인
5. 동기와 정서

8 인간공학과 휴먼에러
1. 휴먼에러와 예방대책
2. 착오
3. 착시
4. 주의와 부주의
5. 위험의 인지와 커뮤니케이션

9 피로와 스트레스 해소
1. 피로
2. 바이오리듬(Biorhythm)
3. 직무스트레스와 해소

10 안전상담과 심리치료
1. 상담의 필요성
2. 상담과 심리치료의 유형
3. 모랄 서베이(Morale Survey)
4. 이상행동과 외상 후 심리치료

PART 09 재난윤리 및 심리

01 안전취약계층 보호

1. 안전취약계층의 개념

인간은 누구나 안전한 삶을 원한다. 하지만 오늘날 우리는 재난으로 큰 피해를 입고 있다. 또한 고령화와 저출산, 저성장, 양극화 등의 장기적인 사회·경제적 구조변화에 직면하고 있다. 이로 인한 고령자, 장애인, 아동, 외국인 등 안전취약계층의 증가와 안전에 대한 수요가 증대되고 있다. 특히, 자력으로 재난 및 안전사고로부터의 대피 및 초기대응을 할 수 없거나, 환경적 요인에 의해 재난취약성을 가지는 고령자, 장애인, 아동, 외국인, 임산부 등에 대한 관심 및 대응책 마련이 매우 시급한 실정이다.

국내에서는 재난 및 안전관리기본법(제3조, 개정2017.1.17, 시행 2018.1.18)에서 "안전취약계층"에 대한 조항을 신설하고 이를 어린이, 노인, 장애인 등 재난에 취약한 사람으로 정의하고 있다. 이외에도 사회적 취약계층, 경제적 취약계층, 저소득 취약계층, 취업 취약계층, 의료 취약계층, 주거 취약계층, 재난 취약계층 등 다양한 형태의 용어들이 여러 분야에서 다양하게 사용되고 있다. 복지정책적 관점에서의 '취약계층'은 사회 경제적 약자에 대한 공공의 관심과 정부의 개입이 필요한 집단을 말한다. 그러나 재난이 일상화되는 오늘날 복지정책적 관점에서만 취약계층에 접근하는 것은 한계가 있다.

'안전취약계층(재난약자)'라는 용어는 1980년대 후반 일본 '방재백서'(內閣附, 1987) 등의 문헌에서 나타나기 시작한다. 방재백서에는 재난약자를 '재난 시에 일련의 행동을 함에 핸디캡이 있는 사람'으로 정의하고 있다.

미국에서는 안전취약계층(vulnerable people)을 육체적·정신적 장애인(시각, 청각, 인지, 지체), 영어를 못하는 사람, 지리적·문화적 고립자, 의학적·화학적 의존자, 집이 없는 부랑자, 신체적 허약자 및 어린이 등으로 안전취약계층으로 정의하고 있다.

2. 해외 주요국의 안전취약계층 지원체계

1) 미국

재난이 발생하게 되면 일반 성인들도 대피나 구조에 어려움을 겪게 되지만 안전취약계층(장애인이나 노인, 어린이 등)은 타인의 도움 없이는 대피가 불가능하다. 이러한 안전취약계층을 위한 미국의 법·제도적 특징은 이들을 보호하기 위해 정부뿐만 아니라 민간단체나 시민단체에 이르기까지 이들을 보호할 수 있는 시스템을 갖추도록 하고 있다는 것이다.

미국은 민관협력체계를 통해 안전취약계층을 보호하고 있는데 ENLA(Emergency Network of Los Angeles)은 지역밀착형 봉사단체인 CBO(Community Based Organization), 미국 적십자사나 구세군과 같은 전국적인 NPO(Non Profit Organization) 단체, 그리고 정부가 참여하는 대표적인 네트워크 조직이다. 이러한 조직들은 서로 협력하여 사회적 약자를 보호하는 일을 하고 있다.

미국 재난안전관리체계의 특징은 연방정부와 주정부, 지방 정부간의 협력과 지원을 유지하는 체계로 민간단체와 정부가 함께 움직임으로써 보다 나은 조직적 효과를 기대하는 것이다.

안전취약계층에 대한 재난관리와 안전관리에 있어서는 앞서 논의한 대로 재난관리와 안전관리를 각각의 부서에서 다른 법령에 의해 집행되고 있지만, 어린이와 노인에 대한 지원과 관심이 높다는 것을 알 수 있다. 안전취약계층에 대한 재난 및 안전관리는 민간단체와의 협력으로 이루어지는 경향이 있다.

미국의 재난 및 안전관리는 우리나라에서 현행「재난 및 안전관리 기본법」처럼 재난과 안전이 통합적으로 관리되는 정책적 체계는 아니며, 재난과 안전사고에 따른 개별 부처의 개별 법령이지만, 재난과 안전사고가 발생하면 민간단체와 정부가 협조하여 안전취약계층을 위한 재난 안전관리를 집행한다.

2) 일본

2004년 9차례의 태풍과 3차례의 집중호우로 인해 236명의 인명피해가 발생하였는데, 당시 사망 및 실종자 236명 중 65세 이상의 노인이 60% 이상을 차지하여 고령화 사회에 대응하기 위한 새로운 재해대책 수립이 필요하게 되었다. 이로써 안전취약계층에 대한 지원을 위하여 호우재해대책 종합정책검토위원회를 구성하고 운영하여, 2004년 재난약자 피난지원 가이드라인이 제정되었다.

안전취약계층에 대해서는 자연재해(지진)의 경험으로 장애인 재난대응과 관련된 사항을 장애인기본법(제26조)에 구체적 사항을 명시하였다. 또한, 「재해대책기본법」의 일부 개정을 통해 피난시 도움이 필요한 사람에 대한 명부를 작성하고 명부정보를 피난지원 관계자 등에게 제공하도록 새롭게 규정하여, 효율적인 장애인의 재난대응을 위해 법률제정으로 이를 집행하는 재난대응체계를 갖추어가는 모습이 보인다.

일본은 중앙정부, 지방정부, 지역주민, 기업들 간에 수직적 관계가 아닌 수평적 관계의 네트워크가 구축되어 재난문제에 효과적으로 대응하기 위한 시스템이 구축되어 있다.

3. 국내 안전취약계층의 법령

국내 안전취약계층을 위한 법령으로는 재난 및 안전관리기본법, 장애인·노인·임산부 등의 편의증진보장에 관한 법률과 건축물 피난·방화구조등의 기준에 관한 규칙으로 구분할 수 있다.

재난 및 안전관리기본법에서는 안전취약계층의 정의(제3조), 국가안전관리기본계획 수립, 위기관리매뉴얼 작성·운용, 안전문화진흥을 위한 시책 등에 안전취약을 언급하고 있다. 장애인·노인·임산부 등의 편의증진보장에 관한 법률에서는 안전취약계층의 이동 편의성에 대하여 규정하며, 건축물 피난·방화구조 등의 기준에 관한 규칙에서는 피난 안전성 확보에 대하여 규정하고 있다. 아울러 장애인·노인·임산부 등의 편의증진 보장에 관한 법령에서 안전약자에 대한 이동 편의시설 기준과 관련된 규정은 다음과 같다.

▼ 표 9-1 장애인·노인·임산부 등의 편의증진 보장에 관한 법령의 주요 규정

구분	별표1	별표2
장애인·노인·임산부 등의 편의증진 보장에 관한 법률 시행령	편의시설 설치대상 시설규정(공원, 공공건물 및 공중이용시설, 공동주택, 통신시설로 구분)	대상시설별 편의시설의 종류 및 설치기준 규정(대상시설별로 일반사항과 설치하여야 하는 편의시설의 종류를 규정)
장애인·노인·임산부 등의 편의증진 보장에 관한 법률 시행규칙	별표1 편의시설의 구조·재질 등에 관한 세부기준 규정(장애인 등의 통행이 가능한 접근로, 장애인 전용주차구역 등 편의시설의 세부기준 규정)	

또한 동법시행령(제5조의2)에서는 보건복지부장관과 국토교통부장관은 장애인 등이 대상시설을 안전하고 편리하게 이용할 수 있도록 편의시설의 설치·운영을 유도하기 위하여 대상시설에 대하여 장애물 없는 생활환경 인증 의무시설을 아래와 같이 규정하여 인증하고 있다.

▼ 표 9-2 장애물 없는 생활환경 인증 의무시설

대상시설	
1. 제1종 근린생활시설	식품·잡화·의류·완구·서적·건축자재·의약품·의료기기 등 일용품을 판매하는 등의 소매점, 이용원·미용원·목욕장
	지역자치센터, 파출소, 지구대, 우체국, 보건소, 공공도서관, 국민건강보험공단·국민연금공단·한국장애인고용공단·근로복지공단의 사무소, 그 밖에 이와 유사한 용도의 시설
	대피소
	공중화장실
	의원·치과의원·한의원·조산원·산후조리원
	지역아동센터
2. 제2종 근린생활시설	일반음식점, 휴게음식점·제과점 등 음료·차(茶)·음식·빵·떡·과자 등을 조리하거나 제조하여 판매하는 시설
	안마시술소
3. 문화 및 집회시설	공연장 및 관람장
	집회장
	전시장
	동·식물원
4. 종교시설	종교집회장
5. 판매시설	도매시장·소매시장·상점
6. 의료시설	병원, 격리병원
7. 교육연구시설	학교
	교육원, 직업훈련소, 학원
	도서관
8. 노유자시설	아동 관련 시설
	노인복지시설
	사회복지시설(장애인복지시설을 포함한다)
9. 수련시설	생활권 수련시설, 자연권 수련시설
10. 운동시설	체육관, 운동장과 운동장에 부수되는 건축물
11. 업무시설	국가 또는 지방자치단체의 청사
	금융업소, 사무소, 결혼상담소 등 소개업소, 출판사, 신문사, 오피스텔, 그 밖에 이와 유사한 용도의 시설
	국민건강보험공단·국민연금공단·한국장애인고용공단·근로복지공단의 사무소
12. 숙박시설	일반숙박시설(호텔, 여관으로서 객실 수가 30실 이상인 시설)
	관광숙박시설, 그 밖에 이와 비슷한 용도의 시설

	대상시설	
13. 공장	물품의 제조 · 가공[염색 · 도장(塗裝) · 표백 · 재봉 · 건조 · 인쇄 등을 포함한다] 또는 수리에 계속적으로 이용되는 건물로서 「장애인고용촉진 및 직업재활법」에 따라 장애인고용의무가 있는 사업주가 운영하는 시설	
14. 자동차 관련 시설	주차장	
	운전학원(운전 관련 직업훈련시설을 포함한다)	
15. 방송통신시설	방송국, 그 밖에 이와 유사한 용도의 시설	
	전신전화국, 그 밖에 이와 유사한 용도의 시설	
16. 교정 시설	보호감호소 · 교도소 · 구치소, 갱생보호시설, 그 밖에 범죄자의 갱생 · 보육 · 교육 · 보건 등의 용도로 쓰이는 시설, 소년원, 소년분류심사원	
17. 묘지 관련 시설	화장시설, 봉안당	
18. 관광휴게시설	야외음악당, 야외극장, 어린이회관, 그 밖에 이와 유사한 용도의 시설	
	휴게소	
19. 장례식장	의료시설의 부수시설(「의료법」 제36조제1호에 따른 의료기관의 종류에 따른 시설을 말한다.)에 해당하는 것은 제외한다.	

건축물 피난 · 방화구조 등의 기준에 관한 규칙에서 재실자의 피난과 연관된 시설기준은 아래와 같다. 실질적으로 안전취약계층을 위해 건축물에 적용할 수 있는 장애인 · 노인 · 임산부 등의 편의증진보장에 관한 법률의 시설기준은 건축물 구조의 최소값만 제시하고 있다.

▼ 표 9-3 건축물 피난 · 방화구조 등의 기준에 관한 규칙의 주요 규정

구분	내용
출입구	제10조(관람석 등으로부터의 출구의 설치기준)
	제11조(건축물의 바깥쪽으로의 출구의 설치기준)
	제12조(회전문의 설치기준)
계단	제8조(직통계단의 설치기준)
	제9조(피난계단 및 특별피난계단의 구조)
	제15조(계단의 설치기준)
복도	제15조의2(복도의 너비 및 설치기준)

또한, 사회복지시설과 관련하여 노인 및 장애인과 관련한 노인복지법 및 장애인복지법이 있다. 노인복지법은 시설기준으로서 비상구와 경사로를 설치하도록 규정하고 있으며, 장애인 복지법은 장애인을 위한 피난로 확보를 규정하고 있다. 장애인 · 노인 · 임산부 등의 편의증진보장에 관한 법률에서는 편의시설의 종류 및 설치기준을 정하고 있다.

이처럼 우리나라의 재난 및 안전관리에 있어서는 안전취약계층의 각 계층별로 법제화가 어느 정도 되어있으나(장애인복지법, 아동복지법, 노인복지법 등) 재난발생 시의 안전취약계층 보호 및 대피 대책에 있어서는 법령의 구체성이 부족한 실정이다. 아울러, 최근에 신

설된 안전취약계층에 대한 포괄적인 측면의 대상 및 지원범위, 재정 확보 등에 대한 구체적인 논의가 필요한 시점이다.

02 국가 및 공직자의 윤리

1. 재난관리에 대한 국가의 책임

'국가는 국민을 보호할 의무가 있다.'

이 말은 세월호 사고로 딸을 잃은 어머니의 인터뷰 속 절규였다. 피해자의 억울함을 잘 나타내는 이 외침 속에서 우리는 국가의 기본적 책무를 다시 한 번 떠올린다. "국가는 재해를 예방하고 그 위험으로부터 국민을 보호하기 위하여 노력하여야 한다." 이것은 헌법 제34조 6항이 국가에게 부여한 의무이다. 법조항에서처럼 국민이 불안에 떨지 않고 편안하게 생활할 수 있도록 하는 것은 국가의 가장 중요한 책무이다.

대한민국 헌법은 국가의 국민 기본권 보호를 최우선으로 과제로 삼고 있고, 국제평화주의를 천명하고 있다. 국민에게 나라가 있다는 의미는 공동체가 안전하게 존속할 수 있는 공간이 존재하고, 또한 자국민을 보호해 주는 든든한 집단이 있다는 것을 의미한다.

재난이 발생하면 구호 및 복구비용뿐 아니라 경제활동 둔화, 에너지서비스 공급차질 등과 같은 간접비용도 증가한다. 글로벌 생산소비체제로 한 지역에서 발생한 재난의 영향이 다른 지역으로까지 확대되기도 한다. 따라서 국가적 차원의 재난위험관리시스템이 요구되고 있다.

이에 따라 재난으로부터 국민의 생명과 재산을 보호해야 할 의무와 책임을 가진 중앙정부와 지방자치단체 등 재난관리책임기관에서는 재난의 특성과 지역별 여건을 감안하여 다양한 재난관리시스템을 구축, 운영하고 있다. 그러나 전국적으로 큰 피해를 준 여러 재난상황을 계기로 국가 재난관리시스템 전반에 걸쳐 여러 가지 문제점이 반복적으로 제기되었으며, 특히 중앙단위의 여러 부처에 기능별로 분산관리 및 운영되는 국가 재난관리체계에 대한 문제가 집중 부각되었다.

일반적으로 재난관리(Disaster management)는 각종의 재난을 관리한다는 의미로 재난으로 인한 피해를 극소화하기 위하여 취하는 사전·사후의 활동을 의미한다. 뿐만 아니라 재난에 대처하기 위하여 계획하고 대응하는 모든 집행과정을 총칭하는 광의의 의미로 해석되고 있다. 우리나라에서는 「재난 및 안전관리기본법」 제3조 제3호에서 재난관리는 "재난의 예방·대비·대응 및 복구를 위하여 행하는 모든 활동"으로 정의하고 있다. 이는 광범위한 재난관리 개념이라고 할 수 있다. 즉, 재난관리란 각종의 재난을 관리하는 것으로서 재난으로 인한 피해를 극소화하기 위하여 재난의 완화(mitigation), 준비계획(planning), 응급대응(response), 복구(recovery)에 관한 정책의 개발과 집행과정을 총칭하는 것이다.

어떤 국가든 정부의 일차적인 기능은 국민의 생명과 재산을 보호하는 것이다. 그것은 자연재난이든 혹은 사회재난이든 각종 재난으로부터 국민의 생명과 재산이 손상될 우려가 있을 때 정부는 이러한 위기를 관리할 책임이 있다는 것이 사회적 중론이다. 재난으로부터 국민을 보호하는 것이 국가의 가장 중요한 책무임을 헌법에 명시하고 있는 것처럼 재해(재난)를 예방하고 재난으로부터 국민을 보호해야 할 의무가 국가에 있음을 분명히 하고 있다. 국가는 재난이 발생하기 이전에 그 발생 가능성을 줄이고 그 정도를 완화시키기 위한 모든 조치를 취해야 하며, 재난이 발생한 이후에는 신속하고 즉각적으로 그 피해를 최소화시킬 수 있도록 노력해야 한다.

2. 국가의 국민안전보장의무

국가의 국민안전보장의무는 직접적으로 개인의 안전이라는 기본권적 법익의 실현을 보장할 국가의 의무라고 간략히 정의할 수 있는데, 이는 국가의 기본권보장의무가 안전에 관하여 구체화된 것이라고 할 수 있다. 그런데 안전 개념을 이해할 때는 우선 두 가지 방향의 고려가 필요하다. 하나는 "무엇의" 안전인가라는 점이고, 다른 하나는 "누구로부터의" 안전인가라는 점이다. 전자는 보장법익의 문제이고 후자는 침해자의 문제이다. 안전으로서 보장하려고 하는 법익이 무엇인가에 따라 그리고 누구로부터의 침해인가에 따라 헌법적 안전보장의 방법은 다를 수 있다.

3. 공직자의 윤리 사례

1) 프란시스 올덤 켈시 (Frances Kathleen Oldham Kelsey)

임신한 여성들의 가장 큰 고민은 입덧이다. 냉장고 문을 열기만 해도 헛구역질이 나오기 일쑤다. 물조차 삼키지 못할 정도로 괴로워하는 사람도 있다. 입덧의 정확한 원인은 아직까지 밝혀지지 않았다. 막연히 새로운 생명이 몸속에서 자라면서 생기는 거부반응이나 몸속 호르몬 균형이 깨진 영향으로 추측될 뿐이다.

입덧을 줄이거나 막아주는 약물은 없을까? 반세기 전 실제로 이런 약물이 판매된 적이 있었다. 하지만 이 약물은 엄청난 비극(悲劇)의 씨앗이었다. 1953년 옛 서독의 제약사

그뤼넨탈은 '케바돈'이라는 약품을 개발했다. '탈리도마이드(Thalidomide)'라는 화학물질을 주성분으로 한 케바돈은 동물을 대상으로 한 임상시험에서 획기적인 성과를 거뒀다. 임신한 동물에 투여해도 새끼에 아무런 영향을 미치지 않는 탁월한 수면제였다. 사람을 대상으로 한 임상시험에서도 임산부의 입덧이 씻은 듯이 사라졌다. 1957년 시장에 출시된 케바돈은 날개 돋친 듯 팔려나갔다.

하지만 1960년대 초반 의학계에서 탈리도마이드가 팔·다리 마비를 일으킬 수 있다는 연구 결과가 나오기 시작했다. 기형아 출산과도 연관이 있다는 사실이 뒤늦게 밝혀졌다. 케바돈은 모두 회수됐지만, 이미 약을 복용한 임산부 중 일부는 팔·다리가 없거나 눈·귀가 변형된 기형아를 출산한 뒤였다. 유럽에서만 무려 1만2000명의 기형아가 태어났다.

사실 탈리도마이드는 당시 기준으로는 충분한 임상시험을 거쳤다. 동물시험에서 아무런 문제가 없었던 것이다. 당시 과학자들은 모든 약물이 동물과 사람에게 거의 비슷한 영향을 미친다고 맹신(盲信)했다. 뒤늦게 밝혀진 일이지만, 탈리도마이드를 복용했을 때 사람과 같은 문제가 생기는 것은 일부 토끼 종류뿐이었다. 개, 고양이, 쥐, 햄스터, 닭 등 임상시험에 사용되던 대부분의 동물은 탈리도마이드의 부작용이 없었다. 탈리도마이드의 비극은 임상시험에 대한 과학계의 시각을 완전히 바꿔놓았다. 세계 각국은 '동물시험 = 인체시험'이라는 고정관념을 버리고, 최대한 여러 단계를 거쳐 안전성을 입증하는 방식으로 의약품 허가절차를 변경했다. 그 결과 약효가 아무리 뛰어나도 명백한 부작용이 있다면 약을 승인하지 않는 원칙이 자리 잡았다.

탈리도마이드의 비극은 한 명의 영웅을 남겼다. 2015년 8월 7일 101세로 세상을 떠난 프랜시스 올덤 켈시 박사다. 미국 시카고대에서 의학박사 학위를 받은 켈시 박사는 1960년 미국식품의약국(FDA)에 입사했다. 그에게 주어진 첫 임무가 케바돈 승인 신청서 처리였다. 이미 유럽에서 널리 판매되는 약이었지만, 켈시 박사는 약품의 독성과 효과 등에 대한 연구가 미흡하다며 추가 자료를 요구했다. 제약사가 로비를 거듭하며 압박했지만, 켈시 박사는 굴하지 않았다. 결국 탈리도마이드의 유해성이 밝혀지면서 수많은 미국인이 비극을 피할 수 있었다. 켈시 박사가 자신이 배운 과학적 지식 대신, '다른 나라에서 이미 문제없이 팔리는 약'이라는 안이한 시각으로 심사했다면 탈리도마이드의 비극은 훨씬 더 참혹할 수도 있었다. 과학이 만든 비극을 과학으로 막은 셈이다.

2) 이장덕 계장 (씨랜드 사건 발생 시 담당 공무원)

'이장덕'이라는 한국의 여성 공무원이 있었다. 소속은 화성군청 사회복지과였고, 하는 일은 유아·청소년용 시설을 관리하는 것이었다. 담당 계장으로 근무하던 1997년 9월, 관내에 있는 씨랜드라는 업체는 청소년 수련시설 설치 및 운영 허가를 이장덕에게 신청했다.

다중이용시설 중에서도 청소년 대상이므로 철저히 안전대책이 마련되어야 함에도 실사 결과 콘크리트 1층 건물 위에 52개의 컨테이너를 얹어 2, 3층 객실을 만든 가건물 형태로 화재에 매우 취약한 형태였다.

당연히 신청서는 반려되었지만, 그때부터 온갖 종류의 압력과 협박이 가해졌다. 직계 상사로부터는 빨리 허가를 내주라는 지시가 계속 내려왔다. 민원인으로부터도 여러 차례 회유 시도가 있었고 나중에는 폭력배들까지 찾아와 그와 가족들을 몰살시키겠다는 협박을 했다. 그럼에도 불구하고 그는 끝끝내 허가를 내주지 않았.

1998년 화성군은 그를 민원계로 전보 발령하였고, 씨랜드의 민원은 후임자에 의해 일사천리로 진행되었다. 그러나 1년도 채 못되어 씨랜드에서는 화재가 발생하였고 결국 19명의 유치원생을 비롯한 23명이 숨지는 참극으로 끝났다.

똑같이 소신에 찬 공무원이었지만 한 사람은 비극을 막고 다른 한 사람은 비극을 막지 못했다. 한 사람은 영웅이라는 찬사를 들으며 대통령으로부터 훈장을 받았지만, 한 사람은 경찰에 제출한 비망록으로 동료들을 무더기로 구속시켰다는 조직 내의 따가운 눈총을 받아야 했다.

한 사람은 90세까지 근무한 후 은퇴하자 조직에서는 그의 이름을 딴 상을 제정하였지만 한 사람은 현재 무엇을 하며 지내는지 아무도 모른다.

우리 사회가 그의 소신을 지켜주지 못한 죄를, 그가 일깨워준 교훈을 잊은 죄를 그때나 지금이나 우리의 아이들이 대신 감당하고 있다. 우리가 뭐라도 해야 한다면 출발은 여기부터다.

위의 두 가지 사례는 양 국가의 공무원 조직 전체를 대변하는 사례는 아니다. 다만 국민의 건강과 생명을 지키는 공무원의 신중함과 상식 그리고 소신을 켈시 사례에서는 국가와 사회가 지켜주었지만, 이장덕의 사례는 그러지 못했다.

03 인도주의와 윤리

1. 인도주의의 개념

인도주의는 모든 인간이 생존 및 행복을 영위하는 것에 있어서 동등한 자격을 갖추고 있다는 사상을 전제로 하여 인류의 공존과 복지를 실현하려는 박애의 사상을 말한다. 이러한 사상이 실현되기 위해 구체적으로는 인종, 국적, 종교와 무관하게 사회적 약자와 곤궁한 자를 돕는 활동인 인도적 지원이 요구된다. 이런 인도적 지원에 관한 개념과 정의는 다양하나 '생명을 구조하고 고통을 경감하는 데 그 목표를 두며 자연재해와 인위적인 재해로부터 인간의 존엄성을 보호'하는 지원이라고 일반적으로 정의할 수 있다.

인도적 지원의 현대적인 개념은 1863년 국제적십자사(International Committee of the Red Cross, ICRC) 설립 이후 강조되어온 포괄적인 의미의 인도주의에 근거하여 정립되었다. 적십자사는 네덜란드의 법학자이자 국제법의 아버지라고 불리는 그로티우스(1583~1645)가 저술한 전쟁과 평화의 법(De jure belli ac pacis)의 내용에 기반을 두어 창립되었는데, 여기에서 그는 전쟁에서 허용되는 것과 인간적인 것은 구분되었다고 주장했다. 적십자사의 사상적 기반을 제공한 철학자로 루소(1712~1778)는 교전자와 비교전자가 구분되어야 하므로 부상병, 포로, 재소자는 보호되어야 한다고 주장했다. 적십자사의 창립자는 앙리 뒤낭(1828~1910)인데, 그는 28세 때 이탈리아 통일전쟁 지역의 전쟁터였던 솔페리노에 쓰러져 있던 수만 명의 사상자를 목격하고 충격을 받아 솔페리노의 회상(Un soucenir de Solferino)이라는 책을 출간했고, 뒤이어 1863년에 전시부상자구호위원회를 창립하게 되었다. 적십자사의 이러한 창립 배경의 영향으로 초기 활동은 주로 전시 부상병 구호활동에 집중되었고 1919년부터 평시의 재해구조와 의료사업도 전개하게 되었다. 뒤낭은 1901년에 제1회 노벨평화상을 수상했다.

인권의 발전이라는 입장에서 볼 때는 1945년 UN헌장 채택 후 1948년 인권선언을 거쳐 기본적인 인간의 인권을 보장하고 인간의 존엄성을 강조하는 차원에서의 인도주의가 강조되기 시작했다. 특히 1990년대에는 개인에게 초점이 맞춰진 인권으로 확장되는 차원에서 인도적 지원을 보는 관점 또한 제시되기 시작했다. 1991년 유엔 결의안 46/182에서 인류애(Humanity), 중립(Neutrality), 공평(Impartiality)의 세 가지 원칙을 채택했으며, 2004년 유엔 결의안 58/114에서 독립(Independence)의 원칙을 채택하여 국제사회에서 인도적 지원의 4대 원칙으로 합의되었다. 이러한 원칙은 국제사회에서 2000년대까지 인도적 지원 행위의 가장 근본적인 원칙으로 작용하였으며 새로운 인도적 지원의 도전과제가 제기되고 있는 현 시점에서도 여전히 가장 근본적인 원칙으로 적용되고 있다.

▼ 표 9-4 주요 국제기구 인도적 지원 개념

구분	내용
Humanity (인류애)	(생명 및 인간의 존엄성 보호) 인도적 지원은 고통 받고 있는 사람들의 존엄과 권리를 보호하기 위해 이루어져야 함
Impartiality (공평)	(인종 및 종교에 따른 차별이 없는 지원) 인도적 지원은 오직 필요에 기인하여 이루어져야 함
Neutrality (중립)	(일방적인 호의 및 정치, 종교, 이념 배제) 인도적 지원은 어느 한쪽에 치우침 없이 이루어져야 함
Independence (독립)	(정치, 경제, 군사적 상황과 독립 지원) 인도적 지원은 여타 다른 목적과는 분리되어 이루어져야 함

UN, OECD(Organization for Economic Co-operation and Development), ICRC 등 주요 국제기구가 정의하는 전통적인 인도적 지원의 개념은 다음과 같다.

1) UN

UN의 General Assembly Resolution(A/RES/58/114)에 의하면 인도적 지원은 인류애(Humanity), 중립(Neutrality), 공평(Impartiality), 독립(Independence)의 네 가지 인도주의 원칙(Humanitarian Principles)에 따라 제공되어야 한다. 기본적인 원칙인 인류애(Humanity)는 지구상 인류의 고통은 어디에서든지 해결되어야 하고 특히 아동, 여성, 노인과 같이 가장 취약한 인구에 특별한 관심을 두고 이루어져야 한다는 의미를 담고 있으며 이에 따라 모든 피해자들의 존엄과 권리가 존중되고 보호되어야 한다. 중립성(Neutrality)의 원칙에 따르면 인도적 지원은 일방적인 호의나 특정 정치적, 종교적, 이념적 성격의 논쟁에 치우치지 않게 제공되어야 한다. 그리고 공평성(Impartiality) 원칙에 따라 민족, 성별, 국가, 정치적 견해, 인종 혹은 종교에 따른 차별이 없이 제공되어야 한다. 독립성(Independence)의 원칙에 따라 고통의 구제는 온전히 필요에 기인하여 이루어져야 하며 해당 사안의 긴급성에 근거하여 우선순위가 정해져야 한다.

2) OECD

OECD의 DAC(Development Assistance Committee) 또한 UN과 마찬가지로 중립(Neutrality)과 공평(Impartiality)의 원칙을 강조하고 있으며 기존의 개발 원조와는 다른 몇몇 조건들이 적용된다. 전통적으로 인도적 지원은 단기적인 지원으로 여겼으며 공공행정, 경제성장, 사회적 지원, 교육, 보건, 수자원 및 위생과 같은 다른 ODA 섹터들은 보다 장기적이고 지속가능하며 빈곤의 감소에 기여하는 것으로 보고 있다.

3) ICRC

ICRC와 같은 국제 인도적 지원 전문 NGO 등은 인도적 지원의 개념을 분쟁과 정치적인 영역에 관한 인도적 지원까지 확대하여 자연재해를 넘어선 인재와 정치·사회현상의 억압에서 고통당하는 인간의 존엄성에 대한 보호와 존중을 강조하고 있다.

2. 긴급구호활동

인도주의적 지원은 역사적으로 자연재해에 즉각 반응하여 긴급구호의 형태로 수행되어 왔다. 긴급 구호(Emergency Relief)란 위기상태의 피해자에 대한 즉각적이며 생존을 위한 원조를 지칭하는 것으로, 식량과 식수의 고갈과 질병 확산 등 인간의 생존을 위협하는 긴급상황에 대처하는 활동을 말한다. 이러한 긴급구호 활동은 의식주 등 인간의 기본적인 삶에 필요한 활동, 생명을 구하는 일, 고통을 경감시키는 일, 그리고 최대한 신속하게 일상에 복귀할 수 있도록 최소한의 조건을 만들어 주는 일 등 평시 또는 재난 시에 할 수 있는 전 과정에 걸쳐 있다.

긴급구호 활동의 단계는 재난예방과 대비, 긴급구호, 그리고 복구 및 재건으로 나눌 수 있다. 먼저 재난예방과 대비는 전기사고, 가스사고, 위험물사고, 화재사고, 물놀이사고, 교통사고, 황사 등 인재를 예방하고 대비하는 활동과 지진, 홍수, 폭염, 태풍, 대설 등 자연 재해에 대비하는 활동을 포함한다. 긴급구호는 재난이 발생한 현장에서 생명을 구조하고 생존에 필요한 필수품을 제공하며 현장조사를 통해 피해주민이 필요한 물품을 파악 및 제공하고 긴급대피소와 난민촌을 운영하며 심리치료 등 재난후유증 극복을 위한 조치를 취하는 일을 포함한다. 마지막으로 복구 및 재건 활동은 긴급상황이 진정된 후 주민들이 복귀할 수 있도록 복구 및 재건사업을 진행하는 것인데 식수위생사업, 보건 및 영양사업, 교육사업, 아동보호사업, 소득증대사업, 농업사업, 도로 및 주택 재건사업 등을 포함한다.

3. 법적 기반

1) 인도적 지원의 법적 기반

우리나라의 인도적 지원 정책에 대한 법률은 마련되어 있지 않으나 개발 협력에 대한 기본법인 「국제개발협력기본법」에서 근거를 찾을 수 있다. 국제개발협력 기본법은 국제개발협력에 관한 기본 사항을 규정하여 국제개발협력정책의 적정성과 집행의 효율성을 제고하고 정책목표를 효과적으로 달성하게 함으로써 국제개발협력을 통한 인류 공동번영과 세계 평화증진에 기여함을 목적으로 하고 있다. 동법 제3조는 기본정신으로 "지속가능한 발전 및 인도주의 실현"을 선언하고 있다. 동법 제6조는 "국제개발협력에 관한 다른 법률을 제정 또는 개정하는 경우에는 이 법의 목적과 기본정신에 맞도록 하여야 한다."고 규정하여 우리나라의 인도적 지원정책을 포괄하는 기본법으로서의 위치를 확고히 하고 있다. 또한 동법 제16조를 통해 국제개발협력의 각 분야별 전문인력 양성의 중요성을 언급하고 있다.

2) 해외긴급구호의 법적 기반

우리나라는 2007년 「해외긴급구호에 관한 법률」을 제정하여 외교통상부가 해외긴급구호를 총괄 및 조정하는 범정부 차원의 기반을 마련하였다. 그리고 2010년 5월 개정 발효된 동법 시행령을 통해 군 수송기 활용 및 민관협력의 근거 조항을 삽입하였다. 이 법은 해외재난이 발생한 경우 피해국에 대한 긴급구호대의 파견과 긴급구호물품의 지원, 임시재해복구의 지원 등 해외긴급구호에 필요한 사항을 규정하여 신속한 인명구조와 재난구호에 기여하는 것을 목적으로 제정되었다. 법 제2조(정의)는 해외 재난과 해외긴급구호의 정의를 규정하고 있고, 제3조(다른 법률과의 관계)는 동법이 해외긴급구호에 한해서 다른 법률보다 우선순위에 있음을 밝히고 있다. 제4조는 해외긴급구호의 기본원칙을, 제5조는 해외긴급구호의 종류, 제6조는 해외긴급구호기본대책의 수립과 활동에 대한 평가 등에 대한 규정을 명시하고 있다.

4. 정책방향

우리나라의 인도적 지원 정책과 해외긴급구호체계는 2010년 OECD 가입 이후 급격한 발전을 이루고 있다. 특히 우리 정부는 1961년 OECD 출범 이후 원조 수혜국에서 약 50여 년 만에 원조 공여국으로 지위가 변경된 첫 번째 국가가 되었을 뿐 아니라, 1996년 OECD에 가입한 지 13년 만에 원조 선진국 DAC 회원국이 되었다. 그 영향으로 인도적 지원정책과 해외긴급구호 분야에 있어서 법적 정비와 구조적인 체계 면에서 괄목할 만한 진전을 이루었다. 그러나 인도적 지원 분야는 재난감소를 위한 예방에서부터 재난대응과 재건복구 등 광범위한 분야를 포괄하고 있을 뿐 아니라, 주요 선진국의 예를 보더라도 수십 년간 다수의 시행착오를 거쳐서 효과적인 현장대응방법과 업무체계가 개선되었기 때문에 우리 정부는 시행착오를 줄임과 동시에 효과적인 업무과정 증진에 중섬을 두고 신진화방안을 추진 중에 있다.

1) 인도적 지원의 정책방향

우리나라의 인도적 지원은 기본 원칙인 인류애(humanity), 공평성(impartiality), 중립성(neutrality), 독립성(independence)을 바탕으로 4가지 특별원칙을 수립하고 있다. 이 원칙들은 유엔결의안(A/RES/46/182, A/RES/58/114)에 있는 네 가지 인도적 지원 원칙을 준수하고 국제개발협력기본법의 기본정신을 보다 구체화한 것이라고 할 수 있다.

▼ 표 9-5 **우리나라 인도적 지원의 원칙**

Humanity (인도성)	재난에 영향받은 사람의 생명 구호 및 고통 경감
Impartiality (공평성)	사람에 따라 차별없이 수요(needs)에 근거한 지원
Neutrality (중립성)	갈등 상황에 있는 일방에 대한 호의적 고려 배제
Independence (독립성)	정치적, 경제적, 군사적 목적의 지원 배제

또한 우리나라는 인도지원 관행의 체계화 및 선진화를 목적으로 '03년 스톡홀롬회의에서 주요 공여국 간 채택한 23개 원칙인 선진 인도적 지원 공여원칙(GHD, Good Humanitarian Donorship Principles)을 준수하고 있다.

▼ 표 9-6 **GHD 원칙 주요 내용**

- 국제인도법·난민법·인권 존중
- 예측가능하고 유연한(predictable and flexible) 재정 지원
- 수요평가(needs assessment)에 기반한 지원
- 사업 수행 시 수혜대상(beneficiary)의 적절한 참여 보장
- 피해당사국 역량 강화
- 인도적 지원과 개발 간 연계 강화
- 군자산(military assets) 활용 시 관련 국제법규 존중 등

2) 해외긴급구호의 정책방향

우리나라 정부의 해외긴급구호 기본원칙은 인도주의에 입각하여 피해국 정부의 요청과 우리나라의 국제적·경제적 위상을 고려하고 피해국 또는 국제기구와의 긴밀한 협력하에 신속하고 효과적인 해외긴급구호 수행을 원칙으로 하고 있다.

정부는「해외긴급구호에 관한 법률」(2007년 3월 제정)에 따라「해외긴급구호 기본대책」 (2015년 9월)을 수립하고, 인도적 지원의 효과적인 수행을 위해「우리나라의 인도적 지원 전략」(2015년 3월)을 마련하는 등 국내적 차원의 법적, 제도적 체계를 구축하고 있다. 인도적 지원 대상국 결정 시 수요에 근거한 지원을 원칙으로하여 재난상황, 피해국의 자체적인 대응 역량, 유엔 등 국제사회의 요청, 여타국 지원 동향 등 다양한 요소를 고려하고 있다. 특히, 지원의 효과성 및 가시성 제고를 위하여, 가장 취약계층인 '아동 및 여성'을 대상으로 우리나라가 비교우위를 갖는 '교육 및 보건' 분야에 집중 지원하고 있다.

04 노블레스 오블리주

1. 노블레스 오블리주의 어원

노블레스 오블리주란 프랑스어로 "귀족성은 의무를 갖는다."를 의미한다. 보통 부와 권력, 명성은 사회에 대한 책임과 함께 해야 한다는 의미로 쓰인다. 즉, 노블레스 오블리주는 사회지도층에게 사회에 대한 책임이나 국민의 의무를 모범적으로 실천하는 높은 도덕성을 요구하는 단어이다. 하지만 이 말은 사회지도층들이 국민의 의무를 실천하지 않는 문제를 비판하는 부정적인 의미로 쓰이기도 한다.

14세기 백년전쟁 당시 영국군에게 포위당한 프랑스의 도시 '칼레'는 칼레는 영국의 거센 공격을 막았지만, 더 이상 원병을 기대할 수 없어 결국 항복을 하게 되고, 후에 영국 왕 에드워드 3세에게 자비를 구하는 칼레시의 항복 사절단이 파견된다. 그러나 점령자는 모든 시민의 생명을 보장하는 조건으로 누군가가 그동안의 반항에 대해 책임을 지라면서 도시의 대표 6명의 처형을 요구 했다. 칼레 시민들은 혼란에 처했고 누가 처형을 당해야 하는지를 논의했다. 모두가 머뭇거리는 상황에서 칼레시에서 가장 부자인 '외스타슈 드 생 피에르(Eustache de St Pierre)'가 처형을 자청하였고 이어서 시장, 상인, 법률가 등의 귀족들도 동참한다. 그들은 다음날 처형을 받기 위해 교수대에 모였다. 그러나 임신한 왕비의 간청을 들은 영국 왕 에드워드 3세는 죽음을 자처했던 이들 여섯명의 희생정신에 감복하여 살려주게 된다. 이후 이 이야기는 높은 신분에 따른 도덕적 의무인 '노블레스 오블리주'의 상징이 된다.

2. 노블레스 오블리주 사례

노블레스 오블리주와 유사한 개념으로 우리나라에서는 "솔선수범"이라는 말이 있다. '앞장서서 하며 모범을 보인다.'는 뜻으로, 이와 같은 자기희생과 솔선수범의 정신은 오늘날의 지도자들이 본받아야 할 사회적 책임이자 행동 윤리이다.

사회적 책임과 행동 윤리의 근거로 제시될 수 있는 것은 도덕이다. 개인의 도덕적 책임이라고 하는 것은 다양한 분야를 대상으로 하는 것이며, 법률의 잣대로 판단하기 어려운 부분이다. 더욱이 강제성이 아닌 자발성에 의존해야 하는 영역이어서 더욱 그러하다. 특히 개인의 역량에 따라 더욱 큰 도덕적 책임이 요구된다는 것은 경우에 따라 무한대의 도덕적 책임이 요구되기도 한다.

1) 정약용의 진황육조(賑荒六條)

조선시대에는 매년 크고 작은 자연재해로 피해를 입었으며, 이를 개선하기 위해 정약용은 목민심서(牧民心書)의 진황육조(賑荒六條)를 제시했다. 조상의 재해관은 어떠했을까? 한반도 기후특성에 따른 가뭄과 태풍, 홍수 등 자연재해는 농사 수확량에 결정적 영향을 미치는 요인이었으며, 그 정도가 심할 때에는 국가 존립 자체에 위협을 가하는 경우도 있었던 것으로 파악된다.

따라서 어느 왕조이던 자연재해대책은 국가경영에 있어 전쟁과 함께 가장 중요한 요소로서 인식되어 왔고, 일반 백성 역시 부역이나 각종 상호부조 형태를 가진 자율조직을 통해 이에 대처해왔던 것으로 보인다.

역사 속에 기록된 이재민 구호대책은 고구려 고국원왕 16년(서기 194년) 재상 을파소에 의해 시행된 진대법(賑貸法)이 최초였다고 볼 수 있다. 진대법은 춘궁기에 백성들에게 관곡(官穀)을 대여해주고 추수기에 이를 환납케 하는 제도로서 국민생활을 안정시키는 동시에 묵은 곡식을 활용하여 이자와 함께 햇곡식으로 대치하는 경제적 개념을 포함한 제도였다.

우리나라는 고대부터 가장 불쌍한 사람을 사궁(四窮)과 이재민으로 보고 국가차원의 구호체계를에서 관리했다. 이와 같은 이재민 구호체계를 통찰력 있게 파악, 개선하기 위해 정약용은 목민심서(牧民心書)에서 진황육조(賑荒六條)를 제시하게 된다.

비자(備資) : 흉년에 구제를 위한 행정은 예비하는 것이 최선이니 예비하지 않으면 모두 구차할 뿐이다. 풍년에 예비하지 않고 흉년에 구제하지 않으면 그 죄가 살인과 다름없다고 역설하고 있다. 그 방법은 풍년에 곡식을 매입하고 미납세금을 우선 징수하는 포흠(逋欠)을 통해 이룰 수 있다고 주장하고 있다.

권분(勸分) : 흉년이 들었을 때에 부유한 사람들에게 권장하여 식량이 없어 고생을 하는 농민을 구제하기 위해 곡식이나 재물을 직접 나누어주는 일을 말한다. 우리나라는 형제인척간의 우애와 이웃을 돕는 것을 예로 가져야 한다고 배워왔으며 따르지 않는 자는 형벌로서 다스렸다고 한다. 그러나 조선시대에 이르러 권분의 형태가 백성의 재물을 억지로 빼앗아 거저 나누어주도록 하는 형태로 변절하게 된 것을 개선하기 위해 가정형편에 따라 상상에서 하하까지 9등급으로 구분하여 의연물품을 거두어들이는 상한선을 정하는 방식을 제안하게 되었다.

규모(規模) 현대적 의미로는 적정한 시기에 이재민을 구호하고, 규모를 정하여 이재민의 지원범위와 정도를 결정하는 것을 의미한다. 이재민에 대해서도 경제적인 여건에 따라 구호물품을 무상으로 주는 등급과 대여해 주는 등급 등으로 구분해 나눠주도록 기준을 정하고 있다.

설시(設施) 구호에 필요한 일체 시설과 행정기구 및 구체적 시행방법 등을 의미한다. 이를 위해 진청을 설치하고 감리를 두어 가마솥을 갖추고 염장, 미역, 마른 새우 등을 준비하여 이재민 식량을 지원하도록 하고 있다. 나누어주는 하루당 식량 역시 남녀노소별로 적정 분량을 정해 합리적으로 구호를 하도록 하고 있다.

보력(補力) 백성의 살림에 보탬이 되는 방안을 강구한다는 뜻으로 권농(勸農), 구황(救荒), 금도(禁盜), 박정(薄征) 등에 대해 언급하고 있다. 권농은 농사가 흉년으로 판명되면 논을 대신 밭으로 갈아 일찍이 다른 곡식을 파종하도록 하고, 가을이 되면 거듭 권하여 보리를 파종토록 하는 방식 등을 의미하며, 각종 재해로 경제상황이 좋지 않을 때 공공시설에 대한 수리공사를 시행하여 적은 비용으로도 구황을 하는 방식도 고려하고 있다. 이외에도 먹을 것이 없어 고생하는 백성을 위해 구황식물로 식용할 수 있는 것이 있으면 이를 채취해다가 각자 널리 전파시키도록 하고, 흉년에 도적을 없애는 일, 술 담그기를 자제하는 방안 등도 언급하고 있다.

준사(竣事) 진휼하는 일을 마칠 즈음에 처음부터 끝까지 점검해서 잘못된 허물을 하나하나 살핀다. 다산필담(茶山筆談)에 의하면 관리가 구호행정을 하면서 과오를 범하는 사례를 오도(五盜), 오익(五匿), 오득(五得), 오실(五失)로 규정하고 일체의 부정이나 게으름을 단속하는 방식을 정하고 있다.

2) 선장의 선원법 위반

2014년 4월 16일, 1급 항해사 자격을 가진 이준석 선장이 세월호를 운항하다 침몰 사고가 일어났다. 세월호는 침몰하고 있었고, 선박 내부에는 승객들이 대피하지 못하고 있음에도 불구하고 혼자 빠져나왔다. 이 사고로 304명이 사망(실종 포함)하였다.

> **선원법 제10조(재선의무)**
> 선장은 화물을 싣거나 여객이 타기 시작할 때부터 화물을 모두 부리거나 여객이 다 내릴 때까지 선박을 떠나서는 아니 된다. 다만, 기상 이상 등 특히 선박을 떠나서는 아니 되는 사유가 있는 경우를 제외하고는 선장이 자신의 직무를 대행할 사람을 직원 중에서 지정한 경우에는 그러하지 아니하다.
>
> **선원법 제11조(선박 위험 시의 조치)**
> ① 선장은 선박에 급박한 위험이 있을 때에는 인명, 선박 및 화물을 구조하는 데 필요한 조치를 다하여야 한다.
> ② 선장은 제1항에 따른 인명구조 조치를 다하기 전에 선박을 떠나서는 아니 된다.
> ③ 제1항 및 제2항은 해원에게노 준용한다.

이에 이준석 선장은 부작위 살인죄와 유기치사·상, 업무상과실 선박매몰, 해양환경관리법, 선원법 등으로 기소되었다. 1심에서는 살인죄가 인정되지 않아 징역 36년이 선고되었지만, 2015년 4월 28일 항소심에서는 살인죄가 인정되어 무기징역을 선고받았고, 최종적인 2015년 11월 12일 대법원에서 무기징역이 선고된 사례가 있다.

05 재난과 사회윤리

1. 방관자 효과

'주위에 사람이 많을수록 어려움에 처한 사람을 돕지 않는 현상'을 뜻하는 심리학 용어로 '자신이 나서지 않더라도 남들이 도와줄 것이라 생각하며 방관하는 상태'를 말한다. 연구 결과에 따르면 일반적으로 어려움에 처한 사람 주위에 사람이 많으면 많을수록 도와줄 확률은 낮아지고 도와준다고 하더라도 행동으로 옮기는 데까지 걸리는 시간은 더 길어진다. 위급한 상황에서 한 개인이 타인의 반응을 살필 때, 타인 역시 서로의 눈치를 살피게 되고, 타인들은 자신과 달리 그 문제에 소극적이라고 여겨서 결국 모두가 실제로 행동에 나서지는 않게 된다는 것, 자신의 태연한 행동은 정확히 이해하지만, 타인의 태연한 행동은 그들이 정말로 태연하기 때문이라고 잘못 인지하게 된다.

실제 법리상에서는 일반인이 범죄자에게 습격당한 사람을 도와준다고 해도 이득이 되지 않거나 오히려 도와준 제3자가 피해를 입는 경우가 있다. 만약, 도와주는 과정에서 물리적인 위해가 가해지는 경우 쌍방폭행으로 처리되어 도와준 사람이 1차 가해자에게 보상을 해줘야 하는 일이 생길 수 있다.

또한 피해자가 정확한 증언 없이 사라지게 되면 도와준 사람은 일방적인 폭행범이 되어 범죄자가 되는 경우가 생긴다. 예를 들어 성폭행 사건에서 피해자가 그대로 도망치는 경우, 술 취한 취객의 지갑을 털려던 것을 말리다가 시비가 걸려 방어용으로 폭행하게 된 경우 취객이 인사불성 상태거나 그대로 같은 가해자로 만들어버리는 경우 등 결국 도와주려고 나선 사람은 1차 피해자가 존재하지 않고 무죄추정의 원칙에 의해 증거도 없는 사람을 현행범으로 입건할 수도 없는 상태가 되게 된다. 증언은 그 일을 직접 겪은 사람이 말해야 증거가 되기 때문이다. 결국 일방적으로 별 이유도 없이 지나가던 사람을 폭행한 범죄자가 된다.

결론적으로 충분히 사리분별이 가능하고 이성적인 판단을 하는 사람이더라도 자신과 무관한 사람이라면 어떤 피해를 입더라도 방관하는 것이 더 이득이라는 판단이 내려진다. 이런 이유로 인해 의로운 사람을 보호하고 선행을 강제로라도 하도록 선한 사마리아인 법이 만들어지게 된 것이다.

2. 선한 사마리아인 법

1) 의미

성경의 '선한 사마리아인의 비유'에서 따온 법 개념으로 우리나라는 물론 미국, 캐나다, 등 많은 나라에서 입법화되어 있다.

이런 법이 만들어진 이유는 좋은 의도에서 한 일임에도 피해를 받게 된 사람, 위험에 처한 사람이 있는데도 구해주지 않는 경우가 생기기 때문이다. 도와주고 누명을 쓰게 되는 경우, 타인을 도와준 사람만 큰 피해를 입기 때문에 결국 행인들 앞에서 무슨 사태가 벌어지든 간에 아무도 도와주지 않아서 피해자가 비참하게 죽거나 다치는 방관자 효과가 확산되는 문제점도 있다.

2) 법리적 관점

이 법에는 크게 두 가지 내용이 포함되어 있다.
- 위급한 상황에 처한 다른 사람을 돕다가 의도하지 않은 불의의 상황에 처하더라도 정상참작 또는 면책을 받을 수 있다.
- 타인을 구조하는 과정에서 자신에게 위험한 상황이 초래될 가능성이 없음에도 불구하고 위급한 상황에 처한 다른 사람을 돕지 않을 경우 (예를 들어 응급환자를 보면 '반드시' 구조해야 한다는 의무조항) 처벌이 가능하다. ※다만 한국은 해당되지 않는다.

단, 업무수행 중인 응급의료인은 첫째 사항의 보호를 받을 수 없는데, 이는 사마리아인 법이 아닌 의료법이 우선시된다는 의미다. 업무수행 중인 응급의료인은 자신의 지식과 경험을 바탕으로 자신의 응급의료행위에 대해서 피할 수 없는 책임을 져야 한다. 반면 응급의료인이 아닌 일반 의료인이거나, 응급의료인이라고 하더라도 비번일 때는 자신의 구조행위에 대해 일반인과 마찬가지로 법의 보호를 받는다.

선한 사마리아인의 법은 '위기에 빠진 사람을 외면해서는 안 된다'는 근본적으로 도덕적·윤리적인 문제 아래 시행되는 법이다. 의도는 좋지만, 도덕과 법의 잣대를 엄격히 구분할 경우 비판의 대상이 된다. 예를 들어, 물에 빠진 사람을 구하지 않았을 경우 도덕적으로 비난을 받을 수 있지만 법적으로 처벌 가능하냐는 것이 주요 비판의 대상이다. 도덕과 법의 구별 기준은 개개인의 가치관에 따라 다르기 때문이다.

다만 물에 빠진 사람이 자기가 데려온 어린 친척인데도 구하지 않는 등 특별히 책임져야 할 사유가 있는데도 구하지 않는 경우에는 일반적인 형법으로도 '부작위(행동하지 않음)'로 인해 처벌받는다. 선한 사마리아인 법은 전혀 관계가 없는 사람의 경우에도 의무를 포괄적으로 확장시키는 것이다. 즉, 현행법은 피해자와의 관계 때문에 구해야 할 의무가 있다고 인정되는데도 의무를 이행하지 않는 경우만을 부작위범으로 치벌히고, 선한 사마리아인의 법은 직업이나 부모자식 등의 관계가 없는 이들도 의무를 이행하도록 강제하고 그렇지 않으면 처벌하는 것이다.

3) 우리나라의 경우

우리나라의 경우에는 선한 사마리아인 법이 적용은 되어 있으나 의인을 보호하는 법이 거의 없는 수준으로 상당히 불완전하게 되어 있으므로 제대로 동작하지 않는다고 보면 된다.

특히 정당방위, 정당행위, 긴급피난 등이 해외에 비교해서 인정받기 힘들며, 설령 선의나 사유가 인정되어도 정도가 지나쳤다거나 다른 방법으로 피할 수 있었다는 등의 이유로 처벌되는 게 일반적이다. 즉, 사람을 구하기 위해 개입하는 의로운 사람에 대한 보호장치가 부족하다.

대한민국 형법에서 '부조를 요하는 자'[10]를 방치하는 경우는 유기죄로 처벌하는데 법률 및 계약상 의무가 있는 자가 부조를 요하는 자를 방치한 경우에 처벌을 규정하고 있다. 학설의 대립이 있지만 통설과 판례는 법률, 계약상 의무 없는 자는 유기죄의 주체가 되지 않는다고 해석한다. 다시 말해 포장마차에서 우연히 술 먹다가 같은 방향으로 동행하던 사람이 계단에서 미끄러져 치료를 받지 못해 불구가 된다 하더라도, 동행한 사람은 유기죄의 죄책을 지지 않는다. 이는 일반적인 부작위범이 법률, 계약 외에도 사회상규나 조리에 의한 작위 의무를 지우는 것과 비교 된다.

4) 구급법(응급처치)의 면책조항

이 면책조항은 응급처치를 제대로 알고 있는 이들에게나 해당한다. 응급처치를 어설프게 이해하여 환자에게 피해를 입힌 사람의 책임을 면해주는 조항이 아니다. 완벽한 응급처치를 해야 실질적으로 보호를 기대할 수 있는 조항이다. 응급처치 면책조항을 어설프게 이해하고 "사람은 일단 살리고 보자. 응급처치는 처벌을 안 한다더라."는 경우에는 해당되지 않는 사항이다.

실제 구급법을 실행하고자 하는 이는 전문기관의 정확한 자료를 확인해서 확실하게 익혀야 한다. 이 면책조항을 제대로 이해하기 위해서도 필요하지만, 심폐소생술과 인공호흡은 알아둬서 나쁠 게 없다. 위급한 사람을 살릴 수 있는 것은 물론이고, 그 위급한 사람이 바로 옆의 소중한 사람일 수도 있다.

2008년 6월 응급의료에 관한 법률이 개정되었고, 같은 해 12월 적용되었다.(응급의료에 관한 법률 제5조의2)

---

[10] 일상 생활을 영위하기 위하여 필요한 동작을 자기 스스로 할 수 없는 자

> 응급의료에 관한 법률 제5조의2(선의의 응급의료에 대한 면책) 생명이 위급한 응급환자에게 다음 각 호의 어느 하나에 해당하는 응급의료 또는 응급처치를 제공하여 발생한 재산상 손해와 사상(死傷)에 대하여 고의 또는 중대한 과실이 없는 경우 그 행위자는 민사책임과 상해(傷害)에 대한 형사책임을 지지 아니하며 사망에 대한 형사책임은 감면한다. 〈개정 2011.3.8., 2011.8.4.〉
> 1. 다음 각 목의 어느 하나에 해당하지 아니하는 자가 한 응급처치
>   - 응급의료종사자
>   - 「선원법」 제86조에 따른 선박의 응급처치 담당자, 「119구조·구급에 관한 법률」 제10조에 따른 구급대 등 다른 법령에 따라 응급처치 제공의무를 가진 자
> 2. 응급의료종사자가 업무수행 중이 아닐 때 본인이 받은 면허 또는 자격의 범위에서 한 응급의료
> 3. 제1호 나목에 따른 응급처치 제공의무를 가진 자가 업무수행 중이 아닐 때에 한 응급처치

06 안전심리와 불안전 행동

1. 사고의 인적 요인

산업안전관리의 태두인 하인리히에 의하면 사고의 88%는 인적 요인 즉, 사람의 불안전안 행동으로부터 발생한다고 하였으며 안전의 지주인 4M(Man, Machine, Management, Media)에서도 인적요소는 사고예방의 관건으로 다루어지고 있다. 인간의 심리적 요인은 주로 사람의 내면의 상태와 이로부터 비롯되는 인간의 행동을 대상으로 하며, 인간공학 측면의 요인으로는 인간의 감각과 지각, 생체대사, 육체적 활동을 대상으로 한다. 심리학과 사회학은 인간심리의 연구라는 대상은 동일하나, 심리학이 개인을 대상으로 한다며, 사회학은 집단을 대상으로 한다. 최근에는 안전분야에서도 양 분야를 통합한 사회심리학적 접근의 필요성이 높아지고 있다.

인간의 신체적 조건과 정신작용은 불가분의 관계가 있으며 실무에서는 이러한 요인에 대한 통합적 접근이 필요하다. 이 장에서는 사고 예방의 주체이면서 동시에 사고 유발 요인이 되는 인적 요인을 심리적 측면과 인간공학 측면에서 경영, 인사 등 타 분야와 중복이 되는 부분은 지양하고 사고 예방과 밀접한 관련이 있는 내용을 중심으로 기술하였다.

2. 심리학과 안전심리

1) 심리학의 영역과 안전심리의 목적

심리학은 인간을 이해하고 개개인의 삶의 질을 향상시키기 위해 행동과 정신과정을 연구하는 학문으로서, 최근에는 생물학, 생리학, 해부학, 정신의학 등의 자연과학과 철학,

인류학, 사회학, 교육학 등 인문사회과학 분야와 관련성을 가지면서 매우 광범위하게 확장되고 있다.

심리학의 영역은 그 목적에 따라서 행동이나 정신과정에 관한 이론이나 원리를 찾아내기 위한 기초심리학 분야와 기초심리학에서 추출된 원리를 다양한 생활장면에 활용하는 것을 목적으로 하는 응용심리학으로 구분할 수 있다. 안전관리에 주로 적용되는 산업심리학은 심리학의 방법과 원리를 인간의 생산활동에서 행동을 연구하는 응용심리학 분야의 하나로서 인간공학, 사회심리학, 인사관리학, 노동과학, 신뢰성공학 등의 분야와 관련이 있다. 이중 안전심리는 응용심리학의 한 분야로서 심리학의 보편적 원리를 안전관리에 적용하여 위험의 인지를 비롯한 인간의 사고유발 특성을 제어함으로써 사고를 예방하는 데 그 목적이 있다.

2) 심리검사

심리평가란 개인의 심리적 · 행동적 · 정서적인 특성 및 정신병리를 이해하기 위해 시행되는 행동평가, 임상적 면담, 질문지, 심리검사 등을 아우르는 총체적이고 전문적인 평가과정을 의미한다. 그중에서도 심리검사는 개인의 행동에 대한 객관적이면서도 표준화된 수치를 제공하는 평가도구다. 심리검사는 인지적 검사(능력검사)와 정서적 검사(성격검사)로 대별할 수 있다. 인지적 검사에는 지능검사, 적성검사, 성취도 검사 등이 있으며, 정서적 검사에는 성격검사, 흥미검사, 태도검사 등이 있다.

① 심리검사의 대상은 기초인간능력, 기계적 능력, 시각기능적 능력, 정신운동능력, 특수직무능력 등이다. 심리검사는 필요에 따라 직업별, 직무별 및 기능능력별로 구성이 가능하다.

② 심리검사의 방법으로는 인지기능, 신경심리검사, 객관적 성격검사, 투사적 성격검사 등이 있다.

③ 안전검사로는 건강진단, 실시시험, 학과시험, 감각지능검사, 전직조사 및 면접 등이 있다.

④ **심리검사의 요건** : 심리검사가 갖추어야 할 조건은 표준화, 타당성, 신뢰성, 객관성, 실용성 등이 요구된다. 표준화는 검사 자체와 검사의 관리를 위한 제반 조건이 표준화 되어있어 검사의 결과가 다른 조건에 영향을 받지 않아야 하기 때문이다. 타당성은 측정하려고 하는 성능을 어느 정도 충실히 수행하고 있는가이며, 신뢰성은 동일한 검사를 동일한 사람에게 시간 간격을 두고 실시할 검사의 실시나 채점의 용이성, 결과의 해석이나 이용 방법의 수월한 정도, 비용의 경제성 등을 의미한다.

3) 안전심리 및 안전심리검사

안전심리학이란 광범위한 심리학의 연구분야 중에서 사고를 예방하기 위하여 안전관리의 일환으로 인간행동을 심리학 측면에서 연구 및 응용하는 분야이다.

안전심리의 효과적 활용을 위한 심리검사로 쉽게 접할 수 있는 프로그램으로는 한국산업안전공단의 안전심리검사프로그램이 있다.(http : //www.kosha.or.kr/content.do?menuId=7874) 이 프로그램의 목적은 근로자의 안전행동 및 안전성향을 포함한 안전심리를 검사하여 그 결과를 해당 근로자에게 제공함으로써 근로자 개인이 자신의 심리상태를 확인하여 안전하게 작업할 수 있도록 도움을 주는 데 있다. 검사단계는 로그인/고지문 안내, 안전행동 및 성향 검사, 검사결과 처리, 결과 보기 및 주의집중성향검사의 순으로 이루어진다. 검사프로그램의 안전행동검사 30문항, 안전성향검사 115문항, 주의집중성향검사 10분으로 구성되어 있다. 안전행동 영역에서는 준수, 안전습관, 위반, 실수 등 4개 항목, 안전성향(성격) 영역에는 성격, 인지, 동기, 정서, 건강의 5개 영역이 있다. 세부 영역별로는 성격 측면에서는 외향성·개방성·성실성·우호성 등 인지 측면에서는 내적통제·외적통제·자기효능감·인지실패 등을, 동기측면에서는 능력개발·능력염려·성공추구·실패회피 등, 정서측면에서는 업무만족·관계만족·업무불만족·관계불만족 등, 건강측면에서는 심리적 우울·신체적 우울·심리적 피로·신체적 피로 등의 하위영역에 대한 피드백을 제공하고 있다.

주의집중검사에서는 목표자극 정답률에 대한 그래프, 수행횟수 등 분석표, 목표자극 정답률에 기초한 작업태도, 성취동기, 스트레스, 주의집중력, 대인감정 등에 대한 항목별 피드백을 제공하며, 상위 5개 영역에 대한 종합적 피드백을 제공한다.

07 인간의 심리적 특성과 사고

1. 불안전 행동의 요인 및 배후 요인

사고발생기구에 의하면 사고의 직접원인을 물적 원인으로서 불안전한 상태와 인적 원인으로서 인간의 불안전한 행동으로 구분하고 있다. 사고를 유발하는 인간의 불안전 행동의 직접 원인은 지식(의 부족), 기능(의 미숙), 태도(의 불량, 의식 부족) 및 알지만 어쩔 수 없었던 휴먼에러 등이 있다.

레빈(Lewin)의 인간행동이론에 의하면 사고와 관련된 인간의 불안전 행동의 배후 요인은 인적 요인과 환경요인으로 대별되며, 인적요인은 심리적 요인과 생리적 요인, 환경요인은 인간관계 요인, 물적 요인, 작업적 요인 및 관리적 요인으로 구분된다.

인적 요인 중 심리적 요인으로는 망각, 소질적 결함, 주변적 동작, 의식의 우회, 걱정거리, 무의식 행동, 위험감각, 지름길 반응, 생략 행위, 억측 판단, 착각(착시), 성격 등으로서 이들은 주로 심리학의 영역에 속한다.

인적 요인 중 생리적 요인으로는 피로, 영양과 에너지 대사, 적성과 작업환경 등이 있으며, 이들은 주로 인간공학의 영역에서 다루어지고 있다.

2. 인간의 사고 경향성

1) 사고 경향성

하인리히는 사고의 근본원인을 인간의 유전적 결함에서 찾았는데, 사고 경향성이란 인간의 사고방식, 태도나 행동 중 사고를 유발시킬 가능성이 높은 특성을 말하며 재해 빈발설이라고도 한다.

사고 빈발설에는 개인의 문제가 있어서가 아니라 작업 자체에 문제가 있어서 사고가 발생한다는 '기회설', 사고를 경험한 사람은 심리적 압박으로 상황에 대처능력이 떨어져 사고를 유발한다는 '암시설', 사고를 자주 일으키는 소질을 가진 사람이 있다는 '빈발 경향자설' 등이 있다.

2) 사고 경향성자의 유형

사고 경향성이 높은 사람을 재해 빈발자 또는 누발자라고도 하며 미숙성 빈발자, 상황성 빈발자, 습관성 빈발자 및 소질성 빈발자로 구분할 수 있다.

미숙성 빈발자는 기능이나 환경에 익숙하지 못하여 위험상황에 대한 대처 능력이 없는 사람이며, 상황성 빈발자는 개인의 특성보다는 작업의 난이도, 기계 설비의 결함 등 작업상황이나 작업 자체의 위험성으로 기인한 경우를 말하며, 습관성 빈발자는 사고의 경험으로 신경과민이 되거나 슬럼프에 빠져 사고 경향자가 되는 경우이며, 소질성 빈발자는 사람 자체의 제반 특성이 위험상황에 취약한 경우를 말한다.

3) 인간의 사고유발 특성

사고와 관련된 개인의 주요 특성으로는 지능, 성격, 감각운동 기능 등이 있다. 기존의 안전교육은 이중 지식, 기능 및 태도의 개선을 목적으로 하고 있으나, 향후의 안전교육은 이러한 개인의 인간공학 및 심리적 영역으로까지 확장이 필요하다.

① **지능** : 수행하는 작업에 필요한 지능과 작업자의 지능 수준이 일치하지 않을 경우 사고 발생의 가능성이 높으므로 개인이 맡은 직무에 적절한 지능 수준이 요구된다. 사전에 불일치 정도를 파악하여 적정 선발, 배치 및 교육이 필요하다.

② 성격 : 성격은 직무적성과 관련이 있으며, 성격에 따라 적합한 직무를 배정하는 것이 필요하다. 사고 유발 가능성이 높은 성격유형에 대비할 필요가 있다.

③ 감각운동기능 : 감각운동기능에는 반응속도와 반응의 정확도가 있으며, 감각기관 중 정보의 대부분을 받아들이는 주로 시각기능이 좌우한다. 운전에서 반응속도가 문제가 되듯이 인간 신체의 감각적 반응속도는 사고발생과 밀접한 관련이 있으며, 반응의 정확도 또한 사고율과 직결된다. 반응시간에는 단순반응시간과 선택반응시간이 있으며, 연구 결과에 의하면 선택반응시간이 0.55초 이상인 경우 사고율이 높은 것으로 나타났다.

4) 사고 빈발자의 관리

개인의 소질에 따른 사고 경향자의 관리에 고려해야 할 사항은 다음과 같다.
① 사람마다 적성이 다르다.
② 사고 경향성자의 공통되는 소질의 사전 발견에 노력하여야 한다.
③ 사고의 경향성을 개인의 잘못으로만 해석하지 말고 교육, 환경, 작업방법 개선 등의 대안을 찾아야 한다.
④ 사고이 경험이 있는 사람이 없었던 사람보다 사고를 일으킬 위험성이 크며, 의식과 동작의 불균형은 사고의 가능성을 높인다.

따라서 사고유발자의 관리에는 다음 사항에 유의할 필요가 있다.
① 인간의 대응 능력에는 한계가 있다.
② 개인차는 신체적, 정신적 및 감정적 요소의 종합적 결과로서 교정이 가능한 요인에 집중할 필요가 있다.
③ 인간능력의 발휘 정도는 심신의 건강상태에 좌우된다.

3. 인간의 행동 특성

효과적인 사고 방지를 위해서는 사고의 원인이자 피해자인 인간의 행동 특성과 동작 실패의 조건을 숙지할 필요가 있다. 인간의 행동은 행동 시점에서의 내적 조건과 외적 조건에 좌우되며 레빈의 법칙으로 설명이 가능하다.

1) 레빈(K. Lewin)의 인간행동법칙

인간 인간의 행동(B)은 그 사람이 가진 자질과 심리적 환경의 함수관계에 있다. 여기서 개체와 심리적 환경의 통합체를 심리적 상태라고 하며, 인간의 행동은 심리적 상태에 의존하고 규율을 받는다. 여기서 심리적 상태는 (심리적) 생활공간이라 하며, 어떤 행동이나 심리적 장을 일으키는 여부는 심리적 생활공간의 구조에 따라 결정된다.

▼ 레빈의 인간행동 특성

$$B = f(P \cdot E)$$

여기서, B : Behavior
f : function
P : Person(개인의 연령, 경험, 심신 상태, 성격, 지능 등)
E : Environment(인간관계, 작업환경 등 개인이 처한 심리적 환경)

2) 인간의 사고유발 행동 특성의 제어

인간동작의 조건은 외적 조건과 내적 조건으로 구분되는데 외적 조건으로는 대상물의 움직임 여부인 동적 조건, 대상물의 높이, 크기, 깊이 등 정적 조건, 기온, 습도, 소음 등 환경조건이 있다. 내적 조건으로는 개인의 경력, 적성, 성격, 개성 등 개인차, 피로, 긴장 등 생리적 조건이 있다.

사고를 방지하기 위해서는 이러한 인간동작의 조건 중 심리적 조건을 형성하며 동작 실패의 원인이 되는 다음 조건에 대한 철저한 관리가 필요하다.

① **자세의 불균형** : 행동습관, 환경적 요인 등
② **작업강도** : 작업량, 작업속도, 작업시간 등
③ **피로도** : 신체조건, 질병, 스트레스 등
④ **직업환경 조건** : 조명, 온도, 습도, 소음, 진동 등

인간의 보편적 행동의 특성으로는 간결성의 원리, 주의의 일점 집중현상, 비상시 좌측 대피경향성, 동조 행동, 위험 감수 등이 있다. 이러한 인간의 성향이 특수한 상황과 만났을 때 사고를 유발하는 요인으로 작용할 수 있으므로 사전에 이러한 특성이 사고로 발전하지 않도록 환경을 조절할 필요가 있다.

* 간결성의 원리 : 물적 세계에서 서투름이나 생략행위가 있는 것처럼 심리작용에 있어서도 최소에너지에 의해 목적을 달성하려는 심리적 경향으로서, 착각·착오·생략·단락 등 사고를 유발하는 인지나 판단의 오류를 초래하는 원인으로 기능한다.

4. 사고의 심리적 요인

1) 안전심리의 요소

안전심리의 요소로는 일반적으로 기질, 동기, 감정, 습성, 습관의 다섯 가지가 꼽히고 있다.
① **기질(Temper)** : 인간의 성격, 능력 등 개인적인 특성으로서 성장 배경이나 다른 사람과의 관계와 주변 환경에 따라 달라진다.

② 동기(Motivation) : 생리적, 심리적, 환경적인 조건에 의해서 인간의 행동이 일어나는 기제를 말한다.
③ 감정(Emotion) : 감정은 인간의 사고를 일으키는 정신적 동기로서 제반 행동이나 태도의 근원이 된다. 정신상태는 감정의 지배를 받으며, 불안전한 정신상태는 제반 이상행동의 기제로 작용한다. 안전 측면에서 긍정적이며 건전한 감정상태를 유지시키는 것은 대단히 중요하다.
④ 습성(Trait) : 이상의 다른 요소들이 내재화되어 지속적으로 나타나는 경향성으로서 행동을 결정하는 요소 중의 하나로 작용한다.
⑤ 습관(Habit) : 성장과정에서 반복적으로 형성된 개인의 행동패턴으로서, 의식적인 노력이 없이도 자동으로 실행되는 사고, 행동 등을 말하며 위의 네 가지 요소의 상호작용의 결과로 볼 수 있다.

2) 개성과 사고

개성은 인간의 성격, 능력 및 기질의 세 가지 요인이 결합된 것이다. 개성의 형성에는 습관적 행동, 환경 조건 및 교육, 행동경향으로서 습성이 있다. 습성은 중심적 습성, 주변적 습성 및 지배적 습성으로 구분할 수 있다.

3) 안전사고의 인적 원인의 분석

사고원인의 조사와 분석 시에는 사고와 관련된 사람들의 제반 특성과 조건에 대한 분석이 필요하다. 근원적인 사고 원인의 도출을 위해서는 인적 요인으로서 안전심리의 5대 요소뿐만 아니라 배후 요인으로서 인간의 발전, 성장, 성숙과정, 연령 등에 대한 분석이 있어야 한다.

5. 동기와 정서

인간의 의식적 행동은 동기를 전제로 하며 정서는 동기에 간접적인 영향을 미친다. 인간의 행동은 욕구를 충족시키려는 동기로부터 시작되며, 이 욕구를 만족시키려는 행동을 유발시키는 것을 동기부여라 한다. 동기부여에는 어떤 일이 가치가 있어 다른 조건이 없이도 자적으로 움직이는 '내재적 동기부여'와 금전 등 외부로부터의 보상을 획득하기 위하여 움직이는 '외적 동기부여'가 있으며, 외적 동기부여의 경우는 외적 조건이 없어지면 동기도 사라지기 때문에 장기적으로 바람직한 동기부여라고 할 수 없다. 사고방지에 있어서도 안전에 대한의 동기 유발이 선행되어야 하며, 외적인 동기가 없이도 안전 자체가 가치있는 것으로서 다른 보상이 없이도 추구할 수 있도록 하여야 한다. 여기서는 대표적 동기부여이론으로서 데이비스와 매슬로우의 이론에 대하여 알아본다.

1) 데이비스(Davis)의 동기부여이론

데이비스의 동기부여이론에 의하면 경영의 성과는 '인간의 성과'와 '물적 성과'의 곱으로 나타나며, 인간의 성과는 능력과 동기유발의 곱인데, 능력은 '지식'과 '기능'의 곱으로, 동기유발은 '상황'과 '태도'의 곱으로 나타난다고 하였다.

$$(지식 \times 기능) \times (상황 \times 태도) \times (물적성과) = 경영의 성과$$

2) 매슬로우(Maslow)의 욕구단계이론

인간의 욕구이론 중 안전 측면에서 가장 많이 인용되는 이론으로서 다음과 같은 기본 가정이 있다.

① 인간은 특수한 형태의 충족되지 못한 욕구들을 만족시키기 위하여 동기화되어 있다.
② 인간의 욕구는 하위욕구부터 상위욕구로 발달한다.
③ 하위욕구일수록 강하고 우선순위가 높다.
④ 상위로 올라갈수록 욕구의 만족비율이 낮아진다.

▼ 매슬로우의 욕구 5단계

- 1단계(생리적 욕구) : 기아, 갈증, 호흡, 배설, 성욕 등 생명체로서 인간의 가장 기본적인 욕구
- 2단계(안전욕구) : 자기보존의 욕구로서 위험이 없는 상태, 안정된 상태에 대한 욕구
- 3단계(사회적 욕구) : 사회적 동물로서 애정, 소속에 대한 욕구
- 4단계(존경의 욕구) : 자존심, 명예, 신망, 지위에 대한 욕구
- 5단계(자아실현의 욕구) : 인간의 잠재적인 능력을 실현하고자 하는 욕구

위에서 1, 2단계의 욕구는 '1차적 욕구'라 하고 3-5단계의 욕구는 1차적 욕구가 채워져야 추구되는 '2차적 욕구'라 한다. 5단계 위의 상위 욕구로서 집착, 번뇌 등으로부터 깨달음을 얻고자 하는 '초월의 욕구'가 있다. 매슬로우 인간욕구의 위계를 도시하면 다음 그림과 같다.

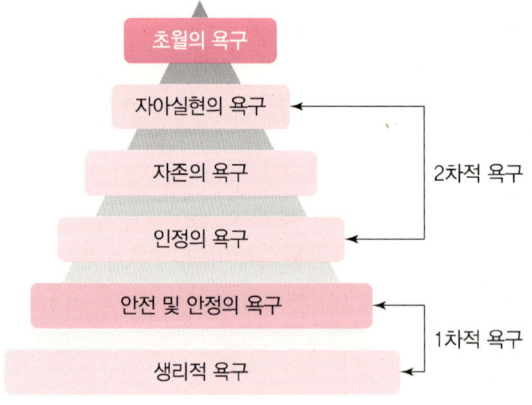

그림 9-1 인간욕구의 위계

인간의 욕구이론에는 이 밖에도 알더퍼(Alderfer)의 ERG(존재, 관계, 성장)이론, 맥그리거(McGregor)의 XY이론, 허즈버그(Herzberg)의 동기·위생이론, 맥클레랜드(McClelland)의 성취동기이론, 브룸(Vroom)의 기대이론 등이 있으며, 이중 위계적 동기이론을 비교하면 다음 그림과 같다.

▎그림 9-2 위계적 동기이론의 비교 ▎

3) 동기유발 요인 및 안전동기 유발

동기의 유발 요인으로는 안정, 기회, 참여, 인정, 경제, 성취, 권한, 적응도, 독립성, 의사소통 등이 있으며, 안전동기의 유발방법으로는 다음 원칙들이 있다.
① 안전은 최고의 가치라는 기본 이념을 인식시킨다.
② 안전의 목표를 명확히 설정하게 한다.
③ 노력의 결과와 성과를 즉시 알려준다.
④ 노력과 성과에 따라 합리적인 보상을 한다.
⑤ 경쟁과 협동을 균형있게 추구한다.
⑥ 외적 동기보다는 내적 동기 유발에 치중한다.

08 인간공학과 휴먼에러

1. 휴먼에러와 예방대책

1) 휴먼에러의 정의와 접근 방법

휴먼에러란 넓은 의미에서는 '인간이 계획하고 실행한 일련의 정신적·신체적 활동이 의도한 결과에 이르지 못한 경우 중에서 그 실패가 다른 우발적 사상의 개재로 인한 것이 아닌 경우(Reason)'를 의미하며, 시스템 사고에서는 '시스템의 설계 및 설치와 시스템의 운용 및 폐기의 전 과정에서 정보처리 과정이나 행동 형성 요인으로 인하여 생기는 실수(에러)'를 말한다.

휴먼에러는 인간의 착각, 망각, 실수, 책임 분담 모호, 판단 실수, 능력 부족 등 다양한 원인으로 발생한다. 휴먼에러는 전통적 안전공학적 접근, 인간공학적 접근, 인지공학적 접근 및 사회기술적 접근 등 접근방법에 따라 정의를 달리할 수 있다. 그러나 '의도하지 않은 결과를 초래하는 인간이 행위'로서, 일반적인 휴먼에러의 범위는 고의적인 규정 위반에 의한 에러를 제외한 모든 에러를 포괄하는 것으로 본다. 휴먼에러는 일으킨 행동, 휴먼에러가 야기한 결과, 설계·생산·시험·운전 등 시스템의 어느 단계에서 발생했느냐에 따라 구분할 수 있다.

리슨(Reason)은 휴먼에러를 의도하지 않은 행위와 의도한 행위로 구분하고, 각각을 다시 주의의 실패에 의한 '잘못' 및 기억재생의 실패에 의한 '깜빡'과 규칙기반이나 지식기반의 오류에 의한 '실수'와 의도적 '규칙위반'으로 구분하였으며, 구체적인 에러의 유형은 다음과 같다.

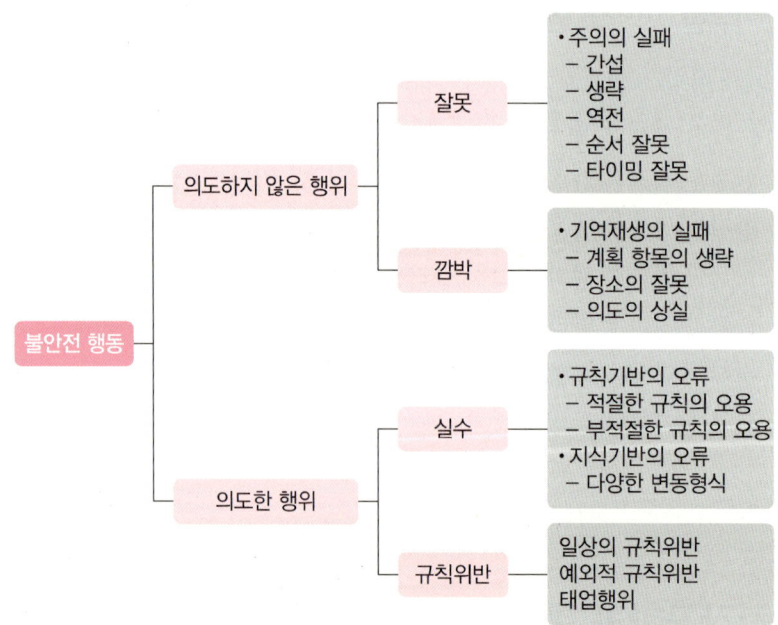

그림 9-3 리슨(Reason)의 휴먼에러 분류, 이관석 외(2011)

휴먼에러의 발생 메커니즘은 인간의 정보처리 과정, 의식수준의 전환, 리스크 심리, 스트레스와 공황 상태, 생리기능의 리듬, 주의집중 수준의 변경, 조직사고의 관점 등에 의한다. 휴먼에러 발생 메커니즘의 모형 중 하나는 인간의 정보처리과정 모형이 있다. 이 모형은 인간의 정보처리 단계인 지각, 기억 및 회상, 의사결정, 및 실행의 과정에서 발생한다고 보고, 휴먼에러의 발생 시점에서 휴먼에러를 범한 사람의 측면에서 원인을 파악하는 것이다. 효과적인 사고예방을 위해서는 사고원인의 조사 시에도 눈에 보이는 불안전 상태나 행동 이전에 심리적, 인간공학적 측면에서 더 근원적인 원인의 탐구가 필요하다.

2) 행동 형성요인의 제어에 의한 휴먼에러의 예방

행동 형성요인에 기반한 휴먼에러 예방대책으로는 신체적 능력 육성, 태도 교정, 관리방식 개선 및 교육훈련이 있다.

신체적 능력 육성방법은 인체측정자료 활용, 작업의 과부하와 저부하 관리, 착시 예방, 사고 빈발자 관리, 고착된 사고방식의 탈피 등이 있으나 이러한 대책 이전에 인간의 정신적, 육체적 능력의 한계 내에서 시스템을 설계하는 것이 필요하다.

태도교정에 의한 휴먼에러는 의도된 의사결정임에도 판단착오로 발생한 경우이다. 관리자나 운용자가 쉬운 경로를 택하기 위하여 규정을 위반한 경우는 불복종에 해당하며, 주요한 원인으로는 규칙의 필요성의 인지 부족, 유지보수 작업을 위한 준비 미비, 시험 분석결과의 미활용, 확인의 생략 등의 오류에 기인한다. 불복종의 개선방법으로는 반드시 규칙과 절차의 필요성에 대한 이유를 설명할 것, 모든 관계자가 규칙을 충분히 이해하였는지 확인할 것, 작업을 최대한 쉽게 설계할 것, 규칙의 준수 여부를 감사 등을 통하여 확인할 것, 동료 간 지적 확인을 활용할 것 등이 있다.

관리방식에 의한 휴먼에러의 예방을 위해서는 관리책임자의 역할이 중요하다. 관리책임자는 사용하기 쉽게 설계하고, 지식과 경험을 활용한 올바른 절차서의 유지, 유사 사고사례의 활용이 필요하다. 특히 사고보고서를 참고할 경우는 기술적 원인에만 치우쳐 관리적 원인을 간과한 사고보고서를 조심해야 한다.

교육훈련에 의한 휴먼에러의 예방은 사람들이 취해야 할 정확한 행동을 이행할 수 있도록 업무 수준에 필요한 이상의 지식과 기술이 반드시 훈련되어야 함을 말한다. 교육훈련을 통한 사고예방 방안으로는 작업지침의 개선과 훈련, 작업의 단순화와 작업상황의 재설계, 유사 사고사례로부터 사고 예견 능력의 향상, 장비 및 절차 변동사항의 주지, 하도급자의 훈련, 설계 의도를 위반했을 때의 결과 주지, 개인적 지식의 한계성 인지시키기, 작업지시서의 확실한 이행 등이 필요하다. 또한 교육의 효과를 증대시키기 위해서는 훈련이 수반된 능력개발을 위한 교육, 규율을 자발적으로 수용할 수 있는 교육, 노동의 기능화와 지식화에 따른 높은 수준의 맞춤식 기능자 교육, 맞춤식 소집단 활동 등을 적절히 활용하여야 한다.

3) 수명주기별 휴먼에러 예방

인간공학적 설계의 기본 원칙은 인간의 인지특성을 고려한 설계로서, 우수한 개념 모형의 제공, 가시성 확보, 피드백 원칙, 양립성(호환성, compatibility)의 원칙, 제약과 행동 유도성, 오류 방지를 위한 강제적 기능이 반영되어야 한다. 시스템의 안전은 크게 설계단계, 운영단계 및 정비단계로 나눌 수 있다.

설계 시에는 표시장치와 조종장치의 안전한 설계에 유의하여야 하며, 일반적인 안전설계의 원리는 다음과 같다.

① 풀 프루프(Fool-Proof) : 조작에 실수가 있더라도 피해가 발생하지 않게 하는 것
② 페일 세이프(Fale-Safe) : 고장이 발생한 경우에도 피해가 확대되지 않게 단순 고장이나 한시적 운영으로 안전을 확보하는 것
③ 템퍼 프루프(Temper-Proof) : 고의적으로 안전장치를 제거한 경우 시스템이 작동되지 않도록 하는 것
④ 다중성(Multiplicity) : 복수의 방법을 통하여 정상 여부에 대한 확인이 가능하도록 설계한 것

운용단계에서의 휴먼에러의 예방은 문자 및 구두에 의한 의사소통의 개선, 작업지침서나 지시서 활용, 작업허가서(Permit-to-Work)의 활용 등이 있다.

정비단계의 휴먼에러의 유형에는 장비의 작동원리에 대한 이해부족, 불충분한 정비 훈련, 무지와 무능, 요령 피우기, 지속성의 결여 등이 있으며, 예방 대책은 위에 기술한 바와 같다.

4) 컴퓨터로 제어하는 시스템의 휴먼에러 예방

최근의 설비는 대부분이 센서를 이용한 컴퓨터로 제어되고 있어, 컴퓨터의 이상 상태에 대한 인지 및 대응능력은 매우 중요하다. 컴퓨터 관련 휴먼에러의 예방은 관리개선, 운전자 실수 방지, 제3자의 접근이나 실수 방지, 시각적 표시장치의 설계 등으로 예방이 가능하며, 컴퓨터의 맹신이나 악용이 없도록 해야 한다.

2. 착오

1) 감각과 지각

감각(sensation)이란 '눈, 코 등 감각기관에서 외부의 자극을 받아들이는 과정'을 말하며, 지각(perception)은 '감각기관이 받아들인 원초적인 감각자료들을 조직하고 해석하며 외부대상에 의미를 부여하는 과정'을 말한다. 감각과 지각을 통해서 발생한 착오과 착시는 사고요인으로 작용할 가능성이 높으므로 설비나 작업의 설계 시에 사전에 이러한 요인들을 고려할 필요가 있다.

2) 착오의 메커니즘과 요인

착오란 어떤 목적으로 행동하고자 했으나 실제 행동이 목적했던 행동과 일치하지 않는

현상을 말한다. 착오의 메커니즘으로는 위치의 착오, 패턴의 착오, 형태의 착오, 순서의 착오, 기억의 오류 등이 있다.

착오의 요인으로는 인간의 정보처리 순서에 따라 인지과정의 착오, 판단과정의 착오 및 조작과정의 착오로 나눌 수 있다.

① 인지과정의 착오요인 : 생리적·심리적 능력의 한계, 정보량 저장능력의 한계, 감각 차단 현상, 공포·불안·불만 등 정서 불안정 등

　　＊ 감각차단현상 : 단조로운 업무가 장시간 지속될 경우 작업자의 감각기능 및 판단능력이 둔화 또는 마비되는 현상

② 판단과정의 착오요인 : 능력 부족, 정보 부족, 자기합리화, 과신, 작업조건의 불량 등
③ 조작과정의 착오요인 : 작업자의 기능 미숙, 작업 경험의 부족, 피로 등

3) ECR 제안제도에서의 실수 및 과오의 원인

ECR 제안제도에서의 실수 및 과오의 요인은 작업자의 능력부족, 일시적 주의력 부족 및 작업조건의 불량으로 구분할 수 있다.

① 작업자의 능력 부족 : 적성, 지식, 기술, 인간관계 등의 문제에 대한 능력 부족
② 주의 부족 : 개성, 감정의 불안정, 습관성으로 인한 주의력의 부족
③ 작업조건 및 환경의 불량 : 표준 불량, 규칙 불량, 연락 및 의사소통 불량, 작업조건의 불량 등

3. 착시

1) 착각현상

착각현상은 운동의 시지각 현상으로서 실제 일어나지 운동을 일어나는 것으로 인지하는 것을 말하며, 여기에는 자동운동, 유도운동 및 가현운동이 있다.

① 자동운동 : 암실 내에서 정리된 소광점을 응시하면 그 광점이 움직이는 것처럼 보이는 현상으로서 광점이 작고, 시야의 주변이 어두우며, 빛의 강도가 낮고, 대상이 단순할 때 생기기 쉽다.

② 유도운동 : 실제로는 움직이지 않는 것이 어느 기준의 이동에 유도되어 움직이는 것처럼 느끼는 현상

③ 가현운동(β 운동) : 정지하고 있는 대상물이 급속히 나타나든가 소멸함으로써 마치 대상물이 운동하는 것처럼 인식되는 현상으로 영화의 영상은 가현운동을 활용한 것임

2) 착시현상

착시현상이란 정상적인 시력을 가지고도 물체를 정확하게 볼 수 없는 현상을 말한다. 환각은 누구나 경험하는 것이 아니며 언제나 경험되는 것도 아닌 반면에 착시는 물리적 조건이 동일하면 누구나 그리고 언제나 경험하게 되는 지각현상이다.

착시에는 기하학적 착시, 반전착시, 월의 착시 및 대비착시가 있으며, 기하학적 착시에는 방향착시, 동화착시, 원근법 착시, 분할거리의 착시 등이 있다.

3) 군화의 법칙

군화의 법칙은 물건의 정리정돈에 이용되는 법칙으로서, 주요한 법칙은 다음과 같다.
① 근접의 요인 : 가까이 있는 물건끼리는 하나의 군으로 정리한다는 지각으로서 동일한 형태는 가까이 있는 것처럼 보이는 현상
② 동류의 요인 : 다른 형태가 섞여 있어도 형태가 비슷한 물건끼리 정리되어 보이는 현상
③ 폐합의 요인 : 크기가 다른 유사한 형태가 서로 포함관계에 있을 경우 바깥 측의 큰 것이 안쪽의 작은 것을 폐합하고 있는 것으로 보이는 현상
④ 좋은 형체의 요인 : 단순성, 규칙성 및 상징성이 있는 형체끼리 정리되는 현상

4. 주의와 부주의

1) 주의의 특징

주의란 행동의 목적에 의식 수준이 집중하는 심리상태를 말하며, 부주의란 목적 수행을 위한 행동의 전개 과정에서 목적에 벗어나는 심리적·신체적 변화현상을 말한다.

주의의 정도를 말하는 주의력에는 넓이와 깊이가 있으며, 방향성으로는 내향과 외향이 있다. 주의가 외향일 때는 감각 신경작용으로 외부 사물을 관찰할 때이고, 주의가 내향일 때는 사고(생각)의 상태이며 감각신경계는 거의 활동하지 않는 경우이다. 주의의 깊이와 범위의 관계에 있어서는 감시하는 대상이 많으면 주의의 범위는 넓어지고 깊이는 줄어들며, 감시하는 대상이 줄어들면 반대의 경우가 된다.

주의에는 선택성, 방향성 및 변동성이 있으므로 작업이나 교육 시에는 사전에 이러한 특성을 긍정적으로 활용할 필요가 있다.
① 선택성 : 여러 종류의 자극을 지각할 때 소수의 특정 자극에 의식이 흐르는 상태를 말한다.
② 방향성 : 한 곳에 주의를 집중하면 다른 곳에 대한 주의가 약해져 동시에 두 곳에 집중할 수 없다.

③ 변동성 : 주의력에는 주기적으로 부주의의 리듬이 존재하여, 개인차는 있으나 높은 주의력을 장시간 지속시킬 수 없다.

2) 의식수준의 단계

주의의 수준은 의식수준으로 가늠할 수 있으며, 인간의 의식수준은 깨어있는 정도에 따라 5단계의 상태로 나눌 수 있다. 일상에서는 정상상태를 유지하는 것이 바람직하며 집중하지 않을 경우는 이완상태를 유지하는 것이 건강과 다음 작업에 바람직하다.

▼ 표 9-7 **인간의 주의력과 의식수준의 단계**

단계	의식의 상태	주의작용	생리적 상태	신뢰성	뇌파형태
Phase 0	무의식, 실신	없음	수면, 뇌발작	0	δ파
Phase I	정상 이하, 의식 둔화 subnormal	부주의	피로, 단조로움, 졸음, 숙취	0.9 이하	θ파
Phase II	정상, 이완 nomal, relaxed	수동적, 내향적	안전기거 휴식, 정상작업	0.99~0.99999	α파
Phase III	정상, 명쾌 normal, clear	능동적, 전향적, 위험예지, 주의력 범위 넓음	적극 활동	0.999999 이상	$\alpha\sim\beta$파
Phase IV	초정상, 흥분 hypernormal, excited	한 점에 고집, 판단정지	감정흥분, 긴급, 방위반응, 당황과 공포반응	0.9 이하	β파 혹은 방추파

3) 부주의 현상

부주의 현상이란 의식이 정상적으로 작용하지 않는 상태로서 휴먼에러의 대표적 원인이 될 수 있다. 대표적인 부주의 현상은 다음과 같다.

① 의식의 단절 : 지속적인 의식의 흐름에 단절이 생겨 공백 상태가 생기는 것으로서 특수한 질병이 있을 경우에 나타나며, '상태 0'의 의식 수준임
② 의식의 우회 : 의식의 흐름이 가야 할 곳으로부터 이탈한 경우로서 작업도중의 걱정, 고뇌, 욕구불만 등으로 의식을 한곳에 집중하지 못하는 '상태 0'의 의식 수준
③ 의식수준의 저하 : 피로나 단조로운 작업으로 의식 수준이 작업에 필요한 수준 이하로 낮아지는 경우로서 의식수준은 '상태 I' 이하임
④ 의식의 혼란 : 외부의 자극이 모호하거나 필요 이상으로 강하거나 약할 때 의식이 분산되어 한곳에 대응할 수 없는 경우
⑤ 의식의 과잉 : 돌발사태나 긴급이상사태에 직면 시 순간적으로 의식이 긴장하여 한 방향으로만 쏠림으로써 판단력 정지, 긴급방어반응 등 주의의 일점 집중현상이 발생한 경우로서, '상태 IV'의 의식 수준에 해당함

4) 부주의의 발생원인 및 대책

부주의는 의식의 흐름이 빗나가 발생하는 '의식의 우회', 단조로운 반복작업이나 혼미한 정신상태에서 심신이 피로할 경우에 발생하는 '의식수준의 저하', 지속적인 의식의 흐름을 유지하지 못하여 생기는 '의식의 단절', 지나친 의욕으로 마음만 앞서는 '의식의 과잉' 등에 기인한다.

부주의의 발생 원인이 사람의 내부에 있는지와 외부에 있는지의 여부를 판단하여 부주의의 원인을 제거하여야 한다.

부주의의 외적 원인에 대한 대책으로는 부적합한 작업 및 환경조건을 정비하고, 작업순서가 부적당할 경우 작업순서를 정비한다. 부주의의 내적 원인으로서 소질적인 문제가 있을 경우는 적성배치를 고려하고, 의식의 우회 등의 경우는 상담을, 경험이나 능력의 부족시에는 필요한 교육을 시켜야 한다.

5. 위험의 인지와 커뮤니케이션

1) 위험의 인지

위험은 일상 생활을 구성하는 요소로서 현대인은 위험과 함께 살고 있으며, 본능적으로 특정한 행동, 사건 사고, 물질이나 제품 등이 얼마나 위험한지를 끊임없이 판단하며 생활한다. 따라서 사람의 위험인지 능력은 사고예방의 첫째 관건이나 사람들의 위험 인지는 모두 다른 양상을 보이며 개인차가 크다.

일반적인 위험의 요건으로는 첫째, 손해를 발생시키는 잠재적 손실, 둘째, 손실과 해를 끼칠 수 있는 잠재성, 셋째, 손해와 해를 발생시킬 수 있는 연관성을 들 수 있다. 위험원의 유형으로는 위험한 상품, 대형 위험 및 위험에 따른 편익이 있는 상품이나 행위로 구분할 수 있다.

위험 인지의 측정방법에는 양적인 접근방법과 질적인 접근방법이 있다. 양적인 접근방법으로는 유사평가, 직접평가, 연상의미 등이 있으며, 질적인 접근방법에서의 위험의 질적 요인으로는 위험과 관계된 공포, 위험에 대한 지식 정도와 유관성, 노출된 사람의 수 등이 있다.

2) 커뮤니케이션의 중요성

의사전달, 즉 커뮤니케이션이란 개인 또는 집단이 다른 개인 또는 집단에 대하여 정보, 감정, 사상, 의견 등을 전달하고 받아들이는 전 과정을 말한다. 인간관계는 인간의 상호작용으로 성립하며, 의사전달은 인간 상호 간의 이해와 동의를 얻는 유일한 수단으로서 중요성을 갖는다. 특히 리스크 관리의 일환으로 사회적 이슈가 되는 재난이나 대형사고의 위험을 효과적으로 제어하기 위해서는 위험 커뮤니케이션 능력이 매우 중요시되고 있다.

의사소통의 과정은 다음 그림과 같이 송신자, 기호화, 메시지, 매체, 수신자, 해석, 환류 및 소음의 8단계로 구성되며, 모든 요소들이 의사소통의 양과 질에 영향을 미친다. 조직에서 효과적인 의사소통을 위해서는 최적의 공식적인 의사소통 구조를 설계하고 선택하여야 하며, 의사소통을 저해하는 요인을 동시에 고려하여야 한다.

의사소통에서는 반드시 왜곡이 일어난다는 사실을 전제하고 이에 대한 대책을 강구할 필요가 있다. 기본적인 대책으로는 확실한 환류체계를 갖추는 것, 상호적 양방향 의사소통, 다양한 의사소통 수단의 활용 등이 있다.

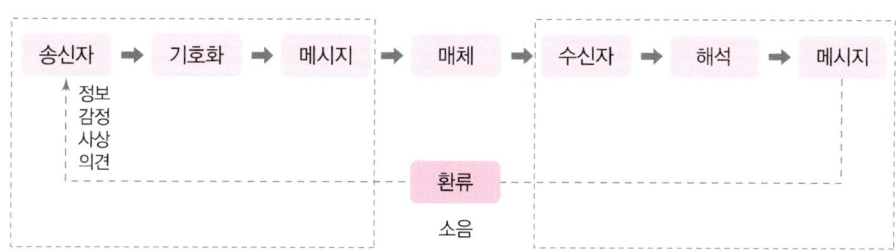

▎그림 9-4 **커뮤니케이션 과정. 장성록(2013)** ▎

3) 위험 커뮤니케이션의 원칙

위험 커뮤니케이션의 기본 원칙은 첫째, 공중을 적법한 파트너로 인정하여 참여시키고, 둘째, 시민과 지역단체는 자신의 삶과 행복 그리고 가치있다고 생각하는 일에 영향을 미치는 의사결정과정에 참여할 권리가 있다는 것을 인정하는 것이다. 조직 차원에서 규정은 위험커뮤니케이션에 참여하는 여러 당사자의 의무와 권리를 말한다. 어떤 위험 커뮤니케이션 행위라도 조직 차원에서는 공정하고 적합한 권한의 기준을 가지고 있어야 하며, 개인 차원에서는 송신자(커뮤니케이터)는 열려있어야 하고, 솔직하고, 정직해야 한다.

09 피로와 스트레스 해소

1. 피로

1) 피로의 정의

피로란 작업의 지속에 따라 객관적으로는 작업능률의 감퇴 및 저하, 착오의 증가, 주관적으로는 주의력 감소, 흥미의 상실, 권태 등 일종의 복잡한 심리적 불쾌감을 일으키는 생리적 또는 심리적 현상을 말한다. 피로가 장기간 가시지 않는 현상을 만성피로라 한다. 현대 사회에서는 작업 내용의 난이도 증가, 작업 시간 및 강도의 증가 등으로 피로 요인이 증가하고 있다. 피로는 사고의 주요 원인이자 질병의 근원으로서 생산성을 유지하고 사고를 예방하기 위해서는 체계적이고 적극적인 관리가 필요하다.

2) 피로의 유형

피로의 종류에는 피로의 측정 대상에 따라 개인이 느끼는 자각증상인 단조감, 권태감, 포화감 등의 주관적 피로와 생산된 제품의 양과 질의 저하에서 나타나는 객관적 피로가 있다.

인체가 느끼는 주관적 피로는 생리적 피로, 근육피로 및 신경피로로 구분할 수 있다.

① 생리적 피로 : 생체의 기능이나 물질의 변화로서 인체의 생리상태를 검사함으로써 알 수 있다.

② 근육피로 : 신체 근육의 자각적 피로, 휴식의 욕구, 수행도의 양적 저하, 생리적 기능의 변화 등을 말한다.

③ 신경피로 : 사용된 신경의 통증, 정신피로 증상 중 일부, 근육피로 증상의 일부가 여기에 해당한다.

3) 피로의 요인

피로 원인은 크게 인간적 요인과 설비적 요인으로 나눌 수 있다. 인간적 요인으로는 정신적 상태, 신체 상태, 생리적 리듬, 작업시간, 작업내용, 부적절한 작업환경, 스트레스를 유발하는 사회적 환경 등이 있다. 설비적 요인으로는 기계의 종류와 색채, 조작부분의 배치와 감촉, 기계 이해의 난이도 등이 있다.

4) 피로현상의 수준과 증상

피로현상은 신체의 반응 수준에 따라 3단계로 나눌 수 있다. 제1단계는 중추신경의 피로이며, 제2단계는 반사운동신경의 피로, 제3단계는 근육피로를 말한다.

피로의 증상은 크게 생리적·신체적 증상과 정신적·심리적 증상으로 구분할 수 있다. 신체적 증상으로는 작업에 대한 무감각, 무표정, 경련, 작업능률 감퇴 등이 있다. 정신적 증상으로는 주의력 감소, 불쾌감 증가, 긴장감 약화, 권태 및 태만으로 흥미 저하, 졸음, 두통, 싫증, 짜증 등이 있다.

5) 피로의 측정법

피로의 측정방법에는 생리학적 방법, 생화학적 방법 및 심리학적 방법 등이 있다.

▼ 표 9-8 피로의 측정방법

검사방법	검사항목
생리학적 방법	근력 및 근활동(EMG) 역치, 대퇴피질 활동, 대뇌활동(EGG), 호흡(산소소비량)(ECG) 등
생화학적 방법	혈액, 혈색소 농도, 혈액 수분, 혈단백, 응혈시간, 요전해질, 요단백, 요교질, 배설량, 부신피질 기능피부(전위)저항 등 측정
심리학적 방법	동작분석, 연속반응시간, 행동기록, 변별 역치, 정신작업, 전신자각증상, 집중유지기능 등

6) 작업강도

피로에 가장 큰 영향을 미치는 작업강도는 인체의 에너지 대사율(RMR ; Relative Metabolic Rate)로 측정이 가능하며, 힘든 작업일수록 에너지 소비가 많다. 여기서 기초대사량은 생명유지에만 필요로 하는 칼로리이며 작업대사량은 작업에만 필요로 하는 칼로리를 말한다.

$$RMR = \frac{작업대사량}{기초대사량} = \frac{안정시\ 소비에너지 - 작업시\ 소비에너지}{기초대사량}$$

작업강도는 에너지 대사율에 따라 다음 5단계로 구분된다.

① 경작업(RMR 0~1) : 사무작업, 정밀작업, 감시작업
② 중(中)작업(RMR 1~2) : 앉아서 하는 작업
③ 중(重)작업(RMR 2~4) : 손이나 발로하는 작업, 낮은 속도의 작업
④ 강작업(RMR 4~7) : 일반적인 전신작업
⑤ 격작업(RMR 7 이상) : 전신작업 중 중근(重筋)작업

7) 피로와 번아웃 회복대책

최선의 피로회복대책은 휴식과 수면을 취하는 것이다. 다음으로 충분한 영양 및 음식 섭취, 산책과 가벼운 체조, 음악감상과 오락 등에 의한 기분 전환, 목욕이나 마사지와 같은 물리적 요법이 있다. 우리나라는 OECD 국가 중에서도 근로시간이 매우 높은 나라로서, 일차적으로는 근무시간을 줄이는 노력이 우선하여야 한다. 피로, 특히 만성피로에 의한 피해를 방지하기 위해서는 조직 및 개인 차원에서 개인적 특성과 상황에 적절한 대책을 선정하여 실시하여야 한다.

최근에는 피로의 극한 형태로 번아웃(burnout) 현상에 대한 대책이 요구되고 있다. 번아웃 과정은 직장에서의 활력과 상실과 소진, 업무와 고객 내지 환자에 대한 반감 및 업무 효율성의 상실로 진행된다. 근로자의 정신건강을 위해 직무영역에서 중요한 5가지 요소는 업무량, 자율성과 권한, 보수와 인정, 조직분위기와 동료애, 투명성과 공평함, 일의 가치와 의미부여 등이다.

2. 바이오리듬(biorhythm)

1) 바이오리듬의 정의와 종류

바이오리듬이란 인간의 생리적 주기로서 육체적, 감성적, 지성적 리듬의 세 가지가 있다.
① 신체리듬(Physical Cycle) : 주기는 23일로 청색 실선으로 표기되며, 식욕·소화력·활동력·지구력 등과 밀접한 관련이 있다.
② 감성리듬(Sensitivity Cycle) : 주기는 28일로 적색 점선으로 표기되며, 감정·주의력·창조력·직감·통찰력 등과 밀접한 관련이 있다.
③ 지성리듬(Intellectual Cycle) : 주기는 33일로 녹색 일점쇄선으로 표기되며, 상상력·사고력·기억력·인지력·판단력 등과 밀접한 관련이 있다.

2) 위험일의 판단

위 주기가 서로 다른 세 가지 리듬은 사인곡선을 그리며 안정기(+)와 불안정기(-)를 교대로 반복하는데, (+)리듬에서 (-)리듬으로 변하는 점을 영(zero) 또는 위험일이라 한다. 위험일은 한 달에 6일 정도 일어나는데, 위험일에는 뇌졸중은 5.4배, 심장질환의 발작은 5.1배, 자살은 6.8배 정도 평소보다 더 많이 발생하는 것으로 알려져 있다. 따라서 근로자 개인별로 사전에 생체리듬에 의한 위험일을 파악하여 관리함으로써 위험을 줄이는 데 활용이 가능하다.

3. 직무스트레스와 해소

1) 스트레스의 정의

스트레스(stress)란 인간이 심리적·신체적으로 감당하기 어려운 상황에 처했을 때 느끼는 불안과 위협의 감정을 말한다. 스트레스는 인간의 모든 삶의 영역에 존재하기 때문에 누구도 피할 수 없으며, 발전에 필요한 긍정적인 스트레스도 있다. 스트레스를 보는 관점에 따라 스트레스를 자극으로 보는 모델, 반응으로 보는 모델, 개인과 환경의 상호작용으로 보는 모델 세 가지가 있다.

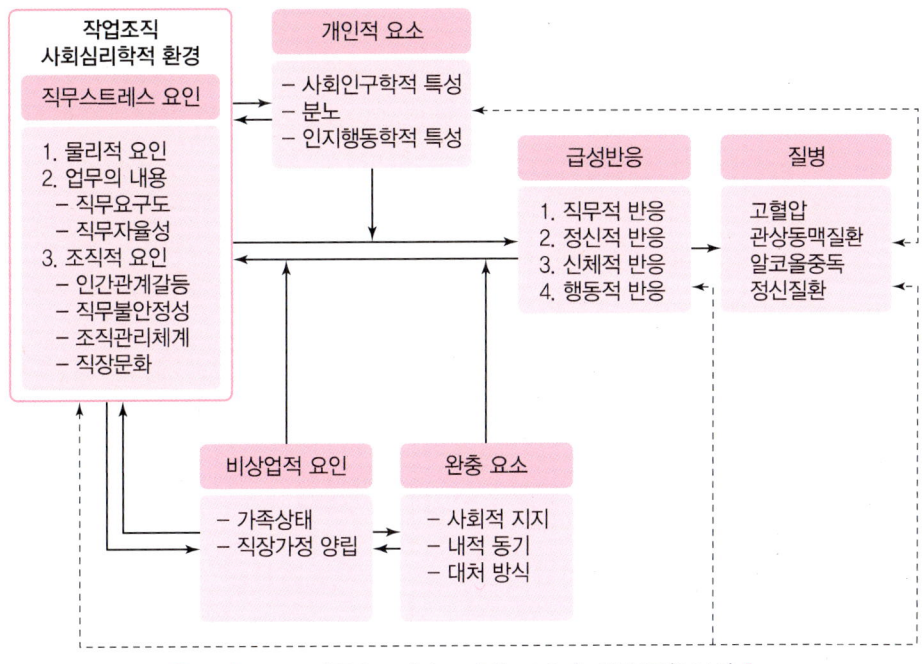

┃그림 9-5 직무스트레스 모형(NIOSH), 장성록(2013)┃

2) 스트레스의 원인과 반응

스트레스 유발 요인으로는 주요한 생활 사건, 일상의 골칫거리, 좌절, 심리적 탈진, 대인관계의 폭력 등이 있으며, 스트레스의 요인은 크게 정신장애, 외적 요인 및 내적 요인으로 구분할 수 있다.

스트레스의 외적 요인으로는 경제적인 어려움, 직장에서의 대인관계에서 오는 갈등이나 대립, 가정에서 가족관계의 갈등, 가족의 죽음이나 질병, 자신의 건강문제, 상대적인 박탈감 등이 있다. 우리나라의 경우 고용의 불안정이 직장인들의 가장 큰 스트레스 요인으로 지목되고 있다.

스트레스의 내적 요인으로는 자존심의 손상과 공격·방어 심리, 출세욕 등의 욕구 좌절과 자만심의 충돌, 지나친 과거에의 집착과 허탈, 업무상 죄책감, 지나친 경쟁심과 재물에 대한 욕심, 타인에게 의지하고자 하는 심리, 가족 간 대화 단절과 의견의 불일치 등이 있다.

(1) 개인차원의 스트레스 요인

물리적 환경, 사회적 환경, 개인적 사건, 생활 습관, 왜곡된 인지 등

(2) 조직 차원의 스트레스 요인

① **시간적 압박, 근무시간 및 속도** : 장시간 노동, 연장근무, 교대근무, 업무통제권 상실, 업무시간의 불안정 등

② 업무 구조 : 높은 심리적 업무 요구도와 낮은 재량권, 업무조직 변화, 부서 전보, 업무의 예측 가능성 등
③ 물리적 환경 : 부족한 조명, 과도한 소음, 비좁은 작업공간, 비위생적 환경, 불편한 사무용 기기, 부적절한 환기 및 냉난방 등
④ 조직 내 문제 : 업무의 모호성, 동료 간 과도한 경쟁, 성차별, 직장 내 관계 갈등 등
⑤ 조직 외적 문제 : 직업의 불안정성, 승진, 실업 위험 등 고용의 불안정성, 직무 안전성 결여 등

스트레스에 의한 인체의 반응은 경고, 저항, 소진의 단계를 거치며 단계별 구체적인 반응은 다음 그림과 같다.

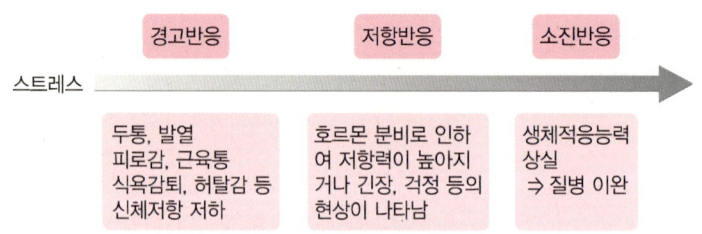

그림 9-6 스트레스에 대한 인체의 반응단계

3) 스트레스의 해소 및 관리

스트레스의 대처방식에는 문제중심 대처와 정서중심 대처가 있다. 문제중심 대처는 문제의 원인을 규명하고 해결하는 것을 목적으로 하며, 정서중심 대처는 스트레스로 유발된 괴로운 감정을 완화시키는 것을 목적으로 한다.

효과적인 스트레스 관리는 사고의 변화와 행동의 변화를 포함하며, 사고의 변화 측면에서는 스트레스를 도전으로 지각하고 긍정적인 자기 말을 하는 것이고, 행동변화는 문제중심 대처방법을 행동으로 옮기는 것을 말한다.

생산성과 안전성을 높이기 위해서 스트레스는 조직 차원에서 측정, 상담 등을 통해서 체계적으로 관리되어야 하며, 개인 차원의 노력도 병행되어야 한다.

(1) 산업안전보건법 제5조(사업주 등의 의무)

① 사업주는 다음 각 호의 사항을 이행함으로써 근로자의 안전과 건강을 유지·증진시키는 한편, 국가의 산업재해 예방시책에 따라야 한다.
　1. 이 법과 이 법에 따른 명령으로 정하는 산업재해 예방을 위한 기준을 지킬 것
　2. 근로자의 신체적 피로와 정신적 스트레스 등을 줄일 수 있는 쾌적한 작업환경을 조성하고 근로조건을 개선할 것
　3. 해당 사업장의 안전·보건에 관한 정보를 근로자에게 제공할 것

② 다음 각 호의 어느 하나에 해당하는 자는 설계·제조·수입 또는 건설을 할 때 이 법과 이 법에 따른 명령으로 정하는 기준을 지켜야 하고, 그 물건을 사용함으로써 발생하는 산업재해를 방지하기 위하여 필요한 조치를 하여야 한다. 〈개정 2013.6.12〉

    1. 기계·기구와 그 밖의 설비를 설계·제조 또는 수입하는 자
    2. 원재료 등을 제조·수입하는 자
    3. 건설물을 설계·건설하는 자

(2) 산업안전보건기준에 관한 규칙 제669조(직무스트레스에 의한 건강장해 예방조치)

사업주는 근로자가 장시간 근로, 야간작업을 포함한 교대작업, 차량운전[전업(專業)으로 하는 경우에만 해당한다] 및 정밀기계 조작작업 등 신체적 피로와 정신적 스트레스가 (이하 "직무스트레스"라 한다) 높은 작업을 하는 경우에 법 제5조제1항에 따라 직무스트레스로 인한 건강장해 예방을 위하여 다음 각 호의 조치를 하여야 한다.

1. 작업환경·작업내용·근로시간 등 직무스트레스 요인에 대하여 평가하고 근로시간 단축, 장·단기 순환작업 등의 개선대책을 마련하여 시행할 것
2. 작업량·작업일정 등 작업계획 수립 시 해당 근로자의 의견을 반영할 것
3. 작업과 휴식을 적절하게 배분하는 등 근로시간과 관련된 근로조건을 개선할 것
4. 근로시간 외의 근로자 활동에 대한 복지 차원의 지원에 최선을 다할 것
5. 건강진단 결과, 상담자료 등을 참고하여 적절하게 근로자를 배치하고 직무스트레스 요인, 건강문제 발생가능성 및 대비책 등에 대하여 해당 근로자에게 충분히 설명할 것
6. 뇌혈관 및 심장질환 발병위험도를 평가하여 금연, 고혈압 관리 등 건강증진 프로그램을 시행할 것

10 안전상담과 심리치료

1. 상담의 필요성

급격한 사회적 변화로 현대인들은 가벼운 스트레스부터 심각한 정신장애까지 다양한 심리적 문제를 경험하고 있으며, 전문적인 상담(counseling) 및 심리치료의 필요성도 커지고 있다. 상담과 심리치료는 전문적인 훈련을 받은 치료자와 도움을 받고자 하는 내담자의 상호

작용을 통하여 내담자가 심리문제를 해결하고 행복한 삶을 살아가도록 돕는 과정이다. 효과적인 상담 및 심리치료를 위해서는 인간의 생물학적 기초, 지각, 발달, 학습, 성격, 정서와 동기, 정신병리, 사회적 심리작용 등 다양한 심리학적 소양이 필요하다. 상담과 심리치료는 명확하게 구별하기 어려우나, 상담은 정상인을 대상으로 발달 과정에서 경험하는 심리적 갈등, 관계문제, 진로 등의 다양한 문제의 해결을 돕고 문제를 예방하여 인간이 보다 건강하게 성장하는 것을 돕는 데 초점을 두며, 심리치료는 보다 심각한 정신적인 문제를 가진 환자를 대상으로 증상 완화와 성격 변화에 초점을 둔다. 여기서는 상담과 심리치료를 동일한 개념으로 보고 기본적 사항을 제시하였다.

2. 상담과 심리치료의 유형

상담과 심리치료의 치유 요인으로는 인지적, 감정적, 행동적 요인이 있다. 인지적 요인으로는 보편화·통찰·모델링 등을, 감정적 요인은 수용·이타성·전이 등을, 행동적 요인은 현실검증·환기·상호작용 등을 포함한다.

상담은 대상 인원에 따라 크게 개인상담과 집단상담으로 구분된다. 개인상담은 직접 충고, 설득적 방법, 설명적 방법 등이 있다. 집단상담은 사회기술, 대인관계 능력, 자기이해와 수용능력의 향상 등을 목적으로 한다. 집단상담은 집단의 형식에 따라 구조화 집단, 반구조화 집단, 비구조화 집단으로 나눌 수 있다.

심리치료의 유형으로는 문제의 근원을 무의식적 갈등에 있다고 보는 정신역동적 심리치료, 인지의 변화를 통하여 행동의 변화를 추구하는 인지행동적 심리치료, 사람의 개인적 경험 및 자발성과 자율성을 바탕으로 자유의지와 자아실현을 돕는 인본주의적 심리치료 등이 있다.

상담의 일반적 효과로는 정신적 스트레스 해소, 안전태도 형성, 동기부여 등을 기대할 수 있다.

3. 모랄 서베이(morale survey)

집단은 행동규범과 목표를 가지고 있으며, 사기(morale)는 집단의 근로 의욕과 성과에 직접적 영향을 미친다. 집단 내에서는 구성원마다 고유한 역할을 가지며, 구성원의 원활한 역할을 위한 이론에는 역할 갈등, 역할 기대, 역할 조정, 역할 연기 등이 있다. 집단 내에서의 사회학적 측면의 인간관계가 존재하며, 대표적 유형은 경쟁, 도피 또는 고립 및 공격으로 대별된다.

모랄 서베이란 인사관리, 노무관리, 복리후생 등을 개선하여 근로자의 근로의욕을 향상시키는 것을 목적으로 근로자의 근로 의욕과 태도 등에 대해 측정하는 것으로서 사기조사 또는 태도조사라고도 한다. 구체적으로는 근로자가 본인의 직장, 직무, 상사, 승진, 대우 등에 대한 사고나 태도를 정량적 수치로 평가하는 것이다.

모랄 서베이의 방법으로는 사고율, 생산성, 결근 등 근무 행태 등의 통계에 의한 방법, 특정 사례를 집중적으로 분석하는 사례연구법, 일정 기간 동안 근로자의 상태를 관찰하는 관찰법, 대상을 실험그룹과 통제그룹으로 나누어 정황, 자극에 따른 변화의 차이를 보는 실험연구법, 질문지, 면접, 집단토의, 투사법 등을 통해 의견을 조사하는 태도조사법 등이 있다.

4. 이상행동과 외상 후 심리치료

산업안전관리의 사고의 경향성 이론에 의하면 이상행동의 경향이 있는 사람은 사전에 집중적으로 관리할 필요가 있다. 심리학에서 다루는 이상행동과 적응은 이상행동과 정상행동을 판별하는 기준과 정신장애 분류체계에서 제시하는 다양한 정신장애 유형에 대한 이해가 필요하다.

이상행동과 정상행동을 판별하는 주요한 기준으로는 적응성 기능의 손상, 통계적 규준의 일탈, 주관적 불편감, 문화적 일탈 등이 있다.

정신장애를 분류하는 대표적인 진단체계로는 정신장애의 진단 및 통계편람(DSM-5)이 있다. DSM-5에서는 정신장애를 20개의 범주로 나누어 350여 개의 정신장애를 소개하고 있는데, 주요한 정신장애로는 불안장애, 우울장애, 양극성 장애, 강박장애, 외상 후 스트레스 장애, 성격장애 등이 있다.

불안장애는 과도한 불안과 공포를 주된 증상으로 하며, 범불안장애, 공포증, 공황장애, 강박장애 등의 하위 장애로 분류된다. 외상(trauma)이란 죽음이나 심각한 신체적 손상을 입는 매우 충격적인 사건으로 정신적 장애를 초래하는 것을 말하며, 외상 후 스트레스 장애(posttraumatic stress disorder)는 삼풍백화점 붕괴사고나 세월호 사고와 같은 충격적인 사건을 경험하고 난 후에 불안장애가 지속되는 것을 말한다.

외상 후 스트레스 장애의 유형으로는 첫째, 이상적 사건을 지속적으로 재경험하는 증상, 둘째, 외상과 관련된 자극을 회피하거나 정서적으로 무감각해지는 증상, 셋째, 예민한 각성상태가 지속되는 증상이 있다. 이러한 증상은 전문가에 의한 체계석이고 지속적인 치료가 필요하다.

PART 09 연습문제

01 국내외 '안전취약계층'의 설명 중 가장 옳지 않은 것은?

① 일본에서는 '재난 시에 일련의 행동을 함에 핸디캡이 있는 사람'으로 정의하고 있다.
② 미국에서는 안전취약계층(vulnerable people)을 육체적·정신적 장애인(시각, 청각, 인지, 지체), 영어를 못하는 사람, 지리적·문화적 고립자, 의학적·화학적 의존자, 집이 없는 부랑자, 신체적 허약자 및 어린이 등으로 안전취약계층을 정의하고 있다.
③ 재난 및 안전관리기본법에서는 안전취약계층의 정의를 어린이, 노인, 여성 등 재난에 취약한 사람을 말한다.
④ 장애인·노인·임산부 등의 편의증진보장에 관한 법률에서 안전취약계층의 이동편의성 등을 규정하고 있다.

풀이 재난 및 안전관리 기본법(제3조의 9의3)에 의해 안전취약계층은 어린이, 노인, 장애인 등 재난에 취약한 사람을 말한다.

02 장애인·노인·임산부 등의 편의증진보장에 관한 법률에 의한 장애물 없는 생활환경 인증 의무 시설에 해당되지 않은 것은?

① 주거시설　　　　　　　　② 근린생활시설
③ 공장　　　　　　　　　　④ 묘지 관련 시설

풀이 장애인·노인·임산부 등의 편의증진보장에 관한 법률 시행령 제5조의2에 의해 장애물 없는 생활환경 인증의무 시설은 제1종 근린생활시설, 제2종 근린생활시설, 문화 및 집회시설, 종교시설, 판매시설, 의료시설, 교육연구시설, 노유자시설, 수련시설, 운동시설, 업무시설, 숙박시설, 공장, 자동차 관련시설, 방송통신시설, 교정시설, 묘지 관련시설, 관광 휴게시설, 장례식장이 해당된다.

03 UN에서 채택하고 있는 인도적 지원의 4대 원칙이 아닌 것은?

① 인도 – 인도적 지원은 고통 받고 있는 사람에게 차별 없이 제공되어야 함
② 공평 – 인도적 지원은 인종, 종교의 차별이 없이 이루어져야 함
③ 중립 – 정치, 종교적 성격에 치우치지 않게 제공되어야 함
④ 자애 – 지원은 자애정신에 기반한 선의에 의해서 이루어져야 함

정답 01 ③　02 ①　03 ④

풀이 1991년 유엔 결의안 46/182에서 인류애(Humanity), 중립(Neutrality), 공평(Impartiality)의 세 가지 원칙을 채택했으며, 2004년 유엔 결의안 58/114에서 독립(Independence)의 원칙을 추가하여 국제사회에서 인도적 지원의 4대 원칙으로 합의되었다.

원칙	내용
Humanity (인도)	(생명 및 존엄성 보호) 인도적 지원은 고통받고 있는 사람에게 차별없이 제공되어야 함
Impartiality (공평)	(인종, 종교의 차별이 없는 지원) 인도적 지원은 오직 필요(Needs)에 의해서 이루어짐
Neutrality (중립)	(일방적 호의 배제) 분쟁상황에서의 인도적 행위는 한쪽의 이익을 위한 것이 아니어야 함
Independence (독립)	(정치, 경제, 군사적 상황과 독립지원) 혹은 다른 목적과는 분리되어야 함

04 2014년 세월호 사태를 통해 대한민국 국민들은 큰 아픔을 겪었다. 이 사건을 통해 세월호의 선장은 큰 지탄을 받게 되었는데, 이때 세월호의 선장이 위반한 선원법 제11조에 해당하는 항목이 아닌 것은?

① 선장이 자신의 직무를 대행할 사람을 직원 중에서 지정한 경우 선박을 떠나도 된다.
② 선장은 선박에 급박한 위험이 있을 때에는 인명, 선박 및 화물을 구조하는 데 필요한 조치를 다하여야 한다.
③ 선장은 인명구조 조치를 다하기 전에 선박을 떠나서는 아니 된다.
④ 선원법 제11조는 해원에게도 준용한다.

풀이 선원법 제11조(선박위험 시의 조치)는 다음과 같다.
선원법 제11조(선박위험 시의 조치)
① 선장은 선박에 급박한 위험이 있을 때에는 인명, 선박 및 화물을 구조하는 데 필요한 조치를 다하여야 한다.
② 선장은 제1항에 따른 인명구조 조치를 다하기 전에 선박을 떠나서는 아니 된다.
③ 제1항 및 제2항은 해원에게도 준용한다.

05 다음 중 응급처치 시의 면책조항에 해당하는 부분은?

① 교통사고 발생 시 응급처치로 인하여 인명피해가 발생한 경우 처벌을 받지 않는다.
② 사고현장에 도착한 구급대원의 실수로 피해자의 증상이 심각해진 경우 처벌을 받지 않는다.
③ 휴가지에 있던 구급대원이 인근에서 발생한 교통사고에 대해 정상적인 응급처치를 실행했으나, 환자가 사망한 경우 처벌을 받지 않는다.
④ 교통사고 현장에서 지나가던 행인이 응급처치를 시행한 경우 어느 정도 실수가 있더라도 처벌을 받지 않는다.

정답 04 ① 05 ③

🔍 **풀이** 응급의료에 관한 법률 제5조의2(선의의 응급의료에 대한 면책) 생명이 위급한 응급환자에게 다음 각 호의 어느 하나에 해당하는 응급의료 또는 응급처치를 제공하여 발생한 재산상 손해와 사상(死傷)에 대하여 고의 또는 중대한 과실이 없는 경우 그 행위자는 민사책임과 상해(傷害)에 대한 형사책임을 지지 아니하며 사망에 대한 형사책임은 감면한다.

1. 다음 각 목의 어느 하나에 해당하지 아니하는 자가 한 응급처치
   가. 응급의료 종사자
   나. 「선원법」제86조에 따른 선박의 응급처치 담당자, 「119구조·구급에 관한 법률」 제10조에 따른 구급대 등 다른 법령에 따라 응급처치 제공의무를 가진 자
2. 응급의료종사자가 업무수행 중이 아닐 때 본인이 받은 면허 또는 자격의 범위에서 한 응급의료
3. 제1호 나목에 따른 응급처치 제공의무를 가진 자가 업무수행 중이 아닐 때에 한 응급처치
   ① "고의 또는 중대한 과실이 없는 경우"에 면책조항에 해당하나 해당 보기에서는 언급하고 있지 않음
   ② 구급대원은 「119구조·구급에 관한 법률」제10조에 따른 구급대 등 다른 법령에 따라 응급처치 제공의무를 가진 자로서 업무수행 중 발생한 업무에 대해 면책조항에 해당하지 않음
   ③ 제1호 나목에 따른 응급처치 제공의무를 가진 자가 업무수행 중이 아닐 때에 한 응급처치로서 면책조항에 해당함
   ④ "고의 또는 중대한 과실이 없는 경우"에 면책조항에 해당하나 중대한 과실로 인하여 발생한 사상에 대해서는 면책조항에 해당하지 않음

06 조선시대에는 매년 크고 작은 재해로 피해를 입었으며, 이를 개선하기 위해 정약용은 목민심서를 통해 진황육조(賑荒六條)를 제안하였다. 다음 사례를 통해 현대사회에서 재난 대비를 위해 진황육조 중 본받아야 할 덕목으로 알맞게 짝지어진 것을 고르시오.

> 미국 루이지애나 주 미시시피 강 유역에 위치한 뉴올리언스는 2005년 8월 29일, 초대형 허리케인 카트리나로 완전히 초토화되었다. 해수면보다 낮은 지형적 특성에다 허리케인이 빈번하게 발생하는 지리적 위치 때문에 재해에 익숙한 편이었지만 카트리나의 위력은 상상을 초월했다. 제방이 무너지면서 뉴올리언스 지역의 80%가 침수됐고, 재산 손실도 1,080억 달러에 달했으며, 이재민 110만 명, 확인된 사망·실종자만 2,500명을 넘긴 미국 역사상 최악의 자연재해로 기록되었다.
> 재난 대비와 대응 과정이 총체적으로 부실해 인명피해가 기하급수적으로 늘었고 수많은 사람들이 제때 구조되지 못해 고립돼 죽어가는가 하면, 전기와 상하수도 시설이 마비돼 통신은 끊기고 물은 2주 넘게 빠지지 않았다. 고온다습한 날씨에 수습되지 못한 시체가 부패하면서 악취가 진동했고, 대피소는 수용능력을 넘어서 제구실을 하지 못했다. 먹을 것을 찾는 시민들이 상점을 약탈하는 등 치안이 무너졌고, 의약품과 구호품도 제대로 전달되지 못해 뉴올리언스를 떠나는 행렬이 이어졌습니다.

① 규모(規模), 준사(竣事) ② 규모(規模), 권분(勸分)
③ 규모(規模), 설시(設施) ④ 비자(備資), 보력(補力)

정답 06 ③

> **풀이**

1. 비자(備資) : 흉년에 구제를 위한 행정은 예비하는 것이 최선이니 예비하지 않으면 모두 구차할 뿐이다. 풍년에 예비하지 않고 흉년에 구제하지 않으면 그 죄가 살인과 다름없다고 역설하고 있다. 그 방법은 풍년에 곡식을 매입하고 미납세금을 우선 징수하는 포흠(逋欠)을 통해 이룰 수 있다고 주장하고 있다.
2. 권분(勸分) : 권분이란 흉년이 들었을 때에 부유한 사람들에게 권장하여 식량이 없어 고생을 하는 농민을 구제하기 위해 곡식이나 재물을 직접 나누어주는 일을 말한다. 우리나라는 형제인척 간의 우애와 이웃을 돕는 것을 예로 가져야 한다고 배워왔으며 따르지 않는 자는 형벌로서 다스렸다. 그러나 조선시대에 이르러 권분의 형태가 백성의 재물을 억지로 빼앗아 거저 나누어주도록 하는 형태로 변질하게 된 것을 개선하기 위해 가정형편에 따라 상상에서 하하까지 9등급으로 구분하여 의연물품을 거두어들이는 상한선을 정하는 방식을 제안하게 되었다.
3. 규모(規模) : 현대적 의미로는 적정한 시기에 이재민을 구호하고, 규모를 정하여 이재민의 지원범위와 정도를 결정하는 것을 의미한다. 이재민에 대해서도 경제적인 여건에 따라 구호물품을 무상으로 주는 등급과 대여해 주는 등급 등으로 구분해 나눠주도록 기준을 정하고 있다.
4. 설시(設施) : 구호에 필요한 일체 시설과 행정기구 및 구체적 시행방법 등을 의미한다. 이를 위해 진청을 설치하고 감리를 두어 가마솥을 갖추고 염장, 미역, 마른 새우 등을 준비하여 이재민 식량을 지원하도록 하고 있다. 나누어주는 하루당 식량 역시 남녀노소별로 적정 분량을 정해 합리적으로 구호를 하도록 하고 있다.
5. 보력(補力) : 백성의 살림에 보탬이 되는 방안을 강구한다는 뜻으로 권농(勸農), 구황(救荒), 금도(禁盜), 박정(薄征) 등에 대해 언급하고 있다. 권농은 농사가 흉년으로 판명되면 논을 대신 밭으로 갈아 일찍이 다른 곡식을 파종하도록 하고, 가을이 되면 거듭 권하여 보리를 파종토록 하는 방식 등을 의미하며, 각종 재해로 경제상황이 좋지 않을 때 공공시설에 대한 수리공사를 시행하여 적은 비용으로도 구황을 하는 방식도 고려하고 있다. 이외에도 먹을 것이 없어 고생하는 백성을 위해 구황식물로 식용할 수 있는 것이 있으면 이를 채취해다가 각자 널리 전파시키도록 하고, 흉년에 도적을 없애는 일, 술 담그기를 자제하는 방안 등도 언급하고 있다.
6. 준사(竣事) : 진휼하는 일을 마칠 즈음에 처음부터 끝까지 점검해서 잘못된 허물을 하나하나 살핀다. 다산필담(茶山筆談)에 의하면 관리가 구호행정을 하면서 과오를 범하는 사례를 오도(五盜), 오익(五匿), 오득(五得), 오실(五失)로 규정하고 일체 부정이나 게으름을 단속하는 방식을 정하고 있다.

07 안전심리의 5대 요소에 해당되지 않는 것은?

① 성격
② 동기
③ 습성
④ 감정

> **풀이** 안전심리의 요소로는 일반적으로 기질, 동기, 감정 습성, 습관의 다섯 가지이다.(구체적인 내용은 본문 '9.7.4 사고의 심리적 요인' 참조)

08 인간의 의식수준 중 신뢰도가 가장 높은 단계는?

① Phase I
② Phase II
③ Phase III
④ Phase IV

정답 07 ① 08 ③

> **풀이** 의식수준 5단계 중 PhaseⅢ가 의식이 가장 명료한 상태이다.(구체적인 내용은 본문 '9.8.4 주의와 부주의' 참조)

09 사고 빈발자(재해 누발자)의 관리에 고려해야 할 사항으로서 거리가 가장 먼 것은?

① 사람마다 적성이 다르다.
② 사고의 경향성을 개인의 잘못으로 해석해서는 안된다.
③ 인간의 대응능력에는 한계가 있다.
④ 의식과 동작의 불균형은 사고의 위험을 줄인다.

> **풀이** 의식과 동작의 불균형은 사고의 위험을 높인다.(구체적인 내용은 본문 '9.7.2 인간의 사고 경향성' 참조)

10 다음 매슬로우(Maslow)의 욕구 위계 중 엘더퍼(Alderfer)의 ERG 이론에서 존재욕구에 해당하는 것은?

① 자아실현의 욕구　　　② 존경의 욕구
③ 소속 및 애정의 욕구　④ 안전의 욕구

> **풀이** 안전의 욕구와 생리적 욕구는 존재의 욕구(Existence), 존경의 욕구와 소속 및 애정의 욕구는 관계(Relationship), 자아실현의 욕구는 성장(Growth) 욕구에 해당한다.

11 다음 중 주의의 특징과 거리가 가장 먼 것은?

① 변동성　　② 감각성
③ 선택성　　④ 방향성

> **풀이** 주의의 특징은 선택성, 방향성 및 변동성이다.(본문 '9.8.4 주의와 부주의' 참조)

12 바이오리듬(Biorhythm)에 관한 설명으로 적합하지 않은 것은?

① 감성리듬은 주기가 28일이며, 감정이나 주의력과 밀접한 관련이 있다.
② 신체리듬은 주기가 23일로 활동력이나 지구력과 밀접한 관련이 있다.
③ 사인곡선상에서 최저점을 위험일이라 하며, 집중관리가 필요하다.
④ 지성리듬은 주기가 33일로서, 인지력이나 판단력과 밀접한 관련이 있다.

> **풀이** 안정기(+)와 불안정기(−)를 교대로 반복하는 점, 즉 최저점이 아니라 리듬이 변하는 점(zero)을 위험일이라 한다.(본문 '9.9.2 바이오리듬' 참조)

정답 09 ④　10 ④　11 ②　12 ③

13 다음 중 피로의 측정방법과 가장 거리가 먼 것은?

① 생리학적 방법　　　② 생화학적 방법
③ 심리학적 방법　　　④ 물리학적 방법

> **풀이** 피로의 측정방법에는 신체의 반응을 검사하는 생리학적 방법, 신체의 조성을 측정하는 생화학적 방법 및 동작이나 반응 등을 분석하는 심리학적 방법이 있다.(본문 '9.9.1 피로' 참조)

14 다음 직무스트레스 요인 중에서 조직 차원의 스트레스 요인과 거리가 가장 먼 것은?

① 시간적 압박　　　② 업무 구조
③ 생활습관　　　　④ 부적절한 작업공간

> **풀이** 생활습관은 개인 차원의 스트레스 요인이다.(본문 '9.9.3 직무스트레스와 해소' 참조)

15 다음 중 심리검사가 갖추어야 할 요건으로서 가장 거리가 먼 것은?

① 접근성　　　② 타당성
③ 신뢰성　　　④ 실용성

> **풀이** 접근성은 심리검사의 요건에 해당되지 않음.(본문 '9.6.2 심리학과 안전심리' 참조)

16 다음 항목 중 리슨(Reason)의 휴먼에러 유형에 해당하지 않는 것은?

① 주의의 실패에 의한 '잘못'　　　② 의도하지 않은 '실수'
③ 기억 재생의 실패에 의한 '깜빡'　　　④ 일상적 또는 예외적 '규칙위반'

> **풀이** 본문 '9.8.1 휴먼에러와 예방대책' 참조

정답 13 ④　14 ③　15 ④　16 ②

PART 10 안전문화 활동 및 교육

1 안전문화의 개념과 이론
1. 안전문화의 개념
2. 안전문화에 관한 이론
3. 무재해운동 이론과 기법

2 안전문화운동의 의의
1. 민간 안전문화 활동의 지속성 결여
2. 정부주도 안전문화 활동의 실패

3 안전문화운동 추진전략
1. 핵심사업의 추진
2. 안전복지 시책의 확산
3. 안전문화 재원 조성

4 안전문화운동 활성화 방안
1. 안전계몽 활동
2. 안전문제 참여
3. 안전봉사활동의 참여
4. 안전문화진흥법령의 제정
5. 산업 안전문화의 정착

5 안전교육의 개념
1. 국민안전의 정의
2. 안전교육의 중요성
3. 안전교육의 개념

6 안전교육 전문기관 현황
1. 국내 안전교육 기관
2. 해외 안전교육 기관
3. 안전교육 추진전략

7 안전교육 자격제도 및 체계
1. 안전분야 국가전문자격
2. 안전분야 민간자격

8 안전교육 관련 법률
1. 「국민 안전교육 진흥 기본법」 주요 내용
2. 「국민 안전교육 진흥 기본법 시행령」 주요 내용
3. 국민 안전교육 기본계획
4. 안전교육 활성화 방안

PART 10 안전문화 활동 및 교육

SAFETY MANAGEMENT

01 안전문화의 개념과 이론

1. 안전문화의 개념

1) 문화와 제도

문화(culture)란 인류가 지닌 지식·신념·행위의 총체를 의미한다. 영국의 인류학자 E. B. Tylor는 문화란 "지식·신앙·예술·도덕·법률·관습 등 인간이 사회의 구성원으로서 획득한 능력 또는 습관의 총체"라고 정의하고 있다(Tylor, 1871). 문화를 이와 같이 인간의 능력이나 규범으로 파악하게 되면, 복합적인 사회규범의 체계인 제도(institution)가 중요한 의미를 갖게 된다. 제도란 사회의 성원(成員) 사이에서 여러 가지 생활영역을 중심으로 한 규범(規範)이나 가치체계에 바탕을 두고 형성되는 복합적인 사회규범의 체계를 의미한다. 따라서 문화가 사람이 주도하는 것이라면 제도는 국가를 비롯한 다양한 사회적 기관에서 주도하는 것이라고 할 수 있다. 문화와 제도의 관계를 살펴볼 때 크게 두 가지의 논의가 존재한다. 첫 번째는 제도가 정착이 되어 문화를 주도한다는 주장으로서 사회에 특정 문화가 자리잡기 위하여 확고한 관련 제도의 정착이 선행되어야 한다. 두 번째로 문화가 결국 제도를 형성한다는 주장으로서 결국 제도의 개발 및 시행은 인간이 담당·결정하는 것이므로 인간의식과 같은 문화의 역할이 매우 중요한 것으로 본다.

2) 안전문화의 개념

(1) 안전문화에 대한 개념적 정의

1986년 체르노빌 사고 이후 국제원자력기구(International Atomic Energy Agency, IAEA)에 의해 발간된 INSAG-1 체르노빌 사고 후 검토회의 결과요약 보고서에서 안전문화라는 말이 최초로 사용되고 1988년 INSAG-3 '원자력발전소 기본안전 원칙'에서 가장 우선적인 안전원칙으로 제시되었으며 1991년 INSAG-4로서 '안전문화'라는 책자가 IAEA에서 발간되어 안전문화의 개념이 확실하게 정립되었다. 원자력 안전문화는 "최우선의 가치로서 원자력시설의 안전이 그 심각성에 따라 적절한 관심을 받도록 하는 관련 조직과 개인의 특성과 태도들의 집합체"라 정의하면서 안전문화의 주요 구성 요소를 정책차원 이행사항, 관리자 이행사항, 개인의 이행사항의 3단계로 나누어서 설명하였다. 또한 CCPS(미국화학공업협회)에서는 "공정안전관리를 정확히 실시하기 위해 모든 구성원이 공동으로 안전의식을 가지고 참여하는 것이다."라고 하였다. 즉 개인과 조직의 안전에 관한 자세와 의식, 규제의 필요성에 따른 행동의 일원화가 필요한 차원에서 그 의미를 부여한 것이라 하겠다.

일반적으로 안전문화라는 용어는 원자력뿐만 아니라 자연재해, 교통, 건설 및 서비스분야 등 대중적인 부분과 모든 업종에 걸쳐 광범위하게 사용되고 있다. 따라서 외국의 선행연구에서는 안전문화를 다양하게 정의하고 있으며 아래에 기술된 ACSNI(Advisory Committee on the Safety of Nuclear Installations)의 정의가 널리 사용되고 있다.

"한 조직의 안전문화는 안전관리의 형태 및 효과(성과), 안전관리에 대한 몰입을 결정하는 개인 및 그룹의 가치, 태도, 인식, 능력 그리고 행동유형의 결과물이다. 긍정적인 안전문화가 정착된 조직은 상호 간의 신뢰에 따른 의사소통과 안전의 중요성에 대한 공유된 인식, 예방조치의 효과를 자신 있게 인정하는 것에 의해 구별된다."
전통적으로 사업장의 안전을 개선시키기 위한 노력은 기술적인 문제와 개개인의 실수에 중심을 두고 수행되어 왔지만, 사고예방의 핵심사항은 조직의 안전방침 및 절차서가 안전문화 요소를 반영하고 있어야 한다는 점을 강조하고 있다.

1999년에 발생한 Ledbroke Grove 열차사고 조사에서 Lord Cullen은 철도산업에서 안전관리와 안전문화의 영향관계에 대해 깊이 있는 조사를 통하여 대부분의 크고 작은 열차 사고들이 안전관리상의 잠재된 결함에 기인한 불안전한 행동에 의해 발생했다는 주장에 대한 증거들을 제시하면서 "훌륭한 안전(Good Safety)"과 "훌륭한 사업(Good Business)" 간의 연결관계에 대하여 강조하였다. Cullen은 철도산업의 분리(fragmentation)로 인해서 영국 철도산업에서는 안전성과 향상을 위한 리더십을 명확히 달성하기가 어렵다고 설명하면서 안전에 대한 사업주의 몰입의 필요성과 현장 근로자들이 이를 명확히 알 수 있도록 해야 한다는 것과 안전문제를 깊이 있게 논의할 수 있는 정기적인 회의를 통해서 '조직의 안전목표를 효과적으로 전달해야 할 필요성을 강조하였다.

안전문화는 일반적으로 주된 연구분야 및 학자들의 이론적 지향에 따라 약간씩 상이하게 정의되고 있다. 그러나 안전문화라는 개념은 동일한 역사적 사건을 배경으로 정의되고 있기 때문에, 일련의 공통적 내용을 정의에 포함하고 있다(Wiegmann, 2002).
① 안전문화는 집단과 조직을 매개로 개인이 인지하는 가치와 관련되어 있다.
② 안전문화는 조직 내의 공식적 안전문제와 직접적으로 연계되어 있다.
③ 안전문화는 조직의 각 층위 모두에 속해 있는 성원의 인식과 태도를 요구한다.
④ 조직의 안전문화는 조직 내 모든 성원에게 영향을 미친다.
⑤ 특히 산업안전문화는 보상체계 및 안전성과 사이의 관계에 반영된다.
⑥ 안전문화는 이전의 실수, 사건 및 사고로부터 교훈을 얻어내고자 하는 조직의 의지에 반영된다.
⑦ 조직문화는 상대적으로 안정적이고 지속적이며 변화에 저항하는 속성을 갖고 있다.

(2) 안전문화 개념의 진화

조직의 안전문화는 당연히 그 조직 구성원의 계층 문화와 불가분의 관계가 있다. 근래 IAEA는 조직문화의 3계층모델(MIT의 Edgar Schein)을 사용하여 안전문화를 가시적 유형물(Artefacts)과 행동(Behavior), 공유 가치(Shared value), 기본 가정(Basic Assumption)으로 설명하고 있으며 유형물은 조사를 통하여 그리고 가치는 인터뷰를 통해 파악이 가능하나 기본 가정은 추론을 통해 파악해야 하는 어려움이 있다. 안전문화는 단일의 방법으로 다양한 제 문제를 모두 파악하기 어려움이 있어서 계층별로 적합한 방법을 다양하게 사용하는 종합적 접근이 필요하다는 개념이라 볼 수 있다. 또한 근래에는 안전에 대한 안전에의 확실한 가치부여, 책임의 명확화, 모든 활동에서의 안전성 고려, 안전에 대한 명확한 리더십, 안전에 관한 지속적 학습 등 다음 5가지 차원(Dimensions)으로 관련 기관의 안전문화를 평가하고 있다.
① 안전성이 조직 내에서 명확하게 인지되는 가치인가?
② 조직 내에서 안전성에 대한 책임은 명확한가?
③ 안전성이 조직 내의 모든 활동에 골고루 잘 퍼져 있는가?
④ 조직 내에 안전성 리더십 과정이 존재하는가?
⑤ 안전문화가 조직 내에서 학습에 의하여 추구되고 있는가?

2. 안전문화에 관한 이론

현대사회에 대한 기존 이해는 이성에 대한 철저한 믿음에 기초해 있었다. 인간의 이성적 능력에 기초한 기술진보는 자연과 사회에 대한 인간의 통제력을 확장시켜가는 과정으로 파악되었다. 따라서 기술이 발전할수록 인간의 통제능력은 증가하고, 자연과 사회에 대한 불

확실성은 감소하는 방향으로 나아간다고 믿어 왔다. 즉 기술발전은 위험을 줄이고 안전을 확보하는 사회적 과정으로 파악해왔다.

그러나 최근 들어 기술에 대한 합리적 통제가 가능한 근대성(Modernity)을 의심하는 회의론자 내지는 비판론자들이 증가하고 있다. 이들은 근대성이 새로운 변화단계에 진입한 것으로 파악하고 있다. 즉 현대사회의 특징을 기술합리성의 관점이 아니라 새로운 관점에서 성찰적으로 파악할 필요성을 주장하고 있는 것이다.

이렇듯 현대사회의 특징을 위험사회로 새롭게 인식하는 배경에는 서구에서 발생한 일련의 역사적 사건에 대한 경험이 자리잡고 있다. 위험사회와 안전문화에 대한 새로운 관심은 체르노빌 원전 사고와 같은 현실적 재난에 충격을 받은 서구사회에서 80년대 이후 본격화되었다.

대표적으로 울리히 벡(Ulrich Beck)과 앤소니 기든스(Anthony Giddens)로 대표되는 제2의 근대론자(Second Modernity)들은 제2의 근대사회에는 과학기술의 급격한 발달로 인해 계산된 위험이 증가하는 것으로 진단하고 있다. 계산된 위험은 고도의 과학과 기술이 합리적으로 작동함에도 불구하고 의도하지 않은 또는 예측하지 못한 결과를 가져오는 사회적 위협을 의미한다. 간단히 요약하면, 기술진보로 인한 복잡성이 위험요인과 불확실성을 감소시키는 것이 아니라 오히려 증가시키는 새로운 발전단계에 접어들었다고 주장한다. 인간 이성의 합리성이 오히려 불합리한 결과를 가져오는 역설이 현대사회의 근본적 특징으로 자리잡게 되었음을 강조하고 있다. 이들이 주장하는 생태학적 위험성과 첨단기술의 위험성은 인간의 합리적인 사회활동이 자연에 미친 파괴적인 결과가 다시 인류의 생존을 위협하는 현대사회 특유한 자기 파괴적인 위험성(risk)을 의미한다.

1) 위험사회론

탈현대의 특징을 위험사회로 인식하는 배경에는 역사적인 변화에 대한 체험이 자리잡고 있다. 전통적 사회에서 자연은 인류에게 두려움과 공포의 대상이었으며 어쩔 수 없이 당하는 위협적인 존재로 받아들여져 왔다. 지진, 폭풍, 홍수, 가뭄 등 자연에 의해 외부로부터 주어지는 재해는 지금도 인류의 생존에 중대한 위험(danger)으로 작용하고 있다.

현대사회에서 과학과 기술이 발달함에 따라 '계산된 위험성들'이 점차 중요성을 더해가고 있다. 기술적 재난은 과학, 기술, 경제의 합리적인 작동에도 불구하고 '의도하지 않은' 또는 '기대하지 않은' 결과로서 발생하는 생존의 위협이라고 볼 수 있다.

벡(Beck)과 기든스(Giddens)로 대표되는 서구이론가들의 현대성에 대한 분석이 기반하고 있는 서구의 경험이 무엇인지, 그리고 그 경험과 이론 간 긴장의 구조는 어떻게 변화해 왔는지를 파악하는 것이 필요하다.

울리히 벡과 앤소니 기든스에 따르면, 사회체계는 체계에 고유한 합리성에 따라 작동하지만 그 과정에서 자연환경과 전체 사회에 미치는 의도하지 않은 결과들이 생성된다. 자연은 어떤 의도도 가지지 않으며 목표도 추구하지 않으며, 전체 사회도 더 이상 기능적으로 분화된 사회체계들을 통합할 수 있는 집합체가 아니라고 가정된다.

이러한 가정에 기초해, 위험사회론자들은 현대의 위험사회는 전통시대와 다른 위험의 요소들을 내장하고 있는데, 그 가장 중요한 요소는 자연과의 관계에서 드러난다고 주장한다. 전통적으로 환경에 대해 가지고 있었던 생각, 즉 인간특례주의(human exemptionalist paradigm : HEP)에서 신생태주의 (new environmental paradigm : NEP)로의 전환이 필요하다는 주장이다. 현대사회가 비록 양적으로는 성장하였지만 과학과 기술, 경제에 의해 체계적으로 생산된 잠재적 위협과 위험사건들이 일상생활의 내용을 구성하고, 사회적 삶의 질에 영향을 미치게 되며, 사회 내적인 결정의 결과로 말미암아 지구상의 모든 생명체가 위협을 받는 가공할 위험성이 등장하고 있다는 것이 위험사회론의 핵심적 내용이다. 오존층의 파괴나 유전자 조작식품에 의한 부작용, 화석연료의 고갈과 지구온난화 등이 이러한 위험에 해당되는 대표적인 예이다.

따라서 인간이 만들어낸 복합적인 기술과 문명이 우리가 제어하지 못하는 위험요소가 되어 거대한 구조물과 도시체계, 그리고 산업생산물 속에 내면화되어서 생겨나는 위험을 제어하기 위해서는 성찰성이 필요하다고 주장한다.

바로 이러한 성찰성의 핵심적 내용이 안전문화라고 할 수 있다. 일상 속에 구현된 복잡 기술과 의도하지 않은 잠재적 위험을 성찰적으로 인지하고 행동하는 것이 바로 안전문화이며, 이러한 안전문화가 제도화되고 일상화될 때에만 위험사회에 대비할 수 있다는 내용을 함축하고 있다.

2) 안전문화에 대한 거버넌스론적인 접근

거버넌스의 특징은 종래 정부주도의 행정과정에서 기업과 지역사회조직(Community-Based Organizations)의 상대적 역할 증대로 나타났으며 모든 국정분야에서 정부, 기업, 시민단체 등의 협력관계를 강조하는 입장에 서게 되었다(Gates, 1996 : 3). 이러한 협력관계는 다양한 레벨에서 네트워크를 형성하게 되는데, 공공정책 네트워크와 관련하여 현재까지 논의되고 있는 쟁점은 ① 중앙대 지방정부 또는 지방정부 상호 간의 관계, ② 정부와 기업 간의 관계, 그리고 ③ 정부와 시민사회 간의 관계의 3개의 영역에서 어떻게 네트워크를 형성하고 이를 활성화할 것인가 하는 문제로 요약된다(김정렬, 2000).

이처럼 네트워크 내에서는 영역 간의 경계가 사라지면서 네트워크는 행위자들 간 자원을 필요로 하고 이들 자원의 교환에 의해 유지된다. 따라서 네트워크는 조정 메커니즘의 관점에서 시장과 계층제의 대안으로 이해되어야 함을 의미한다. 만일 시장의 중요한 조정 메커니즘이 가격 경쟁이고 계층제의 중요한 조정 메커니즘이 관리적 질서라면, 네트워크를 접합하는 것은 신뢰와 협동이다(Thompson et al., 1991 : 15, 김석준, 2001 : 88). 신뢰와 협동에 의해 구축되는 상호의존성은 대리인체제라고 할 수 있는 대의민주주의체제가 배출한 비능률과 상호불신이라는 부작용을 최소화하고 직접민주주의체제로 가기 위한 전이단계에서 국정운영의 능률성과 민주성을 제고하기 위한 필요성에서 비롯되었다(문병기, 2001 : 11).

이상과 같은 거버넌스 개념에 대한 여러 논자들의 의견을 종합해보면 가장 강조하고 있는 점은 조직들 간의 상호의존성이다. 이는 가장 포괄적이고, 추상적인 조건이면서도 동시에 성공적인 거버넌스체제의 가장 중요한 전제조건이기도 하다(Pierre & Peters, 2000, Rhodes 1996, 강황선, 2001 : 10).

3. 무재해운동 이론과 기법

1) 무재해운동 이론

무재해란 근로자가 상해를 입을 요지가 있는 위험요소가 없는 상태를 말하는 것이다. 위험요소가 없는 상태라는 말은 근로자가 현장에서 작업으로 인해 재해를 입어서는 안 되며, 본래의 건강이 보장되어야 한다는 뜻이다. 그렇게 됨으로써 근로자의 안전은 물론 기업도 생산성을 최대한으로 보장할 수 있는 것이다.

사업장의 무재해운동의 의의는 바로 인간존중에 있으며, 합리적인 기업경영에 있다고 볼 수 있다. 고용노동부에서도 무재해운동을 정의하기를 "사업주와 근로자가 다 같이 참여하여 자율적인 산업재해예방운동을 전개함으로써 재해예방의식을 고취하고 나아가 산업재해를 근절하기 위한 운동"이라고 천명하였다.

(1) 무재해운동의 기본이념

무재해운동은 인간존중의 이념에서 출발한다. 인간존중의 이념에서 출발하여 3무의 원칙으로 추진하는 운동이다. 그러므로 경영자는 먼저 인간존중의 경영철학을 기반으로 해서 근로자가 단 한 사람도 재해를 당하는 일이 있어서는 안 된다는 기본이념을 가져야 하며, 관리감독자는 자신의 노력에 의하여 한 사람의 근로자도 불행한 일을 당하지 않도록 한다는 숭고한 인간애적 사상을 가져야 한다. 즉 인간존중이라는 기본이념을 경영지표로 삼고, 무재해운동의 기법을 도입하여 실천할 때 근로자에게까지 그 사상이 깊숙이 침투하여 안전과 보건을 확보하고 활성화시켜 생산성을 높이게 되는 것이다.

무재해운동의 기본이념에는 무, 선취, 참가의 3개 원칙이 있다.

① 무의 원칙 : 무재해란 단순히 사망재해, 휴업재해만 없으면 된다는 소극적인 사고가 아니라, 불휴재해는 물론 직장의 일체 잠재위험요인을 적극적으로 사전에 발견, 파악, 해결함으로써 뿌리에서부터 산업재해를 없앤다는 것이다. 불휴재해란 근로자가 산업재해에 의한 부상이나 질병의 요양을 위해 1일 이상 휴무하는 일이 없는 경미한 재해를 말한다.

② 선취의 원칙 : 선취란 무재해, 무질병의 직장을 실현하기 위하여 직장의 위험요인을 행동하기 전에 예지하여 발견, 파악, 해결함으로써 재해발생을 예방하거나 방지하는 것을 말한다.

③ 참가의 원칙 : 위험을 발견, 제거하기 위하여 전원이 참가, 협력하여 각 자의 처지에서 의욕적으로 문제해결을 실천(제거)하는 것을 뜻한다.

(2) 무재해운동 추진의 세 기둥

무재해운동을 추진하고자 할 때는 중요한 세 개의 기둥이 있다. 이 세 기둥은 서로 연관되어 시행되어야 하며, 만약 어느 한 기둥이라도 빠지게 되면 추진되지 않는다.

① 최고경영자의 경영자세 : 무재해운동을 정착하기 위해 가장 우선되는 것은 최고 경영자의 무재해·무질병 추구의 경영자세 확립이다. 한 사람도 다치게 하지 않겠다는 인간존중의 철학에서 출발하여야 한다.

② 관리감독자(Line)의 적극적 추진 : 관리감독자들이 생산활동 속에서 안전을 병행하여 실천하는 것이 꼭 필요하다. 안전부서에서 필요한 지식을 지원하고, 생산계통에 따른 관리감독자들이 솔선수범하여 이를 준수하고 안전관리에 철저를 기할 때에만 사업장의 안전이 확보될 수 있다.

③ 소집단 자주활동의 활성화 : 직장의 제일선은 의식적 또는 무의식적으로 조직되어 있는가의 여부를 막론하고 통상 몇 사람의 소수가 집단을 이루게 되는데, 무재해운동에서의 안전 자주활동의 활성화를 위하여 이 직장 소집단의 활동, 즉 무재해 소집단의 의의와 역할을 중시하고 있다.

2) 무재해운동 기법

(1) 지적 확인

작업을 안전하게 오조작 없이 하기 위하여 작업공정의 요소요소에서 자신의 행동을 '…좋아!'라고 대상을 지적하여 큰 소리로 확인하는 것을 말한다. 즉 사람의 눈이나 귀 등 오관의 감각기관을 총동원해서 작업의 정확성과 안전을 확인하는 것을 말한다. 공동작업자와의 연락, 신호를 위한 동작이나 지적도 포함하여 지적확인이라고 총칭하고 있다.

(2) 터치 앤드 콜(touch and call)

터치 앤드 콜은 피부를 맞대고 같이 소리치는 것으로서 전원의 스킨십이라 할 수 있다. 이는 팀의 일체감, 연대감을 조성할 수 있고 동시에 대뇌 구피질에 좋은 이미지를 불어넣어 안전행동을 하도록 하는 것이다.

(3) 브레인스토밍(Brain Storming)

무재해운동에서는 브레인스토밍법에 의하여 자유로운 발언을 하게끔 하고 있다. 수 명의 멤버가 마음 놓고 편안한 분위기 속에서 공상과 연상의 연쇄반응을 일으키면서 자유분방하게 아이디어를 대량으로 발언하여 나가는 방법으로서, 그것을 위하여 통상 회의와는 다른 아래의 4원칙을 활용한다.

① **비판 금지** : 비판하지 않는다.
② **자유 분방** : 자유롭게 이야기한다.
③ **대량 발언** : 어떤 내용이든 많이 발언한다.
④ **수정 발언** : 타인의 아이디어를 수정하거나 덧붙여 말하여도 좋다.

(4) 위험예지훈련 4라운드 기법

도해 속에 그려진 작업의 상황 속에 '어떠한 위험이 잠재하고 있는가?'에 대하여 직장 동료 간에 대화를 나누는 경우, 무재해운동에서는 위험예지 4라운드를 거쳐 단계적으로 진행해 나간다. 또한 대화에 들어가기 전에 준비작업으로 다음 사항이 필요하다.

① **준비할 것** : 도해, 갱지, 컬러펜(흑, 적 각 1개)
② **팀 편성** : 보통 한 팀을 5~7인으로 한다.
③ **역할분담** : 리더와 서기를 정한다. 필요에 따라 발표자, 보고서, 강평담당 등을 정한다.
④ **시간배분과 항목수** : 몇 라운드까지 하는가? 각 라운드를 몇 분에 마칠 것인가?, 각 라운드에서 몇 항목을 내어야 하는가? 등을 미리 정해서 멤버에게 알려 준다.
⑤ **미팅의 진행방법** : 편안한 분위기로 현장의 생생한 정보를 나누며 단시간 끊임없이 대화하며 납득해서 합의한다.

4라운드법은 "준비 → 도입 → 1R(현상 파악) → 2R(본질 추구) → 3R(대책 수립) → 4R(목표 설정) → 확인 → 강평" 순으로 진행한다.

(5) 원 포인트 위험예지훈련

위험예지훈련 4라운드 중 2R, 3R, 4R를 모두 원 포인드(one point)로 요약하여 실시하는 T. B. M 위험예지훈련이다. 흑판이나 용지를 사용하지 않고, 또한 삼각 위험예지훈련 같이 기호나 메모를 사용하지 않고 구두로 실시한다. 선 재초 2분간이면 할 수 있으므로 누구나, 언제든지, 어디서나 할 수 있다.

(6) T.B.M(Tool Box Meeting) – 위험예지

T.B.M으로 실시하는 위험예지활동을 말하나, 이는 현장에서 그때 그 장소의 상황에 즉응하여 실시하는 위험예지활동으로서 즉시 즉응법이라고도 한다. 미팅의 형식은 소수인(10명 이하)이 좋으며 10분 정도가 바람직하다. 사전에 주제를 정하고 자료 등을 준비하고 예정표를 작성해 둔다. '도입', '의견 도출', '종합'의 단계로 계획성 있게 진행하며 한 사람씩 발언시켜 목적 이외의 토의는 피하도록 한다. 결론은 내릴 수 없는 것도 있으므로 서두르지 않는다. 이 경우 기록을 보존하여 다음 기회로 미루고 새로운 자료를 작성한다.

(7) 삼각 위험예지훈련

보다 빠르고, 보다 간편하게 전원 참여로 말하거나 쓰는 것이 미숙한 작업자를 위하여 개발한 것이다. 적은 인원수로 나누어, 기호와 메모로 팀의 합의 형성을 기하려는 일종의 T.B.M위험예지이다.

(8) 1인 위험예지훈련

한 사람 한 사람의 위험에 대한 감수성 향상을 도모하기 위하여 삼각 및 원 포인트 위험예지훈련을 통합한 활용기법의 하나이다. 한 사람 한 사람(리더 제외)이 동시에 공통의 도해로 4라운드까지의 1인 위험예지를 지적 확인하면서 단시간에 실시한 뒤, 그 결과를 리더의 사회로 발표하고 강평함으로써 자기 개발의 도모를 겨냥하고 있다.

(9) 자문자답카드 위험예지훈련

한 사람 한 사람이 '자문자답카드'의 체크항목을 큰 소리로 자문자답하면서 위험요인을 발견, 파악하여 단시간에 행동목표를 정하여 지적 확인한다. 이는 특히 비정상 작업에 있어서 안전을 확보하기 위한 훈련이다.

(10) 시나리오 역할연기훈련

작업 전 5분간 미팅의 시나리오를 작성하여 그 시나리오를 멤버가 역할연기함으로써 '5분간이라도 이렇게 충실한 미팅을 할 수 있다'는 것을 체험학습시키는 것이 목적이다.

02 안전문화운동의 의의

1970년대의 조직풍토(organizational climate)에 관한 연구의 진전은 1980년대의 조직문화(organizational culture)에 대한 연구가 활발히 이루어질 수 있도록 바탕을 구축하였고, 안전문화라는 개념이 조직문화차원에서 개념이 정립되었기 때문에 안전문화라는 용어는 일반적으로 산업안전분야에서 적용되어 발전되었다고 할 수 있다.

 그러나 안전문화활동이 산업체에서의 안전확보를 위한 사업주의 노력이라는 개념과는 다르게 산업조직 차원의 개념을 범국민적 안전의식활동의 조직체계로서 국가를 설정하였으며, 범국민적 안전의식 확보를 위하여 민간부문에서 자발적으로 추진하는 모든 노력을 의미하는 용어로 개념을 확대하였다(오금호·성기환 외, 2008).

안전사회를 구축하는 과정에 있어서 정부주도로의 어떠한 규제로서 완결되는 것이 아니라 우리 모두의 마음속에 사고는 우연이 아니고 필연이며, 일상적 삶의 구조에서 '생명가치'가 우선이라는 의식의 전환과 실천이 필요하다는 점은 모두가 인식한다. 그러나 안전문화 활동이 사회적 차원에서 지속성을 가지지 못하는 이유가 무엇인가를 살펴볼 필요성이 있다.

1. 민간 안전문화 활동의 지속성 결여

안전이라는 개념은 정부의 개입이 없이 가격이 각 경제주체들의 의사결정을 조정하는 기능을 수행하는 상황(시장가격기구)에서 사회적으로 바람직한 방향(자원의 효율적 배분)으로 달성되지 못할 수 있다. 이러한 현상을 경제학에서는 시장실패(market failure)라고 하며, 그 이유로서는 다음과 같다.

① 안전문제에 있어서 외부효과가 발생한다. 즉, 위험을 다루거나 위험을 산출하는 주체들은 그 위험으로 인한 피해나 비용이 모두 자신에게 귀속되지 않기 때문에 위험을 예방하고 제거함에 있어서 유인이 없다는 것이다.

② 안전문제는 공공재적 성격이 있다. 개인적인 차원에서 안전에 대하여 개인이 대응하는 방식은 철저하게 경제적 관점에서 이루어지며, 사람들은 재난을 방지하기 위한 재화의 비용을 감수하기 보다는 무임승차자의 행태를 보이게 된다.

③ 위험에 대한 정보의 불완전성이 있다. 개인이 위험의 존재 여부 또는 위험이 발생할 확률, 위험의 양과 정도, 위험통제의 비용 등에 관한 정보는 부족할 수밖에 없다.

④ 재난관리에 있어서 정보의 비대칭성이 있다. 어떤 위험에 관한 정보가 존재한다 하더라도 이를 해당 위험에 관련되는 당사자 일방이 독점하는 경우가 많다. 이와 같은 상황에서 위험 관련 사용자는 자신이 원하는 것보다 더 많은 위험을 떠맡게 될 가능성이 높고

반대로 정보소유자는 위험통제와 안전관리를 위한 투자를 줄이게 된다.
⑤ 비경제적 요인에 의한 한계성이 있다. 윤리성(morality)의 관점에서 보면 삶과 죽음의 가치는 다른 재화의 가치보다 더 중시되어야 한다. 그러나 객관적인 효율성만을 추구하는 사회분위기에서는 자원의 효율적 배분을 지상의 가치로 여기기 때문에, 현실적으로 사람들이 중시하는 삶과 죽음의 문제를 상대적으로 더 중시하지는 못한다.

앞에서 살펴본 바와 같이 민간 자발적 활동은 시장가격기구에서 안전문제를 해결한다는 개념이나 현실적으로 안전의 공공성, 정보부족, 정보비대칭, 외부성으로 인해 시장실패가 발생하게 된다. 결국, 시장 기구에서 해결하지 못하는 부분에 대하여 정부의 개입이 요구된다고 할 수 있다.

2. 정부 주도 안전문화 활동의 실패

민간부문에서 자발적으로 안전사회 구축이 어렵다고 하여 무작정 정부에서 안전문제를 해결하고자 한다면, 또 다른 문제점이 발생하게 된다. 즉, 현실적으로 정부가 재난관리를 책임지는 것이 당연하다고 인식하면서, '하길리즘'이라는 국민의 안전불감증과 무책임을 상징적으로 대변하는 특이한 용어가 나타났다. 정부만이 재난관리를 수행하겠다는 개념으로 추진되는 다양한 민관협력 방안은 민간이 자발성을 확보하기 보다는 관 주도의 행사성 사업으로 변질되어가는 것을 우리는 경험하였다. 정부만의 안전확보 노력은 결국 재난관리 일선현장에서 주민이 스스로를 방어하는 최소한의 노력조차 찾아보기 어렵고 모든 국민들이 사후보상에 관심을 가지게 되는 국가 무한책임의 재난관리로 귀결될 수 있다. 앞에서 언급한 '안전불감증'이라고 불리는 부끄러운 우리사회의 증상이 발생하게 된 원인을 국민 및 각 지역사회가 재해에 대한 책임성을 회피·간과하고 있기 때문으로 생각할 수도 있다.

결국, 민간부문의 자율성을 확보하면서 민간부문만의 안전문화 활동의 한계점을 극복하는 방안이 필요하며, 이를 위해서는 민관의 역할 및 책임소재에 대한 보다 구체적인 정립이 필요하다.

1) 안전문화 활동의 현황 및 현실적인 문제점

우리나라의 안전문화 활동은 「재난및안전관리기본법」이 제정되기 이전에는 「행정자치부와 그소속기관직제 시행규칙」 제12조에 민방위재난관리국 재난관리과의 업무로서 안전문화의 정착을 위한 교육·홍보를 명시하고 있었고, 「산업안전보건법」 제9조를 근거로 동법 시행규칙 제3조의2에 노동부장관은 산업재해예방계획의 효율적인 시행을 위하여 필요하다고 인정할 때, 관계행정기관의 장 또는 정부투자기관의 장에게 안전·보건의식 정착을 위한 안전문화운동 추진에 관한 사항을 협조하도록 명시되어 있었다. 「재난및안전관리기본법」이 제정되면서, 법 제70조에 "국가 및 지방자치단체는 국민의 안전의식을 높이고 안전문화를 창달하기 위하여 노력하여야 한다."라고 안전문화운동에 대한 정부활동의 법적 근거가 마련되었다. 또한, 법 제6조에서는 국민의 안전의식 수준을 높이기 위하여 안전점검의 날 및 방재의 날을 정하여 행사 등을 할 수 있음을 명시하였고, 법 제7조에서는 중앙안전관리위원회위원장은 안전관리헌장을 제정·고시하도록 하고 있다. 그러나 현안전문화 활동에 대한 법적 근거가 단지 기본법의 조항에만 명시되어 있을 뿐 구체적인 법적 기반이 마련되어 있지 않은 실정이다.

2) 안전문화추진기구 운영상의 문제점

성수대교 붕괴, 삼풍백화점 붕괴 등을 계기로 국민적 공감대가 형성되는 가운데 태동하게 되었고, 발족 시 노동부를 주관부서로 지정하면서 실무추진기구로 안전문화추진본부를 노동부 산하 산업안전관리공단에 설치하였지만 정작 중앙협의회 자체는 총괄기획기능을 수행하지 못하는 실정이다.

안전이라는 용어가 규정된 법령은 1300여 개 정도이며(법제처 법령검색에서 '안전' 주제어로 검색된 사항임), 그 중 85~90%를 구성하는 행정법(시행령 및 시행규칙을 수반하며 행정기관이 관여하는 법률)이 안전문제를 규정하고 있어 국민생활을 대상으로 한 생활안전문제에 관한 내용도 개별적으로 다루어지고 있는 실정으로 현재 사회 전반에 대한 안전문화의 구축에 필수적인 범국가적·범국민적 시너지 효과를 기대할 수 없는 실정이다.

행정안전부에서 안전문화활동을 주관하여 추진하기 위해 노력하고 있으나 부처별·직능별·분야별로 산발적인 개별법에 근거한 안전관리가 추진됨에 따라 종합적인 안전문화운동 추진 역량 결집이 부족할 수밖에 없다.

3) 법적 근거가 미약한 문제점

「재난및안전관리기본법」이 제정되기 이전에는 안전문화운동에 대한 법적 근거 역시 형식적인 근거법이 있는 것이 아니고 국무총리 지시사항으로 되어 있어 사실상 법적 근거가 없었다. 법적 근거가 없다 보니 실무기관인 안전문화추진본부에서 관련기관의 협조를 구하기가 쉽지 않고, 지방자치단체의 경우 중앙에서 하는 일에 무조건 법적근거를 풍토가 있기 때문에 더욱 곤란을 겪었다. 또한, 기본법이 마련되었다고 하지만 〈표〉에 명시된 조항이 안전문화활동에 관한 법조항일 뿐이며, 범국가적 안전문화활동을 위한 체계 마련에 대한 조항은 없다고 할 수 있다.

▼ 「재난및안전관리기본법」 안전문화운동 관련 조항

> 제66조의4 (안전문화 진흥을 위한 시책의 추진) ① 중앙행정기관의 장과 지방자치단체의 장은 소관 재난 및 안전관리업무와 관련하여 국민의 안전의식을 높이고 안전문화를 진흥시키기 위한 다음 각 호의 안전문화활동을 적극 추진하여야 한다.
> 1. 안전교육 및 안전훈련(응급상황시의 대처요령을 포함한다.)
> 2. 안전의식을 높이기 위한 캠페인 및 홍보
> 3. 안전행동요령 및 기준·절차 등에 관한 지침의 개발·보급
> 4. 안전문화 우수사례의 발굴 및 확산
> 5. 안전 관련 통계 현황의 관리·활용 및 공개
> 6. 안전에 관한 각종 조사 및 분석
> 6의2. 안전취약계층의 안전관리 강화
> 7. 그 밖에 안전문화를 진흥하기 위한 활동
> ② 행정안전부장관은 제1항에 따른 안전문화활동의 추진에 관한 총괄·조정 업무를 관장한다.
> ③ 국가 및 지방자치단체는 국민이 안전문화를 실천하고 체험할 수 있는 안전체험시설을 설치·운영할 수 있다.
> ④ 국가는 지방자치단체 및 그 밖의 기관·단체에서 추진하는 안전문화활동을 위하여 필요한 예산을 지원할 수 있다.

4) 관 주도 운동으로 인한 형식적 참여 문제

여태까지의 안전문화를 정착시키기 위한 안전문화운동은 관 주도의 규제적 안전대책과 함께 민간단체에 의한 국민의식 계몽 차원에서 수행되었으며, 그 성과가 있었다. 정부주도의 안전점검 실시, 안전시설 설치, 안전정보시스템 구축 등 지속적이며 체계적인 사업이 추진되었으며, 민간단체에 의한 교통안전문화 구축 등은 활발한 계몽적인 홍보를 통해서 이제는 어느 정도 그 성과가 가시화되고 있다. 그러나 안전문화단체들은 대부분 90년대 이후에 형성되어서 아직 조직화 수준이 낮고, 인적·재정적 자원이 열악한 상태를 면치 못하고 있으며 이와 같은 한계점으로 인하여 민간단체의 참여도는 정부의 의지에 따른 형식적 참여에 국한되는 실정이다. 결국, 정부의 안전문화운동에 대한 의지가 줄어들 경우에도 민간의 자발적인 안전문화운동이 추진될 수 있는 체계가 마련될 수 없어 지속성이 있는 안전문화보다는 일시적인 현상으로서 안전풍토운동으로 되는 문제점이 있다고 할 것이다.

5) 통합적 추진 계획 및 프로그램의 부재

우리나라의 안전문화단체는 지역별, 분야별, 성향별 분화가 이루어지지 않은 재 난립된 양상을 보여주고 있다. 사고가 발생하면 안전의식을 느낀 주민들의 일시적인 안전문화운동이 일어나지만, 이러한 운동은 쟁점이 해소되면 사라져버리고 안전문화운동을 주도한 단체도 해체되는 경향이 있다. 시민단체는 부녀회 등의 지역모임, 해병전우회 등의 경력모임 등 소규모의 단체들이 하위구조를 가지고 있으며, 소규모 단체들이 참여하여 안전사회를 구축하기 위한 목표를 가진 상위개념의 연합단체 등 매우 복잡한 다중적

인 특성을 가지고 있다. 특히, 다양한 개별법에 의하여 안전문화 활동을 하는 단체로 선정되어지면 타 단체에 대한 배타적인 성향이 나타나는 경향도 있었다.

이와 같은 다중적 체계의 활동을 추진하기 위해서는 서로의 역할과 단위단체의 특성을 살린 활동을 고려한 통합적 추진 계획 및 프로그램이 있어야 함에도 앞서 설명한 중앙기구의 총괄기획기능 부재, 법적 근거의 부재로 인하여 현실적으로 마련하지 못하였다(오금호·성기환 외, 2007).

03 안전문화운동 추진전략

1. 핵심사업의 추진

주요 대상사업으로 취약계층 가구 1:1 맞춤형 안전복지서비스로서 주택안전 점검, 노후시설 교체, 소화장비 설치(소화기, 단독형 화재감시기), 안전교육, 기타 자원봉사활동(목욕, 집안청소, 의료봉사 등)이 있고 자치단체의 재난관리부서와 소방관서를 중심으로 민간자원봉사단체, 안전 관련 전문기관, 경제계 등과 네트워크를 구축하여 추진한다.

그리고 단계별로 초기 점화단계로서 매월 안전점검의 날 행사를 계기로 시범행사를 실시(관계기관·단체 참여, 시·군·구 단위)하고 도우미 발대식, 선언문 발표, 시범행사 개최, 캠페인 등을 전개할 필요가 있다.

지속 확산단계로 유관기관·단체, 기업의 자매결연 및 봉사활동을 촉진하고 대도시 자치단체와 재해취약지, 저소득층 밀집지역과 자매결연을 맺으며 전경련, 중기협, 노동단체 등 사회봉사와 연계 추진한다.

또한 안전복지 119서비스 도우미 모집으로 소방·전기·가스 등 안전전문기관 관계자, 대학생, 재난안전네트워크 소속 자원봉사자 등으로 구성하여 저소득층 가구에서 필요로 하는 안전복지서비스를 제공할 필요가 있다.

2. 안전복지 시책의 확산

안전복지 추진 선포식을 개최하여 안전복지 관련기관 간 협약(유관기관, 단체, 기업 등)을 통하여 가칭 "안전복지 도우미" 발대식, 안전점검 시범행사 개최(취약계층 주택안전점검), 안전복지 심포지엄을 개최(선포식과 병행, 관련 학회 공동 개최)한다.

안전복지네트워크 형성을 위하여 안전 유관기관(전기·가스안전공사 등), 민간단체(전국자원봉사센터, 한국재난안전네트워크, 여성단체협의회 등), 기타(경제계, 노동단체, 기업체, 의료단체 등)와 안전복지네트워크를 구성하여 안전점검 행사 참여, 안전복지 관련 공동 시책을 추진 및 지원할 필요가 있다.

안전복지 시책의 효과적 추진을 위해 전국 자치단체를 대상으로 시범지역을 선정, 집중적 시행 후 확산 추진하는 방안으로 안전 취약계층이 많고, 참여의 의지가 있는 자치단체와 협의하여 선정된 시범지역에는 교부세 지원 등 지원방안을 마련 추진한다.

자원봉사자, 봉사주관기관·단체(청, 지차제, 협력기관·단체), 봉사 대상가구를 연결하는 시스템을 구축하여 안전복지 자원봉사사업에 대한 소개와 홍보, 자원봉사의 모집과 자발적인 신청, 자원봉사활동 등을 체계화하고 민간협력기관과 시범지역 선정과 연계 등 역할을 분담하고, 행정기관 또는 자원봉사기관·단체의 홈페이지 시스템을 구축한다.

시·도단위 안전 관련 유관기관·단체 관계자, 전문가 등으로 안전복지 포럼을 구성하여 지역 내 안전복지 시책 추진의 협력과 새로운 사업관계 발굴, 토론, 성공사례 발표 등을 할 필요가 있다.

3. 안전문화 재원 조성

안전복지 동전 모으기 운동으로 안전복지 동전 모금함을 설치하여 자치단체, 유관기관, 민간단체 등으로 확산을 유도하는 방안이 있다.

안전복지기금 구좌 갖기 운동도 전개하여 일정액을 1구좌로 정해 가칭 "안전복지(재원 마련) 구좌 갖기 운동"을 범국민적으로 전개하는 방안도 있고 자치단체, 관련 기관·단체 등의 시범실시로 언론사 등과 협조하여 전국민참여운동으로 확산하고 민간 추진주체(민간단체, 언론사 등)를 선정하여 구좌관리와 기금활용 방안 등을 강구할 필요가 있다.

▼ **표 10-1 실천 전략 과제**

목표	시책과제
핵심사업 추진	안전복지 119 서비스
	소화기·경보기 갖기, 보내기 운동 추진
안전복지 시책의 확산	안전복지 추진 선포식 개최 • 공동추진협약식, 도우미 발대식 • 안전점검 시범행사, 심포지엄 개최
	관련기관 및 민간단체와 공동추진협약 안전복지 도우미 및 자원봉사 모집·운영
	안전복지 포럼 구성·운영
	안전복지 자원봉사 시스템 구축
	시범지역 선정
민간참여 재원 조성 운동 전개	안전복지 동전 모으기
	안전복지기금 구좌 갖기 운동 전개
과제의 추진 및 추가 발굴	안전복지 TM 운동 전개
	안전복지 중장기 실천계획 추진

자료 : 전영옥, 2008.

04 안전문화운동 활성화 방안

안전문화활동은 ① 안전문화 총괄개념의 정립 및 규제방안, ② 교육, 캠페인, ③ 안전시설 설치 및 안전 관련 시스템 구축, ④ 실천적 안전문화운동으로서의 자원봉사활동으로 크게 구분될 수 있다. "안전제일의 가치관이 충만되어 모든 활동 속에서 의식 관행이 안전으로 체질화되고, 또한 인간의 존엄성과 가치의 구체적 실현을 위한 행동양식과 사고방식, 태도 등의 총체적 의미"로서 안전문화를 정의한다면, 이와 같은 안전문화를 정착시키기 위해서는 정부주관의 활동과 함께 민간주도의 활동의 조화 및 활성화가 요구된다고 할 것이다. (오금호 · 성기환 외, 2008)

1. 안전계몽활동

안전사회를 구축함에 있어서 정부 주도의 어떠한 규제로서 완결되는 것이 아니라 우리 모두의 마음속에 사고는 우연이 아니고 필연이며, 일상적 삶의 구조에서 '생명가치'가 우선이라는 의식의 전환과 실천이 필요하다. 안전사고를 줄이기 위해서는 우선 국민들에게 안전사고의 실상과 심각성을 제대로 알려 안전사고의 위험성에 대해 위기의식을 느끼게 한 후 이 위기감을 스스로 해소토록 해야 한다. 또한, 안전사고 예방을 위한 구체적 실천방안을 국민들에게 널리 알려 일상생활 속에서 체질화될 수 있도록 교육과 홍보를 담당할 '의식개혁 엘리트군'을 양성하는 것도 중요하다. 또한 범국민적 안전문화추진활동을 적극적으로 전개하여, 주민 스스로 자율성과 자구적 노력을 통해 안전문화가 조기 정착될 수 있도록 사회적 분위기를 조성해 주어야 할 것이다. 이를 위한 시민단체의 안전계몽활동은 다음과 같은 부류의 다양한 방법들이 있을 수 있다.

1) 안전문화의 날 및 안전문화주간을 통한 홍보활동

사회적 행사에 안전문화 관련 행사 마련, 안전문화주간 기간 동안 안전문화활동 관련 행사 주최 등

2) 대국민 안전문화교육 실시

시민안전교실, 안전캠프 운영, 안전체험관의 설치 등 주 5일근무로 인한 레저생활에서 가족 중심의 안전교육을 실시하는 방법

3) 아동안전교육활동

어린이 안전교육, 안전백일장 개최 등 안전에 취약한 대상이면서도 앞으로 국가를 짊어질 차세대에 대한 안전교육의 강화

4) 문화매체를 활용한 안전의 홍보활동

드라마, 영화, 서적 등 다양한 문화매체에 안전 관련 주제를 포함하여 주민들이 문화활동을 통하여 자연스럽게 안전의식을 향상

2. 안전문제 참여

안전과 관련된 문제에 있어서 시민참여의 문제가 검토되어야 한다. 이를 통해 진정으로 지방자치의 취지에 맞고 대의민주주의를 보완할 수 있다. 이를 위해서는 무엇보다 지역공동체의 문제를 책임을 질 수 있는 주민으로 거듭나야 한다. 공동체의 문제를 해결하기 위하여 무엇이 필요한지 스스로 찾아내고 이를 실현하기 위해 인적·물적 자원을 결합하여 스스로 집행하며 지방정부가 이를 돕도록 하는 시민주도형 지방자치를 실현해야 한다는 것이다.

참여는 단순한 투표행위 외에도 시위, 집회, 캠페인, 조직가입과 활동 등 다양한 행동으로 나타날 수 있는데, 지역방재역량 강화를 위한 참여방식으로 구체화해보면 지역에 사는 주민이나 전문가들이 지방자치단체에 요구하는 행정행위나 법적 근거에 대해 여러 주민들과 함께 의견을 제시하거나 시민단체를 결성하여 자치단체에 요구하는 방식으로 이루어질 필요가 있다. 이를 위해서는 지역주민의 방재안전에 대한 의식을 고취시키고 실천할 수 있는 방안 등을 개발, 제공해주는, 즉, 지식과 정보를 바탕으로 한 지식사회의 첨병으로서 지역의 대학교수와 담당공무원의 역할이 매우 중요하며, 고령화 사회와 지역애착심의 약화를 대신해줄 수 있는 기능으로서의 시민단체와 자원봉사자의 역할이 중요하게 된다.

안전문화단체는 정부와 국민을 연결시키는 중간조직으로서 국민들로 하여금 정부의 정책을 이해하고 자발적으로 실천토록 하는 한편, 국민들의 요구를 정부에 전달하는 매개자로서의 역할을 한다.

3. 안전봉사활동의 참여

자원봉사활동은 인간성을 회복하고 가정의 기능을 회복·보완하며 지역사회 공동체를 회복하고 개발하기 위한 사랑의 복지활동, 즉 순수한 볼런터리즘(voluntarism; 자원복지정신)인 것이다. 시민사회의 발전과 민주주의 발전은 시민의 사회적 역할을 강조하고 있고 자아실현을 위한 욕구의 증대로 사회참여가 활발해지면서 자원봉사활동은 점차 조직적 활동으로 발전되고 있다. 초기의 자원봉사활동의 개념이 인간애를 기본으로 중간 이상의 계층이 중간 이하의 계층에게 베푸는 사회사업적인 자선의 형태이던 것에 반해, 최근에는 산업화·도시화로 인한 각종 사회문제를 지역사회주민이 스스로 해결하는 방법론을 모색하기 위한 지역사회개발의 개념으로 변모하고 있다. 즉 모든 사람이 자원봉사자이고 모든 사

람이 수혜자인 적극적이고 종합적인 의미의 자원봉사활동으로 그 개념이 변화되고 있다. 자원봉사활동은 각종 사회문제를 해결하고 예방하는 데 기여하고 있으며, 정부에서 일정 수준의 지역사회발전을 위해 투자하는 노력을 자원봉사활동이 대체하게 됨으로써 공공예산의 절감효과를 기대할 수도 있다. 한편 사회적·환경적인 요소에 영향을 받고 또 해결에 있어서도 개인적인 노력으로는 불가능하고 집단적·사회적인 노력을 통해서만 가능한 지역사회문제를 주민스스로 동참하여 효과적으로 해결할 수 있는 토대를 만든다는 관점에서 점차 그 중요성은 부각되어질 것이다. 따라서 안전문화운동의 일원으로서 자원봉사 차원에서의 시민봉사의 활성화는 적극적인 노력이 필요하다고 할 것이다.

4. 안전문화진흥법령의 제정

범국가적인 안전문화활동은 대형사고가 발생한 이후 안전에 대한 경각심을 제고하기 위한 일회성의 활동이 아니며, 범국민적인 안전의식을 체질화하는 활동으로서 민간부문만이 또는 정부부문만이 노력해서 될 수 있는 일개 사업성의 성격보다는 제도화를 통하여 장기적으로 추진되어야 할 종합적 정책방향이라고 판단된다. 앞에서 살펴보았듯이 제도적 기반이 없이는 수많은 안전의식활동이 시너지 효과보다는 모래알같이 각각 수행되다가 사라져서 국민의 관심에서 벗어나는 사회적인 비효율적 형태가 나타났다고 할 수 있다. 따라서, 안전한 사회를 구축함에 대한 국민의 여망을 현실화하기 위해서는 제도적 차원의 노력이 있어야 하며, 다음과 같은 사항을 고려한 법적 근거가 필요하다고 판단된다.

1) 범국가적 통합체계의 마련

범국가적인 안전문화활동을 추진하기 위해서는 민간부문-정부부문의 통합적 체계와 전문분야로 구분된 정부부처별 안전업무에 따른 통합적 활동체계가 마련될 필요성이 있다.

(1) 민간부문-정부부문의 통합체계

범국가적인 안전문화활동을 추진하기 위해서는 안전문화활동에 참여하는 모든 안전문화단체들이 안전사회를 구축하는 데 참여할 수 있으며, 또 다른 한편에서는 안전문화활동이 국가차원의 재난안전정책의 중요한 축으로서 기능을 발휘하기 위한 통합적 추진계획을 마련해야 한다. 이와 같이 두 가지 관점을 충족시키기 위해서는 통합적 추진계획을 정부만이 마련할 수도 없으며, 또한 민간부문에서 일방적으로 작성할 수도 없을 것이다. 따라서, 안전문화활동의 관리기능을 담당할 정부에서는 국가안전관리계획의 목적에 따른 안전문화운동의 목표를 설정하고 이를 달성하기 위한 사업목적을 제시하고, 민간부문에서는 사업목적을 달성하기 위해 개별 안전문화단체들이 수행할 세부사업을 작성하는 방법이 바람직할 것으로 판단된다.

(2) 전문분야로 구분된 정부부처별 안전업무에 따른 통합체계

안전문화활동을 행정안전부에서 총괄하여 주관하여 추진하고 있으나 타 부처의 안전업무에 관한 안전문화활동을 모두 주관할 수는 없다고 판단된다. 즉, 안전업무를 담당하고 있는 재난관리책임기관에서 안전문화활동을 체계적으로 추진할 필요성이 있다. 단지, 민간부문과 정부부문의 상호적 관계를 정립하는 등의 안전문화활동을 추진함에 있어서 필요한 체계는 법적 근거에 따라 추진해야 할 것이다. 다양한 전문분야별 안전문화활동의 통합체계는 업무 및 명령체계의 통합이 아닌 안전문화활동 프로그램에 대한 조정으로서 이루어져야 할 것이다. 국가안전관리계획을 수립함에 있어서 안전문화활동에 대한 종합적 계획을 마련하여 다양한 전문분야별 안전문화활동이 상호관련성을 확보함으로써 시너지 효과를 발휘할 수 있어야 할 것으로 사료된다.

「재난및안전관리기본법」상 국가재난관리체계에 있어서 최고의 재난관리정책·행정계획의 심의기관은 중앙안전관리위원회이기 때문에 안전문화활동을 범정부적으로 범부처별로 추진하기 위해서는 국무총리가 의장인 중앙안전관리위원회 산하의 분과위원회로 안전문화위원회가 설치되어 각 재난관리책임기관에서 추진하는 안전문화활동에 대한 종합적인 검토 및 조정하는 기능을 부여하는 것이 매우 중요하다고 할 수 있다.

2) 체계적 안전문화활동 추진계획의 수립

안전문화활동은 안전사회 구축을 위한 기반으로서 국민의 안전의식을 생활화하기 위해 다양한 주체가 다양한 활동을 추진하는 체계라고 할 수 있다. 조직체계 차원에서 획일적인 명령에 의한 사업을 추진하기에는 그 범위가 광범위할 수 있으며, 배타적 조직문화에 그 의미가 왜곡될 가능성이 있다. 따라서 안전문화활동은 안전사회 구축이라는 명제에 대하여 각 주체들이 자발적인 활동계획을 수립할 필요성이 있으며, 다양한 계획들을 어떻게 체계화하고 조정하여 상호 간 시너지 효과를 만들어 낼 것인가가 범국가적 안전문화활동의 중요한 요인이다. 즉, 부처별, 직능별, 분야별 산발적인 안전관리로 나타날 수 있는 안전사각지대를 최소화하기 위해 안전문화활동의 거대한 리더십으로서 또한 재난관리의 새로운 패러다임으로 등장한 시민단체 및 자원봉사단체와의 파트너십의 핵심으로서 안전문화활동을 견인할 안전문화종합계획의 마련이 필수적이라고 할 수 있다.

과거 1세대 안전관리는 정부에 의해 주도되는 관주도형이고, 2세대 안전관리는 민간단체 활성화에 의한 비체계적·비효율적 자유방임유형이라고 할 수 있으며, 3세대의 안전관리는 향후 우리가 추구해야 할 체계로서 민관의 파트너십을 기반으로 마련된 조직화되고 체계화된 민관거버넌스형 안전관리라고 할 수 있다. 이를 위하여 범정부적 안전문화활동 추진계획 수립을 위해서는 계획단계부터 시민단체의 참여를 확보하여 자발적인 시민운동이 현실화되도록 해야 할 것이다.

3) 안전문화활동 실천적 방안의 발굴체계의 마련

'안전문화'라는 용어가 추상적 개념으로 인식됨으로써 안전문화활동에 대한 구체적 실천방안 마련 미흡한 실정으로 개별적 산발적 안전문화활동으로 인하여 안전사각지대의 발생가능성을 내포하고 있었고, 실생활속에서 국민이 체감하기 어려운 실정이다. 범국가적 시스템 구성을 통한 시너지 효과를 형성하기 위해서는 국민이 실천할 수 있는 현실적 방안의 발굴이 필요하며, 안전문화활동 추진에 있어서 정부의 역할로서 민간단체의 활동 및 주민의 참여에 대한 다양한 아이디어와 사업추진에 대하여 필요한 지원방안을 마련할 필요성이 있다.

예를 들어, 앞의 안전계몽운동에서 소개한 문화매체를 활용한 안전문화의 홍보문제를 검토하면, TV · 드라마 · 영화 · 서적 등 다양한 문화매체는 국민의 생활 속에서 상당한 영향력을 미치고 있다.

이와 같은 문화매체에 어떤 내용의 홍보를 할 것인지는 국민의 선호도에 가장 민감한 문화 컨텐츠 제작자들이라고 할 수 있다. 따라서 문화 컨텐츠 제작자들이 안전문화의 중요성을 인식하고 그 내용을 다양한 방법으로 국민들에게 전달할 수 있도록 정부에서는 간접적으로 지원하는 체계를 마련하는 것이 가장 효율적일 것이다. 즉, 안전문화활동을 추진하는 주체로서의 민간의 활동과 다양한 유형의 안전문화 활동을 간접적으로 지원하는 주체로서의 정부의 역할의 체계적 정립방안이 법안에 명시될 필요가 있다고 할 것이다.

5. 산업 안전문화의 정착

전국 산업단지는 2014년 기준, 1,040곳, 7만 7,496개의 기업이 입주해있으며, 근무하는 직원이 202만 명에 이른다. 4인 가구로 따지자면 800만 명의 국민에게 '삶의 터전'이지만 전국에 착공 후 30년이 지나 노후화가 심각한 산업단지가 100곳이 넘어 제도개선이 이뤄지지 않으면 자칫 대형사고로 이어질 수 있는 우려한 상황이다. 노후화된 기존 산업단지는 일반적으로 기반시설이 잘 갖추어져 있을 뿐만 아니라 관련 산업의 집적, 각종 산업지원시설에 대한 접근성이 뛰어나 구조고도화가 이루어질 경우 신산업의 육성에 필요한 기초적인 여건을 보유하고 있다.

따라서 신규 산업단지의 개발보다 기존 산업단지의 재정비가 국가자원의 효율적 이용이라는 측면에서 보다 유리한 점이 많다. 특히, 기업의 수요가 제대로 반영되지 않은 공급 위주의 산업단지 개발로 인해 미개발, 미분양 등이 발생하고 있음을 고려할 때 한정된 자원을 효율적으로 이용한다는 면에서 바람직한 정책이다(이원빈, 2011). 노후화된 기존 산업단지의 구조고도화를 통해 산업발전을 도모하면서 근본적인 재난안전문제를 예방하는 사업을 확대할 필요가 있다.

지식과 혁신이 경제발전의 원동력이 되는 시대에서 고급인력의 유치를 위해서도 환경적, 심미적 요인이 기업 입지 요인에서 중요한 부분을 차지하고 있다. 따라서 에너지 효율화, 자원재활용, 친환경 대체에너지 사용의 확대 등 산업단지의 친환경 녹색성장 기반화가 필요하며(이원빈, 2011) 이는 기후변화에 따른 재난 예방에 큰 효과가 있다. 저영향 개발(Low Impact Development)은 개발로 인한 수문학, 수질 영향을 최소화하기 위한 기법에서 시작되었다. 개발 계획 단계에서부터 자연지형을 최대한 보존하고, 토양의 자연정화 능력을 활용하며, 식물과 토양을 활용하는 빗물관리기법으로 최근 반복되는 돌발 홍수피해는 도시가 개발되면서 진행된 평탄화와 불투수면 증가로 우수 배제 용량을 일시적·국지적으로 초과하면서 나타나는 현상이다. 저영향 개발은 빗물관리만이 아니라 물순환 복원과 도시 계획을 통한 기후변화에 따른 도시대응 전략이다.

보호해야 하는 가치를 연속적으로 이어가는 것이 글로벌 사회의 새로운 경영방침이며, 이를 통해 그동안 알려져 온 재난관리기술을 통합하고 표준화해야 할 필요성이 증대되고 있다. 산업을 보호하기 위한 선진 리스크 관리방안에 있어 기술관점의 관리방안과 함께 경영관점이 필요하며, CSR[11], ERM[12], BCP[13] 등 선진 관리기법 적용이 요구된다. 산업단지 내 다수의 대기업은 국제표준에 입각한 리스크 관리체제를 구축하기 위한 노력을 이미 추진 중에 있다. 그러나 소규모 사업장의 경우 기업의 영세성, 경영 문화 등으로 인하여 선진적 재난관리 능력이 매우 부족한 상황이다. 따라서 공단은 이러한 선진적 재난, 위험관리기법을 중소기업에 제공할 방법에 대한 검토가 요구된다.

현재 실질적으로 분산 관리되고 있는 산업단지 내의 재난 대응방식에 대한 전면적인 재검토가 필요하다. 산업단지 관련 대응조직은 모든 재난에 공통적으로 적용되는 대비·대응 분야를 일원화하여 고도의 전문성 있는 조직으로 개편해야 할 필요가 있다. 먼저 재난관리체계의 기본적 틀은 '재난위험분석 → 예방 및 대비 → 대응 → 복구 및 환류'의 총체적 관리가 가능한 통합관리체제의 틀을 갖출 수 있도록 정비해야 한다.

---

[11] 사회적 책임경영기법(Corporate Social Responsibility) 신뢰성 있는 상품을 만드는 것부터 수익금 일부 기부, 환경정화활동, 각종 봉사활동, 정당한 세금 납부, 재무적 투명성 공개, 근로자 권익 향상, 질서 있는 경쟁 등의 내용을 포함하는 경영기법

[12] 전사적 위험관리(Enterprise Relationship Management : ERM) : 기업 대내외적으로 관계된 모든 이해 관계자들과의 효과적인 관계를 구축하기 위한 일련의 노력으로서 CRM의 확장개념

[13] 업무연속성 계획(Business Continuity Planning : BCP) : 재난 발생 시 비즈니스 연속성을 유지하기 위한 방법론

1) 안전문화 학습조직의 구축

방재인력의 전문화 및 교육훈련 강화가 필요하다. 재난관리와 관련하여 근무하는 직원들의 전문성, 성과확보를 위한 인사제도의 개혁이 필요하며, 특히 조직의 책임자급까지 재난관리의 필요성에 대한 인식을 제고하고 과거 사고의 교훈을 지속적으로 학습하고 전수할 수 있도록 재정비해야 할 것이다.

응급상황에 여러 재난 주체들이 유기적으로 신속히 대응해 나가기 위해서는 재난계획과 반복된 교육훈련을 통해 재난인력의 숙달과 전문화가 필요하다. 재난대비훈련을 실제 상황처럼 구체적인 상황으로 연출하여 시행하고 위기 발생 시 해당 지역의 기능이 어떻게 작동되는가를 훈련하고 주민들과 직원들이 어떻게 대응하는가를 학습하도록 해야 할 것이다. 재난의 과학적 예측과 원인분석, 기술적인 예방과 대응, 체계화된 계획, 방재시스템 구축을 위한 전문연구 활동을 강화하고 재난관리시스템의 과학화·전문화를 통한 방재정책연구와 방재기술의 질적 수준을 향상시켜 나가야 한다. 직원들의 재난관리 역량 강화를 위해 학습조직화를 통해 교육훈련이 필요하다.

안전교육훈련을 위해서는 재난 대응 공동매뉴얼의 수립이 필요하다. 이를 위해 선진 외국의 벤치마킹이 필요하다. 미국은 재난 유형이 아닌 기관의 기능에 따라 책임기관과 지원기관을 지정하고 있으며, 일본은 방재기본계획에서 재난 유형별로 책임기관을 지정하고 재난대응의 책임기관은 재난의 유형에 관계없이 기관의 기능에 따라 임무를 지정하고 있다. 즉, 모든 재난은 거의 유사한 대응체계를 갖고 있기 때문에 각 업무 소관을 망라한 재난대응 공동매뉴얼을 마련하고 있다.

또한 기존 매뉴얼의 재편성, 공동매뉴얼 작성이 필요하다. 우리나라는 산업단지 내의 각 기관을 통합하여 운영할 수 있는 실질적인 통합매뉴얼이 없으므로 미경험 재난이나 대형재난 발생 시 매뉴얼에 따른 대응에 한계가 존재한다. 그리고 해당 기관별로 각각 작성된 매뉴얼은 부서별 연계성과 종합성이 미흡하고, 기관별 역할 분담 및 책임이 불명확하여 실제 대응에 혼란을 야기 할 수 있다. 따라서 각 재난관련부서의 직원과 교수, 전문가 등이 공동으로 참여하여 외국의 대응사례 등을 참고로 미국의 표준비상사태관리시스템(Standardized Emergency Management System : SEMS)처럼 재난 발생 시 각 기관에 공통으로 적용되는 종합적인 대응매뉴얼을 작성하여야 할 것이다. 이러한 공동매뉴얼은 대형재난 발생 시 재난 현장과 통합관리 조직의 유기적인 공조체제를 확보하여 재난의 사전예방 및 피해의 최소화에 기여하게 될 것이다.

2) 안전 거버넌스 체계 수립

협업을 통한 재난 안전대응 방안을 마련해야 한다. 최근의 산업단지 사고를 분석한 결과 몇 가지 문제점이 도출되었는데, 우리나라는 재난관리시스템이 형식적으로 운영되고 있고, 재난대응의 법적 권한이 매우 제한적이다. 대부분 행정보고 등 보조기능에 그치고 있어 자체적으로 재난을 관리할 수 있는 역량이 부족한 상태이며, 재난대응, 복구 과정에서 일정 수준 이상의 장비 등을 갖춘 군부대와 경찰의 협력뿐만 아니라 민간 조직과의 협력도 제대로 갖추어지지 않은 것으로 파악되었다. 기본적으로 녹색성장 사회, 기후 온난화 등 환경문제, 안전에 대한 국민적 새로운 요구, 시민사회의 성장, 정보기술의 비약적인 발전 등에 대응할 수 있는 재난관리에 대한 요구에 부응하기 위한 민관협력 체계를 수립하여야 한다. 이를 위해 최우선적으로 재난관리체계는 재난관리과정(예방, 대비, 대응, 복구)체계에 기초하여 각종 재난 및 재해로부터 국민의 생명과 재산을 안전하게 보호할 수 있는 재난관리시스템을 구축하고, 재난관리 네트워크에서 공공부문과 시민사회가 협력할 수 있도록 종합적인 시스템을 구현할 필요가 있다.

단지 산업단지만의 자연재해, 인적·사회적 재난에 대응하기 위한 재난관리시스템만 아니라 시민사회까지 포괄하는 범국민적인 재난관리체계를 제시하는 것이 중요하다. 이를 위해 산업단지 내 재난상황 발생 시 신속하면서도 정확한 재난정보 수집과 전달을 실현하고, 한발 앞선 긴급 대응을 통해 인명과 재산을 보호하며, 재난상황 종료 후에는 도시 기능을 신속히 회복할 수 있는 민관협력 방재체계가 반드시 필요하다.

최근의 산업단지에서 사고 발생 시 가장 크게 문제가 되는 것은 지역주민의 안전이다. 따라서 주민의 안전까지 보호할 수 있는 대응체계의 수립이 필요하다. 재난 발생 시 지역 주민이나 주민 조직은 해당 지역을 가장 잘 알고 있는 집단이므로 향후 방재활동의 중심 주체 중 하나가 될 수 있는 체계를 구축해야 한다. 주민조직을 중심으로 재난 발생 시 방재에 대한 정확한 정보 전달과 교육, 피해 예상지역별 운영체계를 구축한다면 이후 방재작업의 혼란을 방지하고 피해를 감소시킬 수 있다. 지자체와 연계하여 사전에 각종 유관 민간단체들로 구성된 네트워크를 형성하여야 한다.

각 민간단체가 지닌 인적·물적 자원에 관한 정보를 DB화하고 재난유형별로 동원 가능한 민간단체를 분류하여 비상연락체계를 구축하여야 할 것이다. 이를 위해 평상시에 유관민간단체의 구성원에 대한 지속적인 교육과 훈련을 통하여 재난 현장에서의 체계적인 구급·대응이 가능하도록 전문성을 확보해야 한다. 민간단체의 설립목적과 특성 및 가용자원에 따라 활동분야를 특화하여 유기적인 협력체계를 구축하여야 한다. 예컨대 재난관련활동을 재난 예방 및 안전진단, 자원봉사자관리, 비상대피지원, 구호품 수집·이송 및 배급, 인명구조, 시설복구, 교통통제 등의 분야별 협력체계의 구축이 필요하다.

3) 산업안전보건법의 강화

우리나라에서 발생하고 있는 산업재해를 분석해보면, 사업주가 산업안전보건법령상의 구체적 기준을 위반하지 않았는데도 산업재해가 발생한 경우를 종종 발견할 수 있다.

재해를 초래한 사업주의 안전보건에 대한 인식이 매우 낮고 발생한 재해의 사안이 중대함에도 불구하고 적용할 법적 기준이 마련되어 있지 않은 것이다. 산업재해를 온전히 예방하기 위해서는 법적 기준만으로는 한계가 있고 이를 초과하여 사업주로 하여금 예방조치를 하도록 할 필요가 있음을 반증하는 것이다. 이러한 점에 착안하여 우리나라 산업안전보건법도 사업주에게 일반적 의무를 부과하고 있다. 그런데 단순히 선언적 수준의 의무에 불과하여 강제력이 전혀 담보되어 있지 못하다. 따라서 미국 산업안전보건법(Occupational Safety and Health Act of 1970)의 일반의무조항과 같이 일반의무조항 위반에 대하여 벌칙규정을 두는 것을 적극적으로 추진할 필요가 있다.

우리나라의 경우 다분히 추상적으로 규정되어 있는 산업안전보건법의 일반적 의무조항 위반에 대하여 직접적으로 형사처벌 규정을 두는 것은 법리적으로 어려울 것으로 생각된다. 그러나 일반적 의무 위반에 대하여 행정질서벌인 과태료를 부과하는 것은 죄형법정주의 적용을 받지 않기 때문에 입법론적으로 가능할 것이다. 이때 미국의 일반의무조항과 관련하여 형성된 판례와 심결 법리를 충분히 참조할 필요가 있다.

사업주의 일반의무조항과 관련하여 또 하나 생각할 수 있는 것은 산업안전보건법의 위험성평가 조항(제41조의 2)에 대하여 위반 시 과태료 부과 규정을 둠으로써 일반의무조항에 과태료를 부과하는 것과 유사한 법적 효과를 거두는 방안이다. 위험성평가조항 또한 일반의무조항과 마찬가지로 특정 안전보건기준에 규정되어 있지 않은 사항에 대해서도 사업주에게 일정한 안전보건조치를 하도록 하는 효과가 있기 때문이다. 현재는 위험성 평가조항이 사업주의 의무로 규정되어 있지만, 처벌은 규정되어 있지 않다.

이와 같이 우리나라의 산업안전보건법에 미국 산업안전보건법의 일반의무조항과 동일하거나 유사한 제도가 도입된다고 하면, 구체적 법적 기준을 보완하는 일반의무조항의 포괄적 성격을 고려할 때, 이는 우리나라 사업장의 자율적 산재예방활동을 활성화하는 전기로 작용할 수 있을 것이라고 생각한다(정진우, 2015).

4) 외국인근로자 등 취약계층에 대한 안전예방 강화

외국인 근로자들은 내국인 근로자가 기피하는 3D업종 및 영세소규모 사업장에서 육체적으로 힘든 작업을 수행하고 있고, 또한 국가 간 문화적 차이 및 원활한 언어소통의 부족으로 고위험작업에 대한 긴급한 대응능력의 부재로 인해 산업안전보건 측면에서 아주 취약한 근로환경에 직면해 있다(유길상, 2007). 국내 전체 및 외국인 근로자 산업재해율 현황과 지수를 비교 분석해서 종합해보면 국내 산업재해율은 0.7% 수준으로 답보 상태이고, 사망만인율은 매년 감소 추세를 보이고 있지만, 외국인 근로자의 산업재해율은 매년 점진적으로 증가하는 경향을 보였고, 특히 제조업과 건설업 경우 산업재해율과 사망만인율은 상당히 높은 것을 확인할 수 있다. 따라서 이에 따른 정책 및 제도적인 예방대책이 수립되어야 할 것이다. 또한 최근 5년간 외국인 근로자의 산업재해 발생 규모 및 유형을 분석한 결과, 매년 전체 외국인 재해자에서 약 80%가 30인 미만 소규모 영세 사업장에서 산재가 발생되고, 사망자 발생에서도 전체 63%가 30인 미만 사업장에서, 특히 5인 미만 사업장에서는 전체의 32%를 차지하고 있었다. 그리고 외국인 산업재해 발생 특성을 보면 매년 성별에서 남자가 전체의 88%, 연령대는 30~39세가 전체의 35%, 입사 후 산업재해가 발생한 시점의 근속기간을 보면 6개월 미만이 전체의 64%, 1일 근무 시간대에서 산재발생 시각은 9~12시가 전체의 30%, 산재발생 유형은 끼임이 전체의 42%, 사망자의 경우는 떨어짐이 전체의 29%, 업무상 질병이 전체의 17%로 차지하고 있음을 알 수 있었다. 따라서 이러한 특성을 고려하여 외국인 근로자의 산재 예방 대상 집단을 선정하고, 선택과 집중을 통해 예방사업을 수행한다면 산업재해 감소효과를 극대화할 수 있을 것이라 사료된다(이관형 외, 2012).

05 안전교육의 개념

1. 국민안전의 정의

1) 국민안전의 정의

국민의 사전적 의미는 국가를 구성하는 사람 또는 그 나라 국적을 가진 사람을 의미한다. 안전은 위험이 발생하거나 사고가 날 염려가 없는 상태로 정의한다(노동부, 2003.11). 국민안전이란 국민에게 위험이 생기거나 사고가 날 염려가 없으며, 그런 상태를 의미한다.

대한민국 헌법에서 국가의 의무에 관해서 다음과 같은 내용을 포함한다.

▼ 헌법과 국민안전

> 제34조 ⑥ 국가는 재해를 예방하고 그 위험으로부터 국민을 보호하기 위하여 노력하여야 한다.
> 제35조 ① 모든 국민은 건강하고 쾌적한 환경에서 생활할 권리를 가지며, 국가와 국민은 환경보전을 위하여 노력하여야 한다.
> 제36조 ③ 모든 국민은 보건에 관하여 국가의 보호를 받는다.

국민안전 관련 분류는 국민의 생명·신체 및 재산과 국가에 피해를 주거나 줄 수 있는 것으로서 태풍(颱風)·홍수(洪水)·호우(豪雨)·폭풍(暴風)·폭설(暴雪)·가뭄·지진(地震)·황사(黃砂) 등 자연현상으로 인하여 발생하는 재해, 화재·붕괴·폭발·교통사고·환경오염사고 등 이와 유사한 사고로 대통령령이 정하는 규모 이상의 피해 등 국가기반체계의 마비와 전염병 확산 등으로 인한 재난이 있다. 또한, 일상생활에서 발생하는 각종 안전사고와 관련한 다양한 생활안전의 새로운 영역[14]이 포함된다.

2) 안전교육의 정의[15]

국민안전교육의 사전적 의미는 일상생활에서 일어나는 사고를 미연에 방지하고, 불의의 재해나 돌발적인 사태가 발생했을 때에는 생명을 지키기 위해서 취해야 할 심신 양면의 행동을 지도할 목적으로 실시하는 교육을 뜻한다.[16]

안전교육을 넓은 뜻으로 해석하면 지진·풍수해와 같은 자연현상이 끼치는 사고나 재해의 예방도 포함하며, 학교나 사회에서 실시하는 안전교육의 내용으로는 일반적으로 교통사고, 가정 내 사고, 화재, 실험·실습의 사고, 수학여행이나 레크리에이션의 사고, 유희나 완구에 의한 사고, 체육경기의 사고와 지진·풍수해와 같은 자연재해가 발생했을 때의 행동지침 등이 있다.

안전교육을 효과적으로 실행하기 위해서는 학교나 사회에서 인명존중의 정신을 구체적인 행동을 통해 표현하는 것에 대해서 이해와 훈련을 갖도록 할 필요가 있다. 교통재해의 희생이 크기 때문에 특히 이에 대한 교육이 중시되고 있지만 등산조난이나 수난(水難)도 줄여야 하며, 학교·가정·공장 등에서의 사고도 매우 많으므로 모든 국민의 생활 전반에 관한 안전교육이 철저히 시행되어야 한다. 또한, 국가나 공공단체·기업 등이 안전관리를 위해서 더욱 많은 투자부담을 감수해야 할 필요성이 있다.

2. 안전교육의 중요성

시대적인 변화와 사회·경제·문화적인 발전은 주위 환경에 많은 변화를 가져오고 환경의 변화는 긍정적인 측면뿐만 아니라 부정적인 부작용도 초래하여 각종 안전사고를 일으킨다. 그리고 이러한 안전사고 발생은 안전에 대비하는 태도와 교육의 중요성을 일깨우고 특히 안전에 대한 교육만으로도 사고 발생을 막을 수 있다는 경각심을 갖게 한다.

우리나라는 '고위험사회'로 이미 접어들어 앞으로 사고 및 재난의 유형이 이전보다 다양해지고 피해 규모 또한 대형화할 것으로 예상됨에 따라 이에 대한 예방, 발생 시 대책, 그리고 사후처리 등에 대한 체계적인 교육이 필요하다.

현재 국내 안전 관련 분야에서 다양하고 폭넓은 필요에도 불구하고 전문가의 체계적 양성이 미흡하여 관련자들의 전문성이 떨어지고 여러 기관 간의 연계성이 부족하여 선제적이

---

14) 국민생활 안전관리를 위한 전략개발 및 운영방안, 안전행정부, 2007
15) 국민안전 교육과정 개발(2014, 중앙공무원교육원)
16) 두산백과

고 통합적 안전관리을 목표로 하는 현실에 큰 장애물이 되고 있다. 따라서 21세기 국민생활 안전사회 건설에 필요한 안전 분야 전문인력 수요 증대에 대비하여 안전교육 전문가를 양성할 수 있는 시스템이 필요하다.

일반적으로 안전문화는 기존의 의식, 행동의 변화를 통한 국민생활 전반에 안전태도와 관행의식이 체질화되어 가치관으로 정착되도록 하는 것으로 현재 안전문화가 적용될 수 있는 분야는 산업 분야에서 출발하여 가정안전 · 교통안전 · 공공안전 등 모든 생활안전 분야로 확대되고 있다. 또한 '안전'에 대한 국민의식을 고취하고 안전을 정착시키고자 안전문화 진흥 차원에서 대국민 안전교육규정이 강화되고 안전교육 전문인력 양성 등에 대한 대책이 마련되고 있다. 안전수칙은 안전을 위해서 꼭 지켜야 하는 사항으로 안전분야별에 따라 놀이기구 안전수칙, 전기안전수칙, 작업자 안전수칙 등 여러 종류가 있다.

구체적으로 작업자 안전수칙의 내용으로는 '작업별 위험요인 관리책임자 지정하기, 작업 전 안전교육 및 개인별 위험요인 숙지하기, 개인보호구 지급 및 착용하기, 작업시작 전 · 중 · 후 안전점검하기 등', 놀이기구 안전수칙에는 '놀이기구를 탈 때에는 바른 자세로 앉도록 하고 기구 위에서 뛰거나 밀거나 다투지 않도록 하기, 어린이가 무서워하는 놀이기구는 태우지 말기 등'이 있다.

그리고 생존기술은 비상사태 시 생명을 지키기 위한 기술로 안전을 위협하는 상황에 따라 여객선 비상시 생존기술, 화재 시 생존기술, 테러 발생 시 생존기술 등이 있다.

구체적인 내용으로는 여객선 비상시 '구명동 · 탈출경로 · 비상벨 · 자신 등의 현재 위치 확인하기, 탈출경로에 개인 물품 놓지 않기 등'이 있으며, 화재시 '엘리베이터를 이용하지 말고 계단을 이용하되 아래층으로 대피가 불가능할 때에는 옥상으로 대피하기, 불길 속을 통과할 때에는 물에 적신 담요나 수건 등으로 몸과 얼굴 감싸기, 연기가 많을 때는 한 손으로는 코와 입을 젖은 수건 등으로 막고 낮은 자세로 이동하기 등'이 있다.

이와 같이 중요한 안전교육은 전 생애에 걸쳐 이루어져야 하는 것으로 영 · 유아기, 청소년기, 청년기, 성인기, 노년기 등 연령층별로 필요한 안전교육 콘텐츠를 개발하고 맞춤형 교육을 실시한다는 것이 행정안전부의 생애주기별 안전교육 계획의 핵심이다. 세부적으로는 영 · 유아기엔 실종 · 유괴 방지교육, 교통안전, 놀이시설 안전교육 등을 중점적으로 실시하고, 청소년기엔 학교 내 안전사고 방지교육, 체험활동(수련회 등) 교육, 수상안전교육 등을 집중 실시한다. 또한 청년기와 장년기에는 직종별로 산업안전교육과 화재안전교육 등을 실시하고, 노년기에는 가정 내 안전교육, 등산 등 야외활동 안전교육, 각종 질환 등에 대한 건강교육을 진행하는 것이고, 초 · 중 · 고 학생에 대한 안전교육은 의무화하여야 한다.

이를 위해 행정안전부, 교육부, 복지부, 여성부 등 범정부추진협의체를 구성하고, 안전문화교육을 보다 체계적이고 효율적으로 추진하기 위해 해당 부처의 고객을 위한 안전교육 프로그램을 개발하고, 국민들이 쉽고 편리하게 다양한 재난안전체험을 할 수 있도록 권역별·테마별 안전체험시설도 확충할 뿐만 아니라 안전교육사, 학교안전교육사 등의 자격증 제도를 도입하여 안전교육 전문인력을 양성할 계획이다.

3. 안전교육의 개념

1) 안전교육 법령 현황

안전교육은 교육이라는 수단을 통하여 제반 안전사고의 가능성과 위험을 제거할 목적으로 인간의 행동변화와 물리적 환경에서 발생한 상황 또는 상태에서 인간에게 위험을 줄 수 있는 요건에 대해 적극적으로 대처하는 방법을 익히는 일련의 과정이다. 즉, 개인의 일상생활이나 습관에서 안전사고가 발생할 수 있는 소지를 조기에 발견하고 미연에 방지할 수 있도록 교육하는 것이다. 생활 속에서 예상되는 모든 안전사고에 대해 본질을 이해하고 구체적 행동요령을 이론 교육과 체험을 통해 습득하도록 하는 교육이다. 따라서 안전교육의 목표는 안전의식을 고취하여 행동의 습관화를 정착시킴으로써 각종의 사고를 예방하고, 위험 발생 시 안전하게 행동할 수 있도록 올바르게 판단하기 위함이다. 다음은 분야별(생활안전, 교통안전, 사회기반체계안전, 자연재난안전, 범죄안전, 보건안전) 안전교육과 관련된 법령의 현황이다.

분류	안전교육 관련 법령
생활안전 (시설안전)	• 시설물의 안전관리에 관한 특별법 시행규칙 제4조(책임기술자의 교육훈련 등) • 국가에서 지정하는 교육기관에서 교육과정을 이수해야 한다.
교통안전 (대중교통)	• 도로교통법 시행령 제31조의2(어린이통학버스 운영자 등에 대한 안전교육) • 어린이통학버스 안전교육은 강의·시청각 교육 등의 방법으로 3시간 이상 실시한다.
사회기반체계안전	• 환경교육진흥법 제6조(환경교육종합계획의 시행) • 환경부장관 또는 시·도지사는 제5조에 따라 수립된 종합계획 또는 지역계획을 관계기관의 장에게 통보하여 소관 업무에 반영하도록 요청할 수 있다. • 그 밖에 종합계획 및 지역계획의 추진에 필요한 사항은 대통령령으로 정한다.
자연재난안전 (기후성 재난)	• 자연재해대책법 제65조(공무원 및 기술인 등의 교육) • 재해 관련 업무에 종사하는 공무원은 대통령령으로 정하는 바에 따라 방재교육을 받아야 한다.
범죄안전 (폭력)	• 가정폭력방지 및 피해자보호 등에 관한 법률 제8조의4(보수교육의 실시) • 긴급전화센터·상담소 및 보호시설 종사자의 자질을 향상시키기 위하여 보수교육을 실시하여야 한다.
보건안전 (식품안전)	• 학교 보건법 법률 제9조(학생이 보건관리) • 학교의 장은 학생의 신체발달 및 체력증진, 질병의 치료와 예방, 음주·흡연과 약물 오용(誤用)·남용(濫用)의 예방, 성교육, 정신건강 증진 등을 위하여 보건교육을 실시하고 필요한 조치를 하여야 한다.

06 안전교육 전문기관 현황

안전교육은 전 생애에 걸쳐 이루어져야 하는 것으로 영·유아기, 청소년기, 청년기, 성인기, 노년기 등 연령층별로 필요한 안전교육 콘텐츠를 개발하고 맞춤형 교육을 실시해야 한다. 안전교육은 제반 안전사고의 가능성과 위험을 제거할 목적으로 인간의 행동 변화와 물리적 환경에서 발생한 상황 또는 상태에서 인간에게 위험을 줄 수 있는 요건에 대해 적극적으로 대처하는 방법을 익히는 일련의 과정이다.

안전교육을 활성화하기 위해서는 안전교육 전문인력 양성이 선제되어야 한다. 안전교육 전문인력이란 안전과 관련된 다양한 범주에서 교육을 담당하고 있는 자격증을 보유하거나 보유할 예정인 전문인력을 의미한다. 이들은 안전교육과 관련하여 일정 기간 동안 전문교육을 받았고 관련 검증 과정을 거쳤으며 안전과 관련한 필요한 곳에서 일반인을 상대로 안전 관련 교육을 실시할 수 있는 인력이다.

안전교육 전문인력 양성기관은 정부기관, 지자체 관련기관, 민간기관 등에서 각각의 교육목표에 따른 교육과정을 개설하여 기관에 따라 다양하게 운영하고 있다. 각 기관별 교육 방식은 교육대상 및 교육 내용, 교육 일정 등에 따라 다르게 나타난다. 일반적으로 교재 중심의 이론식 교육이 많이 이루어지고 있으나 안전교육의 특성상 현장 중심의 실무교육에 대한 요구가 많은 편이다.

행정안전부는 생애주기별 안전교육지도(KASEM ; Korean Age-specific Safety Education Map)를 개발하여 영유아부터 노인에 이르기까지 갖추어야 할 개인의 안전역량을 생애주기에 따른 안전교육 요구도에 따라 맞춤형으로 제시하는 가이드라인을 발표하였다. 생애주기의 분류는 영유아기, 아동기, 청소년기, 청년기, 성인기, 노년기 등 6개 주기로 되어있으며 교육 범주는 6개 대분류(생활안전, 교통안전, 자연재난안전, 사회기반체계안전, 범죄안전, 보건안전 등), 23개 중분류(화재안전, 대중교통안전, 폭력안전, 식품안전 등), 68개 소분류(다중이용시설 안전, 제품사용 안전, 승하차 시 안전, 감염병 대처 등)이 있다.

이렇게 분류한 6대 안전분야를 중심으로 기관별 재난별 전문인력 양성기관 사례를 조사한 결과 정부 관련 기관에서는 15개 과정, 지자체 관련 기관에서는 17개 과정, 민간 관련 기관에서는 15개 과정을 운영하며 안전교육 관련 전문인력을 양성하고 있었다. 본 장에서는 국내외 주요 안전교육 전문기관의 교육사례를 통해 안전교육이 나아가야 할 방향을 모색한다.

행정안전부에서 분류한 6대안전
생활안전, 교통안전 자연재난안전, 사회기반체계안전, 범죄안전, 보건안전

1. 국내 안전교육기관

1) 국가민방위재난안전교육원

국가민방위재난안전교육원은 각종 재난으로부터 국민을 보호할 수 있도록 예방위주의 재난관리를 실현할 수 있는 전문인력을 양성하고, 생활안전교육을 운영하여 국민들의 안전의식을 제고하는 것을 궁극적인 목표로 삼고 있다. 재난안전 교육을 통한 안전한 나라 실현의 비전을 위해 재난안전·민방위 핵심인재 양성을 목표로 다음과 같은 역할을 수행하고 있다.

구분	내용
현장중심의 재난안전 전문가 양성	• 정책변화, 수요자 요구 부응 • 이론과 현장·실습·시스템 융합 • 수요자별 맞춤형 교육운영
민방위·비상대비 교육 실효성 제고	• 민방위 전문가 체계적 확충 • 현장중심 실전대응능력 향상 • 비상 대비 교육과정 운영 내실화
글로벌 시대 국제방재 교육훈련 강화	• 국제방재연수과정 내실 운영 • 맞춤형 연수과정 개발
국민 생활안전 체험교육 확대 운영	• 생활안전체험교실 운영 • 찾아가고 찾아오는 안전교육 보편화 • 안전체험 놀이교실 운영
행정안전부 직원 재난안전관리 역량 강화	• 신규 전임·임용자 기본과정 신설 • 직급별 업무역량 고려 운영
사이버교육 콘텐츠 확대 및 신속한 현행화	• 고객중심 콘텐츠 개발수요 확대 • 교육환경 변화 신속히 대응, 콘텐츠 수시 개선

2) 중앙공무원 교육원

중앙공무원 교육원의 교육목표는 "국민이 신뢰하는 글로벌 인재양성"으로, 이를 달성하기 위해 아래와 같이 핵심 5대 추진전략을 마련하고 있다.

> • 국정철학 및 국정과제 교육강화로 안정적 국정운영 지원
> • 글로벌 마인드를 갖춘 창의·융합형 인재 양성
> • 교육 수요자별 특성을 고려한 맞춤형 교육 강화
> • 교육환경 변화에 대응한 새로운 교육기법 도입
> • 외국공무원 교육 확대·강화로 행정한류 선도

주요 기본교육과정은 '공직가치', '감성·소통역량', '직무역량', '정책관리역량', '글로벌 역량' 등 5대 모듈로 체계화하여 실시하고 있으며, 교육생 개개인의 관심분야별·역량별 분반학습을 실시하고 있다. 안전분야 교육과정으로 '국민안전정책과정'을 실시하고

있으며 세부내용은 다음과 같다.

교육목표	• 국민안전을 위한 정부의 안전정책과 공직자의 역할을 이해한다. • 재난관리자로서의 각종 재난 대비 대응 역량을 함양한다.
중점 교육내용	• (정책 이해) 국민안전 개념, 추진 전략 및 재난관리 법령 이해 • (전문지식 함양) 재난관리 책임기관의 역할, 통합적 재난관리 이해, 각종 안전사고 및 대응사례와 국민안전 홍보전략 등 • (실천역량 제고) 안전체험 및 국민안전 실천방안 토론·발표
교과편성	• 국민안전 정책방향(위기관리 대응 포함) • 재난 및 안전관리 기본법의 이해 • 국민안전 사고 및 대응 사례 • 통합적 재난관리 및 위기관리 커뮤니케이션 • 재난관리책임기관의 임무와 역할 • 현장체험학습(재난현장 대응역량 체득) • 국민안전 실천방안 분임토론 및 발표 • 과정안내(Ice-breaking) 및 평가

3) 중앙소방학교

중앙소방학교는 현장 중심의 실용적인 교육을 통하여 지휘 역량과 전문능력을 배양하는 소방교육기관으로 화재예방 및 진압활동, 구조구급활동, 재난현장지휘 및 안전관리 역량 강화 등을 소방공무원에게 교육하여 현장과 안전에 강한 소방공무원을 양성하는데에 주목적이 있다. 나아가 민간인에 대해 소방체험, 소방시설 작동, 이론교육 등을 병행 실시함으로써, 시민들이 재난으로부터 스스로 보호할 수 있는 능력을 배양하고, 안전문화를 정착하기 위한 안전교육을 실시하고 있다.

교육과정으로는 신임교육(창의적·전문적 정예 소방관 육성), 지휘역량교육(직급에 상응하는 업무수행능력 제고 및 정책 집행능력 배양), 전문교육(과정별 직무수행능력 향상 및 다양한 지식 정보 제공), 유관기관 단체교육(체계적으로 활용 및 실무 위주의 전문지식 배양), 대국민교육(소방체험 교육을 통한 대국민 안전문화 정착에 기여), 사이버교육(과정별 직무수행 능력 향상 및 다양한 지식 정보 제공) 등이 있다.

2. 해외 안전교육 기관

1) 미국 EMI

미국 연방재난관리청(FEMA)에서는 방재분야 민간전문가를 양성하기 위하여 재난 관련 학과가 설치된 대학의 교육을 강화·지원하기 위한 고등교육사업(HEP ; Higher Education Project)을 추진하여 예산 및 기금을 지원한다.

방재 및 재난 상황관리와 관련된 독립된 교육과정 운영 41개, 재난관련 과목을 1개 이상 포함하여 개설한 대학이 45개, e-learning 교육기관 52개, 자격증 관련 교육프로그램 30개 등을 120여 개 대학에서 다양한 수준으로 방재교육을 실시하고 있다.

미국 재난관리교육원(EMI ; Emergency Management Institute)은 미국 재난관리 분야의 대표 교육기관으로서 연방, 주, 지역, 부족, 자원봉사, 공공 및 민간 부문을 아울러 전문성 강화와 지속적인 직업훈련을 위한 교육을 제공한다. EMI 커리큘럼은 위기 시 생명을 구하고, 재산을 보호하기 위해 비상시 여러 요소들이 어떻게 함께 작용할지 그 방법에 기초하여 여러 사람들의 요구를 충족시킬 수 있도록 구성되어 있다.

교육은 위기관리 4단계에 집중되어 있는데, 이는 경감(Mitigation), 대비(Preparedness), 대응(Response), 그리고 복구(Recovery)이다. EMI는 자연재해(지진, 허리케인, 홍수, 댐 안전), 기술재해(유독물질, 테러리즘, 방사능 누출, 화학물질 비축위기 준비), 전문개발, 리더십, 교육방법, 훈련설계 및 평가, 정보기술, 공공정보, 통합위기관리, 강사양성 등과 같은 과목, 그리고 입교 및 비입교 훈련프로그램을 개발하고 있다.

개설교과목은 EMI Campus에 122개 교과목 204개 강좌와 NTC(Noble Training Center)에 28개 교과목 67개 강좌가 개설되어 있다.

EMI는 대학수준의 재난관리 교육과정의 기본 틀을 개발하고 있다. EMI의 교육과정은 여름·겨울의 2학기제로 운영되고, 재해·재난유형별, 재난단계별(예방·대비·대응·복구), 재난기관별, 교육내용별로 구분하여 구성되어 있으며 학점제(1CEU가 10시간)로 운영되고, 미국교육위원회(ACE)에 의해 LD(2년제 수준), UD(4년제 3·4학년 수준), G(대학원 수준)로 구분하여 평가받고 있다.

여러 가지 과목 및 프로그램을 통해 EMI는 재해에 대한 충격 감소를 위해 연방, 주, 지역 정부관리, 자원봉사기관, 공공 및 개인 섹터의 능력을 제고하기 위한 위기관리훈련을 개발, 제공하고 있다.

EMI는 국제재난관리자협회에 의해 인증·관리되는 재난관리자 자격증 (CEM ; Certified Emrgency Manager)프로그램과 주정부 홍수유역관리자협회가 운영하는 홍수터관리자 자격증(CFM ; Certified Floodplain Manager) 프로그램을 교육학점(CECs ; Continuing Education Credits)을 통해 지원하고 있다.

CEM 자격증 취득조건은 최소 3년 이상의 비상상황관리경력, 전문가의 추천, 최소 4년 이상의 행정학·공학·이학학사학위, 100시간의 EM훈련과 100시간 이상의 일반관리 훈련교육, 주당 6시간 이상의 재난관리 현직 실무, 종합 비상관리 학업계획서 과정 이수이다. AEM(Associate Emergency Manager) 자격증 취득조건은 학사학위 조건을 제외하고 CEM 자격증 취득조건과 동일하다. EMI는 재난·위기관리·소방교육을 위해 일종의 도서관인 학습자원센터(LRC ; Learning Resource Center)를 운영하고 있다.

2) 일본 방재사

방재사란 자조, 협동, 상호협력을 원칙으로 방재에 대한 충분한 의식·지식·기능을 가진 사람으로 일본 방재사기구가 인정한 기관에서 교육 이수 후 자격시험을 통과한 사람이다. 평상시에는 지역과 기업·단체에 방재의식의 계발과 구조·구급지식 등의 보급, 초기소화나 방재훈련의 추진, 방재계획의 입안 등을 수행하고, 재난 시에는 공공구호팀(행정·소방·경찰·자위대 등)이 도착하여 그 기능이 충분히 발휘될 때까지 지역과 직장·단체 등의 요청에 따라 피난유도와 구조·구급·피난장소의 관리(안부정보, 물자공급 등) 등을 자원봉사자와 협력하여 수행하고 공공구호 조직에도 적극적으로 참여한다.

자격을 취득하기 위해서는 일본방재사 기구가 인정한 연수기관이 실시하는 방재사 연수강좌를 수강하고 소방서, 일본적십자사 등 공공기관이 주최하는 구급·구조 강습을 수강하여야 한다. 강좌는 최신 방재학이나 재해대응의 기술 및 실천에 관한 지식 등으로 구성되어 있으며, 90분이 한 강좌로 전체 33강좌를 수강하여야 한다.

교육과정	대상 및 내용
재해로부터 신체보호(자조), 12시간(8강좌)	• 대상 : 개인, 기업, 지자체 • 내용 : 우리가족의 대책, 피난은, 재해피해 후의 대응, 재해관련법령, 지진보험, 피해자 생활지원, 피해자 심리보호, 심적 외상 후 스트레스장애(PTSD), 위기직면 시의 행동, 사회기반시설의 위기관리, 가구의 고정, 구조물의 내진화, 음료수나 음식의 비축 등
지역 활동(협동, 상호협력), 9시간(6강좌)	• 대상 : 자주방재조직, 기업 • 내용 : 지역의 방재활동, 피난소 운영, 자원봉사자 활동, 구원물자, 방재관 계기관의 대응, 행정대응, 기업의 위기관리, 소방수 이용, 상호협력 응원협정, 재해복구, 방재의식, 피해추정 등
재해발생구조 학습(과학), 9시간(6강좌)	• 내용 : 지진, 화산폭발, 해일, 태풍, 호우, 폭설, 가뭄 등의 재해발생의 구조, 활단층, 연속지진, 연소 화재, 화재, 사면붕괴, 지반재해 등 전문용어의 해설
재해상황 숙지(정보), 8시간(5강좌)	• 내용 : 재해정보의 종류, 전달시스템, 안부정보, 피해상황조사, 피해정보의 전달, 정보수집시스템
재해 지식·기술 탐구, 9시간(6강좌)	• 대상 : 최신의 방재과학 연구, 긴급구조기술 숙지 • 내용 : 방재GIS, Hazard Map, 지진억제장치, 최근의 지진활동, 지진예지시스템, 리얼타임 지진학, 조기 피해상황 예측시스템, 붕괴가옥으로부터의 구출기술, 재해현장에서 방화기술, 재해약자의 피난소 등으로의 유도기술 등
구명기술(실습), 3시간(2강좌)	• 대상 : 응급수단, 구명수단, 기타응급수단 • 내용 : 응급수단의 기초지식, 심폐소생술, 대출혈 시의 지혈법, 부상자관리법, 상처·골절에 대한 응급수단, 운반법

3) 독일

독일은 국민보호 분야에서 연방의 모든 교육은 4가지 형태로 이루어진다.

- 주의 재난보호 관련 단위조직 및 시설에서의 국민보호 관련 보충교육
- 10세에서 16세까지의 청소년을 대상으로 한 응급처치교육
- 위기관리, 비상계획 및 시민보호 아카데미(Akademie fur Krisenmanagement, Notfallplanung und Zivilschutz, AKNZ)
- 주의 경계를 넘어서는 위기관리 연습/훈련(LUKEX) 및 연방과 주의 부처 상호 간 조정그룹 훈련

위기관리교육의 영역은 3가지 영역 즉 LUKEX를 포함한 전략적 관리교육, 국내외의 위기관리, 재난보호 시 전술·전략관리로 구분한다.

주차원에서의 교육은 주로 소방학교에서 기본적으로 교육을 실시하며 지원조직에서의 교육은 일반적으로 해당 조직에서 실시하고 있어서 교육이 상당히 분권화되어 있다. 교육은 조직 내부적인 재난보호 교육, 보충적인 국민보호교육으로 구분할 수 있는데, 먼저 조직 내부적인 교육은 재난관련기관의 업무담당자와 민간시설의 업무 담당자에 대한 조직내부적인 교육으로서 재난의 예방과 재난발생에 따른 피해최소화를 위한 교육이다. 주 자체적인 재난보호교육은 재난보호를 위한 기초교육과 전문분야교육, 지휘교육이며, 보충적인 시민보호교육은 재난보호업무의 수행에 관한 교육으로서 현장, 주 소방학교 또는 지원조직의 교육시설, 연방교육시설에서 실시한다.

(1) 교육기관 개요

독일의 재난관리에 관한 교육기관은 연방국민보호재난지원청(BBK)의 비상계획 및 시민보호와 위기관리를 위한 아카데미(Akademie für Krisenmanagement, Notfallplanung und Zivilschutz, 이하 AKNZ)로 독일연방 차원의 재난관리를 위한 중심 교육기관 역할을 하고 있다.

재난관리교육은 소방대학교, 소방청과 국가 차원의 중앙정부와 지방자치가 상호협력을 바탕으로 하는 두 가지의 관리 형태로 되어있으며, 하나는 인명에 대한 부분은 국민보호 차원의 연방정부가 책임지며, 다른 하나는 재난관리에 대한 부분으로 주 정부가 책임을 지는 형태로 이원화되어 있다.

AKNZ의 법적 근거를 살펴보면, 시민보호 및 재난지원 연방법 (Gesetz überden Zivilschutz und die Katastrophenhilfe des Bundes (Zivilschutz-und Katastrophenhilfegesetz-이하, ZSKG) 1장(총칙) 4조(민간인 보호를 위한 연방정부의 책임) 2항(a)항과 6장(시민보호 및 재해구호에 대한 연방정부의 재난보호) 14조(교육훈련)에 근거를 두어 교육의 중요성에 대하여 법률적으로 명시되어 있다.

(2) 교육 프로그램

AKNZ의 2013년도 교육프로그램을 살펴보면, 위험과 위기관리의 순환을 예방, 준비(대비), 위험방어(대응), 평가와 훈련 및 연습의 4단계의 틀로 구성되어 있다.

예방단계 교육내용으로는 국가의 안전대비/안전정책, 행정직무, 위험분석 및 위험관리, 식량비상대비/식수비상대비 4가지로 구성되어 있다.

대비단계 교육내용으로는 노동안전보호, 비상대비 에너지와 경제, 교통안전, 문화보호, 자기보호 및 자조, CBRN(화학, 생물, 방사능, 핵) 위험관리, 공중위생, 재난의학, 수의학, 사회 심리 위기관리, 정보관리와 커뮤니케이션 관리로 구성되어 있다.

대응단계 교육내용으로는 관리자 교육 및 지도자 교육, 국민 보호에 있어 위기관리, 위험 및 위기 커뮤니케이션, 경찰 및 재난보호, 민간-군인 상호협조, 국제위기관리 인도적 관점으로 구성되어 있다.

평가 · 교육 · 훈련단계 교육내용으로는 평생교육과정인 학과과정, 국내 특별 강좌, 국제 특별강좌, 전략적 위기관리훈련 등으로 구성되어 있다.

4) 영국

영국정부는 모든 조직이 모든 유형의 비상사태에 완전한 준비가 되어 있도록 하는 것을 목표로 하고 있으며, 중앙정부재난대응훈련(Central Government Emergency Response Training, CGERT)을 제공한다.

(1) 중앙정부재난대응훈련(CGERT ; Central Government Emergency Response Training)

CGERT는 재난계획 및 대응의 관계자들을 훈련시키기 위한 프로그램이며 국가전략 차원의 위기관리에 필요한 지식, 기술과 인식을 장착할 수 있도록 비상대비법에 부응하는 훈련이다.

CGERT의 재난계획 훈련은 계획의 확인, 직원의 역량을 개발하고 그에 맞는 자신의 역할을 수행하는 연습을 제공하는 교육, 확립된 절차를 시험하는 데에 목적이 있다. 재난 훈련의 중요성은 테스트해보기 전에 신뢰성 있는 절차라고 할 수 없기 때문에 실질적으로 용이한 계획인지 시험해보아야 한다. 이론적으로는 완벽할 수 있으나 실상으로는 적용 불가능할 수 있기 때문이나. 이 훈련은 사람이 아닌 절차를 시험하는 것이므로 재난관리 담당자의 입장에서 비교적으로 자신의 역할에 대해 인지하고 더 개발할 수 있는 여유를 가졌을 때 훈련을 받는 것이 좋다. 직원의 역량훈련을 통해 계획대로 결과가 나오지 않을 때 절차와 계획의 부족을 탓해야 할 때 자신의 부족을 탓하게 될 수 있다. 하지만 훈련은 직원의 사기를 북돋워주어야 하며 자신의 역할에 대해 자신감을 키워줄 수 있어야 한다.

(2) 비상계획연수원(EPC ; Emergency Planning College)

영국정부의 국무조정실의 비상사무국(CCS ; Civil Contingencies Secretariat)의 위탁으로 비상계획연수원(EPC ; Emergency Planning College)에서 전문교육과 리더십 교육 실시, 연간 6,000여 명을 대상으로 영국과 전 세계인을 대상으로 재난안전교육을 실시한다. 영국내각 비상사무국은 2001년 7월에 설립되어 영국의 재난계획을 관할한다. 비상사무국의 역할은 기관 간 협력을 통한 영국 국가의 연속성을 보장해야 하며 공공에게 UK Resilience 웹사이트를 통해 정보를 제공한다. 1989년부터 비상사무국은, 특히 1992년도에 영국의 경고 및 모니터링 기구(UK Warning and Monitoring Organisation)의 해체로 인해, 위기관리 및 재난계획에 대한 세미나, 워크샵, 과정 등을 비상계획연수원과 같은 중개기관을 통해 영국정부의 교육기관으로 임무를 수행하고 있다. 비상사무국에서 주최하는 모범사례의 공유와 토론을 할 수 있는 국가포럼과 같은 전문가 양성 프로그램은 매년 6천 명 이상의 대인원들이 수강한다. 비상계획연수원의 탄력성 훈련은 공공안전, 위험평가, 재난계획과 복구, 비즈니스 연속성, 미디어와 커뮤니티 탄력성에 대해 이론과 시뮬레이션 실습을 통한 폭넓은 범위의 교육을 제공함. EPC의 기초과정은 민간과 의원들 및 교육희망자 누구나 들을 수 있도록 되어있다.

5) 프랑스

프랑스에서는 재난에 대한 효과적인 대응을 위해 재난관리조직 구성원과 시민들의 재난 관련 교육을 실시한다. 프랑스의 시민안전법(2004, 시민안전 현대화에 관한 법률)은 국가의 모든 위기재난의 안전관리를 책임지는 중심기관으로 내무부를 명명하였으며, 국민의 안전보호를 위하여 모든 재난위기 구조활동 추진에 관한 규정을 명시해 놓고 있다. 이 법에 근거하여 프랑스의 방재전문교육 및 훈련은 주로 내무부 시민안전총국(DDSC ; Direction de la defense etde la securiteciviles)이 중심이 되어 위기재난 전문구조기관에 종사하는 인력에 대한 교육을 실시하며, 소방인력에 대해서는 소방학교에서 초기교육과 전문교육을 실시한다. 긴급의료지원팀에 대해서는 보건의료학교에서 위기재난 발생 시 대응 및 피해자 응급처치 방법 등을 교육시키고 있으며, 정부는 매년 시민안전주간을 설정하여 일반 시민과 청소년에 대하여 안전의식에 대한 교육을 실시한다.

(1) 전문인력에 대한 교육

내무부 시민안전총국이 중심이 되어 위기재난 전문구조기관에 종사하는 인력에 대한 교육을 실시하고 있으며, 소방인력에 대해서는 소방학교에서 초기교육과 전문교육을 실시하고 긴급의료지원팀에 대해서는 보건의료학교에서 위기 재난 발생 시 대응 및 피해자 응급처치 방법 등을 교육 실시한다.

교육방법으로는 다양한 방법을 취하고 있는데 첫째는 수범사례의 배포로서 '경험적 지식의 환류기회'라고도 하며, 주로 위기재난대응에 관하여 국가행정기관장 및 지방의 기관장을 대상으로 한 교육에 많이 활용됨 또한 전문구조인력에 대해서도 이러한 방법을 활용하여 효과성 높인다.

지방에서의 교육방법의 하나로 임명도지사를 중심으로 정보 네트워크를 구성하고 있는 인력들에 대하여 모범적인 경험사례 및 실패사례 등을 전파하여 현장교육과 같은 간접적인 효과FMF를 유도하며, 두 번째로 유경험자를 통한 인터뷰 방식의 경험담 청취를 통하여 유경험자가 사건사고의 발생 경위와 대응 및 처리방식에 대하여 먼저 사고발생 상황을 이야기하도록 하여 주변 정황에 관한 정보 등을 제공하게 되고 다음으로 현장에서 겪은 경험담을 인지하여 사례를 배울 수 있도록 하고 있다. 세 번째는 유관기관의 담당인력 상호 간의 전체회합을 통한 교육을 들 수 있으며, 기초자치단체의 현장책임자(시장, 소방구조국 등)와 임명도지사 도청직원 등 주요 재난대응인력을 중심으로 전체회의를 갖는 기회를 자주 마련하여 상호 간 교육이 가능하도록 한다.

(2) 일반시민 및 청소년에 대한 안전교육

프랑스 정부는 매년 시민안전주간을 설정하여 일반시민과 청소년에 대하여 안전의식에 대한 교육을 실시하고 있는데, 이는 1992년 UN에서 매년 10월 두 번째 수요일을 재난예방을 위한 국제주일로 선포하여 시행해 왔고 이를 기초로 프랑스는 1998년부터 실시한다.

시민안전현대화법 제5조에 모든 청소년, 학생들을 학교에서 재난예방 및 안전, 재난구조 임무 수행 등에 관한 교육을 받을 권리를 가지고 있다고 명시하고 있으며, 이에 2006년 1월 11일 정부 시행령 2006-11호에 의하여 학교 내에서 동법의 규정을 적용하도록 법령으로 제정·운영한다.

교육부에서도 위기발생 시 대응체계 확립을 위하여 이미 2002년 교육부 행정회람으로 주요 위험요인에 대한 대처방안을 제시한 바 있지만 2004년 시민안전현대화법 및 관련 시행령에 따르면 학교의 총괄책임자가 반드시 내부비상대비계획을 세워 사고발생 시 적용하여 긴급대처하도록 하는 예방-대응-처리 체계를 갖추고 있다. 따라서 청소년·학생들에게는 재난경보의 발생이 언제 어떻게 어떤 방식으로 발령되는지 문답방식으로 교육시키고 있으며, 재난발생 시 어떠한 문건들을 참조해서 대처해야 하는지 등에 관하여 교육을 실시한다.

공무원 임용준비를 위한 전문학교를 설립하여 교육, 또는 내무부가 주관한 정기 세미나 등을 통해 리더십 교육을 실시하며, 일반 시민에 대한 교육은 보건부, 교육부와 공동으로 20세까지 교육계획을 수립·운영 중이다.

3. 안전교육 추진전략

안전교육을 활성화하기 위해서는 안전교육 전문인력 양성이 선제되어야 한다. 하지만 이러한 안전교육 전문인력을 양성하는 국가 또는 민간교육기관의 재난안전교육에 전문성이 부족하다는 지적이 나오는 가운데 행정안전부 소속기관인 국가민방위재난안전교육원을 조사한 결과 2015년도 공무원·민간인 부문을 통해 재난안전 교육과정을 50여 개 진행하고 있다. 하지만 세부과정 수에 비하여 운용능력 측면에서 지방자치단체 공무원들은 교육예산 문제로 참여하기 쉽지 않다는 점과 적정 수용인원의 제한으로 모든 공무원에게 교육의 기회를 제공하기 힘들다는 문제점이 있어 교육과정 운용 부분을 개선할 필요가 있다.

미국은 2001년 9·11 테러 후 연방재난관리청(FEMA)을 비롯한 위기관리조직을 국토안보부(DHS)로 흡수·통합했다. FEMA는 재난안전기구의 모범사례로서, 최악의 시나리오에 대비한 재난관리교육을 수행하고 있다. 또한 미국은 국가적으로 재난전문가를 양성하고자 재난관리 교육기관인 DRII(Disaster Recovery Institute International) 협회를 설립하여 전문자격인 CBCP(Certified Business Continuity Professional) 등을 만들었으며, 전문가 자격 또한 논문 및 프로젝트 수행실적을 통해 유지시키는 등 철저한 관리를 실시하고 있다.

미국의 재난관리교육원(EMI)과 일본의 방재표준커리큘럼 및 교육기관의 교육실시 현황 등 선진국 안전전문교육 훈련실시 사례를 통해서 안전교육이 나아가야 할 방향을 정리하였다.

첫째, 예방차원에서의 교육 실시이다. 교육이 단순히 재해 대응을 위한 지식과 정보를 제공하는 것만이 아닌, 이전단계에서 생성된 전략과 계획으로부터 나온 정보들을 기반으로 초기 대응자(일반 시민 및 초기 대응 절차에 있는 모든 사람들)들에게 제공하는 기술과 지식, 능력들을 의사결정할 수 있도록 방재분의 교육훈련이 이루어져야 한다.

둘째, 전문성 확보가 요구된다. 미국의 경우 주와 지역강사가 관할 구역에서 교육을 제공하는 것이 중요한 요소인데, 이는 그 지역의 재해 대응자에게 맞는 교육을 재생성하여 전문성을 더 증가시키고 있음을 보여 준다. 즉, 지역의 특색(빈번한 재난 혹은 지역적 특성)에 맞는 교육을 제공함으로써 전문성을 더욱 강화시킨다. 또한 교육기관이 재난 관련 전문성을 가지고 있음으로써 교육의 질도 향상되고 있다.

셋째, 안전 교육의 수준별 단계화가 필요하다. 선진국들의 대부분이 이론교육은 인터넷을 통한 교육을 지향하고 있는데, 이수과목은 온라인 교육을 통해서 들을 수 있다. EMI의 개인학습(Independent study)의 경우는 다른 전문기관의 기본과목으로 우선 교육을 받아야 하는 교육으로 웹에서 이 교육을 듣고 수료증을 받아야만 전문교육기관의 교육을 받을 수 있다. 또한, 전문교육기관들은 강의들을 단계적으로 구분하여, 개인의 능력향상을 단계별로 추진한다. 이와 같이 단계별 교육에 의거 단계를 올라가면서 이론과 병행하게 되어 직접 체험을 통한 실전 상황에 바로 사용이 가능하도록 교육이 되고 있다.

마지막으로, 포괄적인 대상의 안전교육 실시이다. EMI 및 대부분 교육기관의 경우는 공무원, 자원봉사단체, 시민단체, 대학생 등을 대상으로 방재·위기관리 연수를 체계적으로 실시하고 있다. 지역의 재해대응능력을 높이기 위해서는 지역사회의 시민단체 및 구성원들이 교육을 통해 재해 대응방법을 아는 것이 중요하기 때문이다. 즉, 해당 과목을 수강해 통과하면 학점으로 인정해 주고 있어서, 초·중·고등 학생 때부터 방재교육을 받아왔고, 대학생 때도 안전 소양교육을 통해 안전에 대한 지식을 쌓으면서 안전교육이 생활습관으로 자리잡고 있다.

07 안전교육 자격제도 및 체계

안전교육을 활성화시키기 위해서는 안전 관련 자격제도 및 체계를 정비하는 것이 필수적인 요건이다. 우리나라의 자격은 크게 국가자격과 민간자격으로 구분된다. 국가자격은 법령에 따라 국가가 신설하여 관리·운영하는 자격으로 산업과 관련이 있는 기술·기능·서비스 분야인 '국가기술자격'과 개별부처의 필요에 의한 전문서비스(의료, 법률 등) 분야인 '국가전문자격'으로 구분된다. 민간자격은 국가 외의 자가 신설하여 관리·운영하는 자격으로, 민간자격등록관리기관에 등록된 '등록민간자격'과 등록민간자격 중 해당 주무부장관이 공인한 '국가공인민간자격'으로 구분된다.

대분류	소분류	특징
국가자격	국가전문자격	개별법에 의해 시행되고 소관부처에서 주관
	국가기술자격	국가기술자격법에 의해 시행되고 한국산업인력공단에서 주관
민간자격	국가공인민간자격	등록민간자격 중 우수한 자격을 국가에서 인증한 자격
	등록민간자격	민간이 개발한 자격 중 등록이 완료된 자격

국가전문자격은 초중등교육법에 의한 초중등교사, 청소년기본법에 의한 청소년지도사, 변호사법에 의한 변호사, 의료법에 의한 의사 등이 포함되며, 26개 부·처·청·위원회에서 144개 종목을 운영하고 있으며, 국가기술자격은 한국산업인력공단을 중심으로 19개의 부·처·청·위원회에서 522개 종목을 관리·운영하고 있다. 한국산업인력공단에 따르면[17] 안전분야 국가전문자격은 13개 부·처·청에서 50개의 재난·안전 관련 자격관리를 하고 있으며 국가전문자격증은 13개이다.

---

17) 2015년 기준

국가공인민간자격은 등록민간자격 중 국가자격과 동일하거나 이에 상당하는 수준으로 법인에 의해 관리·운영되는 것으로, 1년 이상 시행되고 3회 이상 검정실적(자격발급실적)이 있어야 신청이 가능하며, 91개로 조사되었다. 마지막으로 등록민간자격은 민간자격관리자가 민간자격을 신설하여 등록관리기관에 등록하고 관리·운영하는 자격으로 4,066개로 조사되었다. 한국직업능력개발원의 민간자격정보서비스[18]에 따르면 재난·안전 관련 등록민간자격증은 총 178개에 이른다.

1. 안전분야 국가전문자격

1) 안전분야 국가전문자격

국가전문자격은 주로 전문서비스 분야(의료, 법률 등)의 자격으로 개별 부처의 필요에 의해 신설·운영되며 한국산업인력공단에서 국가 자격제도를 주로 관리하고 있다. 일반적으로 자격증은 특정 행위에 대한 법적·행정적 허가 및 어떤 직업에서 고용이나 실무를 수행하기 위한 필요조건을 가진 것으로 '면허'라고 한다. 특히, 면허는 허가와 인정을 법적으로 보장받는 것이며, 금지될 수 있는 활동을 허락하기 위해 정부에 의해 발급하는 것이 일반적이다. 이러한 관점에서 볼 때, 국가 전문자격은 정부가 일반적으로 금지될 수 있는 활동(국민의 건강이나 안전 등)에 대한 법률적 기반에 근거한 허락과 허가를 의미하는 것이기 때문에 개별법에 의한 '면허'적 성격을 지니고 있다.

이 중 행정안전부, 고용노동부 등에서 주관하는 안전분야 국가전문자격은 소방안전교육사를 비롯한 총 13개의 자격증이 있으며, 자격증별 직무는 다음과 같다.

주관	시행기관	자격증	직무
행정안전부	한국산업인력공단	소방안전교육사	양호담당 교사와 같이 보육시설, 유치원, 초·중등교육법에 의해 학교에 의무 배치하도록 하고 있다. 이는 교육의 내실을 기하고 보다 전문적이고 체계적인 교육으로 인명·재산피해를 줄이고 대국민 안전의식을 고취하기 위해 2008년 신설되어 자격시험이 실시되고 있다.
	한국산업인력공단	소방시설관리사	국가경제 및 산업의 발달로 소방안전을 위협하는 요인이 증가 추세에 있어 소방대상물의 효율적이고 전문적인 관리를 위해 필요로 하고 있다. 소방시설관리업의 주기술인력으로 소방대상물의 방화관리업무를 대행하고 소방시설을 설치기준 및 국가화재 안전기준에 적합하도록 유지·관리하는 업무를 수행한다.

---

18) 2015년 7월 기준

주관	시행기관	자격증	직무
고용노동부	한국산업인력공단	산업안전지도사 (건설/기계/전기/화공)	기계안전, 전기안전, 화공안전, 건설안전 등으로 구분된다. 사업장 안전에 대한 진단·평가 및 기술지도, 교육 등을 하는 산업안전 컨설턴트로서 사업장 내의 근본적인 안전의 문제점을 개선하기 위하여 외부전문가의 도움을 받을 수 있도록 한 제도이다.
	한국산업인력공단	산업위생지도사	산업안전·보건에 관한 기준을 확립하고 그 책임의 소재를 명확하게 하여 산업재해를 예방하고 쾌적한 작업환경을 조성함으로써 근로자의 안전과 보건을 유지·증진함을 목적으로 한다.
여성가족부	한국산업인력공단	청소년상담사	청소년의 권리 및 책임과 가정·사회 국가 및 지방자치단체의 청소년에 대한 책임을 정하고 청소년육성정책에 관한 기본적인 사항을 규정함을 목적으로 한다. 청소년에게 질 높은 상담 서비스를 제공하기 위해 제정되었다.
	한국산업인력공단	청소년지도사	청소년의 복지와 교류를 증진하고, 청소년의 수련활동을 지원하며, 사회여건과 환경을 청소년에게 유익하도록 개선하여 청소년에 대한 교육과 상호 보완함으로써 청소년들의 균형 있는 성장을 도와줄 수 있는 전문인력을 양성하기 위하여 도입되었다.
보건복지부	한국보건의료인국가시험원	위생사	위생업무에 종사하는 위생사의 자격 및 업무의 범위 등에 관하여 필요한 사항을 규정함으로써 국민보건 향상에 기여함을 목적으로 하고 있다. 위생분야의 전문 인력을 양성할 목적으로 제정하였다.
	한국보건의료인국가시험원	영양사	국민의 식생활에 대한 과학적인 조사·연구를 바탕으로 체계적인 국가영양정책을 수립·시행함으로써 국민의 영양 및 건강증진을 도모하고 삶의 질 향상에 이바지하는 것을 목적으로 한다.
	한국보건의료인국가시험원	보건교육사	국민에게 건강에 대한 가치와 책임의식을 함양하도록 건강에 관한 바른 지식을 보급하고 스스로 건강생활을 실천 할 수 있는 여건을 조성함으로써 국민의 건강을 증진함을 목적으로 한다. 2009년 신설되어 자격시험이 실시되고 있다.
	한국보건의료인국가시험원	응급구조사	환자의 안전한 구조 및 현장에서의 적절한 응급처치가 이루어지지 않아, 부상이 악화되거나 사망하는 사례가 발생함에 따라 사고 현장에 신속히 출동하여 구조와 적절한 응급처치를 시행하고 안전하게 의료기관으로 이송함으로써 인간의 생명을 보호하고자 응급구조사 자격증을 제정하였다.
농림축산식품부	한국산업인력공단	농산물품질관리사	농산물의 안정성을 확보하고 소비자와 생산자의 피해를 최소화하여 농산물의 유통질서를 확립하기 위하여 도입되었다.
	한국산업인력공단	식육처리기능사	축산물 시장의 개방으로 인한 국제가격 경쟁력 강화와 축산물 유통구조 개선의 일환으로 통일된 지육의 골발, 정형의 업무를 수행할 식육처리 인력을 양성하기 위하여 자격제도를 제정되었다.
교육부	교육자격검정위원회	보건교사	환경위생을 청결하게 유지하고 학생의 건강관찰 및 보건교육을 담당한다. 간호학에 대한 이론적 지식을 겸비한 전문 인력을 배출하고자 한다.

2. 안전분야 민간자격

민간자격은 정부가 민간자격에 대한 신뢰를 확보하고 사회적 통용성을 높이기 위하여 공인해주는 국가공인민간자격과 민간자격관리자가 민간자격을 신설하여 관리·운영하려는 경우 등록관리기관에 등록한 등록민간자격으로 구분된다.

1) 국가공인민간자격

국가공인민간자격제도는 자격제도의 관리운영을 체계적이고 효율적으로 공신력을 높여 자격소지자의 사회경제적 지위 향상을 도모할 목적으로 제정된 자격기본법을 통하여 규정되었다. 정부가 민간자격에 대한 신뢰를 확보하고 사회적 통용성을 높이기 위하여 1년 이상 3회 이상 검정실적(자격발급실적)이 있고, 법인이 관리/운영하며, 민간자격 등록관리 기관에 등록한 자격 중 우수한 자격을 자격정책심의회의 심의를 거쳐 공인하는 제도이다.

2017년 2월 기준 국가공인민간자격은 신용관리사를 포함하여 총 99여 개가 운영되고 있으나 안전분야 국가공인민간자격은 빌딩경영관리사 정도만이 운영되고 있다.

주관	시행기관	자격증	직무
산업통상 자원부	(재)한국산업 교육원	빌딩경영 관리사	빌딩의 자기관리·위탁관리·혼합관리 직무를 수행할 수 있는 능력을 검정하며 소속직원을 지도·감독하여 빌딩경영·행정·법률·기술·실무와 위험의 안전교육을 수행할 수 있는 능력을 검정한다. 2008년 신설되어 자격시험이 실시되고 있다.

2) 등록민간자격

등록민간자격은 자격기본법의 제정을 통하여 그동안 국가가 주도하여 온 자격제도에 민간이 참여할 수 있는 계기로 만들어졌다. 단, 민간자격의 신설 및 등록에 관한 자격기본법 제 17조에 따라 국민의 생명·건강·안전에 직결되거나 고도의 윤리성을 요구하는 분야 등에 대하여는 민간이 자격을 신설·관리·운영할 수 없다. 민간자격관리자가 민간자격을 관리 및 운영하고 있다는 것과 등록관리기관의 등록대장에 자격의 종목명 및 등급, 자격의 관리운영기관에 관한 사항 등을 등록하면 민간자격 관리운영과 국가공인 신청에 대한 요건을 획득하게 된다.

이 중 행정안전부 등에서 인정하는 등록민간자격은 방재관리사, 생활안전관리사, 재난안전관리사 등 2,679여 개의 자격증이 있으며, 주요 자격증은 다음과 같다.

주관	시행기관	자격증	직무
행정안전부	(재)한국재난안전기술원	방재관리사	정부기관, 재난관리책임기관 등 재난안전관련기관 및 민간인을 대상으로 재난관리전문가를 양성하는 자격증으로 국내외 재난관리 체계 및 제도, 재난안전 철학 및 안전문화 교육, 위기관리협업기능 등에 대한 지식을 갖추도록 한다. 2016년 신설되어 자격시험이 실시되고 있다.
행정안전부	(사)한국안전교육강사협회	생활안전관리사	국민생활 안전의 중요성을 교육시키고 사고를 예방하며 위험으로부터 대응할 수 있는 실질적 대응방법과 역할을 할 수 있는 생활안전관리사를 양성·배출하고자 한다. 2009년 신설되어 자격시험이 실시되고 있다.
행정안전부	(사)한국능력교육개발원	재난안전관리사	가정, 학교, 기업 등의 장소에서 발생할 수 있는 재난 시 위급상황에 신속히 대처하고 어린이, 청소년, 일반인, 노인 등을 대상으로 안전의 중요성, 재난 시 대응 방법 및 위험으로부터 사전예방 교육하여 실제 재난 발생 시 인명 및 재산상의 손실을 최소화하여 재난안전교육의 전문적 지식과 실무능력을 갖추며 각 대상에 맞는 교육을 지도한다. 2015년 신설되어 자격시험이 실시되고 있다.

08 안전교육 관련 법률

안전교육을 활성화시키기 위해서는 안전관련 자격제도 및 체계를 정비하는 것뿐만 아니라 이를 체계적으로 뒷받침할 수 있는 법률의 제정이 필수적인 요건이다. 이를 위해 행정안전부(현, 행정안전부)에서는 「국민 안전교육 진흥 기본법」을 2016년 5월 29일에 제정하고, 2017년 5월 30일부터 시행하였다. 「국민 안전교육 진흥 기본법」은 「재난 및 안전관리 기본법」과 함께 각종 재난으로부터 안전한 사회를 만들기 위한 양대 축으로서, 그동안 개별법에 의해 부분별로 이루어지던 국민 안전교육을 체계적으로 실시하기 위해 제정한 법률이다. 더불어 시행령·시행규칙에서는 구체적으로 국가 안전교육 추진계획 수립 절차와 시기, 안전교육 전문인력의 자격 기준, 그리고 안전교육기관의 지정 기준, 이용자 대상 안전교육을 실시해야 하는 다중이용시설 등을 규정하고 있다.

또한, 「국민 안전교육 진흥 기본법」(법률 제14248호, 2016. 5. 29. 제정, 2017. 5. 30. 시행)이 제정됨에 따라 안전교육기본계획·시행계획의 수립절차, 안전체험관 확충·운영 시 설치·운영 기준, 안전교육기관의 지정기준 등 동 법률에서 위임된 사항 및 그 시행에 필요한 사항을 정하기 위해 「국민 안전교육 진흥 기본법 시행령」이 2017년 7월 26일 개정 및 시행되었다.

1. 「국민 안전교육 진흥 기본법」 주요 내용

1) 안전교육 기본계획 및 시행계획 수립 · 시행 · 평가

우선, 「국민 안전교육 진흥 기본법」은 국가차원의 종합적인 국민 안전교육 정책을 추진하기 위한 기본계획('18~'22)을 수립하고, 관계 중앙행정기관과 지방자치단체는 매년 시행계획을 수립 · 시행하도록 하고 있다. 이 법이 시행됨에 따라, 중앙행정기관과 지자체에서는 소관분야 안전교육의 목표와 방향을 정하고, 안전교육 교재 및 프로그램의 개발 · 보급, 안전교육 실시 및 지원, 전문인력 활용 등의 시책을 추진하여야 한다.

항목	주요내용(법 제5조 · 제6조, 시행령 제3조~제6조, 시행규칙 제2조)
제5조 안전교육 기본계획	• 행정안전부장관이 매 5년마다 중앙안전관리위원회의 심의를 거쳐 기본계획 개시 연도의 전년도 9월 30일까지 수립
제6조 안전교육 시행계획	• 관계 중앙행정기관의 장과 지방자치단체의 장이 연도별 안전교육 시행계획을 수립하고 시행연도의 전년도 12월 31일까지 행정안전부장관에게 제출 • 시행계획에는 소관사항에 관한 안전교육의 목표와 추진방향, 안전교육의 추진계획 및 전년도 추진실적 등의 사항 포함
제7조 안전교육 추진실적 평가	• 관계 중앙행정기관의 장과 지방자치단체의 장은 안전교육 추진실적에 대해 자체평가를 실시하고 매년 1월 31일까지 전년도 실적과 평가결과를 행정안전부장관에게 제출

2) 안전교육 대상 구체화 및 실태점검

안전교육은 유치원과 학교에서뿐만 아니라 공연장 · 영화상영관 등의 다중이용시설, 장애인 · 아동 · 노인 복지시설과 병원 등에서도 시설관리자가 시설 이용자에 대하여 의무적으로 실시하도록 하였다. 행정안전부장관은 안전교육 이행실적에 대한 실태점검을 할 수 있고, 안전교육 우수기관의 명칭과 교육방법 등을 공표할 수 있다.

항목	주요내용(법 제9조~제13조, 시행령 제7조 · 제8조 · 제16조)
제10조 학교 등에서의 안전교육	어린이집, 유치원, 학교 등에서 영유아, 유아, 학생을 대상으로 안전교육 실시
제11조 재난관리책임기 관 등에 대한 직무교육	재난관리책임기관에서 재난 · 안전 관련 업무에 종사하는 사람에 대해 안전관리에 관한 직무역량 교육 대상 • 중앙행정기관 및 지방자치단체의 재난안전담당 실장 또는 국장, 재난관리책임기관(「재난 및 안전관리 기본법 시행령」별표1의2)의 임원급 중 1명

항목	주요내용(법 제9조~제13조, 시행령 제7조·제8조·제16조)
제12조 다중이용시설 등의 안전교육	이용자를 대상으로 시설관리자가 안전교육을 실시해야 하는 다중이용시설의 범위를 구체적으로 규정 1. 「공연법」에 따른 공연장 2. 「국민체육진흥법」에 따른 체육시설 3. 「영화 및 비디오물의 진흥에 관한 법률」에 따른 영화상영관 4. 「대중교통의 육성 및 이용촉진에 관한 법률」에 따른 대중교통수단 5. 「해운법」에 따른 여객선 6. 「항공안전법」에 따른 항공기 7. 그 밖에 불특정다수인이 이용하는 시설로서 대통령령으로 정하는 시설(일정 범위 이상의 학원, 산후조리원)
제13조 사회복지시설 등의 안전교육	장애인·아동·노인 복지시설 및 병원급 의료기관의 시설관리자가 시설에 거주하는 자 및 이용자를 대상으로 안전교육 실시

3) 안전교육 전문인력 자격기준 규정

또한, 국민을 대상으로 강의를 하거나 안전교육 관련 연구를 수행할 수 있는 안전교육 전문인력의 자격기준을 안전 관련 분야 국가기술자격, 학력 또는 경력 등으로 구체화하였으며, 교육교재와 프로그램을 보유하고, 안전교육 전문인력 등을 확보하고 있는 기관을 안전교육기관으로 지정하여 활용할 수 있는 근거도 마련하였다.

분야	해당내용(법 제2조, 시행령 제2조 및 별표1)
안전분야 자격증	• 기술사 또는 기능장 • 기사, 산업기사, 기능사로서 각각 3년, 5년, 7년 이상 경력자 • 국가기술자격 외의 국가자격 소지자로서 3년 이상 경력자
학력	• 안전관련 분야 박사학위 취득자, 석사학위 취득자로서 2년 이상 · 학사학위 취득자로서 5년 이상 경력자 • 비안전관련 분야 학사학위 취득자로서 7년 이상 경력자
경력	• 경력직공무원으로 5급 이상으로 3년, 또는 7급 이상으로 5년 이상 경력자 • 재난관리책임기관에서 경력직공무원으로 7급 상당 이상으로 5년 이상 경력자 • 군인으로서 5년 이상 경력자
기타	• 위의 기준과 같거나 그 이상의 자격·학력 또는 경력이 있다고 인정되는 사람으로 행정안전부장관이 정하여 고시하는 자

※ 경력 인정 기간은 안전관련 분야에서 근무한 기간으로 한정

4) 안전교육기관 지정 및 관리

안전교육기관으로 지정받기 위해서는 지정기준(① 안전교육 교재 및 프로그램 보유, ②안전교육 전문인력 확보, ③ 안전체험교육 가능한 시설 또는 학습교구 등을 확보)을 갖추고 관련 서류를 첨부하여 신청서를 제출하여야 한다. 행정안전부 장관은 안전교육

기관의 원활한 운영을 위하여 연도별 사업 계획 및 사업 추진실적을 보고받을 수 있고, 지정기준을 충족하지 못하는 경우 기준에 따라 행정처분 등을 부과할 수 있다.

제15조 안전교육 기관 지정기준	• 안전교육 교재 및 프로그램 보유 • 안전교육 전문인력 확보 • 안전체험교육이 가능한 시설 또는 학습교구 등 확보 등				
제16조 안전교육기관에 대한 행정처분 기준	위반사항	행정처분기준			
		1차 위반	2차 위반	3차 위반	4차 위반
	• 거짓이나 그 밖의 부정한 방법으로 지정을 받은 경우	지정취소			
	• 교육기관 지정기준에 적합하지 않게 된 경우	운영정지 1개월	운영정지 3개월	운영정지 6개월	지정취소
	• 교육기관 지정기준을 위반하여 운영한 경우	시정명령	운영정지 1개월	운영정지 3개월	운영정지 6개월
	• 이 법 또는 이 법에 따른 명령을 위반한 경우	시정명령	운영정지 1개월	운영정지 3개월	운영정지 6개월
제17조 사업계획 및 추진실적 보고	행정안전부장관이 안전교육기관에게 매년 연도별 사업계획 및 전년도 사업추진실적을 보고하도록 명할 수 있음				

아울러, 안전교육 활성화를 위해 국가 및 지방자치단체가 안전교육 관련 단체나 평생교육기관 등에게 안전교육을 위한 시설이나 장비를 지원할 수 있도록 하였으며, 교양강좌나 문화강좌 등에 안전교육 관련 과정 개설도 지원할 수 있다.

2. 「국민 안전교육 진흥 기본법 시행령」 주요 내용

상위법인 「국민 안전교육 진흥 기본법」이 제정됨에 따라, 국민의 안전교육 진흥에 필요한 4가지 사항이 정해졌다.

1) 안전교육 전문인력의 양성 및 관리를 위하여 안전교육 전문인력으로서 갖추어야 할 자격을 안전분야 기술사 및 기능장 등으로 정하기 위해 제2조 및 별표 1의 안전교육 전문인력 자격기준이 구체화되었다.
2) 제3조와 제5조에 해당하는 안전교육기본계획 및 안전교육시행계획 수립·시행에 관하여 다음과 같은 내용이 개정되었다.

> **개정내용(시행령 제3조・제5조)**
> - 행정안전부장관은 안전교육기본계획을 기본계획 개시연도의 전년도 9월 30일까지 수립・시행
> - 관계 중앙행정기관의 장과 지방자치단체의 장은 연도별 안전교육시행계획을 시행 연도의 전년도 12월 31일까지 행정안전부장관에게 제출
> - 안전교육시행계획에는 안전교육의 목표・추진방향, 추진계획, 전문인력 양성방안 등이 포함되어야 함

3) 제11조, 제12조 그리고 제13조에 해당하는 안전교육기관 지정기준 등에 관한 내용으로 다음과 같다.

> **개정내용(시행령 제11조・제12조・제13조)**
> - 안전교육의 실시를 주된 목적으로 하는 안전교육기관의 지정기준을 안전교육 교재 및 프로그램 보유, 전문인력 확보 등
> - 안전교육기관을 지정에 대한 지정서를 발급 및 인터넷 홈페이지에 게시
> - 지정받은 안전교육기관의 사업계획 등을 보고에 관한 사항

4) 제16조의 안전교육 실태점검 시기 및 방법 등에 관한 사항으로 개정된 내용은 다음과 같다.

> **개정내용(시행령 제16조)**
> - 국가 및 지방자치단체, 학교, 재난안전책임기관, 다중이용시설 등에서 실시하는 안전교육 이행실적의 실태점검을 위한 계획 마련
> - 서면점검 또는 현장점검 등의 방법으로 실태점검을 실시 및 관련 자료의 제출
> - 실태점검 결과 우수기관의 명칭과 교육방법 등을 인터넷 홈페이지 등을 통하여 공표

3. 국민 안전교육 기본계획

1) 추진배경

그동안 국민 안전교육은 안전관련 종사자를 대상으로 한 교육과 학교 교육이 대부분이고, 일반 국민을 대상으로 하는 교육은 미흡한 실정이었다. 특히, 행정안전부 보도자료에 따르면 영유아부터 노년에 이르기까지 살아가는 동안 필요한 68개 안전영역에 대한 교육 중 생활안전, 교통안전 중심으로만 일부 이루어져왔고 체계적인 교육이 미흡한 것으로 파악되었다.

따라서 범정부적으로 생애주기별 안전교육을 추진하기 위해서 다음 사항을 포함한 단계별 이행안(로드맵)을 수립하였다.

1. 관계기관의 역할과 책무를 분명히 성함
2. 기본방향을 제시
3. 법・제도의 정비
4. 필요한 교육 기반시설(인프라)을 갖춤

위와 같이 정부는 2017년 12월 18일 국민의 재난 및 안전사고 예방과 대처 능력을 향상하기 위하여 행정안전부, 교육부, 보건복지부 등 25개 관계부처 합동으로 「제1차 국민 안전교육 기본계획」을 수립하여 발표하였으며, 이 기본계획을 바탕으로 관계 중앙행정기관과 지방자치단체에서는 기관별로 '2018년 국민 안전교육 시행계획'을 수립하여 추진하게 된다.

2) 추진목표

이번에 수립된 「제1차 국민 안전교육 기본계획」은 '사람중심·생명존중의 안전한 사회 구현'이라는 구호 아래, '국민의 재난·안전사고 예방 및 대처능력 향상'으로 6대 분야 15개 과제로 2022년까지 완료를 목표로 한다.

3) 추진내용

초등학생 생존수영을 현재 3~5학년까지만 실시하는 것을 2020년까지 전 학년(1~6학년)으로 확대, 체험교육이 재난대응에 효과적임을 감안하여 전국 안전체험관 신규 건립, 연간 체험교육 인원 확대를 통해 재난안전 위기 대처능력을 향상 등을 포함한다.

또한, 생애주기별 안전교육 콘텐츠와 교육프로그램을 장애인·외국인·노인 등 안전 약자를 위한 맞춤형으로 개발·보급하고 국민이 가정에서도 학습할 수 있도록 제공하며, 국민 안전교육을 담당하는 전문인력을 양성하고, 안전교육기관도 지정·육성하여 국민 안전교육을 지원한다. 마지막으로 교육부에서는 초·중·고등학교에서 일정시간 안전교육을 실시할 예정이다.

4. 안전교육 활성화 방안

안전과 관련된 인식과 관심이 높아지고 있는 가운데 안전교육과 관련된 전문인력의 활용이 다양한 곳에서 이루어지고 있지만 안전교육 활성화를 위한 정책 방안(법제화, 협약 체결, 가산점 등)과 함께 이루어져야 보다 더 적극적으로 활성화될 수 있을 것이다. 그러므로 전문적으로 안전교육과 관련하여 양성된 인원을 필요한 현장에서 적재적소에 배치하여 효용성을 높이는 방안이 필요하다.

안전교육 대상자는 생애주기교육대상으로 볼 때 영유아, 어린이, 청소년, 청년, 성인, 노인 등이다. 이들을 대상으로 교육할 수 있는 공간은 어린이집/유치원, 각종 체험관, 각종 기관 및 시설, 학교, 사회복지관, 노인대학/경로당 등이다. 실제 안전교육을 안전 분야별로 분류해서 생활안전(시설안전, 화재안전, 전기가스안전, 작업안전, 여가활동안전 등), 교통안전(보행안전, 이륜차 안전, 자동차안전, 대중교통안전 등), 자연재난안전(재난대응안전, 기후성 재난안전, 지질성 재난안전 등), 사회기반체계 안전(환경오염, 생물테러, 정보통신마비, 에너지안전 등), 범죄안전(폭력안전, 유괴미아방지안전, 성폭력안전, 사기범죄안전 등), 보건안전(식품안전, 중독안전, 감염안전, 응급처치안전, 자살예방안전) 등의 분야에서 교육을 실시한다.

안전교육 활성화를 위해서는 법제화, 관련기관들의 협약체결, 가산점 등의 법적 및 제도적 장치가 필요하다. 먼저 법제화 부분에서 법으로 규정된 보호 아래 신뢰할 수 있는 교육 기관 및 전문가 그리고 교육내용을 바탕으로 안전교육이 이루어질 수 있도록 보다 구체적이고 변화하는 시대의 흐름에 맞는 법률의 개정 및 신설이 필요하다. 그리고 이를 바탕으로 전문인력 양성기관과 상위기관 간의 효용성 강화를 위한 시스템 구성이 필요한데 정부기관 관련 안전교육기관이 교육을 실시하고 있지만 주로 소방 관련한 교육으로 한정되어 있고, 또한 정부기관 이외에는 개인이나 비법인 단체 등에서 주관하고 있어 안전교육의 수요에 비하여 공급이 적절하게 이루어지지 못하고 있는 상황이다.

따라서 정부에서는 안전교육을 종합적이고 전문적으로 제공할 수 있는 방안으로 각 관계기관과의 공정한 협약을 체결하여 안전교육 전문인력 활동의 장을 마련해주고 하나의 직업으로서의 위치를 보장해 줄 수 있도록 해야 한다. 마지막으로 안전 관련 비용적인 측면에서 정부의 적절한 지원과 함께 안전교육 당사자들을 향한 가산점 부여와 같은 제도를 통해 기업들의 안전관리 분야 인력 확충 및 현장 작업자 안전교육 강화 노력을 지원이 필요하다.

위와 같은 활용방안은 법제화와 협약체결을 통해 양성되는 안전교육 전문인력의 활용을 장려하고 안전교육의 효용성을 높이는 방안이 될 수 있을 것이다.

PART 10 연습문제

01 사업주와 근로자가 다같이 참여하여 산업재해 예방을 위한 자율적인 운동을 촉진함으로써 사업장 내의 모든 잠재적 요인을 사전에 발견 파악하고 근원적으로 산업재해를 절감하기 위한 운동은?

① 무재해 운동
② 위험 예지 운동
③ 상호간 인간관계 운동
④ 창조적인 기업풍토 조성 운동

풀이 (기출문제) 무재해 운동이란 안전선취 운동으로 작업에 따르는 잠재위험요인을 색출하여 안전대책을 강구함으로써 산업재해의 발생을 근본적으로 억제시켜보자는 운동이다.

02 무재해운동 추진의 3기둥에 대한 설명으로 옳은 것만을 모두 고른 것은?

> ㄱ. 모든 위험요인을 사전에 발견하고 제거함으로써 안전보건을 선취하자는 운동이다.
> ㄴ. 직장의 위험이나 문제점을 전원 참가로 해결한다.
> ㄷ. 최고경영자의 무재해에 대한 확고한 경영자세가 필요하다.
> ㄹ. 직장 소집단의 자주활동의 활성화가 중요하다.

① ㄱ, ㄴ
② ㄱ, ㄴ, ㄷ
③ ㄴ, ㄷ, ㄹ
④ ㄷ, ㄹ

풀이 (기출문제) 무재해운동의 추진 3기둥
① 최고경영자의 안전경영자세 – (ㄷ)
② 관리감독자에 의한 안전보건의 추진
③ 직장소집단의 자주안전활동의 활성화 – (ㄹ)

03 무재해운동 이념의 3대 원칙에 해당하지 않는 것은?

① 무의 원칙
② 선취의 원칙
③ 참가의 원칙
④ 신뢰의 원칙

풀이 무재해운동 이념의 3대 원칙에는 무, 선취, 참가의 원칙이 있다.

정답 01 ① 02 ④ 03 ④

04 통상 작업 시작 전 5~15분, 작업 종료 시 3~5분 동안 이루어지는 것으로 작업 상황에 잠재된 위험을 참여자 모두가 자발적으로 말하고 생각하며 인지하는 안전기법은?

① 안전관찰조치기법(Safety Training Observation Program)
② 툴박스미팅(Tool Box Meeting)
③ 안전순찰(Safety Patrol)
④ 터치엔콜(Touch and Call)

풀이 (기출문제) TBM (Tool Box Meeting)은 직장에서 행하는 안전 미팅으로 사고의 직접적인 중에서 불안전 행동을 제거(근절)시키기 위하여 5~6인의 소집단으로 나누어 편성하여 작업장 내에서 적당한 장소를 정하여 실시하는 단시간의 미팅이다. 작업 시작 전 짧은 시간 동안 작업 조별로 안전에 관한 상호 점검과 확인을 하는 운동이다.

05 잠재하는 위험요인의 문제 해결을 습관화하는 '위험예지훈련'의 4라운드를 순서대로 바르게 나열한 것은?

① 본질추구 → 현상파악 → 대책수립 → 목표설정
② 현상파악 → 대책수립 → 본질추구 → 목표설정
③ 현상파악 → 본질추구 → 대책수립 → 목표설정
④ 목표설정 → 현상파악 → 본질추구 → 대책수립

풀이 (기출문제) 위험예지훈련은 작업하기 전 단시간(5~7분) 내에 토의하고 개개인의 위험에 대한 감수성을 높이고 그 위험요인을 해결하는 것을 생활화하는 훈련이다. 위험예지훈련의 기초 4라운드 진행 방법은 1R(현상파악) → 2R(본질추구) → 3R(대책수립) → 4R(목표설정)의 순서이다.

06 역할 연기법의 장점이 아닌 것은?

① 한 문제에 대해 관찰능력을 높인다.
② 자기 반성과 창조성이 개발된다.
③ 높은 의지결정의 훈련으로는 기대할 수 없다.
④ 의견발표에 자신이 생긴다.

풀이 (기출문제) ③은 역할 연기법의 단점에 해당된다.

07 브레인스토밍의 4원칙에 해당하지 않는 것은?

① 비판 금지   ② 추가 의견 금지
③ 대량 발언   ④ 자유 분방

풀이 ② 수정발언 : 타인의 아이디어를 수정하거나 덧붙여 말하여도 좋다.

정답 04 ② 05 ③ 06 ③ 07 ②

08 안전문제에 정부의 개입이 요구되는 이유로 볼 수 없는 것은?

① 안전문제는 공공재적 성격이 있다.
② 안전문제에 있어서 외부효과가 발생한다.
③ 위험에 대한 정보의 불완전성이 있다.
④ 재난관리에 있어서 정보의 대칭성이 있다.

> **풀이** ④ 재난관리에 있어서 정보의 비대칭성이 있다. 어떤 위험에 관한 정보가 존재한다 하더라도 이를 해당 위험에 관련되는 당사자 일방이 독점하는 경우가 많다. 이와 같은 상황에서 위험 관련 사용자는 자신이 원하는 것보다 더 많은 위험을 떠맡게 될 가능성이 높고 반대로 정보소유자는 위험통제와 안전관리를 위한 투자를 줄이게 된다.

09 정부주도 안전문화활동이 실패하는 이유에 해당하지 않는 것은?

① 안전문화추진기구 운영상의 문제
② 통합적으로 안전문화를 추진함에 따른 문제
③ 관주도 운동으로 인한 형식적 참여 문제
④ 법적 근거가 미약한 문제

> **풀이** ② 우리나라의 안전문화단체는 난립된 양상을 보여주고 있어 통합적 추진계획 및 프로그램을 마련하지 못한 문제가 나타나고 있다.

10 산업 안전문화의 정착을 위해 필요한 사항과 관련이 없는 것은?

① 안전문화 학습조직의 구축
② 안전 거버넌스 체계 수립
③ 산업안전보건법의 강화
④ 외국인근로자를 제외하는 등 일반 근로자 중심의 안전예방 강화

> **풀이** ④ 외국인근로자 등 취약계층에 대한 안전예방 강화가 필요하다.

11 다음 중 안전교육 분야별 관련 법령으로 올바르게 연결된 것은?

① 생활안전(시설안전) – 시설물의 안전관리에 관한 특별법 시행규칙
② 교통안전(대중교통) – 고속국도법
③ 자연재난안전(기후성 재난) – 환경법
④ 보건안전 – 의료법

정답 08 ④ 09 ② 10 ④ 11 ①

풀이 다음은 분야별 안전교육과 관련된 법령의 현황이다.

분류	안전교육 관련 법령
생활안전 (시설안전)	• 시설물의 안전관리에 관한 특별법 시행규칙 제4조(책임기술자의 교육훈련 등) • 국가에서 지정하는 교육기관에서 교육과정을 이수해야 한다.
교통안전 (대중교통)	• 도로교통법 시행령 제31조의2(어린이통학버스 운영자 등에 대한 안전교육) • 어린이통학버스 안전교육은 강의·시청각 교육 등의 방법으로 3시간 이상 실시한다.
사회기반체계 안전	• 환경교육진흥법 제6조(환경교육종합계획의 시행) • 환경부장관 또는 시·도지사는 제5조에 따라 수립된 종합계획 또는 지역계획을 관계기관의 장에게 통보하여 소관 업무에 반영하도록 요청할 수 있다. • 그 밖에 종합계획 및 지역계획의 추진에 필요한 사항은 대통령령으로 정한다.
자연재난안전 (기후성재난)	• 자연재해대책법 제65조(공무원 및 기술인 등의 교육) • 재해 관련 업무에 종사하는 공무원은 대통령령으로 정하는 바에 따라 방재교육을 받아야 한다.
범죄안전 (폭력)	• 가정폭력방지 및 피해자보호 등에 관한 법률 제8조의4(보수교육의 실시) • 긴급전화센터·상담소 및 보호시설 종사자의 자질을 향상시키기 위하여 보수교육을 실시하여야 한다.
보건안전 (식품안전)	• 학교 보건법 법률 제 9조(학생이 보건관리) • 학교의 장은 학생의 신체발달 및 체력증진, 질병의 치료와 예방, 음주·흡연과 약물 오용(誤用)·남용(濫用)의 예방, 성교육, 정신건강 증진 등을 위하여 보건교육을 실시하고 필요한 조치를 하여야 한다.

12 다음 중 생애주기별 안전교육 내용으로 올바르게 연결되지 않은 것은?

① 영·유아기 – 실종·유괴 방지교육, 놀이시설 안전교육
② 청소년기 – 학교 내 안전사고 방지교육, 체험활동(수련회 등) 교육, 수상안전교육
③ 청년기와 장년기 – 직종별로 산업안전교육과 화재안전교육
④ 노년기 – 시설물 안전교육, 교통안전

풀이 노년기에는 가정 내 안전교육, 등산 등 야외활동 안전교육, 각종 질환 등에 대한 건강교육을 진행하여야 한다.

13 다음 중 국가에서 운영하는 안전교육 전문기관 중 다음과 같은 역할을 수행하는 곳은?

> 가종 재난으로부터 국민을 보호할 수 있도록 예방 위주의 재난관리를 실현할 수 있는 전문인력을 양성하고, 생활안전교육을 운영하여 국민들의 안선의식을 제고하는 것을 궁극적인 목표로 삼고 있다. 재난안전 교육을 통한 안전한 나라 실현의 비전을 위해 재난안전·민방위 핵심인재 양성을 목표로 교육을 실시하고 있다.

① 중앙공무원교육원　　　　　　　　② 중앙소방학교
③ 국가민방위재난안전교육원　　　　④ 한국산업인력공단

정답 12 ④　13 ④

풀이 국내 안전교육 전문기관은 다음과 같다.
  ㉠ 국가민방위재난안전교육원 : 국가민방위재난안전교육원은 각종 재난으로부터 국민을 보호할 수 있도록 예방 위주의 재난관리를 실현할 수 있는 전문인력을 양성하고, 생활안전교육을 운영하여 국민들의 안전의식을 제고하는 것을 궁극적인 목표로 삼고 있다. 재난안전교육을 통한 안전한 나라 실현의 비전을 위해 재난안전·민방위 핵심인재 양성을 목표로 다음과 같은 역할을 수행하고 있다.
  ㉡ 중앙소방학교 : 중앙소방학교는 현장 중심의 실용적인 교육을 통하여 지휘 역량과 전문능력을 배양하는 소방교육기관으로 화재예방 및 진압활동, 구조구급활동, 재난현장지휘 및 안전관리역량 강화 등을 소방공무원에게 교육하여 현장과 안전에 강한 소방공무원을 양성하는 데에 주목적이 있다. 나아가 민간인에 대해 소방체험, 소방시설 작동, 이론교육 등을 병행 실시함으로써, 시민들이 재난으로부터 스스로 보호할 수 있는 능력을 배양하고, 안전문화를 정착하기 위한 안전교육을 실시하고 있다.
  ㉢ 중앙 공무원 교육원 : 중앙공무원교육원의 교육목표는 "국민이 신뢰하는 글로벌 인재양성"으로, 이를 달성하기 위해 안전분야 교육과정으로는 '국민안전정책과정'을 실시하고 있다.

14 해외 국가별 안전교육 기관으로 알맞게 짝지어진 것이 아닌 것은?

① 일본 - 방재사기구(防災士機構)
② 미국 - 재난관리교육원(EMI ; Emergency Management Institute)
③ 프랑스 - 비상계획연수원(EPC ; Emergency Planning College)
④ 독일 - 연방국민보호재난지원청 아카데미(AKNZ ; Akademie für Krisenmanagement, Notfallplanung und Zivilschutz)

풀이 프랑스는 시민안전총국(DDSC)에서 주로 방재전문교육 및 훈련을 실시하며, 비상계획연수원(EPC)은 영국정부에서 운영하는 안전교육기관이다.
  ㉠ 비상계획연수원(Emergency Planning College, EPC) : 영국정부의 국무조정실의 비상사무국(Civil Contingencies Secretariat, CCS)의 위탁으로 비상계획연수원(Emergency Planning College, EPC)에서 전문교육과 리더십교육 실시, 연간 6,000여 명을 대상으로 영국과 전 세계인을 대상으로 재난안전교육을 실시한다.
  ㉡ 프랑스 시민안전총국 (DDSC ; Direction de la defense etde la securiteciviles) : 프랑스의 시민안전법(2004, 시민안전 현대화에 관한 법률)은 국가의 모든 위기재난의 안전관리를 책임지는 중심기관으로 내무부를 명명하였으며, 국민의 안전보호를 위하여 모든 재난위기 구조활동 추진에 관한 규정을 명시해 놓고 있다. 이 법에 근거하여 프랑스의 방재전문교육 및 훈련은 주로 내무부 시민안전총국(DDSC ; Direction de la defense etde la securiteciviles)이 중심이 되어 위기재난 전문구조기관에 종사하는 인력에 대한 교육을 실시한다.

15 행정안전부 생애주기별 안전교육지도에서 분류하고 있는 6대 안전에 해당하지 않는 것은?

① 교통안전
② 자연재난안전
③ 범죄안전
④ 사회재난안전

정답 14 ③ 15 ④

풀이 행정안전부는 생애주기별 안전교육지도(KASEM ; Korean Age-specific Safety Education Map)를 개발하여 영유아부터 노인에 이르기까지 갖추어야 할 개인의 안전역량을 생애주기에 따른 안전교육 요구도에 따라 맞춤형으로 제시하는 가이드라인을 발표하였다. 생애주기의 분류는 영유아기, 아동기, 청소년기, 청년기, 성인기, 노년기 등 6개 주기로 되어있으며 교육 범주는 6개 대분류(생활안전, 교통안전, 자연재난안전, 사회기반체계안전, 범죄안전, 보건안전 등), 23개 중분류(화재안전, 대중교통안전, 폭력안전, 식품안전 등), 68개 소분류(다중이용시설 안전, 제품사용 안전, 승하차 시 안전, 감염병 대처 등)이 있다.

16 다음 중 '국민 안전교육 진흥 기본법'상에 포함된 내용이 아닌 것은?

① 안전교육 기본계획 및 시행계획 수립 및 시행
② 안전교육 전문인력 자격기준 규정
③ 안전교육 전문인력 활용방안
④ 안전교육기관 지정 및 관리

풀이 「국민 안전교육 진흥 기본법」은 「재난 및 안전관리 기본법」과 함께 각종 재난으로부터 안전한 사회를 만들기 위한 양대 축으로서, 그동안 개별법에 의해 부분별로 이루어지던 국민 안전교육을 체계적으로 실시하기 위해 제정한 법률이다. 더불어 시행령·시행규칙에서는 구체적으로 국가 안전교육 추진계획 수립 절차와 시기, 안전교육 전문인력의 자격기준, 그리고 안전교육기관의 지정기준, 이용자 대상 안전교육을 실시해야 하는 다중이용시설 등을 규정하고 있다.

17 다음 중 '국민 안전교육 진흥 기본법'상 이용자를 대상으로 시설관리자가 안전교육을 실시해야 하는 다중이용시설의 범위에 포함되지 않는 것은?

① 「공연법」에 따른 공연장
② 「국민체육진흥법」에 따른 체육시설
③ 「대중교통의 육성 및 이용촉진에 관한 법률」에 따른 대중교통수단
④ 「관광진흥법」에 따른 유원시설

풀이 「국민 안전교육 진흥 기본법」에서 안전교육은 유치원과 학교에서뿐만 아니라 공연장·영화상영관 등의 다중이용시설, 장애인·아동·노인 복지시설과 병원 등에서도 시설관리자가 시설 이용자에 대하여 의무적으로 실시하도록 하였다. 행정안전부장관은 안전교육 이행실적에 대한 실태점검을 할 수 있고, 안전교육 우수기관의 명칭과 교육방법 등을 공표할 수 있다.

항목	주요내용(법 제9조~제13조, 시행령 제7조·제8조·제16조)
제10조 학교 등에서의 안전교육	어린이집, 유치원, 학교 등에서 영유아, 유아, 학생을 대상으로 안전교육 실시
제11조 재난관리책임기 관 등에 대한 직무교육	재난관리책임기관에서 재난·안전 관련 업무에 종사하는 사람에 대해 안전관리에 관한 직무역량 교육 대상 • 중앙행정기관 및 지방자치단체의 재난안전담당 실장 또는 국장, 재난관리책임기관(「재난 및 안전관리 기본법 시행령」별표1의2)의 임원급 중 1명

정답 16 ③ 17 ④

항목	주요내용(법 제9조~제13조, 시행령 제7조·제8조·제16조)
제12조 다중이용시설 등의 안전교육	이용자를 대상으로 시설관리자가 안전교육을 실시해야 하는 다중이용시설의 범위를 구체적으로 규정 1.「공연법」에 따른 공연장 2.「국민체육진흥법」에 따른 체육시설 3.「영화 및 비디오물의 진흥에 관한 법률」에 따른 영화상영관 4.「대중교통의 육성 및 이용촉진에 관한 법률」에 따른 대중교통수단 5.「해운법」에 따른 여객선 6.「항공안전법」에 따른 항공기 7. 그 밖에 불특정다수인이 이용하는 시설로서 대통령령으로 정하는 시설(일정 범위 이상의 학원, 산후 조리원)
제13조 사회복지시설 등의 안전교육	장애인·아동·노인 복지시설 및 병원급 의료기관의 시설관리자가 시설에 거주하는 자 및 이용자를 대상으로 안전교육 실시

PART 11 생활안전

1 **생활안전의 개념**

2 **실내 생활안전**
   1. 생활안전의 필요성
   2. 생활안전 내용
   3. 생활안전 점검

3 **실외 생활안전**
   1. 안전기준
   2. 연안역에서의 생활안전

PART 11 생활안전

01 생활안전의 개념

인간이 행복한 생활을 영위하기 위해서는 생활도처에서 부딪치게 될 위험으로부터 보호되어 사고가 없는 안전한 생활을 영위할 수 있어야 한다. 일반적으로 생활안전이란 일상생활에서 사고 또는 상해가 없는 것으로 인식되고 있다. 여기서 생활이란 일상생활과 같은 의식주 활동 외에도 일, 여가를 취하고 상호작용에 적극적인 의미를 발견하는 행위, 직업생활과 사적 생활, 사회생활 등의 모든 것을 말한다(위키백과사전, 2016). 또한 안전이란 사전적 의미로 위험이 생기거나 사고가 날 염려가 없는 상태를 의미하며, 안전한 상태란 위험 원인이 없는 상태 또는 위험 원인이 있더라도 인간이 위해를 받는 일이 없도록 대책이 세워져 있고, 그런 사실이 확인된 상태를 뜻한다(두산백과사전, 2016).

그런데 안전이란 단어는 용어 그 자체가 추상적일 뿐 아니라 사용 영역에 따라 내용이 다르고, 범위 역시 광범위하기 때문에 명확하게 정의하기에는 많은 어려움이 있다. 김두현, 최선태(2002)에 의하면, 우리나라에서 안전이라는 용어는 영어의 Safety와 Security가 혼용되어 사용되고 있다고 하면서 Safety는 안전이나 산업안전으로 사용되는 반면에 Security는 보안, 경호, 경비로 사용되고 있다고 하였다. 또한 이장국(2007)은 안전을 예상되는 어떠한 위험에 대해 주의하고 대비하는 조치를 취함으로써 결과적으로 사고가 발생하지 않게 하거나 사고로 인한 피해가 거의 없는 것이라고 하였다.

외국 학자로 Maurice는 안전을 개인과 사회의 건강과 안녕(well-being)을 유지하기 위해 신체적·심리적 또는 물질적 손해의 원인이 되는 위험요인과 상황이 통제되고 있는 상태라고 정의하였다. 이러한 안전에 대한 여러 학자들의 정의를 종합해 볼 때, 안전이란 뜻하지 않은 사고로부터 정신적·신체적 손상이 없는 편안한 상태라고 할 수 있다. 따라서 인간이 편안한 생활을 구축한다는 점에서 생활안전의 의미는 매우 중요하다.

이상에서 살펴본 안전의 개념을 바탕으로 생활안전에 대한 정의를 살펴보면, 배대식(2009)은 가정, 학교, 사회생활 등 일상적으로 접하는 생활환경에서의 위협으로부터 안전에 대한 지식, 태도, 행동을 신장시키는 것이라고 정의하였다. 또한 신현정, 신동주(2007)는 생활안전을 일상생활에서 발생하는 신체적 손상이나 사고의 위험을 줄여나가는 것이라고 하였다.
사람들이 자유롭게 이동하고, 남에게 피해를 입히지 않고 자신의 의지대로 하나씩 경험하며 주변의 위협이나 위험을 느끼지 않고, 자연스럽게 살아가는 모습이 생활안전이다. 이와 같이 일상생활 속에서 생활안전이라는 말은 평이하게 사용되고 있으나 그 단어의 의미는 매우 광범위하게 쓰이고 있으며, 복합적인 개념을 포함하고 있다고 할 수 있다.

여기서는 생활안전 개념을 일상생활 주변 곳곳에서부터 크고 작은 안전사고로부터 발생하는 경미한 손상 및 심각한 신체적·정신적·경제적 손상으로부터 벗어나게 하여 건강한 생활을 영위하도록 만드는 상태라고 정의하고자 한다.

02 실내 생활안전

1. 생활안전의 필요성

인간은 태어나면서 여러 상황에 직면하게 된다. 기쁘고 좋은 일도 있고, 슬프고 나쁜 일도 생긴다. 한 사람이 태어나는 것은 생존을 한다는 것이고, 누구나 행복하게 살 권리가 있다. 행복하려면 최소한으로 갖추어야 할 요건이 있는데, 그것 중 하나가 안전의 욕구이다. 숨을 쉬는 사람들은 위험한 상황에 대한 지식과 판단 그리고 침착하게 대응하는 능력이 필요하다. 어린 유아기부터 논리적인 사고가 형성되는 아동기, 그리고 자신에 대한 의문을 품고 가치관을 형성하는 청소년기, 사회의 구성원으로서 살아가는 성인기와 사회적 경험을 토대로 지혜가 쌓인 노년기까지 매순간 고민하고, 예측하고 대응하는 능력은 일부 몇 사람을 제외하고는 충분히 그 능력을 갖추고 있다고 말할 수 없다(이원태, 2009). 더구나 산업혁명 이후로 발달된 사회는 수작업보다는 기계와 대량 작업으로 인간으로 하여금 편리한 생활을 향유하게 하였지만, 위험에 항상 대비하고 점검해야 할 일도 과제로 주었다.

우리는 평소에 생활안전이라는 용어를 많이 사용하고 있다. 이 용어는 개인이 제도권 안에서 법에 저촉되지 않는 범위를 지키는 것만을 의미하지 않으며, 그 이상의 의식과 무의식의 상태에서도 지켜지고 유지되는 상황을 뜻한다. 생활안전 문제는 자연재난이나 인적 재난 등에 비해 사고를 경험하고 위험에 노출되는 대상과 범위가 매우 광범위할 뿐만 아니라 사고 발생 원인이 되는 위해요소 또한 생활 전반에 걸쳐 분포되어 있으므로 매우 중요하다.

인류가 추구하는 공통된 생활은 무엇일까? 행복의 가치를 높이기 위한 삶(송창영, 2014)이라는 답변에 이의를 제기할 사람은 없을 것이다. 미국의 저명한 심리학자인 에이브러햄 해럴드 매슬로(Abraham Harold Maslow, 1908-1970)는 인간이 추구하는 욕구를 5단계로 분류했다. 첫 번째는 생존(생리적)의 욕구이다. 먹고 자는 등 인간의 생존에 필요한 최소한의 욕구이다. 두 번째는 안전의 욕구로 추위, 질병, 위험으로부터 자신을 보호하는 욕구이다. 세 번째는 애정과 소속에 대한 욕구이다. 가정, 친구, 단체에 소속되어 애정을 주고받고 싶은 욕구이다. 네 번째는 자기 존중의 욕구이다. 소속 단체의 구성원으로 명예나 권력을 누리려는 욕구이다. 다섯 번째는 자아실현의 욕구이다. 자신의 재능과 잠재력을 발휘하여 최선을 다하고자 하는 것이다(장미경 외 2인, 2014).

이상에서 살펴본 바와 같이 Maslow는 욕구위계이론에서 인간의 가장 기본적인 욕구인 생리적 욕구 다음으로 안전을 인간의 욕구를 충족하는 기본전제로 보았으며, 안정 및 안전을 생존과 더불어 인간의 기본적인 욕구의 하나로 보았다. 이처럼 안전은 누구나 누리고 싶어 하는 본능이며 추구하는 것이고, 인간의 행동 수정에 의해 만들어진 조건이나 상태 또는 위험 가능성을 줄일 수 있는 물리적 환경을 고안함으로써 사고를 감소시키는 것이라고 말할 수 있다.

인간의 생활안전을 꼭 물질이나 기계로 제한하여 시설이나 물건의 안전 점검을 강화하는 것은 생활안전 보장에 부적합하다(채진, 2014). 즉 신체적 생활안전만 보장할 것이 아니라 정신적 생활안전을 고려해야 할 필요가 있음을 알 수 있다. 그리고 정신의 안정을 취하는 가정을 기준으로 안에서의 안전 점검과 밖에서의 안전 점검을 나부터 스스로 실천한다면, 정신적 생활 안정을 취하게 되고 습관이나 삶의 방식이 바뀌어, 주위 환경도 변하여 바람직한 생활안전 문화가 형성될 수 있다.

2. 생활안전 내용

우리는 현대생활의 복잡화, 첨단화, 도시화, 정보화 속에서 잠재된 기술적 위험요인에 의해 발생하는 돌발적인 사고 위험, 폭발사고 위험, 화재사고 위험, 노령화 위험, 돌발 사고에 의한 사고의 위험, 직장에서의 상해 또는 질병 위험, 교통사고 위험 등 위험의 일상생활 속에서 살고 있다. 이처럼 모든 사람들이 위험 속에서 살아가지만 대부분의 사람들은 위험을 거의 인식하지 못하거나 경시하며 살고 있다. 따라서 우리는 스스로 생활안전의 중요성을 인식하여 매일 안전점검을 하는 습관을 생활에서 실천하는 것이 우리의 생활안전을 지키는 첫걸음이라 할 수 있다(배대식, 2009).

일반적으로 사람들은 사고는 우연에 의한 것이며, 예측할 수 없는 일이라고 생각한다(Miller, 1995). 그러나 일단 안전사고가 발생하면 그 정도가 경미하든 심각한 상태이든 간에 신체적·심리적 고통 및 영구적인 결함과 기능의 저하를 초래하기도 한다. 또한 사고는 1회의 경험만으로도 사망으로 연관될 수 있는 극단적인 상황이 되기도 한다. 그렇기 때문에 생활안전 사고의 예방은 필수적이다.

우리 주변에서 자주 발생하는 교통사고나 화재사고 또는 폭발사고 등의 여러 가지 대형 사고는 뜻하지 않은 경제적·인적 손실을 야기하여 많은 사람을 안타깝게 하고 있다. 각종 생활안전 사고를 예방하고 사회 속에서 안전에 대한 문화를 정착시키기 위해서는 안전에 대한 올바른 지식과 가치관 및 태도를 갖출 필요가 있다. 이러한 상황에서 안전교육이란 여러 가지 위험 가능성을 줄일 수 있도록 인간의 행동 및 태도를 바람직한 방향으로 바꾸는 교육이라고 할 수 있다. 다시 말하면 안전교육은 상해, 사망 또는 재산상의 피해를 일으키는 사고를 예방하는 것으로 안전 생활에 기여하는 습관, 기능, 태도 및 지식의 발달에 영향을 미치는 총체적 경험이라고 할 수 있다(김창용, 2010). 일상생활의 안전을 위협하는 각종 위기를 구분하고, 이를 바탕으로 생활안전 위기의 주요 내용을 제시하면 〈표 1〉과 같다.

생활안전 교육은 인간의 생명과 직결되는 것으로서 무지에 의한 안전사고는 한 개인의 생을 좌우할 만큼 절대적이기 때문에 매우 중요하다. 다시 말해서 안전교육은 교육 실시 여부에 따라서 생존과 사망을 결정지을 수 있는 특성을 지니고 있다.

▼ 표 11-1 **생활안전 위기의 주요 내용**

구분	주요 내용
취약계층 안전위기	아동, 노인, 장애인, 저소득층 등 신체적 기능이 완전하지 못하거나 경제적 능력이 떨어지며 안전사고 노출빈도가 높고, 안전사고 대처능력이 일반 성인보다 현저히 떨어지는 취약소비자에게 발생하는 생활안전 위기
생활경제 안전위기	실업, 파산 등 국민의 일상적인 경제활동이 마비되어 경제행위주체로서의 실질적인 활동이 중단되는 생활안전 위기
교통생활 안전위기	국민의 일상적인 활동이 이루어지는 법정·비법정 도로에서의 자동차, 자전거, 보행자 등의 사고로 인한 생활안전 위기
직업생활 안전위기	일상적·경제적인 직업활동 수행을 위한 사업장·비사업장에서의 안전사고로 인한 생활안전 위기
학교생활 안전위기	학교시설·설비·환경에 의한 사고, 급식사고, 교통사고, 교육과정 수행에 따른 사고 등 학교 교육활동 중에 발생하는 모든 형태의 안전위협요소로 인한 생활안전 위기
생활환경 안전위기	생활을 둘러싼 환경의 오염이나 산업 및 경제활동의 결과로 인한 유해환경 조성으로 인한 생활안전 위기

자료 : • 이재은, 유현정(2007). 국가위기관리의 새로운 영역 설정과 추진전략 : 국민생활안전 위기 영역의 분류와 운영 방안 모색. 한국위기관리논집, 3(2), p.5.
• 유현정(2008). 국민 안전권 확보와 생활위해요소 관리 전략. 충북대학교 국가위기관리연구소 학술세미나 논문집, 1, p.60.

한국산업안전공단(2003)에서 제시하는 안전교육의 구체적인 목적은 다음과 같다. 첫째, 각종 재난의 예방을 목적으로 하는 안전의식 내면화 및 행동의 습관화를 정착시킨다. 둘째, 안전을 위해 필요한 요소들을 이해하고, 자신과 타인의 생명을 존중하며 안전하게 행동할 수 있는 태도와 능력을 기른다. 셋째, 잠재된 위험을 예측하며 항상 안전을 확인하고 올바른 판단하에서 안전하게 행동할 수 있는 태도와 능력을 기른다. 넷째, 예상치 못한 위험사태에 직면해서도 적절히 대처할 수 있는 태도와 능력을 키운다. 다섯째, 예상치 못한 위험사태에 직면해서도 적절히 대처할 수 있는 태도와 능력을 키운다.

이상에서 살펴본 바와 같이 생활안전은 안전교육을 통하여 인간성과 도덕성을 회복하고, 인간 신뢰의 정신을 일깨워 주는 바람직하고 건전한 생활안전을 지도하여 스스로 깨달아 실천하게 하며, 미래 지향적이고 창의적인 인간을 육성하는 데 그 목표를 두어야 한다. 따라서 생활안전 교육은 가정, 학교, 사회에서 모두 이루어져야만 올바른 성과를 거둘 수 있을 것이다.

그러나 생활안전 교육의 성과는 단기간에 효과를 기대할 수 없기 때문에 유년기부터 장기적이고 체계적으로 안전교육이 실시되어야 한다. 특히 학령기는 부모의 보호로부터 벗어나 생활하기 시작하는 단계인 동시에 생활주변으로부터 여러 가지 위험에 노출되는 시기이므로 이 시기부터 질적인 안전교육이 제공된다면 위험으로부터 자신을 보호할 수 있고 나아가 성인이 되어 철저한 생활안전 의식을 가질 수 있다.

3. 생활안전 점검

생활안전 점검은 크게 가정 안과 가정 밖으로 나누어 이루어져야 한다. 우선 가정 안에서는 현관문을 열고 들어갔을 때의 집안 상태의 느낌과 편안한 상태는 인간이 오감으로 느끼는 것이 우선이다. 따라서 가정 안에서는 실내 공기의 청정도, 냄새, 채광, 소음, 물건들의 위생 상태, 음식이나 음료를 섭취할 때의 고유한 맛을 다른 것에 방해받지 않고 향유하느냐로 가정 안에서의 생활안전 내용을 점검할 필요가 있다.

또한 가정 밖에서의 생활안전 점검은 생애주기별로 영유아기, 아동기, 청소년기, 성인기, 노년기를 기준으로 사람들이 가정 밖에서 활동을 할 때 접하는 시설을 중심으로 이루어져야 한다. 예를 들면, 어린이집, 유치원, 중·고등학교 대학교와 평생교육원으로 구성되는 교육생활시설, 회사, 관공서, 백화점, 재래시장 그리고 체육관, 문화센터 등의 사회복지시설, 극장, 박물관, 음악회, 미술관 등 문화생활시설, 캠핑장, 공원, 동물원, 스키장, 골프장, 찜질방, 노래방 등의 여가생활시설 및 유흥시설, 약국, 병원, 요양원 등의 의료생활시설 등이다.

이 시설이나 건물에 출입할 때 이곳에서 비상시 취해야 할 행동을 항상 염두에 둘 수 있도록 스스로 점검할 필요가 있다. 비상 대피로는 어디에 있을까, 위급할 경우 도움을 청할 사람은 누구인가, 무엇을 챙기고 가야 할까, 내가 도와줄 사람은 누구인지, 먼저 탈출을 시켜야 할 사람은 누구인지, 문이 막혔을 경우 내가 어떻게 행동하는 것이 안전하게 대피할 때 도움이 될까를 스스로 생각하고 점검할 필요가 있다.

1) 일상생활 점검표 – 가정 안

책임자 : 가족 _____

점검자 : 가족 _____

범례 : ○ 양호, △ 보통, × 미흡

201 년 월 일 ~ 201 년 월 일	월	화	수	목	금	토	일
1. 숨 쉬기 괜찮나요?							
2. 집안의 물건이 잘 보이나요?							
3. 소음은 있나요?							
4. 마시는 물의 맛은 괜찮습니까?							
5. 신발은 현관문 방향으로 놓여져 있나요?							
6. 비상대피용품을 담은 가방이 준비되었나요?							
7. 대피용품 가방에 손전등, 물, 수건, 담요, 비상 식량, 신분증이 있나요?							
8. 현관 외에 대피할 곳의 통로가 확보되었나요?							
9. 높은 곳에 물건이 있나요?							
10. 물이 새는 곳이 있나요?							
11. 소화기는 제자리에 있나요?							
12. 화재배상책임보험에 가입했나요?							
점검자 서명 확인 :							
이용자 건의사항 :							

2) 일상생활 점검표 – 가정 밖

책임자 : _____							
점검자 : _____							

범례 : ○ 양호, △ 보통, × 미흡

201 년 월 일 ~ 201 년 월 일	월	화	수	목	금	토	일
1. 숨 쉬기 괜찮나요?							
2. 실내의 물건이 잘 보이나요?							
3. 소음은 있나요?							
4. 마시는 물의 맛은 괜찮습니까?							
5. 현관문 주변에 짐이 쌓여 있나요?							
6. 비상시 도움을 청할 사람이 보이나요?							
7. 비상시 내가 도와줄 사람은 누구인가요?							
8. 정문 외에 대피할 곳의 통로가 확보되었나요?							
9. 높은 곳에 물건이 있나요?							
10. 다른 사람의 목소리가 잘 들리나요?							
11. 소화기는 제자리에 있나요?							
12. 비상대피로 안내표시는 있나요?							
점검자 서명 확인 :							
이용자 건의사항 :							

3) 비상 대피로 – 가정 안

책임자 : 가족 _____
점검자 : 가족 _____

범례 : ○ 양호, △ 보통, × 미흡

201 년 월 일 ~ 201 년 월 일	월	화	수	목	금	토	일
1. 비상대피로에 대한 안내 책자가 있나요?							
2. 비상연락망이 구비되어 있나요?							
3. 계단에 물건이 놓여 있나요?							
4. 비상 대피로의 문은 잘 열리나요?							
5. 화재 시 문을 닫고/열고 나온다.							
6. 지진 발생 시 문을 닫고/열고 나온다.							
7. 비상시 가지고 나갈 물품 가방이 있나요?							
8. 화재 시 엘리베이터/계단으로 대피한다.							
9. 출입문의 손잡이가 뜨거우면 문을 연다/다른 곳을 찾는다.							
10. 화재 시 바닥 30cm 높이로 몸을 숙여서 대피할 수 있나요?							
11. 현관 외에 대피하는 통로가 있나요?							
12. 대피하는 통로에 물건이 많나요?							
점검자 서명 확인 :							
이용자 건의사항 :							

4) 비상 대피로 – 가정 밖

책임자 : _____
점검자 : _____

범례 : ○ 양호, △ 보통, × 미흡

201 년 월 일~201 년 월 일	월	화	수	목	금	토	일
1. 비상대피로에 대한 안내 책자가 있나요?							
2. 비상연락망이 구비되어 있나요?							
3. 계단에 물건이 놓여 있나요?							
4. 비상 대피로의 문은 잘 열리나요?							
5. 화재 시 문을 닫고/열고 나온다.							
6. 지진 발생 시 문을 닫고/열고 나온다.							
7. 비상시 가지고 나갈 물품 가방이 있나요?							
8. 정문 외에 다른 문이 잘 보이나요?							
9. 손잡이가 뜨거우면 문을 연다/놔둔다.							
10. 화재 시 바닥 30cm 높이로 몸을 숙여서 대피할 수 있나요?							
11. 비상시 도움을 청할 사람이 보이나요?							
12. 비상 대피 시 도와줄 사람이 있나요?							
점검자 서명 확인 :							
이용자 건의사항 :							

03 실외 생활안전

1. 안전기준

안전 정보를 최소한의 단어로써 이해할 수 있도록 하는 안전 정보 전달체계는 매우 중요하다.

1) 안전색 및 안전표지

안전색이란, 피해예방을 위해 사용되는 색채의 총칭으로 그 목적은 안전에 영향을 주는 대상과 환경에 대하여 빠른 주의를 끌고 특정한 메시지를 빠르게 이해시키기 위함이다. 안전표지란, 한국산업표준(KS)에 의해 규정된 도형이나 색을 적용하여 위험에 대한 주의를 환기시켜 안전사고를 방지하기 위해 고안된 표지이다. 안전표지에 사용되는 기하학적 형태와 안전색 및 대비색의 의미는 다음 표와 같다.

▼ 표 11-2 기하학적 형태, 안전색 및 대비색의 일반적 의미(KS S ISO 3864-1)

기본형태	의미 또는 목적	안전색	그래픽 심벌의 색	사용 예
⊘	금지	빨강	검정	• 보행자 금지 • 뛰지 마시오 • 수영 금지
●	지시	파랑	하양	• 안전복 착용 • 안전대 착용 • 사용 후 전원차단
▲	주의, 경고	노랑	검정	• 보행자 주의 • 미끄럼 주의 • 틈새 주의
■	안전 유도, 피난 방법, 안전 장비	초록	하양	• 비상구 • 대피소 • 의무실
■	소방, 긴급, 고도위험	빨강	하양	• 소화기 • 소화전 • 비상경보

안전표지를 정확하게 인식할 수 있는 거리는 개인에 따라 달라지므로, 정확하게 인식할 수 있는 사용자 집단의 특성 비율은 사실상 통계적이다. 따라서 대상 사용자 집단의 높은 비율이 그림표지 요소를 정확하게 인식하고, 안전표지가 전달하는 내용대로 따를 수 있는 거리에서 안전표지의 의미를 이해하는 것은 중요하다. 실제 기준은 최소한 대상 사용자 집단의 85% 이상이 안전표지에 대한 최소한의 관측 거리에서 정확하게 그림표지 요소를 인식하는 것이다.

그림표지 요소의 인식성에 대한 평가는 아주 복잡한 작업으로, 다음과 같은 다양한 요인과 조건이 인식성에 영향을 줄 수 있다.

- 그림표지 요소 및 안전표지의 기하학적 형태의 일부에 대한 크기
- 외부적으로 조명을 받거나 내부적으로 발광이 되는 안전표지 또는 발광이 되는 소재 여부
- 휘도, 휘도 대비 및 그림표지 및 안전표지의 기하학적 형태의 대비
- 조명조건
- 관측각도
- 대상 사용자 집단의 시력
- 묘사된 사물이나 형태의 친밀성

안전표지용 그래픽 심벌을 디자인하기 전에 디자이너가 해야 할 일은 다음과 같다.

- 그래픽 심벌로 나타내고자 하는 위험성을 분명하고 확실하게 설명하도록 한다.
- 안전표지에 사용할 그래픽 심벌을 새로 만들어야 할 필요가 있는지 확인한다.
- 안전표지로 나타내고자 하는 메시지가 무엇인지 확인한다.
- 목표집단에 적합한 그래픽 심벌을 디자인한다.
- 안전표지의 의미 및 기능을 할당한다.
- 안전표지의 유형을 확인한다.

2) 해변 안전 깃발

해변 안전 깃발(Beach Safety Flag)은 하나 혹은 그 이상의 색상과 기하학적 모양을 조합하여 특정한 안전 메시지를 제공하는 막대기나 로프 끝에 부착하는 용구로서 다음과 같은 의미, 기능, 색, 모양을 나타낸다.

▼ 표 11-3 해변 안전 깃발의 의미, 기능, 색, 모양

해변 안전 깃발		의미, 기능, 모양, 색
BF.01	의미	위험 상황
	기능	심각한 위해요인 표시 : 수영이나 기타 수상 활동에 불안전한 해상 조건. 바다 진입 금지
	모양과 색	직사각형, 빨강
BF.02	의미	일반적인 경고 깃발
	기능	추가 정보에 따라 보조표지가 필요한 위해 요인에 대한 일반적인 경고 표시
	모양과 색	직사각형, 노랑
BF.03	의미	구조원이 순찰 중인 수영, 보디보딩(타원형의 널빤지를 이용하여 파도를 타며 즐기는 놀이) 구역
	기능	구조원 순찰대가 있는 수영 및 보디보딩 구역을 표시하기 위한 한 쌍의 깃발 또는 구조원이 근무 중이라는 것을 표시하는 단일 깃발
	모양과 색	직사각형, 빨강과 노랑. 수평으로 두 색이 반으로 동일하게 나뉨(위쪽의 절반이 빨강)
BF.04	의미	파도타기, 기타 수상 기구 영역이나 경계
	기능	파도타기, 기타 수상 기구를 이용하도록 지정한 영역이나 영역의 경계를 나타냄
	모양과 색	직사각형, 검정과 하양. 4개의 동일한 직사각형으로 나눔. 2개는 검정, 2개는 흰색. 깃대 위쪽의 검은색 직사각형
BF.05	의미	비상 대피
	기능	위급하기 때문에 사람들이 물 밖으로 나가야 한다는 것을 표시함
	모양과 색	직사각형, 빨강과 하양. 4개의 동일한 직사각형으로 나눔. 2개는 빨강, 2개는 하양. 깃대 위쪽의 빨간색 직사각형
BF.06	의미	해상에서 부풀어지는 제품 사용금지
	기능	바람 또는 다른 불안전한 수상 조건에서 부풀어지는 제품의 사용에 따른 위험 표시
	모양과 색	원뿔대, 주황

3) 안전과 인간공학적 요구사항

시각적 위험 신호(Visual Danger Signal)란, 개인적 상해나 설비 재해의 가능성이 있고, 위험을 제거하거나 통제하기 위한 인간의 응답이나 다른 즉각적인 행동을 요구하는 위험 상황의 시작이나 실제 발생을 나타내는 시각적 신호이다. 시각적 위험 신호에는 다음과 같은 두 종류가 있다.

> - 시각적 경고신호(Visual Warning Signal) : 위험 상황이 바로 시작됨을 나타내고, 제거나 통제에 대한 유효한 척도가 요구되는 시각적 신호
> - 시각적 비상신호(Visual Emergency Signal) : 위험 상황의 시작이나 실제 발생을 나타내고, 즉각적인 행동을 요구하는 시각적 신호

시각적 신호는 다음과 같은 성능을 가져야 한다.

> - 어떠한 조명 조건하에서라도 선명하게 보인다.
> - 일반적인 불빛이나 다른 시각적 신호로부터 분명하게 식별되어야 한다.
> - 신호 수용 지역(신호를 인지하고 반응하도록 의도된 지역) 내에서 특정한 의미를 부여하여야 한다.

청각적 신호와 시각적 신호가 사용될 때는 예상되는 모든 환경 조건하에서 빨리 인식될 수 있어야 한다. 신호인식은 많은 물리학적·정신물리학적 특징에 의존한다. 신호의 신뢰성 부족으로 신호의 효과가 손상되지 않음을 보증하기 위하여 오보는 최소화하거나 제거해야 한다. 인식과정의 환경 조건을 포함하는 모든 사용 조건하에서, 그리고 최고도의 중요도와 위급도를 수반하는 모든 행동 상황에서 신호는 효과적이어야 한다.

신호 발생으로 야기될 수 있는 경악(Panic) 상태의 위험 가능성은 고려하되 과대 평가해서는 안 된다. 원칙적으로 2단계의 경악 반응이 나타날 수 있다. 즉, 첫 번째 음향 충격이나 섬광은 의도하지 않은 공포를 유발할 수 있다. 이 충격 효과를 피하기 위해서 음향의 초기 강도는 너무 높지 않아야 하지만, 신호의 지속 시간 동안에는 점차 증가시켜야 한다.

2. 연안역에서의 생활안전

연안역은 연안육역과 연안해역을 포함한 일정한 공간을 의미한다. 연안해역은 바닷가(해안선으로부터 지적공부에 등록된 지역까지의 사이)와 바다(해안선으로부터 영해의 외측한계까지의 사이)를, 연안육역은 무인도서와 연안해역의 육지쪽 경계선으로부터 500m(특정지역의 경우 1,000m) 이내의 육지지역(우리나라의 해안선은 11,914km로 500m 권역을 적용할 경우 연안육역의 범위는 국토면적의 3.2%에 해당하는 3,220km²이다.)을 말한다.

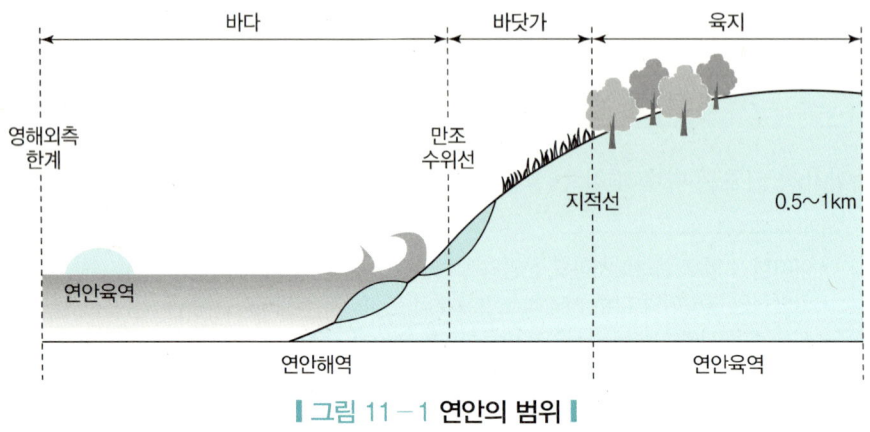

| 그림 11-1 **연안의 범위** |

최근 연안지역에는 국민소득수준이 향상되고 건강과 삶의 질을 중시하는 웰빙 문화가 확산됨에 따라 관광객 및 레저 활동자가 집중적으로 증가하고 있으며 연안환경을 보전하고 연안의 지속가능한 개발을 도모하기 위하여「연안관리법」에 의해 연안정비사업이 진행되고 있다. 연안역의 친수성을 극대화하기 위한 안정성 확보는 아무리 강조해도 지나치지 않을 것이다. 기상이변으로 예측할 수 없는 사고들이 많이 발생하고 있으며 연안역에서 안전사고가 증가하고 있다. 기상이변에 따라 상황을 예측할 수 없는데 많은 사람들이 연안역에 집중된다면 연안역의 안전사고는 증가할 수밖에 없다.

연안역의 안전사고는 사고 장소에 따라 크게 3가지 유형으로 구분할 수 있다. 해변가 관광지, 해수욕장, 방파제 등 해변에서 발생하는 사고, 수상 레저 활동 중 발생하는 안전사고, 바다낚시 활동 중 발생하는 안전사고 등이다. 연안역의 사고는 육지와 해상의 특성이 혼재되어 있기 때문에 연안역에서의 안전사고에 대한 예방 및 대응 방안은 육지와 해양의 특성을 모두 고려해야 한다.

1) 안전시설

연안역 안전시설은 그 기능에 따라 피해예방을 목적으로 하는 시설, 위험도를 판단하는 시설, 위험을 알릴 수 있는 시설, 긴급 상황 발생 시의 대응시설 등으로 구분할 수 있다.

(1) 피해예방시설

① 추락방지시설(난간, 파라펫) : 바다로의 추락, 계단 등에서의 전도 등을 방지하기 위한 시설
② 진입방지시설 : 특별히 위험한 장소에서 물리적으로 진입을 저지하는 출입금지 시설
③ 미끄럼방지시설 : 이끼나 조류 등에 의해 미끄러지기 쉬운 장소에 설치하는 시설
④ 조명시설 : 야간에 연안 시설물을 이용할 수 있도록 하기 위한 편의시설

(2) 위험도를 판단하는 시설

① 정보를 얻는 시설(TV, 라디오, 전화 등) : 기상청 등에서의 기상 해상정보를 얻는 시설
② 상황을 판단하는 시설(풍향 풍속계, 파고계 등) : 연안역 부근의 바람이나 파의 상황을 정확히 판단하는 시설
③ 위험가시화 시설 : 방파제 위에서는 실제 월파가 발생하기 전까지 그 위험 정도를 판단하기 어려우므로 위험 정도의 판단이 용이하도록 월파가 발생하기 쉬운 장소에 설치하는 시설

(3) 위험을 알릴 수 있는 시설(정보전달시설)

① 표지 및 안내판 : 연안역 시설 이용 시의 위험성을 이용자에게 충분히 알리고, 특별히 위험한 장소와 행동에 대해서도 알리기 위해 필요한 시설
② 방송, 경보시설, 전광판 : 기상 및 해상 등에 현재의 상황과 추후 예측 정보를 알려 이용자에게 주의를 불러일으키고 대피를 권고하기 위한 시설

(4) 긴급 상황 발생 시의 대응시설

① 긴급통보시설(비상벨, 전화, 방송시설 등) : 추락자 발생 등의 긴급 상황이 발생하였을 때 이를 이용자와 관리자 등에게 알리기 위한 시설
② 피난시설(대피소, 대피로 등) : 파랑조건이 급격하게 악화되는 경우 임시로 급하게 피난할 수 있는 장소(대피소)와 안전한 지역으로 피난할 수 있도록 만든 통로(대피로)
③ 구난시설(구명환, 사다리, 로프, 구명용 계단, 구명보트 등) : 추락자가 자력으로 연안 시설물 위로 올라오거나 추락자를 신속하게 구조할 수 있는 시설

2) 안전사고 사례

2003년부터 2010년까지 국내 연안역에서 발생한 71건의 안전사고 사례를 사고 발생 위치와 사고 유형별로 분석하고 효율적인 안전관리방향을 다음에 제시하였다.

(1) 방파제

방파제에서 발생하는 안전사고 유형은 개인 부주의에 의한 실족과 파도에 의한 추락으로 대표된다. 개인 부주의에 의한 실족 사고 발생 장소는 대부분 방파제 근처에 설치되는 삼발이와 같은 소파블록에서 발생되었으며, 사고 발생 당시의 행동유형은 음주, 낚시, 산책, 놀이 순의 빈도로 나타났다. 파도에 의한 추락 사고 발생 장소는 방파제 끝단, 삼발이, 방파제 하단부와 같이 바다와 인접한 위험구간이고 사고 발생 당시의 행동유형은 낚시, 산책, 사진촬영 순의 빈도로 나타났다.

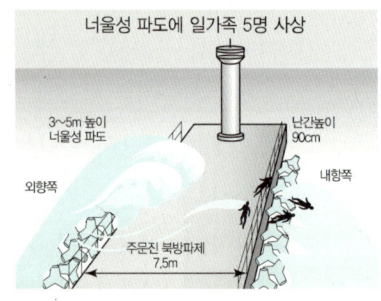

그림 11-2 방파제 안전사고 사례

특정 위험지역에 출입을 통제하는 안내판이 설치되어 있고, 풍랑주의보와 같은 기상 특보가 발효된 상태임에도 불구하고 관광객의 무단출입이 빈번히 발생되고 있으므로 좀 더 강력하고 확실한 출입통제방안이 필요하다.

(2) 갯바위

갯바위에서 발생하는 안전사고 유형은 개인 부주의에 의한 실족, 파도에 의한 추락, 그리고 고립으로 대표된다. 대부분 바다낚시를 즐기면서 이동 중에 부착조류에 의해 미끄러지거나 갑작스런 파도에 휩쓸리는 행동유형으로 대표된다.

갯바위에서 안전한 낚시 활동을 하려면 구명조끼 착용과 더불어 구명줄 등의 안전장비를 지지할 수 있는 최소한의 시설물이 필요하다.

▎그림 11-3 갯바위 안전사고 사례 ▎

(3) 선착장, 항구, 포구 및 부두

　　선착장, 항구, 포구 및 부두에서 발생하는 안전사고 유형은 차량사고와 개인 부주의에 의한 실족으로 대표된다. 대부분의 차량사고는 길 폭이 좁아 차량의 회전이 어려운 경우, 시야 확보가 용이하지 않은 야간 시간대, 경사지 지역 등에서 발생하였다. 이러한 사고를 예방하기 위해 충분한 차막이 시설의 설치가 필요하다.

▎그림 11-4 선착장 안전사고 사례 ▎

▎그림 11-5 차막이 시설 ▎

3) 대피시설의 설치기준 및 필요 성능

최근 이상기후로 너울성파도, 이상파랑 등이 발생하면서 안전사고가 증가하고 있다. 또한 지진으로 인한 쓰나미(지진해일)가 발생해 심각한 피해를 입히기도 한다. 이러한 이상기후로 인한 현상은 기존에 연안역에 설치된 안전시설만으로는 대비할 수가 없으며 예상치 못한 대형파고 발생 시 대피할 수 있는 안전시설이 있어야만 한다.

(1) 지진해일 파고와 피해 관계

일본의 지진해일공학연구보고서(1992)에 의하면 다음 표와 같이 피해 현황은 지진해일의 파고와 밀접한 관계가 있다.

▼ 표 11-4 지진해일과 피해

파고(m)		1	2	4	8	16	32
파형	완경사	토사퇴적	벽같은 해일	파동 선단 쇄파 증가	제1파가 쇄파를 일으킴		
	급경사	고속전파	고속전파				
음향				전면 쇄파에 의한 연속음(폭풍우와 비슷한 소리)			
					해안 쇄파에 따른 굉음(멀리서는 인식 불가능)		
						해안에 충돌하는 굉음(멀리까지 들림)	
목조가옥		부분파괴	전면파괴				
조적가옥		어느 정도 견딜 수 있음		(자료 없음)	전면 파괴		
철근 콘크리트		어느 정도 견딜 수 있음			(자료 없음)		전면 파괴
어선			피해 발생	피해율 50%	피해율 100%		
방조림 피해		경미한 피해		부분적 피해	전면적 피해		
방조림 효과		쓰나미 경감, 표류물 차단		표류물 차단	효과 없음		
양식장		피해 발생					
해안부락			피해 발생	피해율 50%	피해율 100%		

(2) 대피시설의 구조적 요건

지진 발생 시의 내진조건과 지진해일 발생 시의 내파조건을 만족해야 하며, 각 방향, 각 층에 대한 대피시설의 보유수평내력이 지진해일의 수평하중 이상이어야 한다. 또한 지진해일 하중에 의한 전도와 활동을 방지해야 한다.

(3) 대피시설의 위치적 요건

대피시설의 위치적 요건을 고려하는 절차는 다음과 같다.
① 지진해일 침수예측도, 지진해일 해저드맵으로부터 침수예상지역 확인

② 침수심, 지진해일 도달시간 등에 따른 피난가능지역을 식별하여 피난곤란지역 도출 및 확인

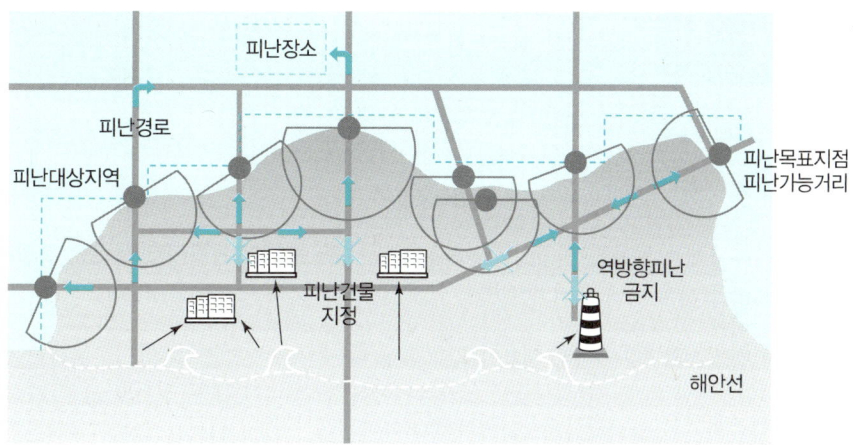

그림 11-6 피난가능범위와 피난곤란지역

③ 피난곤란지역의 피난곤란자 수를 산출(관광객 등 고려)
④ 피난곤란지역의 피난시설물 선정
⑤ 피난곤란자를 위한 경로 및 방법 확인

(4) 신규 대피 전용시설의 유의점

신규로 대피 전용시설을 건설하는 경우, 대피 전용시설은 구조적 및 위치적 요건을 만족하여야 하며 비상시에는 방재기능을 발휘하지만 평상시의 활용성도 중요하게 검토해야 한다. 신규 대피 전용시설 설치 시 피난공간의 높이, 접근루트, 비상시 기능, 그리고 평상시 활용방안에 유의한다.

그림 11-7 대피 전용시설

PART 11 연습문제

01 다음 중 생활 안전의 의미가 다른 것은?

① 자유롭게 이동하기
② 자신의 의지대로 하나씩 경험하기
③ 주변 위협과 위험 느끼기
④ 자연스럽게 살아가기

> 풀이 ③은 생활 위험에 대한 내용이다.

02 욕구의 종류와 설명이 옳게 연결된 것은?

㉠ 생리적 욕구	a. 명예나 권력을 누리려는 욕구
㉡ 자아 실현의 욕구	b. 추위, 질병에서 자신을 보호하는 욕구
㉢ 자기 존중의 욕구	c. 자신의 재능과 잠재력을 발휘하여 최선을 다하는 욕구
㉣ 안전의 욕구	d. 생존에 필요한 최소한의 욕구

① ㉠-d, ㉡-c, ㉢-a, ㉣-b
② ㉠-c, ㉡-d, ㉢-a, ㉣-b
③ ㉠-d, ㉡-c, ㉢-b, ㉣-a
④ ㉠-d, ㉡-a, ㉢-c, ㉣-b

03 바람직한 생활 안전 문화 형성의 출발점은?

① 가정의 안전
② 나의 안전
③ 정신의 안정
④ 시설의 안전

> 풀이 가정 안과 밖의 안전 점검을 나부터 스스로 한다면 정신적 생활 안정을 취하고 습관이나 삶의 방식이 바뀌면서 주위 환경이 변하여 바람직한 생활 안전 문화가 형성될 수 있다.

04 일상생활 속 위험이 아닌 것은?

① 폭발, 화재 사고 위험
② 노령화, 직장 상해 위험
③ 질병 위험, 교통사고 위험
④ 자연 재해 위험

정답 01 ③ 02 ① 03 ② 04 ④

05 다음 중 안전교육에 해당하는 것이 아닌 것은?

① 여러 위험을 줄일 수 있도록 인간 행동 및 태도를 바람직한 방향으로 바꾸는 교육
② 상해, 사망 재산상 피해를 일으키는 사고를 예방하는 것
③ 안전 생활에 기여하는 기능과 지식 발달에만 영향을 미치는 단편적 경험
④ 안전 교육 실시 여부에 따라 생존과 사망을 결정

> **풀이** 안전 생활에 기여하는 것은 기능과 지식뿐 아니라 습관, 태도도 해당되고, 이에 영향을 미치는 총체적 경험도 포함한다.

06 "환경의 오염이나 산업 및 경제 활동의 결과로 인한 유해환경 조성으로 인한 위기"는 생활 안전 위기 중 어느 유형에 해당하는가?

① 생활경제 안전 위기
② 경제생활 안전 위기
③ 환경오염 안전 위기
④ 생활환경 안전 위기

> **풀이** 생활경제 안전 위기는 실업, 파산 등 국민의 일상적인 경제활동이 마비되어 경제 행위 주체로서의 실질적인 활동이 중단되는 것을 말한다.

07 다음 ( ) 안에 들어갈 단어로 옳은 것은?

- 생활 안전 교육은 가정, 학교, ( )에서 모두 이루어져야만 올바른 성과를 거둘 수 있다.
- 생활 안전 교육은 단기간 효과를 기대할 수 없기 때문에 ( )부터 장기적이고 체계적으로 안전교육이 실시되어야 한다.

① 사회, 유년기
② 기업, 청소년기
③ 학회, 학령기
④ 국가, 성인기

08 시설이나 건물을 출입할 때 비상시 점검할 사항으로 옳지 않은 것은?

① 비상 대피로 위치 파악
② 귀중품 보관 여부
③ 도움이 필요한 사람 파악
④ 위급 시 도움을 청할 사람

> **풀이** 비상 대피로는 어디에 있고, 위급할 경우 도움을 청할 사람이 누구인지, 무엇을 챙기고 가야 할지, 내가 도와줄 사람은 누구인지, 먼저 탈출시켜야 할 사람이 누구인지, 문이 막혔을 경우 어떻게 행동해야 하는지 등이 스스로 생각하고 점검할 사항이다.

정답 05 ③ 06 ④ 07 ① 08 ②

09 안전표지에 사용되는 기하학적 형태와 의미(목적)로 옳지 않은 것은?

풀이 ④의 의미(목적) : 안전유도, 피난방법, 안전장비

10 그림 표지 요소의 인식성에 영향을 끼치는 요인 중 옳지 않은 것은?

① 대상 사용자 집단의 연령
② 표지판의 소재
③ 대상 사용자 집단의 시력
④ 관측각도

11 다음과 같은 해변 안전 깃발의 의미는?

① 위험 상황
② 비상 대피
③ 일반적인 경고
④ 수상기구 영역

12 시각적 위험 신호 중에서 위험 상황의 시작이나 실제 발생을 나타내고, 즉각적인 행동을 요구하는 시각적 신호는?

① 시각적 행동 신호
② 시각적 경고 신호
③ 시각적 비상 신호
④ 시각적 대피 신호

정답 09 ④ 10 ① 11 ② 12 ③

13 연안역에서 안전사고가 발생하는 장소 또는 행동에 해당하지 않는 것은?

① 선상낚시　　　　　　② 방파제
③ 해변가 관광지　　　　④ 갯바위

풀이 ▶ 선상낚시는 배 위에서 행해지는 행동으로 연안역 안전사고와 관계없음

14 연안역의 피해예방시설이 아닌 것은?

① 추락방지시설　　　　② 위험가시화 시설
③ 진입방지시설　　　　④ 조명시설

풀이 ▶ ② 위험도를 판단하는 시설임

15 위험도를 판단하는 시설이 아닌 것은?

① 정보를 얻는 시설　　② 상황을 판단하는 시설
③ 표지 및 안내판　　　④ 위험가시화 시설

풀이 ▶ ③ 위험을 알릴 수 있는 시설임

16 연안역에 위치하는 대피 전용시설의 유의점으로 옳지 않은 것은?

① 구조적 및 위치적 요건　　② 비상시의 방재기능
③ 평상시의 활용방안　　　　④ 건설비용

정답　13 ①　14 ②　15 ③　16 ④

참고문헌

1. 국가법령정보센터(2015), "소방기본법・시행령・시행규칙, 소방시설 설치유지 및 안전관리에 관한 법률・시행령・시행규칙, 건축법・시행령, 건축물의 피난 방화구조 등의 기준에 관한 규칙"
2. 日本火災學會 저, 권영진 외 역(2007), 건축과 화재, 동화기술
3. 권인규(2007), 건축방재학, 동화기술
4. 강경식 외(208), 안전경영과학론, 청문각
5. 고용노동부(2015). 산업안전보건법령집
6. 권호영 외(2004), 산업안전관리론, 원창출판사
7. 노동부(1999), 알기 쉬운 산업보건관리
8. 대한산업보건협회(2014), 산업보건
9. 손봉세(2001), 소화시스템공학, 일진사
10. 안전보건공단(2009), 산업안전보건법(근로자용) 교육자료
11. 양성환 외(2006), 안전관리시스템, 형설출판사
12. 어기구 외(2010), 안전보건문화 발전방안에 관한 연구, 한국산업안전보건공단 산업안전보건연구원
13. 오금호・성기환 외(2008), 안전문화활동 그 지속성 확보를 위하여, 한국방재학회지 8(2), 44~52
14. 요하임 바우어, 왜 우리는 행복을 일에서 찾고, 일을 하며 병들어갈까, 책세상, 2013.
15. 윤가현 외 14인, 심리학의 이해(4판), 학지사, 2015.
16. 이관석 외6인, 휴먼에러의 예방과 관리, 한솔아카데미, 2011.
17. 이관형・조흠학・유기호(2012), 우리나라 전체근로자와 외국인근로자의 산업재해율과 사망만인율 비교 연구, 한국안전학회지 27(1), 96~104
18. 장성록, 안전심리학, 다솜출판사, 2013.
19. 전국대학 소방학과 교수협의회(2008), "소방학 개론", 동화기술
20. 정진우(2015), 미국 산업안전보건법에서 일반의무조항의 제정배경과 운용에 관한 연구, 한국안전학회지 30(1), 119~126
21. 한국고시회, 안전관리론, (주) 고시넷, 2015.
22. 한스페터스 외 2인, 위험 인지와 위험 커뮤니케이션, 커뮤니케이션북스, 2009.

방재안전직렬
안전관리론

발행일 | 2016. 5. 25 초판 발행
          2019. 1. 20 개정 1판1쇄

저 자 | 한국방재학회
발행인 | 정용수
발행처 | 예문사

저자협의
인지생략

주 소 | 경기도 파주시 직지길 460(출판도시) 도서출판 예문사
T E L | 031) 955-0550
F A X | 031) 955-0660
등록번호 | 11-76호

- 이 책의 어느 부분도 저작권자나 발행인의 승인 없이 무단 복제하여 이용할 수 없습니다.
- 파본 및 낙장은 구입하신 서점에서 교환하여 드립니다.
- 예문사 홈페이지 http://www.yeamoonsa.com

정가 : 23,000원

ISBN 978-89-274-2906-7 13530

이 도서의 국립중앙도서관 출판예정도서목록(CIP)은 서지정보유통지원시스템 홈페이지(http://seoji.nl.go.kr)와 국가자료공동목록시스템(http://www.nl.go.kr/kolisnet)에서 이용하실 수 있습니다.
(CIP제어번호 : CIP2018040121)